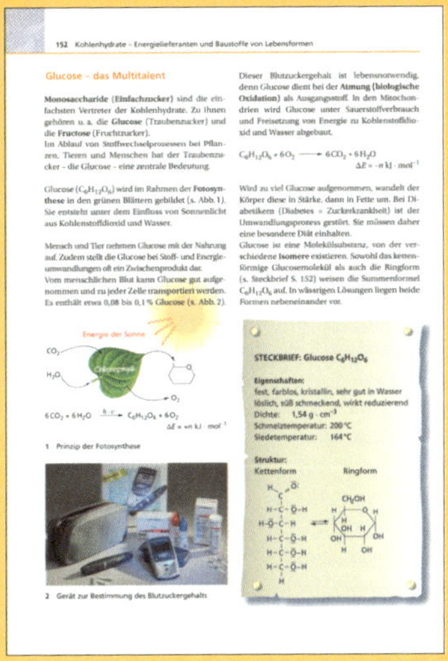

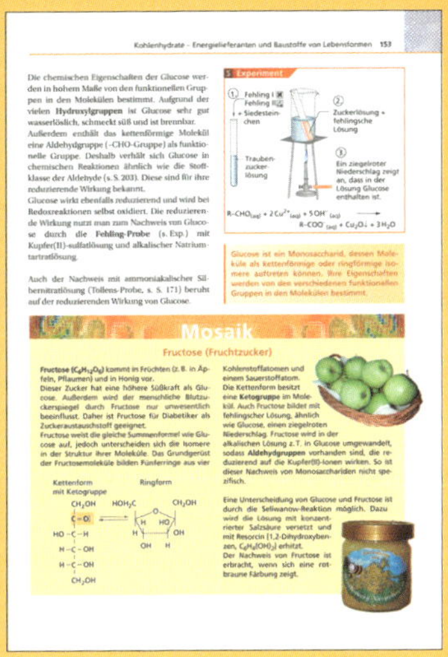

Inhaltsseiten

vermitteln dir – unterstützt durch **Merksätze,** Tabellen und Übersichten – chemisches Grundlagenwissen über wichtige Begriffe, Gesetze, Erscheinungen und Zusammenhänge.
Teste mithilfe der Aufgaben, ob du den Text verstanden hast.

Das Mosaik

enthält zusätzliche Informationen.

Steckbriefe

geben zusammengefasste Daten zu wichtigen Stoffen.

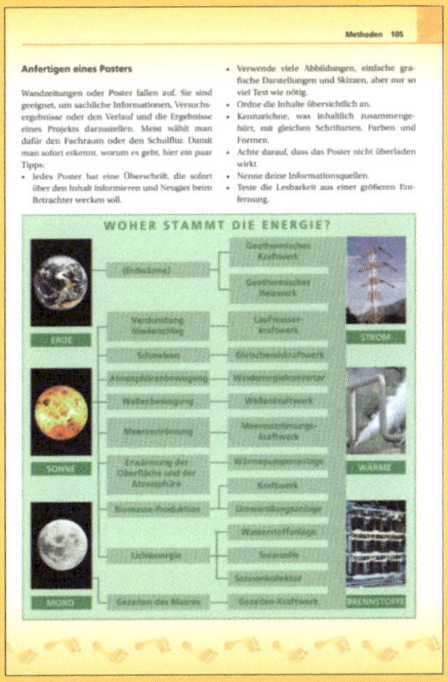

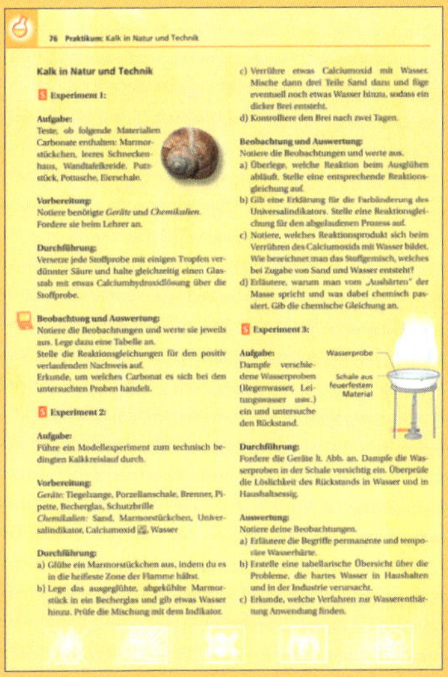

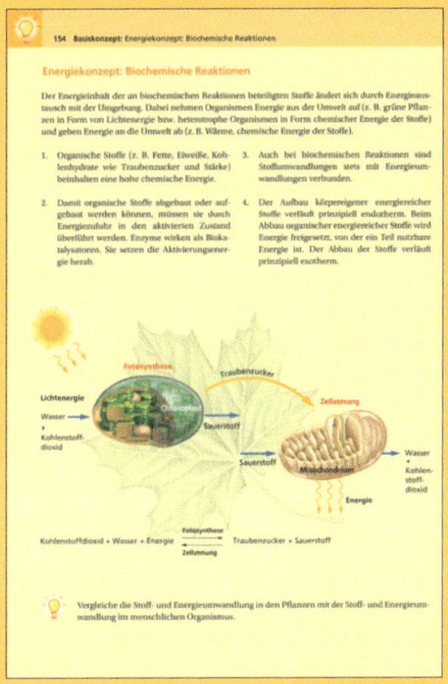

Methodenseiten

Für die Chemie charakteristische Denk- und Arbeitsweisen zeigen dir, wie du bei bestimmten Tätigkeiten vorgehen kannst.

Praktikum

- **S** Schülerexperimente, bei denen keine Gefahrstoffe genutzt werden.
- **S** Schülerexperimente, bei denen Gefahrstoffe verwendet werden oder entstehen. Du erkennst sie an den Piktogrammen.
- **L** Lehrerexperimente

Basiskonzeptseiten

Diese Seiten veranschaulichen grundlegende chemische Konzepte, Prinzipien oder Zusammenhänge. Auf die Basiskonzepte lassen sich fast alle chemischen Fachinhalte zurückführen.

Chemie

Lehrbuch für die Klassen 9/10
Berlin

Herausgeber
Dr. Christine Ernst
Dr. Adria Wehser
Dr. Sven Scheurell

DUDEN PAETEC Schulbuchverlag

Berlin · Frankfurt a. M.

Herausgeber
Dr. Christine Ernst
Dr. Adria Wehser
Dr. Sven Scheurell

Autoren
Frank-Michael Becker
Mirjam Brockmann
Jens Bussen
Dr. Christine Ernst
Dr. Lutz Grubert
Günter Hauschild
Ute Lilienthal
Dr. Gabriele Mederow
Bernd Sauer
Dr. Gerhard Schellenberg
Dr. Sven Scheurell
Dr. Adria Wehser

Beiträge von
Dr. Lutz Grubert, Dr. Claus Endisch, PD Dr. habil. Barbara Gau, Andrea Mohrenweiser, Angelika Neumann, Gottfried Röbbecke, Klaus Saffian (†), Holger Steps

Landesbegutachter
Dr. Angela Köhler-Krützfeld, Hohen Neuendorf und Jens Schorn, Berlin

Dieses Buch enthält Vorschläge und Anleitungen für **Untersuchungen** und **Experimente.**
Vor jedem Experiment sind mögliche Gefahrenquellen zu besprechen. Die Gefahrstoffe sind durch die entsprechenden Symbole gekennzeichnet.
Experimente werden nur nach Anweisung des Lehrers durchgeführt. Solche mit Gefahrstoffen dürfen nur unter Aufsicht durchgeführt werden.
Beim Experimentieren sind die Richtlinien zur Sicherheit im naturwissenschaftlichen Unterricht einzuhalten.

1. Auflage *
1 6 5 4 3 2 | 2013 2012 2011 2010 2009
Alle Drucke dieser Auflage können im Unterricht nebeneinander benutzt werden.
Die letzte Zahl bezeichnet das Jahr des Druckes.

Internet www.duden.de

Redaktion Dr. Sven Scheurell
Gestaltungskonzept und Umschlag Britta Scharffenberg
Layout Jessica Kupke
Grafik Renate Diener, Reinhild Gluszak, Wolfgang Gluszak, Christiane Gottschlich, Christiane Mitzkus, Heike Möller, Walther-Maria Scheid
Titelbild Salze (mauritius images/Foodpix), Spiegelei (mauritiusimages/J. Westrich), Verpackungen (DRK, Köln)
Druck und Bindung DZA Druckerei zu Altenburg GmbH, Altenburg

ISBN 978-3-8355-4010-1

Inhaltsverzeichnis

Pils
Weißwein
trocken
COGNAC
XO
Korn
Sekt
BRUT

1 Säuren und Laugen aus Erde, Feuer, Luft und Wasser

1.1 Säuren und saure Lösungen

Blaukohl oder Rotkohl?

Rotkohl ist eine beliebte Gemüsesorte. Wer den frischen Kohl zubereitet, wird feststellen, dass seine ursprüngliche Farbe gar nicht rot, sondern eher blauviolett ist. Erst beim Kochen, nach Zugabe von etwas Essig oder Zitronensaft, ändert sich diese Tönung plötzlich – die blaue Farbe verschwindet und der Kohl wird rot.

Wie kommt diese Farbänderung zustande?

Lebensnotwendig und lebensgefährlich zugleich

Zitrusfrüchte enthalten Citronensäure – eine Säure, die als Säuerungsmittel vielen Lebensmitteln zugesetzt wird.

Die Salzsäure in unserem Magen wirkt bei der Eiweißverdauung mit und tötet mit der Nahrung aufgenommene Mikroorganismen ab. Ein Schluck von der konzentrierten Salzsäure könnte jedoch zu schlimmen Verletzungen führen.

Warum können Säuren so unterschiedliche Wirkungen auf den menschlichen Organismus haben?

Der saure Regen und seine Folgen

Wegen seiner Bedeutung als Lebensraum wird die Beschaffenheit des Waldes jährlich untersucht. Viele Bäume des Waldes sind mehr oder weniger geschädigt. Neben Schädlingen und Trockenperioden scheint dabei insbesondere der saure Regen eine entscheidende Ursache für die Schädigungen zu sein.

Was ist saurer Regen? Wie entsteht er?

Vorsicht: Säuren?!

Säuren und saure Lösungen sind jedem aus dem Alltag bekannt. Viele Früchte schmecken säuerlich – sie enthalten **Fruchtsäuren** (Weinsäure, Apfelsäure, Citronensäure).
Kohlensäure ist nicht nur Bestandteil von Erfrischungsgetränken, sondern spielt auch in der Natur eine bedeutende Rolle (s. S. 74).
Für ein Dressing benötigt man neben Öl auch Essig. Essig schmeckt aufgrund der **Essigsäure** sauer.
Die **Salzsäure** im Magen (Magensäure) ist Voraussetzung für die Wirksamkeit von Enzymen und hemmt das Wachstum schädlicher Bakterien.
Zu den technisch wichtigen Säuren gehört die **Schwefelsäure,** die z. B. an Ladungs- und Entladungsvorgängen in Autobatterien beteiligt ist.
Phosphor- und **Salpetersäure** werden zur Produktion von Düngemitteln (s. S. 86) genutzt. Außerdem verwendet man Salpetersäure in der Elektrotechnik zum Ätzen von Leiterplatten. Salzsäure (Chlorwasserstoffsäure) findet gleichfalls in der Technik vielseitigen Einsatz, z. B. bei der Beseitigung von Oxidschichten auf Metalloberflächen und von Mörtelresten auf Fliesen.

S Experiment

Prüfe es selbst

Aufgabe:
Untersuche die Wirkung von Salzsäure auf verschiedene Substanzen.

Vorbereitung:
Geräte: Reagenzgläser, Reagenzglasständer, Pipette, Schutzbrille
Chemikalien: Salzsäure (20 %ig ☒), Magnesiumspan 🔥, Marmorstück, Eiweißlösung (ein Eiklar mit 150 ml 0,9 %iger Kochsalzlösung verquirlt)

Durchführung:
Tropfe zu jeder Probe Salzsäure hinzu.
Achtung! Beachte die Sicherheitsregeln S. 10.

Beobachtung und Auswertung:
Notiere die Beobachtungen und formuliere jeweils, welche Wirkung die Säure auf die Materialien hat.

Die Säuren in Lebensmitteln sind für uns eigentlich nicht gefährlich, jedoch beim Essig kommt es schon auf die Konzentration (s. S. 34) der Essigsäure an.
Essigessenz enthält einen hohen Anteil von Essigsäure in einem bestimmten Volumen. Es handelt sich um eine **konzentrierte Säure,** die zu den Gefahrstoffen gehört.
Durch Verdünnen mit Wasser lässt sich aus der konzentrierten Säure eine **verdünnte Säure** herstellen. Der Säureanteil in einem bestimmten Volumen ist bei verdünnten Säuren deutlich geringer. Trotzdem zählen auch viele verdünnte Säuren – je nach ihrer Konzentration – zu den Gefahrstoffen.
Beim Verdünnen muss immer die Säurelösung zum Wasser gegeben werden! Geht man umgekehrt vor, passiert es häufig, dass heiße, konzentrierte Säure verspritzt und man sich dabei verletzt.
Ursache ist die stark Wasser anziehende Wirkung vieler konzentrierter Säuren. Beim Verdünnen wird Energie frei (s. Exp.). Man bezeichnet sie als **hygroskopische** Stoffe.
Säuren und ihre Lösungen sind ätzend und greifen Eiweiße an. Außerdem sind einige Säuren giftig. Daher dürfen sie im Haushalt, in der Technik und im Chemielabor nur unter Beachtung bestimmter **Sicherheitsregeln** verwendet werden.

So wie Säuren und ihre Lösungen im Labor nur mit Arbeitsschutzkleidung genutzt werden dürfen, müssen viele Haushaltschemikalien ebenfalls vorsichtig und unter Beachtung der Hinweise auf dem Etikett (s. Abb. rechts) verwendet werden, weil sie oft saure Lösungen enthalten.

Säuren und ihre Lösungen sind ätzende und häufig auch giftige Substanzen.
Beim Umgang mit ihnen sind die Sicherheitsregeln einzuhalten.

S Experiment

Prüfe es selbst

Aufgabe:
Miss die Temperaturveränderung beim Verdünnen von konzentrierter Salzsäure.

Vorbereitung:
Geräte: hohes Becherglas, Reagenzglas, Glasstab, Thermometer, Schutzbrille
Chemikalien: 10 ml konzentrierte Salzsäure (vom Lehrer abfüllen lassen!), 100 ml Wasser

Durchführung:
Gib zuerst das Wasser in ein hohes Becherglas und bestimme die Temperatur.
Gieße nun vorsichtig, langsam und unter ständigem Rühren die Säure in das Wasser. Miss die Temperatur erneut.

Beobachtung und Auswertung:
Welche Schlussfolgerung lässt sich aus der Beobachtung ziehen?

Sicherheitsregeln für das Arbeiten mit Säuren und ihren Lösungen

1. Arbeitsschutzkleidung tragen! (Schutzbrille, Kittel)
2. Mit kleinsten Mengen arbeiten!
3. Nicht kosten!
4. Dämpfe nicht einatmen!
5. Vorsicht beim Um- und Abfüllen!
6. Verdünnungsregel: „Erst das Wasser, dann die Säure, sonst geschieht das Ungeheure."
7. Kurze, sichere Transportwege wählen!
8. Glasgefäße vorsichtig absetzen!
9. Erste Hilfe: ausreichend Wasser zum Abspülen und Verdünnen!
10. Bei Verätzungen der Haut zum Arzt!

STECKBRIEF: Salzsäure – echt ätzend

Salzsäure ist der Trivialname für die **Chlorwasserstoffsäure** mit der Formel **HCl.**

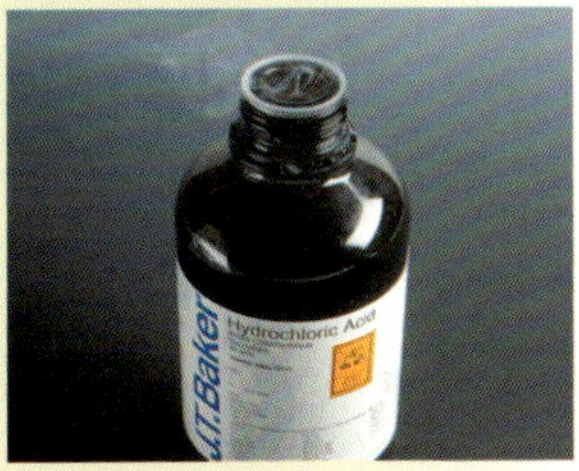

Handelsübliche Lösungen sind:
rauchende Salzsäure: 36 %ig,
konzentrierte Salzsäure: 30 %ig,
verdünnte Salzsäure: 7 %ig.

Eigenschaften: ätzend wirkende, farblose Flüssigkeit; gut elektrisch leitfähig, stechend riechend, leicht flüchtig, verdampft ohne Rückstand, bildet mit zunehmender Konzentration an der Luft weiße Nebel
Dichte: abhängig vom Massenanteil ω_{HCl} (S. S. 34).

ω_{HCl}	7 %	8 %	10 %	30 %	36 %
ρ in $g \cdot cm^{-3}$	1,033	1,038	1,047	1,149	1,179

Vorkommen: Magensäure (wirkt bei der Eiweißverdauung mit und tötet Mikroorganismen ab)

Verwendung: wichtige technische Säure (Ätzen von Metallen, Entfernung von Kalkrückständen an Fliesen, Aufschluss von Erzen), Reagenz für Analysen, Lebensmittelzusatzstoff E 507 (dient u. a. der Zuckergewinnung aus Maisstärke)

Besonderheit: Salzsäure ist die wässrige Lösung des Gases Chlorwasserstoff. Im Labor wird dieses Gas durch die Reaktion von Kochsalz mit Schwefelsäure gewonnen. Auf diese Methode geht der Name „Salzsäure“ zurück.

STECKBRIEF: Schwefelsäure – das Blut der Chemie

Schwefelsäure ist eine wichtige technische Säure mit der Formel $\mathbf{H_2SO_4}$.

Konzentrierte Schwefelsäure
($\omega_{H_2SO_4} \approx$ 96 – 98 %):
Eigenschaften: ölige, stark ätzende Flüssigkeit, leitet den elektrischen Strom sehr schlecht, hygroskopisch, zersetzt organische Stoffe, oxidierende Wirkung
Dichte: $1{,}84\,g \cdot cm^{-3}$
Schmelztemperatur: 10 °C
Siedetemperatur: 338 °C (zersetzlich)

Verdünnte Schwefelsäure
Eigenschaften: stark ätzende Flüssigkeit, leitet den elektrischen Strom, färbt Indikatoren charakteristisch, Salzbildungsreaktionen
Dichte: abhängig von der Konzentration

Verwendung: Batteriesäure, Trocknungsmittel, Herstellung von Düngemitteln, wichtiger Katalysator in der chemischen Industrie, Rohstoff zur Waschmittelherstellung (Sulfonate)

Besonderheit: Konzentrierte Schwefelsäure ist so stark hygroskopisch, dass sie organischen Stoffen wie Holz, Zucker und Papier sogar chemisch gebundenes Wasser entzieht. Übrig bleibt Kohlenstoff. Auf diese Weise entsteht aus Zucker schwarze Zuckerkohle (s. Abb.).

Säuren als Stoffklasse

Dissoziation in Wasser

Kochsalz ist wie alle Salze fest und leitet den elektrischen Strom nicht. Beim Lösen des Salzes in Wasser entsteht jedoch eine elektrisch leitfähige Lösung. Die Ursache liegt darin, dass die im Ionengitter des Salzes (s. S. 55) auf festen Gitterplätzen fixierten Ionen in der Lösung frei beweglich werden (s. Abb. 1).
Diesen „Zerfall" des Ionengitters in positiv geladene Kationen und negativ geladene Anionen beschrieb der schwedische Chemiker SVANTE ARRHENIUS (1859 - 1927) in seiner Ionentheorie im 19. Jahrhundert. Den Prozess bezeichnete er als **Dissoziation** (lat. *dissociatio* = Trennung) und die elektrisch leitfähige Lösung als **Elektrolyt.**
An die unterschiedlich geladenen Ionen lagern sich die Dipolmoleküle des Wassers entsprechend ihrer Ladungsschwerpunkte an. Deshalb liegen alle Ionen in wässrigen Lösungen immer in einer **Hydrathülle** vor. Man sagt, die Ionen sind hydratisiert oder **aquatisiert,** und kennzeichnet dies durch den Zusatz (aq) in der Reaktionsgleichung.

$$NaCl \xrightarrow{(H_2O)} Na^+_{(aq)} + Cl^-_{(aq)}$$

Löst man eine konzentrierte Säure in Wasser (Achtung: erst das Wasser, dann die Säure!), sind ähnliche Prozesse zu beobachten: Die Säuremoleküle zerfallen in positiv geladene **Wasserstoff-Ionen** und negativ geladene **Säurerest-Ionen.**

$$HCl \xrightarrow{(H_2O)} H^+_{(aq)} + Cl^-_{(aq)}$$

Anders als bei den Salzen werden hier Atombindungen in den neutralen Säuremolekülen getrennt. Trotzdem entstehen auch bei der Dissoziation von Säuren aquatisierte Ionen (s. Abb.), die maßgeblich die Eigenschaften **saurer Lösungen** bestimmen.
Die frei beweglichen Ladungsträger bilden die Ursache für die gute elektrische Leitfähigkeit saurer Lösungen. Die kleinen Wasserstoff-Ionen sind chemisch sehr aggressiv und bedingen die ätzende Wirkung. Fast alle chemischen Reaktionen von Säuren (s. S. 15 und S. 80) beruhen auf der hohen Reaktivität der aquatisierten Wasserstoff-Ionen.

> **Säuren sind Stoffe, deren Moleküle in wässrigen Lösungen in frei bewegliche Wasserstoff-Ionen und Säurerest-Ionen dissoziieren.**

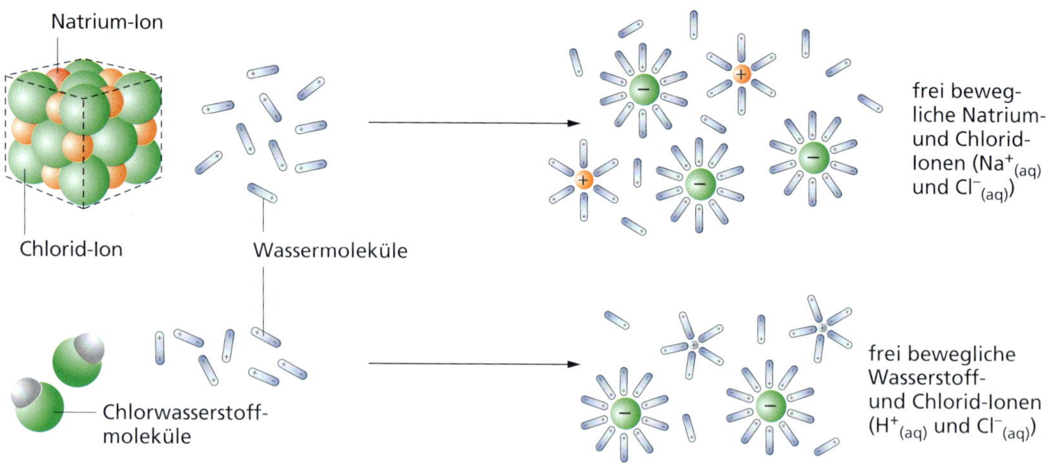

1 Bei der Dissoziation von Salzen und Säuren in Wasser entstehen aquatisierte Ionen.

Die bei der Dissoziation gebildeten Säurerest-Ionen sind charakteristisch für die jeweiligen Säuren (s. Tab.). Daraus ergeben sich teilweise unterschiedliche Eigenschaften der Säuren.

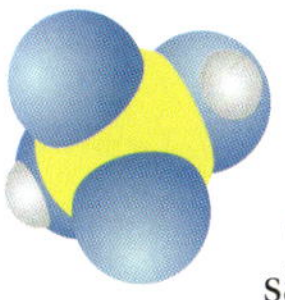

So ist das Sulfat-Ion zweifach negativ geladen und geht andere chemische Reaktionen ein als Chlorid- oder Nitrat-Ionen. Aufgrund der Ladung des Säurerest-Ions enthält ein Schwefelsäuremolekül (s. Abb.) zwei Wasserstoffatome. In diesem Fall erfolgt die Reaktion mit Wasser stufenweise:

$$H_2SO_4 \xrightarrow{(H_2O)} H^+_{(aq)} + HSO_4^-{}_{(aq)}$$
(Hydrogensulfat-Ion)

$$HSO_4^- \xrightarrow{(H_2O)} H^+{}_{(aq)} + SO_4^{2-}{}_{(aq)}$$
(Sulfat-Ion)

$$H_2SO_4 \xrightarrow{(H_2O)} 2\,H^+_{(aq)} + SO_4^{2-}{}_{(aq)}$$

Da pro Säuremolekül zwei Wasserstoff-Ionen gebildet werden, bezeichnet man Schwefelsäure auch als zweiwertige Säure.

Aufgaben

1. Begründe, warum beim Umgang mit Säuren besondere Sicherheitsregeln einzuhalten sind.

2. Stelle den Prozess der Dissoziation von Salpetersäure in Wasser mithilfe der chemischen Zeichensprache dar.

3. Erläutere an einem selbst gewählten Beispiel, worauf die charakteristischen Eigenschaften von Säuren beruhen.

4. Erkläre, warum hoch konzentrierte schwefelsäure den elektrischen Strom schlecht leitet und mäßig verdünnte Schwefelsäure ein guter elektrischer Leiter ist. Triff eine begründete Vermutung zur elektrischen Leitfähigkeit stark verdünnter Schwefelsäure.

5. Begründe anhand entsprechender Reaktionsgleichungen, warum Phosphorsäure eine mehrwertige Säure ist.

Namen und chemische Zeichen ausgewählter Säuren und ihrer Säurerest-Ionen

	Säure		Säurerest-Ionen		Wasserstoff-Ionen
	Name	Formel	Name	Formel	
Sauerstofffreie Säuren	Chlorwasserstoffsäure	HCl	Chlorid-Ionen	Cl^-	H^+
	Schwefelwasserstoffsäure	H_2S	Sulfid-Ionen Hydrogensulfid-Ionen	S^{2-} HS^-	$2\,H^+$ H^+
Sauerstoffhaltige Säuren	Salpetersäure	HNO_3	Nitrat-Ionen	NO_3^-	H^+
	Kohlensäure	H_2CO_3	Carbonat-Ionen Hydrogencarbonat-Ionen	CO_3^{2-} HCO_3^-	$2\,H^+$ H^+
	Schwefelsäure	H_2SO_4	Sulfat-Ionen Hydrogensulfat-Ionen	SO_4^{2-} HSO_4^-	$2\,H^+$ H^+
	schweflige Säure	H_2SO_3	Sulfit-Ionen Hydrogensulfit-Ionen	SO_3^{2-} HSO_3^-	$2\,H^+$ H^+
	Phosphorsäure	H_3PO_4	Phosphat-Ionen Hydrogenphosphat-Ionen Dihydrogenphosphat-Ionen	PO_4^{3-} HPO_4^{2-} $H_2PO_4^-$	$3\,H^+$ $2\,H^+$ H^+

Nachweis von sauren Lösungen

Säurelösungen sind meist ätzend. Da viele Lösungen nicht auf den ersten Blick als Säurelösungen erkennbar sind, ist es wichtig zu prüfen, ob Säuren enthalten sind oder nicht. Dazu verwendet man Stoffe, die unter dem Einfluss von Säuren die Farbe wechseln.

Blauer Rotkohlsaft färbt sich bei Zugabe von Zitronensaft rot. Schwarzer Tee wird heller. Ursache ist jeweils der Anteil an Citronensäure im Saft von Zitrusfrüchten. Bei Zugabe anderer Säurelösungen würde man ähnliche Beobachtungen registrieren. Rotkohlsaft und Tee enthalten **Indikatoren** (lat.: *indicare* = anzeigen). Diese Stoffe zeigen bei Zugabe saurer Lösungen **charakteristische Farbreaktionen.**

Ursache sind die in der Lösung enthaltenen einfach positiv geladenen **Wasserstoff-Ionen H^+**. Sie bewirken alle gemeinsamen Eigenschaften von Säurelösungen (s. S. 12).

Im Chemieunterricht und im Labor verwendet man andere Farbindikatoren (s. Tab.), bei denen die Farbreaktionen noch besser sichtbar sind. Besonders beliebt ist Unitestlösung, deren Färbung sich schrittweise mit der Wasserstoff-Ionenkonzentration ändert (s. S. 42).

Indikatoren sind Stoffe, die durch Farbänderungen u. a. einen Überschuss an Wasserstoff-Ionen anzeigen.

Indikatoren für Säurelösungen

Handelsüblicher Indikator	Farbe bei saurer Lösung
Unitest (Universalindikator)	rot
Lackmus (blau)	rot
Phenolphthalein	farblos
Bromthymolblau	gelb

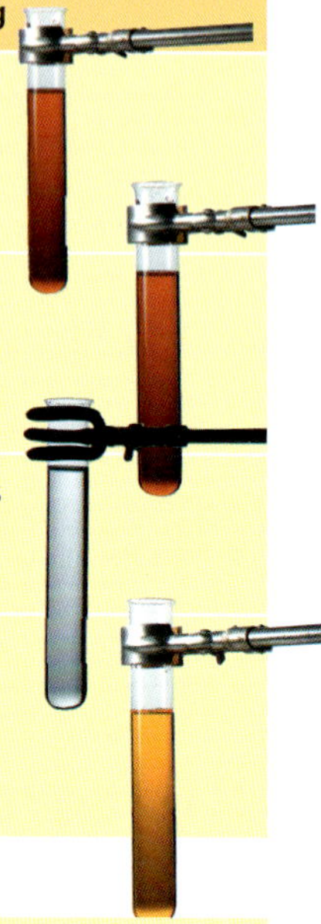

Aufgaben

1. Welche Färbung ist zu erwarten, wenn Unitestlösung zum Saft einer Zitrone gegeben wird? Begründe deine Vermutung.

2. Zu einer unbekannten Lösung wird Unitestlösung gegeben. Die Flüssigkeit färbt sich rot. Benenne die Ursache für diese charakteristische Farbreaktion.

S Experiment

Prüfe es selbst

Aufgabe:
Prüfe verschiedene Säuren mit pH-Papier.

Vorbereitung:
Fordere die für das Experiment benötigten *Geräte* und *Chemikalien* beim Lehrer an.

Durchführung:
1. Teste verdünnte Salzsäure ☒ mit einem Teststreifen.
2. Halte einen Teststreifen in Haushaltsessig.

Beobachtung und Auswertung:
Vergleiche beide Beobachtungsergebnisse. Leite eine Aussage über die Zusammensetzung von Haushaltsessig ab.

Mosaik

Reaktionen von Säurelösungen mit Metallen

Der saure Regen (s. S. 17 ff.) ist ein ernst zu nehmendes Problem, da saure Lösungen mit unterschiedlichen Stoffen reagieren. Viele Baustoffe werden durch den sauren Regen zersetzt und dadurch beschleunigt sich die Verwitterung von entsprechenden Bauwerken.
Jedoch nicht nur Marmorskulpturen und kalkhaltiger Mörtel werden angegriffen. In Industriegebieten, in denen die Umweltbelastung durch Abgase hoch ist, weisen metallische Werkstoffe deutlich schneller Schäden auf als in Gegenden mit einer geringeren Luftbelastung.
Offensichtlich besteht ein Zusammenhang. Die Metalle reagieren mit den Säuren. Dabei handelt es sich u. a. um Magnesium, Zink und Eisen.
Gibt man eine Salzsäurelösung zu einem Magnesiumspan oder zu einem Stückchen Zink, erfolgt eine Reaktion, bei der gasförmiger Wasserstoff entsteht (s. Abb. 1). Außerdem bilden sich Magnesiumchlorid bzw. Zinkchlorid.

$$Mg + 2\,H^{+}_{(aq)} + 2\,Cl^{-}_{(aq)} \longrightarrow Mg^{2+}_{(aq)} + 2\,Cl^{-}_{(aq)} + H_2\uparrow$$

$$Zn + 2\,H^{+}_{(aq)} + 2\,Cl^{-}_{(aq)} \longrightarrow Zn^{2+}_{(aq)} + 2\,Cl^{-}_{(aq)} + H_2\uparrow$$

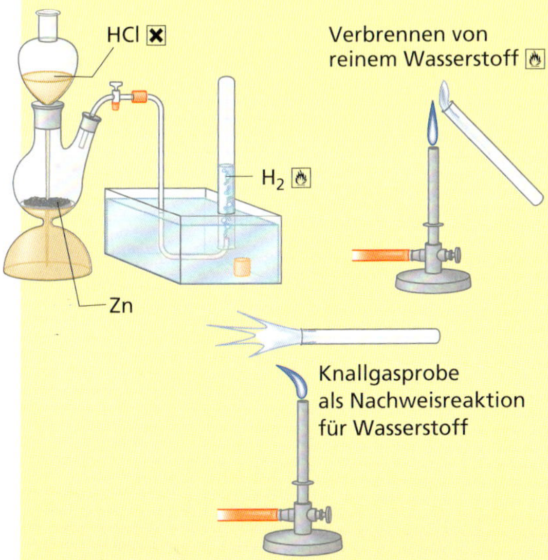

1 Das unedle Metall Zink reagiert mit Salzsäure unter Bildung von Wasserstoff und Zinkchlorid.

Unedle Metalle wie Magnesium und Zink werden von allen Säuren angegriffen und reagieren mit verdünnten Säurelösungen zu Salzen. **Edelmetalle** wie Silber und Gold sind dagegen gegen viele Säuren beständig.
Mischt man allerdings konzentrierte Salpetersäure und Salzsäure im Verhältnis von 1 : 3, bildet dieses Gemisch sogar mit Gold Salze, „löst" das Edelmetall also auf. Es wird daher auch als **Königswasser** bezeichnet.
Mithilfe dieser besonderen Lösung gelang es NIELS BOHR (1885–1962), seine Nobelpreismedaille zu verstecken.
Er hatte 1922 den Nobelpreis für Physik für die Forschungen zur Struktur der Atome und der von ihnen ausgehenden Strahlung erhalten.
1943 musste er aus seinem besetzten Heimatland fliehen. Die Medaille konnte er nicht mitnehmen. So nutzte er seine chemischen Kenntnisse und löste sie mithilfe von Königswasser kurzerhand auf. Die Lösung blieb unbeachtet im Labor stehen.
Nach Beendigung des Krieges kehrte der Wissenschaftler nach Dänemark zurück. Aus der Lösung wurde durch chemische Reaktionen das Gold zurückgewonnen und die Medaille neu gepresst.

2 Metalle werden nach ihrer Fähigkeit, chemische Reaktionen einzugehen, eingeteilt.

Struktur-Eigenschafts-Konzept: Säuren und saure Lösungen

Die typischen Eigenschaften von Säuren und Säurelösungen ergeben sich aus der ähnlichen Art, Anordnung und den ähnlichen Wechselwirkungen zwischen den Teilchen.

Art der Teilchen: Säuremoleküle sind aus Atomen verschiedener Elemente aufgebaut. Sie enthalten immer Wasserstoffatome, die in Form von Wasserstoff-Ionen abgegeben werden können.

Anordnung der Teilchen: Innerhalb der Säuremoleküle sind die Atome durch polare Atombindungen verbunden. Aufgrund der polaren Bindungen bilden sich in Säuremolekülen Ladungsschwerpunkte aus. Daraus ergeben sich Wechselwirkungen der Säuremoleküle untereinander, aber auch mit Molekülen anderer Stoffe, z. B. mit Wassermolekülen.

Wechselwirkungen zwischen den Teilchen: Durch Wechselwirkung mit Wassermolekülen dissoziieren Säuremoleküle in Wasserstoff-Ionen und Säurerest-Ionen. Die aquatisierten Wasserstoff-Ionen $H^+_{(aq)}$ bestimmen maßgeblich die Eigenschaften der sauren Lösungen.

$$\text{Säuremolekül} \xrightarrow{\text{(Wasser)}} \text{Wasserstoff-Ion} + \text{Säurerest-Ion}$$

Struktur des Moleküls der Schwefelsäure

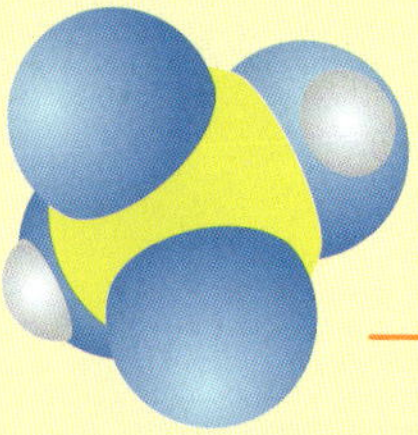

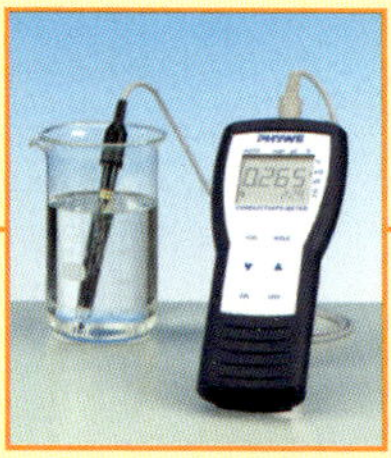

Die bei der Dissoziation gebildeten Wasserstoff-Ionen und Säurerest-Ionen sind in der wässrigen Lösung frei beweglich. Deshalb leiten Säurelösungen den elektrischen Strom.

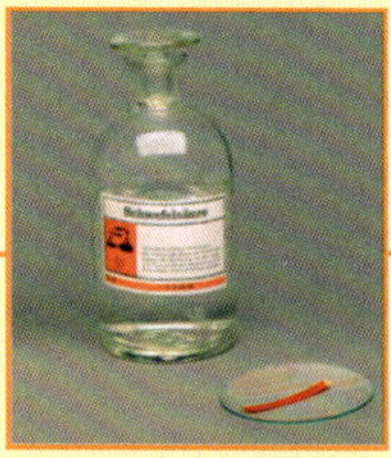

Wässrige Säurelösungen enthalten Wasserstoff-Ionen. Durch diese Ionen werden bei Indikatoren charakteristische Farbreaktionen ausgelöst.

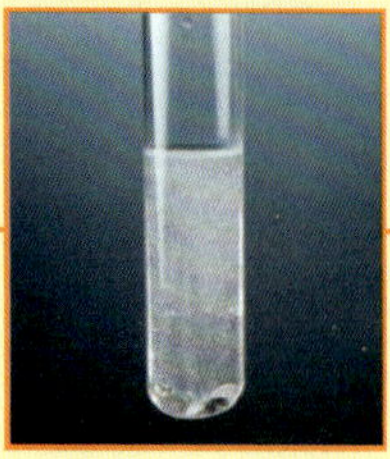

Die Wasserstoff-Ionen sind chemisch sehr reaktiv. Deshalb wirken Säuren ätzend und reagieren sehr gut mit unedlen Metallen. Dabei entstehen Wasserstoff und die jeweiligen Metallsalze.

Salzsäure ist die wässrige Lösung von Chlorwasserstoff (HCl). Beschreibe den Bau der Chlorwasserstoffmoleküle. Was passiert beim Einleiten von Chlorwasserstoff in Wasser?

Saurer Regen – saures Wasser – saurer Boden

Regenwasser ist von Natur aus schwach sauer, weil im Wasser der Atmosphäre aus natürlichen Prozessen stammendes Kohlenstoffdioxid gelöst wird. Kohlenstoffdioxid reagiert mit Wasser teilweise zu **Kohlensäure,** die in Wasserstoff-Ionen und Hydrogencarbonat-Ionen dissoziiert.

$$CO_{2(aq)} + H_2O \longrightarrow H_2CO_{3(aq)}$$

$$H_2CO_{3(aq)} \longrightarrow H^+{}_{(aq)} + HCO_3{}^-{}_{(aq)}$$

Durch Verbrennung fossiler Brennstoffe (s. S. 129), z. B. in Kohlekraftwerken, erzeugt der Mensch zusätzliches Kohlenstoffdioxid.

$$C + O_2 \longrightarrow CO_2$$

Fossile Brennstoffe enthalten Schwefel bzw. Schwefelverbindungen. Dadurch entsteht bei der Verbrennung auch **Schwefeldioxid.**

$$S + O_2 \longrightarrow SO_2$$

Dieses Nichtmetalloxid bildet mit Wasser **schweflige Säure,** die ebenfalls in wässriger Lösung dissoziiert (s. Exp.).

$$SO_{2(aq)} + H_2O \longrightarrow H_2SO_{3(aq)}$$

$$H_2SO_{3(aq)} \longrightarrow 2\,H^+{}_{(aq)} + SO_3{}^{2-}{}_{(aq)}$$

Durch den Sauerstoff der Luft wird die schweflige Säure auch zu **Schwefelsäure** oxidiert. Dadurch nimmt der Gehalt an Wasserstoff-Ionen im Regenwasser weiter zu.

$$2\,H_2SO_{3(aq)} + O_2 \longrightarrow 2\,H_2SO_{4(aq)}$$

$$H_2SO_{4(aq)} \longrightarrow 2\,H^+{}_{(aq)} + SO_4{}^{2-}{}_{(aq)}$$

Ähnliche chemische Reaktionen finden mit dem Stickstoff der Luft und mit **Stickstoffoxiden** (NO_x) statt. Letztere werden vor allem bei der Verbrennung von Treibstoffen durch Autos und Flugzeuge freigesetzt.

Durch den zusätzlichen Eintrag von Nichtmetalloxiden in die Atmosphäre steigt die Wasserstoff-Ionenkonzentration im Regenwasser an.

Nichtmetalloxid + Wasser ⟶ Säurelösung

Der saure Regen führt zur Versauerung der Gewässer und des Bodens. Dadurch werden Pflanzen und andere Lebewesen geschädigt. Außerdem verstärkt der saure Regen die Korrosion von Metallkonstruktionen und anderen Bauwerken.

Aufgabe

Informiere dich, durch welche Prozesse Stickstoffoxide in die Atmosphäre gelangen. Erkläre anhand eines Reaktionsschemas, wie daraus Salpetersäure entsteht.

L Experiment

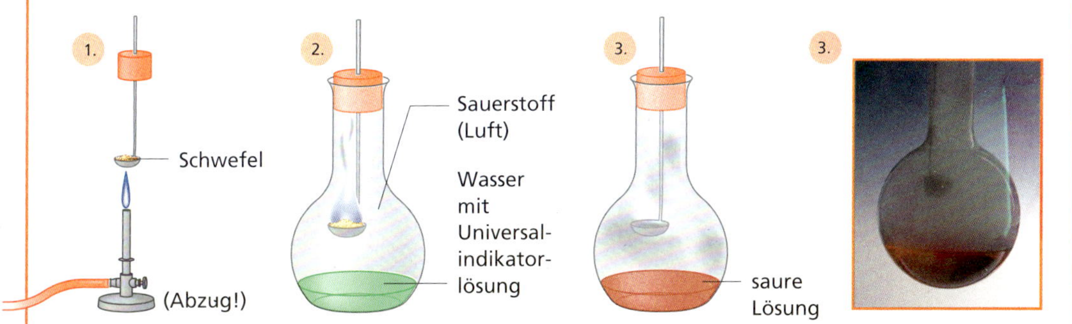

1 Darstellung einer sauren Lösung (wässrige Lösung der schwefligen Säure) im Laborexperiment.

Thema

Recherchiere, z. B. unter www.schuelerlexikon.de, welche Umweltschäden der „saure Regen“ verursacht.

1 Kranke Wälder sind eine der Folgen des sauren Regens.

Der durch den Menschen verursachte **saure Regen** schädigt die Umwelt, z. B. durch Versauerung der Gewässer und des Bodens. Im Boden existieren aus dem Verwitterungsprozess stammende Metallverbindungen, die wegen ihrer Unlöslichkeit für das Bodenleben ohne Bedeutung waren. Durch Säuren werden diese nun in wasserlösliche Stoffe überführt und von den Pflanzen aufgenommen. Sie stören deren Stoffwechselprozesse.
Von besonderer Bedeutung sind die Schäden im Assimilationsgewebe, die die **Fotosynthese** beeinträchtigen. Es können aber auch Schäden an den Wurzeln auftreten, die dann zu Störungen in der Wasser- und Nährsalzaufnahme führen. Erkennbar sind die Wirkungen des sauren Regens an Wuchsstörungen der Pflanzen, am Abwerfen von Nadeln bzw. Blättern an der Wipfeldürre und Kronenverlichtung und schließlich am Tod der Pflanzen (s. Abb. 1).
Auch an Bauwerken und Metallkonstruktionen verursacht der saure Regen durch chemische Reaktionen Schäden. Carbonate in Baumaterialien werden durch die Säuren des sauren Regens in lösliche Verbindungen überführt und vom Regenwasser weggespült. Die Bauwerke bzw. Kunstwerke verlieren zunächst ihre Konturen und später ihre Stabilität.

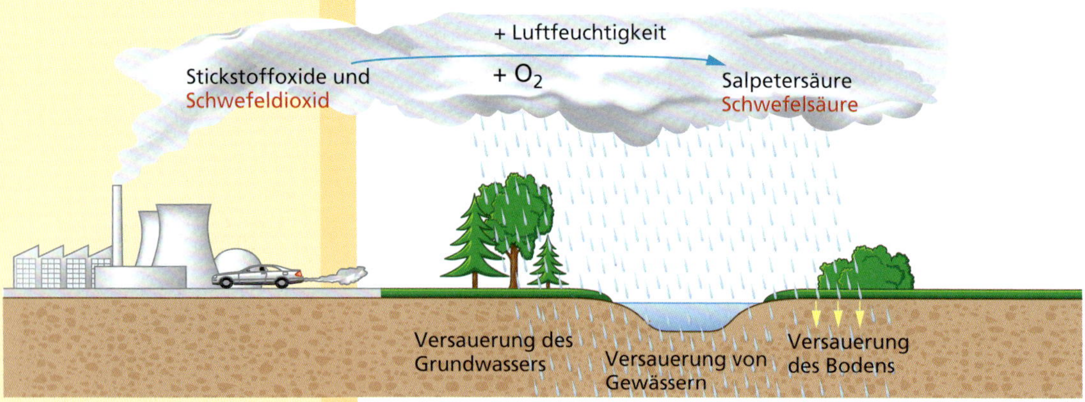

... und mehr

Informiere dich auch unter: *Schwefeldioxid-Emissionen und Abgasreinigung; Wie geht es dem deutschen Wald?; pH-Wert als abiotischer Umweltfaktor*

Chemie im Kontext

Von der Schwerkraft befreit?

Beim **Verdünnen konzentrierter Säurelösungen** gilt: „Erst das Wasser, dann die Säure, sonst geschieht das Ungeheure!"
Nenne weitere Sicherheitsregeln, die beim Verdünnen eingehalten werden müssen. Beschreibe und begründe, wie man beim Verdünnen von Säuren vorgehen muss.

Beim **Umgang mit Säuren** und ihren Lösungen muss man geeignete Schutzkleidung tragen. Insbesondere beim Verdünnen von Säuren sind eine Schutzbrille, die auch seitlich geschlossen ist, und bei hoch konzentrierten Säuren Schutzhandschuhe zu tragen. Säuregefäße müssen immer sicher transportiert und vorsichtig abgestellt werden. Dämpfe darf man nicht einatmen. Die Mengen, mit denen man arbeitet, müssen so gering wie möglich sein, damit das Unfallrisiko vermindert wird.

Konzentrierte Säuren sind häufig **hygroskopisch**. Will man sie verdünnen, füllt man zuerst in ein Gefäß Wasser. Beachtet man die Verdünnungsregel nicht, besteht Spritzgefahr. Zum Wasser gibt man langsam und unter ständigem Rühren die Säure in sehr geringen Portionen hinzu. Das ist notwendig, weil beim Verdünnen ein deutlicher Temperaturanstieg erfolgt. Gibt man eine zu große Menge der konzentrierten Säure in das Wasser, steigt die Temperatur zu schnell. Durch die Überhitzung könnte ebenfalls Flüssigkeit aus dem Gefäß spritzen.
Gelangen Spritzer auf die Haut, muss konzentrierte Säure erst mit einem Lappen abgetupft und dann mit viel Wasser abgespült werden. Spritzer verdünnter Säure werden sofort mit Wasser abgespült. Sind diese in das Auge gelangt, muss sofort mit Wasser von innen nach außen gespült werden.
Auf alle Fälle ist der Lehrer zu informieren! Bei Verätzungen muss so schnell wie möglich ein Arzt aufgesucht werden!

Erdbeeren mit Milch – nicht jedermanns Sache

Im Juni reifen bei uns die Erdbeeren. Diese Früchte kann man in vielen Varianten zubereiten. Man kann das Obst beispielsweise zuckern und anschließend mit Milch übergossen genießen. Dies ist jedoch nicht jedermanns Sache, da sich die **Milch** (besonders Frischmilch) häufig verändert, wenn sie mit den Erdbeeren vermischt wird.
Wie ist diese Veränderung zu erklären?

Milch ist ein Stoffgemisch. Unter anderem enthält dieses Stoffgemisch Eiweiße. 100 ml Kuhmilch beinhalten beispielsweise ungefähr 3,0 g Eiweiße (u. a. das sogenannte Kasein). Diese Eiweiße werden durch Säuren zur Gerinnung gebracht. Man bezeichnet diesen Prozess als **Denaturierung** (s. S. 185).
In den Erdbeeren sind in unterschiedlichen Mengen Fruchtsäuren gespeichert. Auch diese organischen Säuren reagieren mit dem Milcheiweiß, sodass die Milch in Abhängigkeit vom Säuregehalt gerinnen kann. Für viele sieht das Dessert dadurch unappetitlich aus.
Ein ähnlicher Prozess läuft ab, wenn Frischmilch erst sauer und dann dick wird. Die Säure, die dabei die Gerinnung bewirkt, entsteht durch die Tätigkeit von **Milchsäurebakterien** aus Milchzucker. Bei warmen Temperaturen haben die Mikroorganismen gute Lebensbedingungen und die Milch wird schneller dick.

gewusst · gekonnt

1. Erweitere dein Glossar.

Glossar

Dissoziation
Indikator
Molekülsubstanz
Salzsäure
Säure
Säurerest-Ionen
saure Lösungen

2. Vergleiche Salzsäure und Schwefelsäure. Leite daraus die charakteristischen Eigenschaften von Säuren ab.

3. In die folgenden Reihen passt jeweils ein Begriff nicht hinein. Finde ihn und begründe deine Entscheidung.
   a) Rotkohlsaft, Lackmus, Orangensaft, Schwarztee, Bromthymolblau
   b) Sulfat-Ion, Chlorid-Ion, Phosphat-Ion, Hydrogencarbonat-Ion

4. S Verquirle ein rohes Eiklar mit 150 ml isotonischer Kochsalzlösung ($\omega_{NaCl} = 0{,}9\,\%$). Filtriere diese Mischung über Glaswolle ab.
   a) Gib zu dieser Eiweißlösung verdünnte Salzsäure ☒.
   Notiere deine Beobachtung.
   b) Stelle einen Zusammenhang zu den Funktionen der Salzsäure im Magen her.

5. ✱ Nahrungsmittel verderben nicht so leicht, wenn man sie sauer einlegt oder einsäuert. Erkläre, warum sich derartig behandelte Lebensmittel länger halten.

6. S Ein Salatdressing enthält farblosen Tafelessig. Überprüfe Tafelessig mit Universalindikatorlösung. Welche Schlussfolgerung lässt sich aus der Beobachtung ableiten? Begründe deine Antwort.

7. Gib für mindestens drei Indikatoren die Färbung an, die bei Zugabe zu einer sauren Lösung eintritt. Nenne die Ursache für die Indikatorfärbung.

8. Leitet man Chlorwasserstoffgas über trockenes Universalindikatorpapier, erfolgt keine Farbänderung. Ist das Indikatorpapier angefeuchtet, färbt es sich rot.
   Erkläre diese unterschiedlichen Beobachtungen.

9. ✱ Beim Verdünnen von konzentrierter Schwefelsäure mit Wasser sind eine Temperaturerhöhung und eine Änderung der elektrischen Leitfähigkeit zu registrieren.
   Leite begründete Schlussfolgerungen ab.

10. S Überprüfe die Eigenschaften der Lösungen folgender Säuren (jeweils 5 %ig): Chlorwasserstoffsäure ☒, Salpetersäure ☒ und Schwefelsäure ☒. Notiere die Beobachtungen.
    a) Teste die elektrische Leitfähigkeit.
    b) Gib jeweils einige Tropfen Unitestlösung zu Proben der Säurelösungen.
    c) Versetze Zink-, Eisen- bzw. Kupferproben mit den Säurelösungen.
    d) Versetze Kalkproben (Kalkstein oder Marmorstückchen) mit den Säurelösungen.

11. S

Viele Menschen genießen schwarzen Tee mit Zitrone. Bei Zugabe des Zitronensafts ändert der Tee seine Farbe.

a) Überprüfe diese Aussage experimentell. Teste anschließend Zitronensaft mit Unitestlösung und werte aus.
b) Tropfe zu Teeproben jeweils verdünnte Salzsäure ☒ bzw. verdünnte Schwefelsäure ☒ und werte aus.
c) Formuliere eine Vermutung über die Ursache der Farbänderung des schwarzen Tees bei Zugabe von Zitrone.

12. S Der Lehrer übergibt dir drei Reagenzgläser, in denen sich destilliertes Wasser, verdünnte Salzsäure ☒ bzw. verdünnte Schwefelsäure ☒ befinden.
Ermittle experimentell, in welchen Reagenzgläsern Säuren enthalten sind.

13. ✱ Wird eine Flasche mit konzentrierter Salzsäure geöffnet, stellt man einen stechenden Geruch fest.
Kannst du diesen stechenden Geruch erklären? Was vermutest du?

14. In den Medien wird immer wieder auf die Schädigungen an Bäumen und Gebäuden in Abhängigkeit von der Belastung der Umwelt mit Luftschadstoffen hingewiesen.
Besteht wirklich ein Zusammenhang?
Stelle die zugrunde liegenden Prozesse in einem Reaktionsschema dar.

15. In einem im 19. Jh. zur Herstellung von Natriumsulfat genutzten technischen Verfahren setzte man Kochsalz mit konzentrierter Schwefelsäure um. Daraus ergaben sich zu jener Zeit massive Umweltprobleme.

> ***„Ein großer Übelstand hierbei ist die Chlorwasserstoffsäure, welche durch die Einwirkung der Schwefelsäure auf das Kochsalz entsteht, und, indem sie gasförmig entweicht, nicht allein dem Menschen sehr beschwerlich, sondern auch der Vegetation der Umgegend verderblich wird."***
>
> *Quelle: August, E. F.: Handwörterbuch der Chemie und Physik, 2. Bd., Berlin 1845*

a) Stelle die Reaktionsgleichung für die beschriebene Reaktion auf.
b) Erkläre, weshalb es durch Chlorwasserstoffgas im Zusammenhang mit Luftfeuchtigkeit zu Umweltschäden kommt.
c) Beschreibe Folgen für Menschen und Pflanzen, die sich daraus ergeben.
d) Schlage eine Methode vor, um das Entweichen von Chlorwasserstoffgas in die Umwelt zu verhindern.

16. Beschreibe die Arbeitsschritte zur Herstellung von schwefliger Säure im Experiment.
Übertrage diese Darstellungsmöglichkeit auf mindestens zwei weitere Beispiele.
Formuliere eine Verallgemeinerung.

17. Mit speziellen Indikatoren oder einem pH-Meter kann man testen, ob Regenwasser sauer ist oder nicht.

a) Erkläre, warum natürliches Regenwasser nicht neutral ist.
b) Ermittle experimentell,ob der Regen in deiner Region leicht oder stark sauer ist.

Wahlbereich: Schwefelsäure und Sulfate

Schwefelsäure – eine wichtige Grundchemikalie

Schwefelsäure ist mit einer Menge von ca. 150 Mio. Tonnen pro Jahr die am meisten produzierte Chemikalie auf der Welt.

1. *Fertige ein Kugel-Stab-Modell eines Schwefelsäuremoleküls an. Erkläre anhand dieses Modells die Reaktion der Säure mit Wasser.*

2. *Trage Eigenschaften der Schwefelsäure zusammen und erläutere sie.*

2 Greenpeace-Aktivisten blockieren das Dünnsäure-Verklappungsschiff „Kronos" im Hafen von Nordenham.

Schwefelsäure findet in vielen Bereichen Verwendung (s. Abb. 1), beispielsweise bei der Herstellung von Farbpigmenten. Dazu findet man im Internet bei www.wikipedia.de u a. folgende Aussagen: „Dünnsäure ist die Bezeichnung für verdünnte Schwefelsäure. Sie entsteht unter anderem als Abfallprodukt bei der Titandioxid- und Farbstoffherstellung und kann neben maximal 25 % Schwefelsäure noch Schwermetalle und halogenierte Kohlenwasserstoffe enthalten. Der größte Teil der mehr als 5 Millionen Tonnen jährlich in Europa anfallenden Dünnsäure wurde früher in der Nordsee von Schiffen verklappt oder per Pipeline ins Meer geleitet. Nach Protesten von Umweltverbänden stellte Deutschland 1989 und Großbritannien 1993 die Verklappung ein."

3. *Bewerte die im Zitat getroffenen Aussagen.*

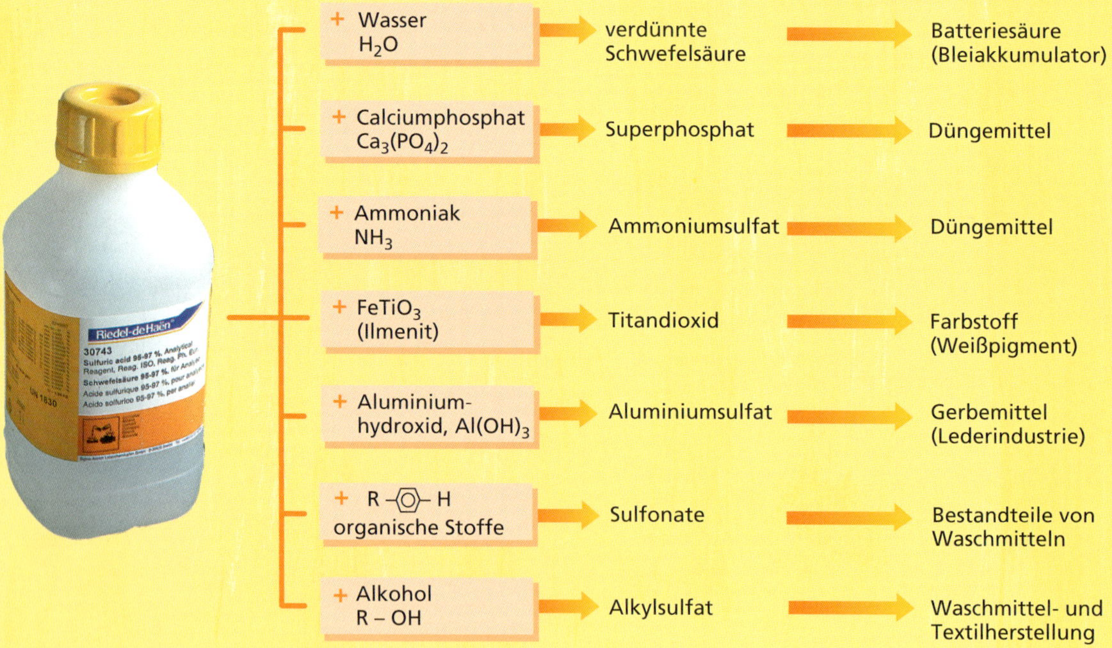

1 Verwendung der Schwefelsäure

L Experiment 1
Konzentrierte Schwefelsäure im Test

Aufgabe:
Die Wirkung konzentrierter Schwefelsäure auf verschiedene Substanzen soll untersucht werden.

Vorbereitung:
Geräte und Chemikalien: hohe Bechergläser, Reagenzgläser, alter Tafellappen, Kristallzucker, Eiklar, Eisen, konzentrierte Schwefelsäure

Durchführung:
Die Proben werden jeweils mit einigen Tropfen konzentrierter Schwefelsäure versetzt.

Beobachtung und Auswertung:
Notiere deine Beobachtungen.

a) Stelle den Zusammenhang zu den Eigenschaften der konzentrierten Schwefelsäure her.
Informiere dich dazu auch über die elementare Zusammensetzung von Zucker und anderen organischen Stoffen.

b) Leite aus den Ergebnissen des Experimentes Maßnahmen zum Umgang mit konzentrierter Schwefelsäure ab.

4. *Warum entsteht beim Einwirken der konzentrierten Schwefelsäure auf Kristallzucker Zuckerkohle? Erkläre die Beobachtung, die auf der Abbildung 1 dokumentiert wurde.*

S Experiment 2
Verdünnte Schwefelsäure im Test

Aufgabe:
Untersuche die Wirkung von verdünnter Schwefelsäurelösung auf verschiedene Substanzen.

Vorbereitung:
Geräte und Chemikalien:
Reagenzgläser, Reagenzglashalter, Pipette, Magnesiumspäne, Eisenspäne, Zinkgranulat, Marmorstückchen, verdünnte Schwefelsäure

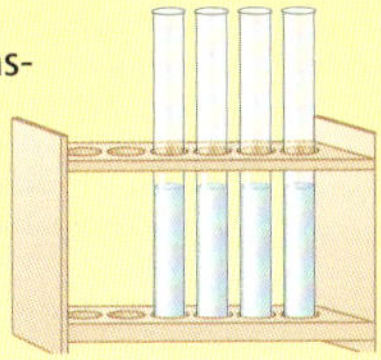

Durchführung:

a) Gib in je ein Reagenzglas eine kleine Stoffprobe Metall und versetze sie mit ca. 4 ml der Schwefelsäurelösung.

b) Versetze ein Marmorstück mit ca. 4 ml der Schwefelsäurelösung.

Beobachtung und Auswertung:
Notiere deine Beobachtungen.

a) Stelle die Reaktionsgleichungen für die Reaktionen mit den Metallen auf.
Begründe, warum konzentrierte Schwefelsäure nur sehr schlecht mit diesen Metallen reagiert.

b) Versuche, die Reaktion der Säure mit Marmor zu erklären.
Welche Reaktionsprodukte könnten entstanden sein? Wie kann die Vermutung experimentell überprüft werden?

1 Zucker wurde mit konzentrierter Schwefelsäure versetzt.

2 Schwefelsäure zersetzt Carbonate und greift viele Metalle an.

Die technische Herstellung von Schwefelsäure

Die technische Herstellung von Schwefelsäure erfolgt in mehreren Schritten. Zuerst wird aus geeigneten Rohstoffen **Schwefeldioxid** als Zwischenprodukt gewonnen. Dazu oxidiert man elementaren Schwefel oder Schwefel aus sulfidischen Erzen. Der elementare Schwefel kann aus Schwefellagerstätten oder der Entschwefelung von Erdöl (s. S. 95 ff.) stammen.

1. *Ermittle Beispiele für sulfidische Erze.*

2. *Notiere die Reaktionsgleichung für die Reaktion von Schwefel mit Sauerstoff zu Schwefeldioxid. Bestimme die Reaktionsart und die Teilreaktionen.*

3. *Wiederhole Bau und Bedeutung bzw. Nutzung von Schwefeldioxid. Übertrage den Steckbrief (unten) in deinen Hefter und ergänze ihn.*

Der zweite Schritt zur technischen Gewinnung der Schwefelsäure ist die Oxidation von Schwefeldioxid zu **Schwefeltrioxid** im Kontaktofen.

4. *Wiederhole, wie durch den Einsatz von Katalysatoren chemische Reaktionen beeinflusst werden. Erläutere das Prinzip.*

L Experiment 1

Modellexperiment zur Bildung von Schwefeltrioxid

Aufgabe:
Führe bei nachfolgendem Lehrerexperiment Protokoll.

Vorbereitung:
Geräte und Chemikalien: Abdampfschale, Dreifuß, Tiegelzange, schwarzes Blatt Papier, Eisenwolle, Schwefel

Durchführung:
Unter dem Abzug (!) wird in einer Abdampfschale Schwefel bis zur Entzündung erhitzt. Vor einem schwarzen Hintergrund hält man über den brennenden Schwefel mit der Tiegelzange die Stahlwolle, welche vorher stark erwärmt wurde.

Beobachtung:
Beobachte die Vorgänge über der Stahlwolle gegen einen dunklen Hintergrund.

Auswertung:
1. Bei diesem Experiment entstand über zwei Teilschritte aus Schwefel Schwefeltrioxid. Formuliere beide Reaktionsgleichungen.
2. Welche Funktion hat die Stahlwolle bei diesem Versuch? Stelle eine Vermutung auf.

STECKBRIEF: Schwefeldioxid (SO_2)

Eigenschaften:
farbloses, stechend riechendes Gas, sehr gut in Wasser löslich, giftig, wirkt bleichend

Dichte: $2{,}93\ g \cdot l^{-1}$

Schmelztemperatur: –76 °C

Siedetemperatur: –10 °C

STECKBRIEF: Schwefeltrioxid (SO_3)

Eigenschaften:
farblose, stark ätzende Flüssigkeit, unter 17 °C eisartige Masse, giftig, in Wasser löslich, hygroskopisch, bildet an der Luft weiße Nebel

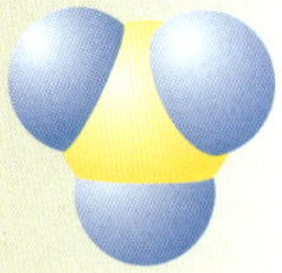

Dichte: $1{,}97\ g \cdot cm^{-3}$

Schmelztemperatur: 17 °C

Siedetemperatur: 45 °C

Die **Kontaktöfen** enthalten anstelle der im Experiment (s. unten) verwendeten Stahlwolle Vanadium(V)-oxid.
Dieser **Katalysator** ermöglicht die Reaktion bei relativ niedriger Temperatur mit angemessener Geschwindigkeit. Trotzdem darf eine Temperatur von 420 °C nicht unterschritten werden, da der Katalysator unterhalb dieser Temperatur unwirksam wird.
Die Kontaktöfen enthalten das Vanadium(V)-oxid fein verteilt auf mehreren Böden. Dadurch vergrößert sich die Oberfläche des Katalysators, das Gasgemisch aus Schwefeldioxid und Luft (Sauerstoff) kann so schneller zu Schwefeltrioxid reagieren. Die Verteilung des Katalysators auf mehreren Böden unterdrückt das Aufheizen des Reaktionsapparates infolge der exotherm verlaufenden Oxidation des Schwefeldioxids.
Zwischen den Böden wird das Gasgemisch aus Schwefeldioxid, Schwefeltrioxid und Luft aus dem Kontaktofen heraus in **Wärmetauscher** geführt. Dort wird das Gemisch zwischengekühlt **(Gegenstromprinzip)** und so verhindert, dass Schwefeltrioxid wieder in die Ausgangsstoffe zerfällt.

5. *Die Reaktion im Kontaktofen wird in der chemischen Zeichensprache folgendermaßen dargestellt:*

$$2\,SO_2 + O_2 \rightleftharpoons 2\,SO_3$$

Interpretiere diese Reaktionsgleichung.

L Experiment 2
Modellexperiment zum Kontaktverfahren

Aufgabe:
Führe bei nachfolgendem Lehrerexperiment Protokoll.

Vorbereitung:
Die Versuchsanordnung wird nach Abbildung 1 aufgebaut.

Durchführung:
Zuerst wird die Wasserstrahlpumpe in Betrieb genommen.
Jetzt wird das Pyrit kräftig erhitzt und nach ungefähr drei Minuten auch der Katalysator.

Beobachtung:
Notiere die Beobachtungen im Verbrennungsrohr und in der zweiten Waschflasche.

Auswertung:
1. Gib an, welche Reaktionen jeweils ablaufen.
2. Was vermutest du, warum befindet sich zwischen dem Verbrennungsrohr und der Gaswaschflasche mit Wasser eine leere Gaswaschflasche?
3. Erläutere, wie durch Anwendung chemisch-technischer Arbeitsprinzipien der Umsatz von Schwefeldioxid in industriell betriebenen Kontaktöfen optimiert wird.

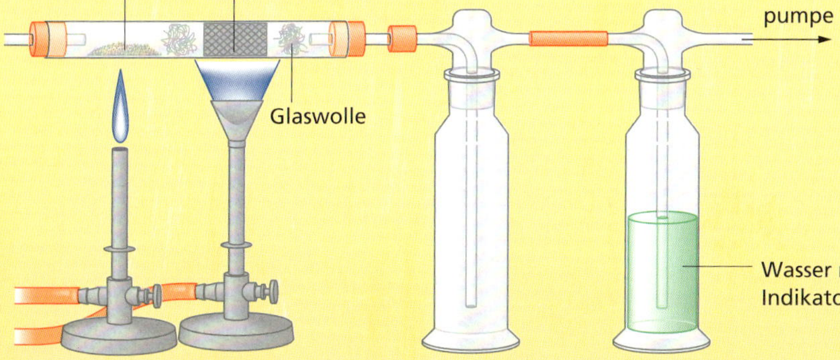

1 Versuchsanordnung für das Modellexperiment zum Kontaktverfahren

Im dritten Schritt wird das Schwefeltrioxid mit Wasser zu Schwefelsäure umgesetzt.

$$SO_3 + H_2O \longrightarrow H_2SO_4 \qquad \Delta E = -130\ kJ \cdot mol^{-1}$$

Zur **Absorption des Schwefeltrioxids** kann man aber kein reines Wasser verwenden, weil die exotherme Reaktion zu heftig ist. Mit Wasser würden ganz kleine Schwefelsäuretröpfchen entstehen, die im Absorptionsturm nicht zurückgehalten werden könnten und in die Atmosphäre gelangen würden.
Deshalb lässt man ca. 96 %ige Schwefelsäure im Gegenstrom zum Schwefeltrioxid in Absorptionstürmen von oben nach unten rieseln. Darin löst sich Schwefeltrioxid hervorragend unter Bildung von **Oleum** bzw. rauchender Schwefelsäure.
Das gelöste Schwefeltrioxid reagiert teilweise mit Schwefelsäure zu Dischwefelsäure (s. Reaktionsgleichung). Bei diesen Prozessen steigt die Temperatur weitaus weniger an als bei der Absorption mit Wasser.

$$SO_3 + H_2SO_4 \longrightarrow H_2S_2O_7$$

Um aus dem erhaltenen Stoffgemisch Schwefelsäure zu gewinnen, wird Frischwasser zugesetzt.

$$H_2S_2O_7 + H_2O \longrightarrow 2\,H_2SO_4$$

Dadurch stellt man Schwefelsäure in der gewünschten Konzentration von 96–98 % her. Ein Teil der Säure wird wieder als Absorptionsmittel eingesetzt **(Kreislaufprinzip)**. Die Hauptmenge der konzentrierten Schwefelsäure wird ihren industriellen Verwendungszwecken zugeführt.

Auf diese Weise lassen sich die Schwefeloxide aber nicht vollständig in Schwefelsäure überführen. Das Abgas enthält noch bis zu 0,5 % Schwefeloxide, die in der Atmosphäre zur Bildung des sauren Regens beitragen (s. S. 17 f.).
Deshalb wird in modernen Anlagen das Abgas nach der ersten Absorption noch einmal in einen Kontaktofen geleitet. Dort erfolgt die Oxidation des restlichen Schwefeldioxids zu Schwefeltrioxid. Daran schließt sich ein weiterer Absorptionsturm an (s. Abb. 1 S. 27).
Mit diesem sogenannten **Doppelkontaktverfahren** werden ca. 99,5 % des Schwefeldioxids zu Schwefelsäure umgesetzt. Das Abgas enthält nur noch ca. 0,05 % Schwefeloxide. Um die Atmosphäre nicht mit diesen Schadstoffen zu belasten, erfolgt eine Abgasreinigung.

6. *Lies den Text zum letzten Prozessschritt der technischen Schwefelsäureherstellung noch einmal durch.*
   a) *Begründe, warum man zur Absorption konzentrierte Schwefelsäure einsetzt.*
   b) *Vergleiche das einfache Kontaktverfahren mit dem Doppelkontaktverfahren.*

Zur **Abgasreinigung** (s. Abb.) absorbiert man das restliche Schwefeldioxid vollständig in einer Natriumsulfitlösung. Dabei entsteht Natriumhydrogensulfit, das in einem zweiten Reaktor thermisch zersetzt wird. Da die Zersetzung die Umkehrung der Absorption ist (s. Reaktionsgleichung), erhält man so reines Schwefeldioxid, welches wieder zum Kontaktofen geführt wird.
Das gereinigte Abgas aus dem ersten Reaktor kann in die Atmosphäre eingeleitet werden.

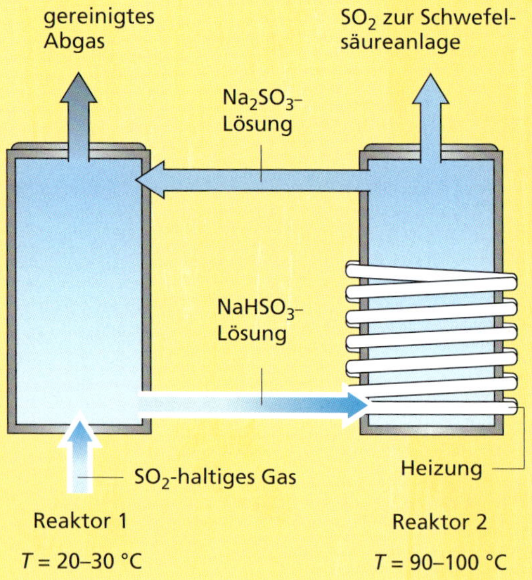

$$SO_3^{2-} + SO_2 + H_2O \rightleftharpoons 2\,HSO_3^-$$

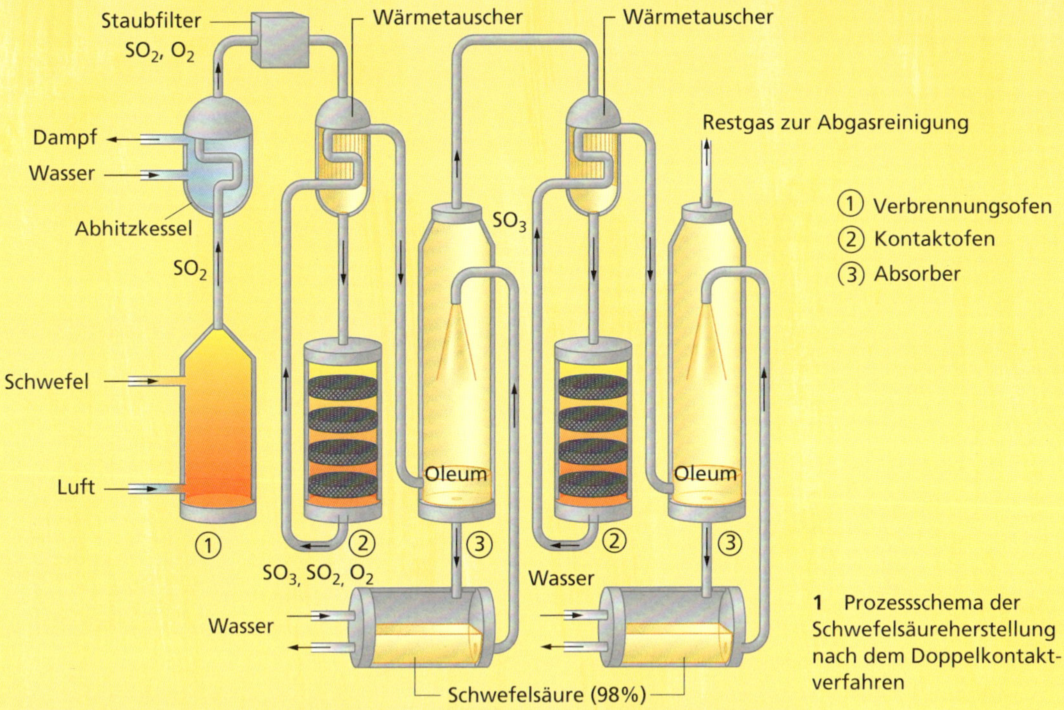

1 Prozessschema der Schwefelsäureherstellung nach dem Doppelkontaktverfahren

2 Moderne Industrieanlage zur Schwefelsäureherstellung

Chemisch-technisches Gerät	Verbrennungsofen ①	Kontaktofen ②	Absorber ③
Prozess	Bildung des Schwefeldioxids	Katalytische Oxidation zum Schwefeltrioxid	Reaktion zur Schwefelsäure
Reaktionsgleichung	$S + O_2 \longrightarrow SO_2$	$2\ SO_2 + O_2 \longrightarrow 2\ SO_3$	$H_2S_2O_7 + H_2O \longrightarrow 2\ H_2SO_4$

Sulfate

Sulfate und Hydrogensulfate sind die Salze der Schwefelsäure (s. Tab.). Das bekannteste Sulfat ist Calciumsulfat (Gips – $CaSO_4 \cdot 2\,H_2O$). Dabei handelt es sich um ein wasserhaltiges Mineral, das in der Natur vorkommt und Lagerstätten bildet. Das Mineral wird abgebaut und u. a. zu Baugips verarbeitet. Im Baumarkt erhält man gebrannten Gips, der erst mit Wasser angerührt werden muss.

S Experiment 1

Aufgabe:
Rühre Gips mit Wasser an und miss die Temperaturveränderung beim Abbinden.
Interpretiere deine Beobachtungen.

1. *Informiere dich über natürliche Vorkommen von Calciumsulfat (Gips). Was sind Anhydrit, Marienglas und Alabaster?*

S Experiment 2

Aufgabe:
Teste, ob die verwendete Wandtafelkreide aus Calciumsulfat oder aus Calciumcarbonat besteht.
Plane ein entsprechendes Experiment und arbeite dann nach diesem Plan. Führe Protokoll.

2 Auch unsere Tafelkreide besteht häufig aus Calciumsulfat.

Calciumsulfat (Gips) $CaSO_4 \cdot 2\,H_2O$	Baugewerbe, keramische Industrie (Gipsformen), Bildhauerei, Medizin, Tafelkreide
Bariumsulfat (Schwerspat) $BaSO_4$	Magenröntgen, Zusatzstoff im Beton für den Bau von Atomreaktoren, Herstellung weißer Malerfarbe, Kunstdruckpapiere
Natriumsulfat (Glaubersalz) $Na_2SO_4 \cdot 10\,H_2O$	Glasherstellung, Bestandteil einiger Waschmittel, Herstellung von Packpapier
Kaliumsulfat K_2SO_4	Düngemittel, Kochsalzersatz in diätischen Lebensmitteln
Kupfersulfat (Kupfervitriol) $CuSO_4 \cdot 5\,H_2O$	Bekämpfung von Schädlingen und Pilzkrankheiten, Herstellung galvanischer Kupferüberzüge
Aluminiumsulfat $Al_2(SO_4)_3$	Papierherstellung, macht Textilien wasserabstoßend, Gerben von Häuten, Beize in der Tuchfärberei, Reinigung von Abwasser
Eisen(II)-sulfat (Eisenvitriol) $FeSO_4 \cdot 7\,H_2O$	Unkrautbekämpfung, Färben
Magnesiumsulfat (Bittersalz) $MgSO_4 \cdot 7\,H_2O$	Abführmittel, Düngemittel

1 Verwendung von ausgewählten Sulfaten

1.2 Laugen – alkalische Lösungen

Ätzende Reinigungsmittel
In Haushalten werden verschiedene Reinigungsmittel eingesetzt. Rohrreiniger tragen häufig Gefahrstoffkennzeichnungen. Daraus geht hervor, dass die Stoffe ätzend sind.
Was für Stoffe sind in diesen Reinigungsmitteln enthalten? Worauf beruht die ätzende Wirkung? Welche Reaktionen laufen im Abwasserrohr ab?

Laugengebäck
In vielen Kinos werden neben Popkorn, Tacos und anderen Snacks auch Laugenbrezeln angeboten. Sie weisen eine schöne braune Färbung auf.
Wodurch kommt diese Färbung zustande?

Basen liebende Pflanzen
Einige Pflanzen benötigen für das optimale Wachstum eine ganz bestimmte Bodenreaktion. Orchideen wie der Frauenschuh sind niemals auf saurem Boden zu finden.
Welche Bodenreaktion zeichnet den Standort solch seltener Pflanzen wie Ragwurz aus? Wie kann man diese Bodenreaktion ermitteln?

Vom Natriumhydroxid und anderen Basen

Säuren kennt jeder aus dem Alltag, aber auch **Basen** spielen im täglichen Leben eine große Rolle. **Calciumhydroxid ($Ca(OH)_2$)** wird u. a. als Löschkalk bezeichnet und ist ein wichtiger Bestandteil von Kalkmörtel. Kalkwasser (Calciumhydroxidlösung) wird zur Gewinnung von Zucker verwendet. Die Lösung dient zum Ausfällen von Phosphaten aus der Rübenzuckerlösung. Im Labor nutzt man Kalkwasser als Nachweismittel für Kohlenstoffdioxid. Manchmal werden Baumstämme mit Kalkmilch (eine Aufschlämmung des Calciumhydroxids) eingestrichen, um sie vor Insektenbefall zu schützen.

Natriumhydroxid (NaOH) ist in Erzeugnissen zum Reinigen von verstopften Abflussrohren enthalten. Die konzentrierte Lösung (konzentrierte Natronlauge) zersetzt organische Substanzen. Große Mengen **Natronlauge** werden zur Seifenherstellung benötigt.

Laugengebäck wird vor dem Backen in eine 3 %ige Natronlauge getaucht. Durch diese Behandlung kommen die braune Färbung und der typische Geschmack zustande.

Eine wässrige Lösung von **Kaliumhydroxid (KOH),** die Kalilauge, bildet mit Fett wasserlösliche Verbindungen. Man setzt sie Industriereinigern zu, die z. B. zur Reinigung von Flaschen zum Einsatz kommen.

Die Aufzählung zeigt, dass systematischer und Trivialname oft voneinander abweichen (s. Tab.) können. Dabei werden die wässrigen Lösungen von Hydroxiden oft als Laugen bezeichnet.

Natrium-, Kalium-, Calciumhydroxid und ähnlich gebaute Stoffe sind kristalline Substanzen mit ätzender Wirkung. Ihre Lösungen (Laugen) fühlen sich seifig an, da sie die oberen Hautschichten angreifen.

Arbeitet man mit ihnen, müssen dieselben Sicherheitsregeln wie beim Umgang mit Säuren beachtet werden (s. S. 10).

> **Laugen sind wässrige Lösungen von Hydroxiden.**

Systematische und Trivialnamen

	Systematischer Name	Trivialname
NaOH/fest	Natriumhydroxid	Ätznatron
Lösung	Natriumhydroxid-lösung	Natronlauge
KOH/fest	Kaliumhydroxid	Ätzkali
Lösung	Kaliumhydroxid-lösung	Kalilauge
$Ca(OH)_2$/fest	Calciumhydroxid	Kalkhydrat Löschkalk
Lösung	Calciumhydroxid-lösung	Kalkwasser
$Ba(OH)_2$/fest	Bariumhydroxid	
Lösung	Bariumhydroxid-lösung	Barytwasser

Löst man Natrium-, Kalium-, Calcium- und Bariumhydroxid in Wasser, färbt sich die Lösung bei Zugabe von Unitest blau. Eine **alkalische (basische) Reaktion** wird angezeigt.

Die Ursache liegt darin, dass Metallhydroxide in Wasser in einfach negativ geladene Hydroxid-Ionen (OH^-) und in positiv geladene Metall-Ionen dissoziieren.

$$NaOH \xrightarrow{(H_2O)} Na^+_{(aq)} + OH^-_{(aq)}$$

$$Mg(OH)_2 \longrightarrow Mg^{2+}_{(aq)} + 2\,OH^-_{(aq)}$$

Die aquatisierten Hydroxid-Ionen rufen bei Säure-Base-Indikatoren andere Farbreaktionen hervor (s. Tab.) als die Wasserstoff-Ionen von Säuren.

Aufgrund der frei beweglichen Ladungsträger leiten alkalische Lösungen den elektrischen Strom. Auch die ätzende Wirkung der alkalischen Metallhydroxide und ihrer Lösungen ist auf die Hydroxid-Ionen zurückzuführen. Sie sind chemisch sehr reaktiv und greifen Eiweiße, Fette und sogar Metalle an.

Im Gegensatz zu den Säuren sind Metallhydroxide **Ionensubstanzen.** Die kristallinen Feststoffe sind aus Metall-Ionen und Hydroxid-Ionen aufgebaut, die in einem dreidimensionalen Gitter angeordnet sind. Die Ionen befinden sich auf festen Gitterplätzen und werden beim Lösen in Wasser frei beweglich.

Darin unterscheidet sich der **Dissoziationsprozess** von Säuren und Metallhydroxiden: Säuren bilden durch Reaktion mit Wasser aquatisierte Wasserstoff-Ionen und Säurerest-Ionen. Bei Metallhydroxiden sind die Ionen im Gitter vorhanden und werden durch Wasser getrennt.

Allerdings gibt es auch einige Molekülsubstanzen, z. B. Ammoniak (s. S. 84), die erst durch Reaktion mit Wasser Hydroxid-Ionen bilden. Beide Stoffgruppen gehören zu den **Basen.**

Basen sind Stoffe, die in wässrigen Lösungen in negativ geladene Hydroxid-Ionen und positiv geladene Ionen (meist Metall-Ionen) dissoziieren.

Charakteristische Indikatorfärbung bei alkalischen Reaktionen (Überschuss von OH^--Ionen)

Indikatoren	Farbe bei alkalischer Lösung
Universalindikator	blau
Lackmus	blau
Phenolphthalein	rot
Bromthymolblau	blau

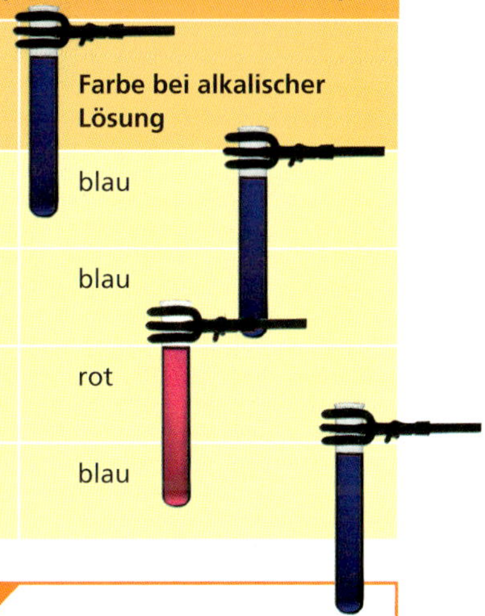

S Experiment

Prüfe es selbst

Aufgabe:
Teste die elekrische Leitfähigkeit von Natriumhydroxid und einer Natriumhydroxidlösung. Beschreibe die Vorgehensweise und werte die Ergebnisse aus.

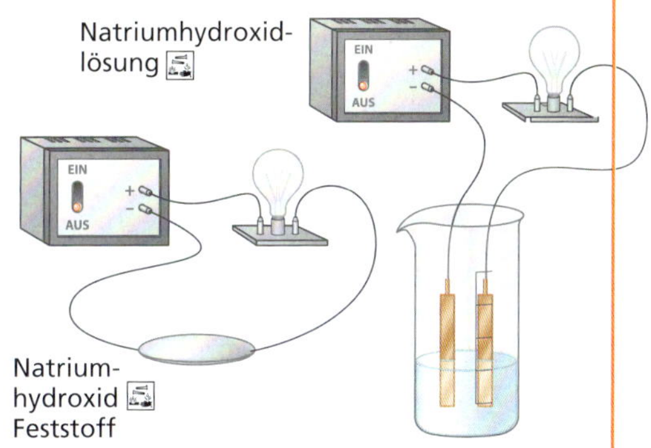

Aufgaben

1. Entwickle die Gleichungen für die Dissoziation von Kaliumhydroxid, Calciumhydroxid und Bariumhydroxid in Wasser.

2. Erkläre, worauf die Färbung von Indikatoren in alkalischen Lösungen beruht.

Struktur-Eigenschafts-Konzept: Metallhydroxide und alkalische Lösungen

Die typischen Eigenschaften von Metallhydroxiden und ihren wässrigen Lösungen ergeben sich aus der ähnlichen Art, der Anordnung und den ähnlichen Wechselwirkungen zwischen den Teilchen.

Art der Teilchen: Metallhydroxide bestehen aus positiv geladenen Metall-Ionen und negativ geladenen Hydroxid-Ionen.

Anordnung der Teilchen: Die Ionen sind regelmäßig in einem dreidimensionalen Ionengitter auf festen Gitterplätzen angeordnet. Das Verhältnis der Ionen im Kristall wird durch ihre Ladungen bestimmt. Die Ladungen der positiv und negativ geladenen Ionen heben sich gegenseitig auf.

Wechselwirkungen zwischen den Teilchen: Zwischen den entgegengesetzt geladenen Ionen wirken starke elektrostatische Anziehungskräfte im Gitter. Durch Wechselwirkung mit Wassermolekülen dissoziieren Metallhydroxide in aquatisierte Hydroxid-Ionen und Metall-Ionen.
Die Hydroxid-Ionen $OH^{-}_{(aq)}$ bestimmen maßgeblich die Eigenschaften der alkalischen Lösungen.

$$\text{Metallhydroxid} \xrightarrow{(H_2O)} \text{Metall-Ionen} + \text{Hydroxid-Ionen}$$

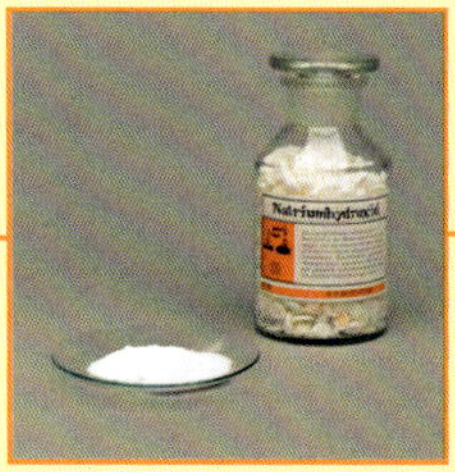

Metallhydroxide sind kristallin, weil zwischen den Ionen starke Anziehungskräfte wirken. Daher bilden Metallhydroxide stabile dreidimensionale Ionengitter.

Ionenkristall

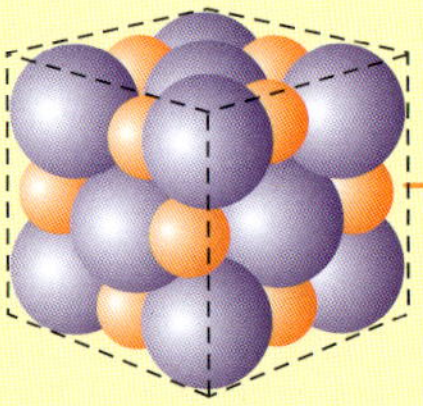

Metallhydroxidlösungen enthalten Hydroxid-Ionen. Diese bewirken bei Indikatoren eine charakteristische Färbung.

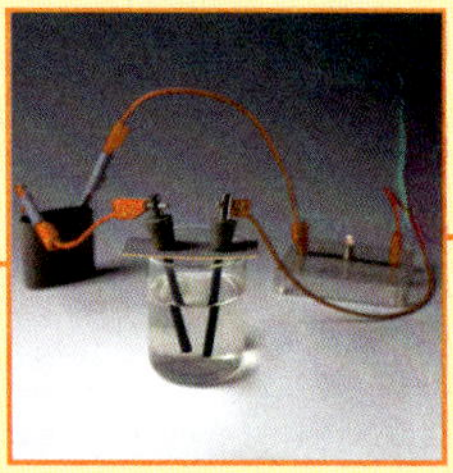

Lösungen und Schmelzen von Metallhydroxiden sind elektrisch leitfähig, weil in beiden Flüssigkeiten (anders als im Feststoff) frei bewegliche Ionen als Ladungsträger zur Verfügung stehen.

Vergleiche die Dissoziation von Säuren und basischen Metallhydroxiden an je einem selbst gewählten Beispiel.

Bildung alkalischer Lösungen

Alkalische Lösungen entstehen nicht nur beim Lösen von Metallhydroxiden in Wasser, sondern auch durch andere Reaktionen: Übergießt man Calciumoxid mit Wasser, erfolgt eine starke Wärmeentwicklung. Die entstandene trübe, weiße Flüssigkeit ist ätzend. Universalindikatorlösung färbt sich blau. Das Metalloxid hat mit Wasser zum Metallhydroxid reagiert, welches im Wasser z. T. gelöst vorliegt (s. Exp.).

$$CaO + H_2O \longrightarrow Ca^{2+}{}_{(aq)} + 2\,OH^-{}_{(aq)}$$

Ähnlich reagieren auch andere **Metalloxide.** Verbrennt man einen Magnesiumspan, bildet sich Magnesiumoxid. Versetzt man das entstandene Magnesiumoxid mit Wasser, färbt das Reaktionsprodukt den Unitestindikator ebenfalls blau.

$$MgO + H_2O \longrightarrow Mg^{2+}{}_{(aq)} + 2\,OH^-{}_{(aq)}$$

Ein entsprechendes Reaktionsprodukt bildet sich auch, wenn Natriumoxid mit Wasser in Berührung kommt.

$$Na_2O + H_2O \longrightarrow 2\,Na^+{}_{(aq)} + 2\,OH^-{}_{(aq)}$$

Metalloxid + Wasser ⟶ Metallhydroxid (Lösung)

Jedoch nicht nur die Metalloxide reagieren mit Wasser unter Bildung von Laugen, sondern auch die **unedlen Metalle.** Gibt man Natrium in ein Schälchen mit Wasser, verkleinert sich das Natriumstückchen sichtbar und scheint auf dem Wasser zu tanzen.

Ein zischendes Geräusch ist wahrzunehmen. Manchmal entzündet sich das Gas um das Stückchen Natrium mit einem mehr oder weniger starken Knall und verbrennt.
Phenolphthalein färbt sich rot. Nach kurzer Zeit hat sich das Natriumstückchen vollständig umgesetzt. Eine alkalische Lösung (Natronlauge) und Wasserstoff sind entstanden.

$$2\,Na + 2\,H_2O \longrightarrow 2\,Na^+{}_{(aq)} + 2\,OH^-{}_{(aq)} + H_2\uparrow$$

Zu den unedlen Metallen gehört auch Calcium. Bringt man ein Stückchen metallisches Calcium in Wasser, entsteht unter Wärmeabgabe eine trübe weißliche Lösung. Das Aufsteigen von Gasblasen kann beobachtet werden. Die Knallgasprobe verläuft positiv. Calciumhydroxid und Wasserstoff sind entstanden.

$$Ca + 2\,H_2O \longrightarrow Ca^{2+}{}_{(aq)} + 2\,OH^-{}_{(aq)} + H_2\uparrow$$

unedles Metall + Wasser ⟶ Metallhydroxid (Lösung) + Wasserstoff

S Experiment

Prüfe es selbst

Aufgabe:
Stelle alkalische Lösungen her.

Vorbereitung:
Geräte: Abdampfschale, Reagenzglas, Reagenzglasständer, Pipette, Pinzette, Schutzbrille, Becherglas
Chemikalien: Calciumoxid, Calcium, destilliertes Wasser, Indikatorpapier (z. B. Unitest)

Durchführung:
1. Tropfe zu Calciumoxid Wasser hinzu. Teste die Flüssigkeit dann mit Indikatorpapier.
2. Gib ein Stückchen Calcium mithilfe einer Pinzette in ein Reagenzglas. Tropfe Wasser hinzu und teste die Flüssigkeit mit Indikatorpapier.

Beobachtung und Auswertung:
Notiere die Beobachtungen und erkläre sie.

Mosaik

Ansetzen und Mischen von Lösungen

Lösungen von Stoffen sind keine Erfindung der Chemie, sondern begegnen uns in der Natur und im Alltag auf Schritt und Tritt. So sind Leitungswasser, Tinte, Hustensaft oder Tafelessig (s. Abb. rechts) keine reinen Stoffe, sondern Lösungen. Diese **homogenen Stoffgemische** bestehen aus einem Lösemittel und einem oder mehreren gelösten Stoffen.

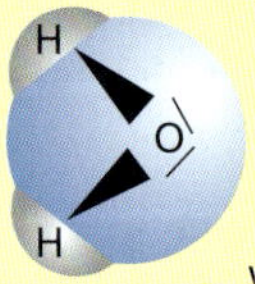

Das bekannteste **Lösemittel** ist **Wasser.** Aufgrund seiner polaren Molekülstruktur (s. Abb.) löst Wasser viele Salze, Säuren und Hydroxide. Auch Gase wie Sauerstoff oder Flüssigkeiten wie Alkohol lösen sich in bestimmtem Maße in Wasser.

Die Eigenschaften von Lösungen hängen in erster Linie von der Art des Lösemittels und des gelösten Stoffes (z. B. einer Säure oder Base) ab. Aber auch die mengenmäßige **Zusammensetzung,** d. h. die Anteile der einzelnen Bestandteile beeinflussen die Eigenschaften und damit die Verwendung.

So ist Tafelessig durchaus genießbar, während die höher konzentrierte Essigessenz unverdünnt zu den Gefahrstoffen zählt.

Die Anteile der einzelnen Bestandteile von Stoffgemischen werden durch verschiedene **Konzentrationsmaße** angegeben. Die gebräuchlichsten Konzentrationsmaße sind der **Massenanteil** und die **Stoffmengenkonzentration** des gelösten Stoffes.

Konzentrationsmaß	**Massenanteil** ω_i	**Stoffmengenkonzentration** c_i
Definition	Masse des gelösten Stoffes *(m_i)*; bezogen auf die Gesamtmasse der Lösung ($m_{Lösung}$)	Stoffmenge des gelösten Stoffes *(n_i)*; bezogen auf das Volumen der Lösung ($V_{Lösung}$)
Formel	$\omega_i = \frac{m_i}{m_{Lösung}}$	$c_i = \frac{n_i}{V_{Lösung}}$
Einheit	keine oder %	$mol \cdot l^{-1}$

Rechenbeispiel zur Stoffmengenkonzentration

Für einen Versuch im Chemieunterricht braucht Alex 50 ml Natronlauge der Stoffmengenkonzentration $0{,}1\ mol \cdot l^{-1}$. Die Masse an Natriumhydroxid, die er dazu in Wasser auflösen muss, ergibt sich aus der Stoffmenge:

$$n_{NaOH} = \frac{m_{NaOH}}{M_{NaOH}} = c_{NaOH} \cdot V_{Lösung}$$

$$m_{NaOH} = c_{NaOH} \cdot V_{Lösung} \cdot M_{NaOH}$$

Aus dem Periodensystem berechnet Alex die molare Masse von Natriumhydroxid und setzt die gegebenen Größen in die Gleichung ein. Um die benötigte Natronlauge herzustellen, muss er 200 mg festes Natriumhydroxid abwägen. Dieses löst er in wenig Wasser auf und füllt danach die Lösung auf 50 ml auf.

Rechenbeispiel zum Massenanteil

Physiologische Kochsalzlösung weist beispielsweise einen Massenanteil von 0,9 % auf. Die benötigte Masse Kochsalz zur Herstellung von 100 g dieser Lösung kann mithilfe folgender Formel berechnet werden:

$$m_{Kochsalz} = \frac{\omega_{Kochsalz}\ (\text{in}\ \%) \cdot m_{ges}}{100\ \%}$$

Es ergibt sich eine Masse von 0,9 g Kochsalz. Diese Masse muss in 99,1 g reinem Wasser gelöst werden.

Handelsübliche Lösungen weisen oft nicht die Konzentration auf, die man für Versuche benötigt, sondern sind meist relativ hoch konzentriert. Um die gewünschte Konzentration einzustellen, müssen die Lösungen mit Wasser verdünnt oder gemischt werden. Das Massenverhältnis, in dem die Lösungen gemischt werden, kann man über das einfach zu handhabende **Mischungskreuz** (s. Abb. 1) ermitteln. Dabei ergibt sich aus dem Verhältnis der Differenzen der Massenanteile der Ausgangslösungen das Mischungsverhältnis.

Im unten dargestellten Beispiel wird ermittelt, wie man aus einer 30%igen handelsüblichen Natronlauge (ω_{NaOH} = 30%) und destilliertem Wasser (ω_{NaOH} = 0%) eine verdünnte 10%ige Natronlauge (ω_{NaOH} = 10%) herstellen kann. Aus dem Mischungskreuz ergeben sich die Massenverhältnisse von 10 Teilen Lauge und 20 Teilen Wasser bzw. nach Kürzen ein Mischungsverhältnis von 1 : 2 Masseteilen.

Dieses Massenverhältnis entspricht jedoch nicht dem Volumenverhältnis, da sich die Dichten von Wasser und 30%iger Natronlauge unterscheiden. Die Dichte von **Natronlauge** hängt vom Anteil des gelösten Natriumhydroxids ab (Abb. 2). Handelsüblich sind z. B. konzentrierte Natronlauge (ω = 30 bis 35 %) und NaOH-Maßlösung ($c = 0{,}1\ mol \cdot l^{-1}$) (s. Tab.).

Um die Volumina für die Mischung zu ermitteln, muss man die Massen durch die tabellierten Dichten dividieren.

Massenanteil (ω) und Dichte (ϱ) unterschiedlicher Natriumhydroxidlösungen

ω_{NaOH} in %	0	10	20	30	40	50
ϱ in $g \cdot cm^{-3}$	1,00	1,11	1,22	1,33	1,43	1,52

Massenanteil (ω) und Dichte (ϱ) unterschiedlicher Chlorwasserstoffsäurelösungen (Salzsäure)

ω (HCl)	6	8	10	30	36
ϱ in $g \cdot cm^{-3}$	1,028	1,038	1,047	1,149	1,179

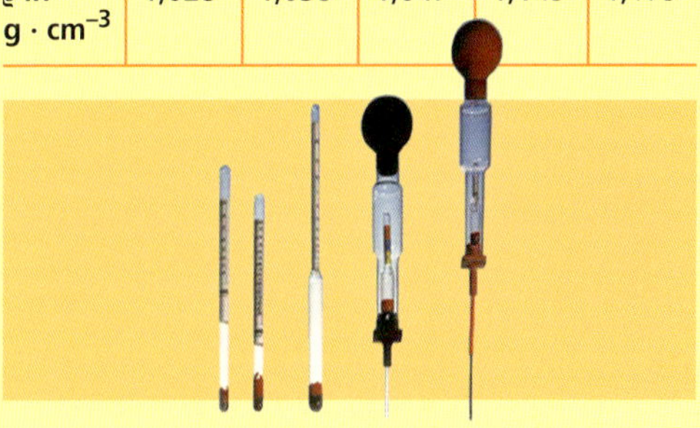

2 Die Dichten der Lösungen können mit geeigneten Aräometern (Senkpendeln) ermittelt werden.

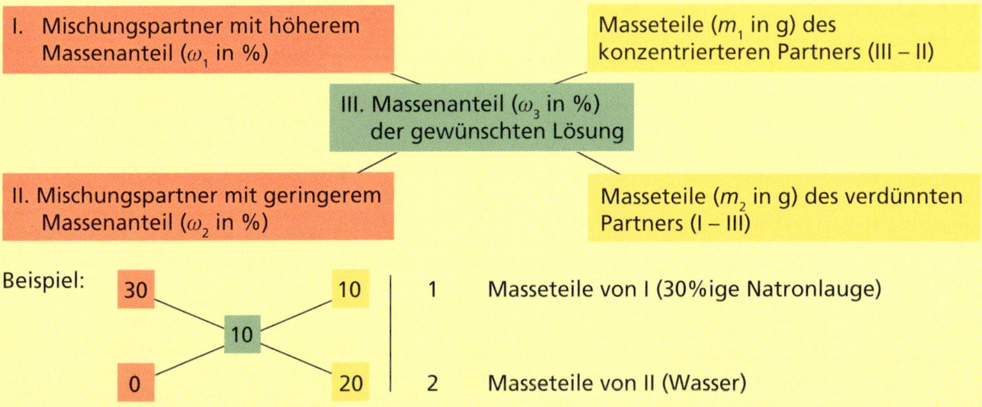

1 Interaktive Rechenbeispiele zum Mischungskreuz findest du unter www.tafelwerk.de.

Chemie im Kontext

Rohrreiniger – wirksam, aber nicht ungefährlich

Lassen sich Verstopfungen in sanitären Anlagen nicht mit einfachen Mitteln (Saugglocke) beseitigen, hilft die Chemie weiter. Vor Gebrauch solcher chemischer **Reinigungsmittel** muss man sich jedoch genau über die Anwendungshinweise informieren, denn in den Reinigern sind zumeist Natriumhydroxidplättchen enthalten.
Erkläre, wie der Rohrreiniger wirkt.

Natriumhydroxid liegt in fester Form vor. In Wasser wird der Stoff gelöst. Dabei werden die Ionen frei beweglich.

$$NaOH \longrightarrow Na^+_{(aq)} + OH^-_{(aq)}$$

Das Lösen verläuft exotherm. Wärme wird abgegeben. Die entstehende heiße, konzentrierte Natronlauge ist stark ätzend und greift organisches Material wie Haare und Fett an (s. Abb. 1).
Durch die Natronlauge wird die Verstopfung „aufgelöst", denn die sich bildenden Verbindungen sind wasserlöslich bzw. verteilen sich leicht in Wasser und können nach einer Weile fortgespült werden. Eventuell enthaltener Aluminiumgrieß reagiert mit dem Natriumhydroxid und anderen Stoffen. Dabei gebildete gasförmige Reaktionsprodukte lockern die Verunreinigungen auf und verstärken so die Wirkung.

1 Konzentrierte Natronlauge zersetzt organische Verunreinigungen, z. B. Haare.

Methode

Voraussagen

Voraussagen ist eine Tätigkeit, bei der auf der Grundlage von Gesetzen oder Modellen unter Berücksichtigung der gegebenen Bedingungen eine Prognose in Bezug auf ein Phänomen abgeleitet wird. Kennt man nicht alle zugrunde liegenden Gesetze und Bedingungen, kann der Wahrheitsgehalt der Prognose unterschiedlich sein. Oft wird anschließend die Voraussage im Experiment überprüft.
Gehe beim Voraussagen folgendermaßen vor:

- Beschreibe zuerst die wesentlichen Merkmale der vorherzusagenden Erscheinung.
- Beschreibe dazugehörige Gesetzmäßigkeiten oder Modelle.
- Leite Schlussfolgerungen aus den Gesetzmäßigkeiten ab. Formuliere die Voraussage mit „Wenn … , dann …".

L Schiffe versenken

Aus Papier wird ein Schiffchen gefaltet. In dieses Schiffchen legt der Lehrer ein Stückchen Natrium und setzt es in eine Schale mit Wasser.
Sage die zu erwartenden Beobachtungen voraus.

Natrium ist ein Alkalimetall, das heftig mit Wasser reagiert. Wenn das Papierschiffchen feucht wird, kommt Natrium mit Wasser in Berührung. Folgende Reaktion wird ablaufen:

$$2\,Na + 2\,H_2O \longrightarrow 2\,Na^+_{(aq)} + 2\,OH^-_{(aq)} + H_2\uparrow$$

Bei der Reaktion wird Wärme abgegeben. Wenn sich die Stoffe bis über die Entzündungstemperatur von Papier erhitzen, dann wird das Papier in Brand gesetzt. Natrium verbrennt mit gelber Flamme. Das Oxid reagiert mit Wasser.
Wenn als Nebenprodukt der Reaktion von Natrium und Wasser Wasserstoff entsteht, wird er durch die hohe Temperatur ebenfalls zu brennen beginnen. In Abhängigkeit von der Menge des Wasserstoffs und des Wasserstoff-Sauerstoff-Verhältnisses wird ein mehr oder weniger lauter Knall zu vernehmen sein. Durch ein Experiment können diese Voraussagen bestätigt werden.

gewusst · gekonnt

1. Ergänze dein Glossar:

Glossar

Base
alkalische Lösung
Lösemittel
Massenanteil
Metallhydroxid
Stoffmengenkonzentration

2. Interpretiere die Formeln: $Al(OH)_3$, $Sr(OH)_2$.

3. Vergleiche die elektrische Leitfähigkeit von trockenem Natriumhydroxid, Natronlauge und der Schmelze von Natriumhydroxid. Benenne die Ursache für die unterschiedlichen Phänomene.

4. Berechne den Massenanteil an Hydroxid-Ionen, wenn 112 g Kaliumhydroxid in 200 g Lösung enthalten sind. (Interaktives Beispiel unter www.tafelwerk.de)

5. S Versuche, gleiche Stoffmengen folgender Hydroxide in Wasser zu lösen: NaOH, $Ca(OH)_2$ und KOH. Was stellst du fest? Vergleiche die Stellung der Metalle im PSE und formuliere einen Zusammenhang.

6. Festes Natriumhydroxid muss in geschlossenen Behältnissen aufbewahrt werden. Begründe.

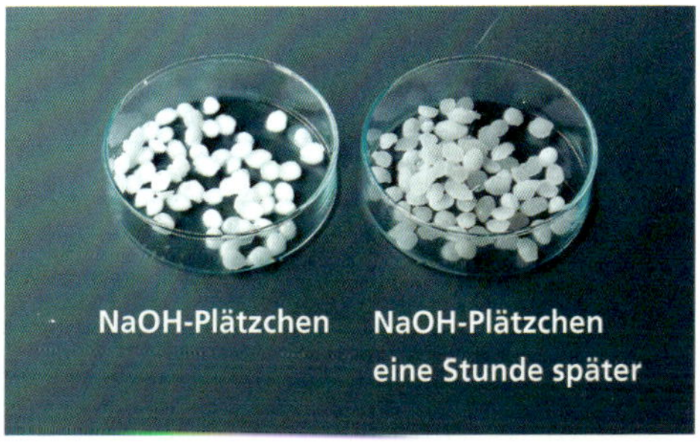

7. S Du erhältst vom Lehrer drei Reagenzgläser mit farbloser Flüssigkeit. Wie müsstest du vorgehen, um zu unterscheiden, in welchem der drei Gefäße sich
   a) verdünnte Salzsäure,
   b) Natriumhydroxidlösung bzw.
   c) destilliertes Wasser

   befindet. Entwickle einen Plan.

8. In einem Rezept für Laugengebäck heißt es, dass zur Herstellung der benötigten 3 bis 4 %igen Natronlauge 60 g Natriumhydroxid (Plätzchen) in 1500 ml Wasser gelöst werden sollen.
   a) Beschreibe eine sichere Vorgehensweise zur Herstellung der Natronlauge.
   b) Zu dem Rezept findet sich außerdem folgender Hinweis: „Stellt man nicht allzu oft und allzu viel Laugengebäck her und hat keine Verletzungen an den Händen, kann man nach dem Verdünnen eventuell auch auf Handschuhe verzichten, wenn einem das Gebäck nach dem Laugen ständig wie ein Stück Seife aus der Hand flutscht.“ Bewerte diese Aussage.

9. S Untersuche verschiedene Lösungen aus dem Haushalt mithilfe von Indikatoren. Führe ein Protokoll.

10. Calciumhydroxidlösung wird im Labor für Nachweisreaktionen benötigt. Gib drei Möglichkeiten an, wie dieses Nachweismittel hergestellt werden kann. Stelle für jede Möglichkeit die Reaktionsgleichung auf.

11. **S** Stelle dir selbst einen Indikator her, indem du ein Rotkohlblatt fein zerschneidest, in Wasser ohne andere Zusätze kurz aufkochst und anschließend die Flüssigkeit – deinen Indikator – und das Rotkohlblatt voneinander trennst.

a) Überprüfe die Farbänderung bei Zugabe verdünnter Natriumhydroxidlösung.

b) Schabe von einer einfachen Handwaschseife einige Späne ab, löse sie in wenig Wasser auf und prüfe die Lösung mit wenigen Tropfen deines Indikators. Beschreibe die Beobachtungen. Welche Schlussfolgerung kannst du ableiten?

c) Informiere dich über die wirksamen Inhaltsstoffe des Rotkohlindikators.

12. Beim Löschen von Branntkalk (CaO) ist das Tragen von Schutzbrille und Handschuhen vorgeschrieben. Begründe.

13. **S** Verbrenne Buchenholzspäne. Vermische die Asche mit Wasser. (Vorsicht!) Filtriere die Lösung und teste sie mit einem Indikator.

a) Erkläre die beobachtete Erscheinung.

b) Ist diese Lösung als Reinigungsmittel für Objektträger (Biologieunterricht) geeignet? Begründe.

14. Beim Umgang mit handelsüblichen Rohrreinigern sind die auf der Verpackung angegebenen Sicherheitshinweise unbedingt einzuhalten.

a) Erläutere die Sicherheitshinweise an einem Beispiel.

b) Triff eine Voraussage, welche Verletzungen bei unsachgemäßem Umgang mit Rohrreinigern auftreten können.

15. **S** Erläutere die unten stehende Abbildung. Welche Reaktionen laufen ab? Entwickle für jede Reaktion die entsprechende Reaktionsgleichung.

S Experiment

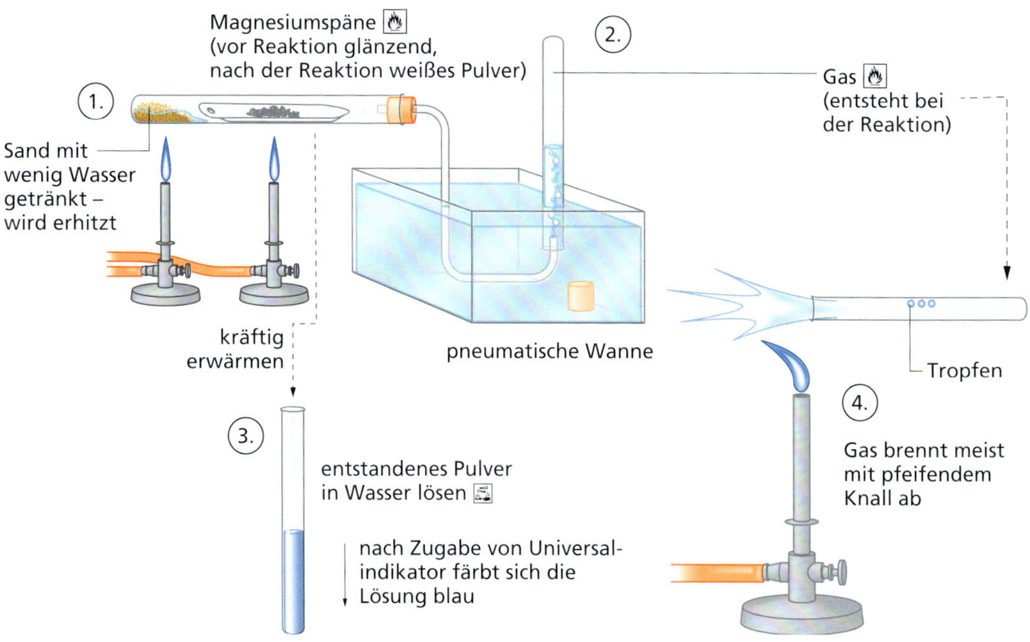

1.3 Neutralisation

Test von Lösungen

Lösungen, die in der Lebensmittelindustrie, in der Pharmazie, im Acker- oder Gartenboden, in der Technik oder im Haushalt vorliegen, sind selten völlig neutral. Oft müssen es sogar saure oder alkalische Lösungen sein, um wirksam zu werden.
Wie kann man diese alkalische oder saure Reaktion mit einfachen Mitteln quantitativ feststellen?

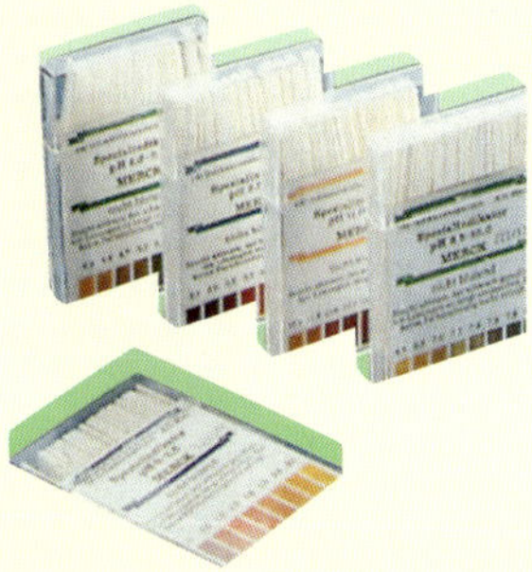

Hilfe für die Landwirtschaft

Manchmal wird sogenannter Mischkalk auf abgeerntete Felder gestreut.
Warum wird das Düngemittel nach der Vegetationsperiode aufgebracht? Was soll es bewirken?

Chemie im Klärwerk

Bei der Abwasserreinigung geht es nicht nur um die Beseitigung von Schmutzteilchen. Das Wasser muss auch wieder neutralisiert werden, um die Umwelt nicht zu belasten und die Organismen nicht zu schädigen.
Wie ist es möglich, eine neutrale Lösung zu erreichen, obwohl Abwasser viele saure und alkalische Stoffe enthält?

Der pH-Wert – ein wichtiger Messwert

Soll es nicht zu Missernten kommen, muss die saure, alkalische oder neutrale Reaktion des Ackerbodens beachtet werden. Kartoffeln benötigen einen leicht sauren Boden, Weizen wächst auf neutralem Boden am besten.

Bestimmte Pflanzen sind in der Natur nur an einigen Standorten zu finden. Sie vertragen nur bestimmte Böden. Daher werden sie oft als Zeigerpflanzen bezeichnet (s. Abb. 2).

Auch für den Hobbyaquarianer ist es wichtig zu wissen, ob das Wasser im Becken sauer, neutral oder alkalisch reagiert. Stimmt das Milieu nicht, sterben die Fische. Dabei reagieren diese Organismen schon auf geringe Abweichungen sehr empfindlich. Eine allgemeine Aussage, ob die Lösung sauer oder alkalisch ist, reicht oft nicht. Man benötigt genaue Messwerte. Der **pH-Wert** charakterisiert das Milieu exakt.

Eine **neutrale Flüssigkeit,** beispielsweise destilliertes Wasser, weist den pH-Wert von 7 auf. Wasserstoff-Ionen und Hydroxid-Ionen liegen in dieser Lösung jeweils nicht im Überschuss vor.

Ein pH-Wert unter 7 weist auf eine **saure Lösung** hin. Je mehr Wasserstoff-Ionen sich in der Lösung befinden, desto saurer ist die Lösung und desto niedriger ist der pH-Wert.

Ein pH-Wert über 7 weist auf eine **alkalische Lösung** hin. Je mehr Hydroxid-Ionen sich in der Lösung befinden, desto alkalischer ist die Lösung und desto höher ist der pH-Wert.

Der pH-Wert lässt sich mithilfe von Indikatoren durch einen Vergleich mit einer **Farbskala** bestimmen (s. Abb. 1), er kann aber auch mit einem pH-Meter ermittelt werden.

2 Zeigerpflanzen für verschiedene Böden

Der pH-Wert ist eine Maßzahl zur Charakterisierung einer sauren, alkalischen oder neutralen Reaktion einer Lösung. Er ist ein wichtiger Umweltfaktor für viele Organismen.

pH-Wert < 7: saure Lösung
pH-Wert = 7: neutrale Lösung
pH-Wert > 7: alkalische Lösung

Aufgaben

1. Der pH-Wert einer Lösung beträgt 9. Charakterisiere diese Lösung.

2. Magensäure hat ungefähr einen pH-Wert von 2. Welche Aussage kannst du aus dieser Information ableiten?

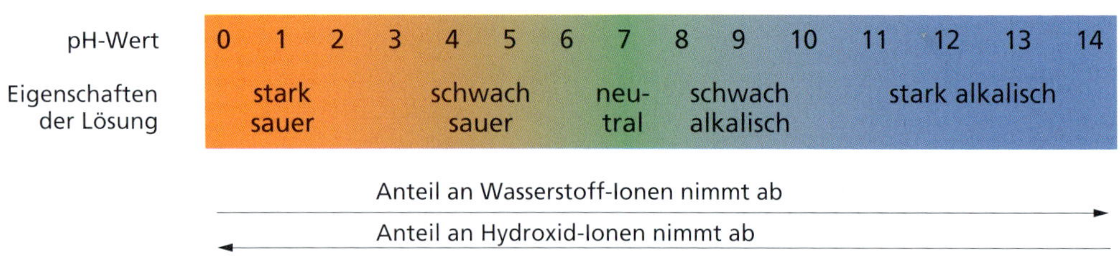

1 Die pH-Wert-Skala zeigt die Färbung der Universalindikatorlösung bei Zugabe zu alkalischen, sauren und neutralen Lösungen.

Der pH-Wert

S Experiment 1

Im Haushalt finden unterschiedliche Stoffe Verwendung. Oft sind auf der Verpackung spezielle Sicherheitshinweise angegeben, wenn es sich nicht um neutrale Lösungen handelt.

Aufgabe:
Ermittle den pH-Wert verschiedener Stoffe, die im Haushalt Verwendung finden.

Vorbereitung:
Geräte: Reagenzglasständer, Reagenzgläser, Pipette, Spatel, Schutzbrille, Trichter, Filterpapier
Chemikalien: Zitronensaft, WC-Reiniger, Rohrreiniger, Haushaltsessig, entfärbte Cola, Mineralwasser, Seifenlösung, Kochsalzlösung, Unitestindikator, Aktivkohle

Durchführung:
a) Filtriere Cola über Aktivkohle und löse den Rohrreiniger (Vorsicht!) in Wasser auf.
b) Teste die jeweiligen Lösungen mit Universalindikator. Vergleiche mit der pH-Wert-Skala.

Beobachtung und Auswertung:
Notiere deine Beobachtungen und die ermittelten pH-Werte in einer Tabelle.
Leite Schlussfolgerungen für den Umgang mit den jeweiligen Stoffen ab.

1 Welchen pH-Wert weist Essig auf?

S Experiment 2

Der saure Regen wird immer wieder als eine Ursache für die Schädigung von Bäumen genannt.

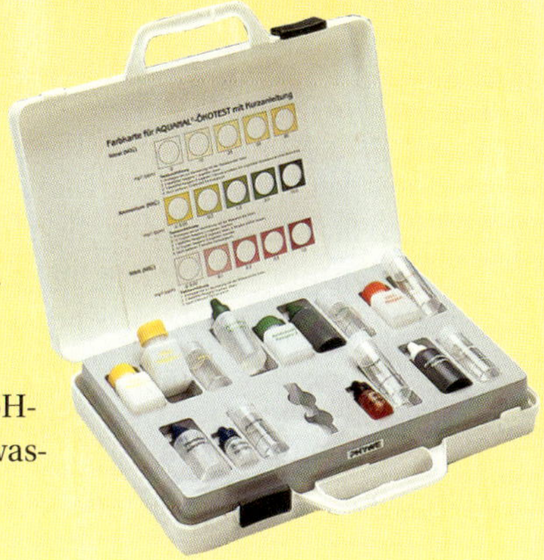

Aufgabe:
Überprüfe den pH-Wert des Regenwassers.

Vorbereitung:
Geräte: Bechergläser, Reagenzglasständer, Reagenzgläser, Pipette
Chemikalien: Regenwasserproben, CZENSNY-Indikator

Durchführung:
Teste den pH-Wert des Regenwassers über einen längeren Zeitraum (z. B. vier Wochen). Lege dazu mindestens zwei Standorte fest.
Fange das Regenwasser täglich auf. Versetze je 5 ml der Proben mit vier Tropfen Indikatorlösung. Lies den pH-Wert der Vergleichsskala ab.

Beobachtung:
Nimm die jeweiligen Messreihen auf.

Auswertung:
a) Stelle sie mithilfe eines geeigneten Kalkulationsprogramms grafisch dar. Überlege dazu, welche Art der Darstellung geeignet ist. Interpretiere deine Grafik. Versuche, voneinander abweichende Messwerte zu erklären.
b) Berechne für jede Messreihe den Mittelwert für den pH-Wert und vergleiche diese Werte mit den offiziellen Daten des Umweltbundesamtes (z. B. unter http://www.umweltbundesamt.de).
c) Verschaffe dir mithilfe unterschiedlicher Medien (Internet, populärwissenschaftliche Zeitschriften) Hintergrundinformationen zum Thema „saurer Regen", besonders zu seinen Ursachen und Folgen.

Mithilfe von Experimenten zu neuem Wissen

Heute kennen wir beispielsweise den Aufbau von Säuren und wissen, warum sie mit Wasser saure Lösungen bilden und Indikatoren charakteristisch färben. Das war nicht immer so.
Im Altertum bezeichnete man alle sauer schmeckenden Stoffe als Säuren, wusste aber noch nichts über ihren Bau.
Später nahm man an, dass Säuren immer Sauerstoff enthalten und daraus die saure Wirkung resultiert. Durch Experimente wurde diese These widerlegt. Beispielsweise ist die Chlorwasserstoffsäure eine Säure, die keinen Sauerstoff enthält.

Svante Arrhenius definierte Säuren schließlich als Stoffe, die in wässriger Lösung Wasserstoff-Ionen abgeben. Diese bewirken die charakteristische Färbung von Indikatoren und bilden ein Maß für den pH-Wert einer Lösung.

Durch richtiges Experimentieren kann man zu neuen Erkenntnissen gelangen. Heute bezeichnet man dieses Vorgehen als experimentelle Methode. Aus Beobachtungen ergeben sich wissenschaftliche Fragestellungen. Dazu wird eine Hypothese (eine wissenschaftliche Vermutung) formuliert und diese durch genau geplante Experimente überprüft. Ein Experiment ist immer eine „Frage an die Natur".

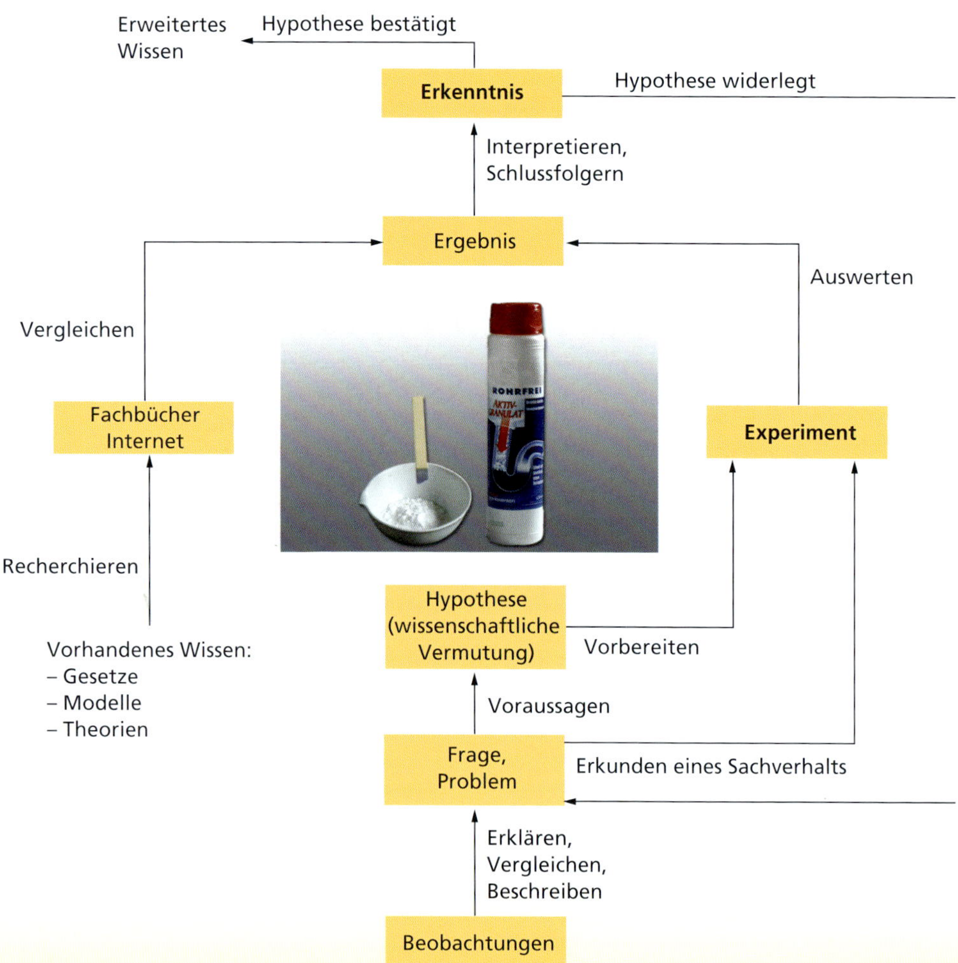

Damit ein Experiment erfolgreich durchgeführt werden kann, muss es gut durchdacht werden.

1. Schritt

Vorbereitung des Experiments
Folgende Fragen sind zu lösen:
- Was beinhaltet die Aufgabenstellung?
- Welche chemischen Grundlagen sind mir schon bekannt?
- Welche Experimentieranordnung ist geeignet?
- Welche Geräte und Chemikalien werden benötigt?
- Welche Gefahren können von den verwendeten Chemikalien ausgehen? Welche Sicherheitsregeln sind zu beachten?
- Welche Fehler können auftreten und wie sind sie zu vermeiden?

Beim Aufbau des Versuches ist zu beachten:
- Sind die Glasgeräte sauber?
- Enthalten die Chemikalien keine sichtbaren Verunreinigungen?
- Funktionieren die Geräte?
- Ist die Geräteanordnung standsicher?

2. Schritt

Durchführung des Experiments
Bei der schrittweisen Abarbeitung der Experimentieranleitung ist zu beachten:
- Welche wesentlichen Beobachtungen sind vor, während und nach Beendigung des Versuchs zu registrieren?
- Wie kann der Versuch beendet werden?
- Wie sind verwendete und entstandene Stoffe zu entsorgen?

3. Schritt

Auswertung des Experiments
- Wie sind die Beobachtungen zu interpretieren?
- Welche Antwort gibt das Experiment auf die ursprüngliche Fragestellung?

Alle wesentlichen Schritte und Erkenntnisse werden im **Protokoll** festgehalten.

Aus Rot und Blau wird Grün?

Abwässer aus Haushalten enthalten alkalische Lösungen (z.B. Waschlaugen) oder saure Lösungen (z.B. einige Sanitärreiniger). Im Klärwerk werden zu sauren Abwässern alkalische Lösungen und zu alkalischen Abwässern saure Lösungen zugefügt. Was dabei passiert, verdeutlicht ein Experiment (s. Abb. 1).

Gibt man tropfenweise verdünnte Natriumhydroxidlösung zu verdünnter Salzsäure, die mit Universalindikatorlösung versetzt ist, erwärmt sich die Lösung. Bei dieser **exothermen Reaktion** reagieren die Wasserstoff-Ionen der Säurelösung mit den Hydroxid-Ionen der Basenlösung zu Wassermolekülen.

Wenn die Stoffmenge der zugefügten Hydroxid-Ionen gleich der Stoffmenge der ursprünglich enthaltenen Wasserstoff-Ionen ist, dann reagiert die Lösung neutral. Aus diesem Grund bezeichnet man diese Reaktion als **Neutralisation.**

Die Natrium-Ionen und die Chlorid-Ionen reagieren zu Natriumchlorid. Beim Eindampfen der Natriumchloridlösung bilden sich Salzkristalle.

Auf ähnliche Weise laufen alle **Säure-Base-Reaktionen** in wässriger Lösung ab. Als Reaktionsprodukte der Neutralisation entstehen immer Wasser und ein Salz. Deshalb bezeichnet man die Neutralisation auch als **Salzbildungsreaktion.**

S Experiment

Prüfe es selbst

Aufgabe:
Stelle aus einer alkalischen und einer sauren eine neutrale Lösung her.

Vorbereitung:
Geräte und Chemikalien: Reagenzgläser, Pipette, 10%ige Salzsäure ☒, 10%ige Natriumhydroxidlösung, Unitestlösung

Durchführung:
Versetze beide Lösungen mit Unitestlösung. Gib dann unter ständigem Rühren tropfenweise die alkalische Lösung zur Salzsäure.

Beobachtung und Auswertung:
Beschreibe deine Beobachtungen. Leite daraus Schlussfolgerungen zum prinzipiellen Ablauf von Neutralisationsreaktionen ab.

Die Neutralisationsreaktion ist eine Säure-Base-Reaktion, bei der Wasserstoff-Ionen und Hydroxid-Ionen zu Wassermolekülen zusammentreten. Als zweites Reaktionsprodukt wird ein Salz gebildet. Neutralisationsreaktionen sind exotherm.

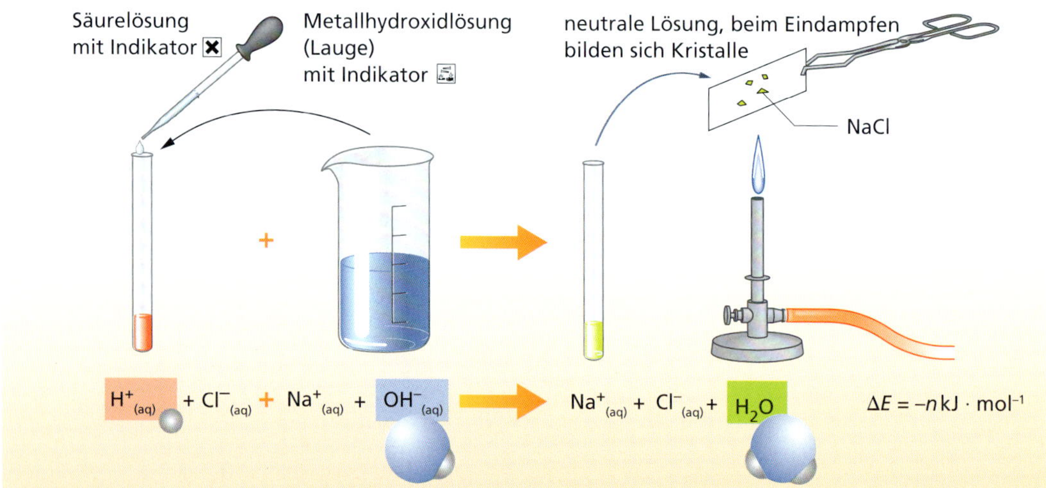

1 Neutralisation der Salzsäure durch Natriumhydroxidlösung

Konzept der chemischen Reaktion: Neutralisationsreaktionen

Wie bei allen chemischen Reaktionen laufen bei Neutralisationsreaktionen Stoffumwandlungen und Energieumwandlungen gleichzeitig ab. Säuren und Basen reagieren unter Abgabe von Wärme zu Wasser und Salz.

Säure + Base ⟶ Wasser + Salz $\Delta E = -n\ \text{kJ} \cdot \text{mol}^{-1}$

Ausgangsstoffe (Edukte) — Reaktionsprodukte (Produkte)

Die Ursachen für die Stoff- und Energieumwandlungen sind Änderungen im Teilchenbereich. Bei der Reaktion ändert sich die Anordnung der Teilchen und die Kräfte, die zwischen den Teilchen wirken.

Teilchen der Ausgangsstoffe ⟶ Teilchen der Reaktionsprodukte $\Delta E = -n\ \text{kJ} \cdot \text{mol}^{-1}$

Stoffebene
(makroskopischer Bereich)

Stoffumwandlung

Salzsäure färbt Unitest rot (sauer)

\+

Natriumhydroxidlösung färbt Unitest blau (alkalisch)

⟶

Natriumchloridlösung färbt Unitest grün (neutral)

Energieumwandlung

chemische Energie der Säurelösung und der Lauge ⟶ chemische Energie der Salzlösung + Wärme

– Umwandlung von chemischer Energie in thermische Energie und Abgabe in Form von Wärme (exotherme Reaktion)

Teilchenebene
(submikroskopischer Bereich)

Änderung der Teilchen und der Kräfte zwischen ihnen

$H^+ + Cl^-$ + $Na^+ + OH^-$ ⟶ $Na^+ + Cl^- + H_2O$

Wasserstoff-Ionen

\+

Hydroxid-Ionen

⟶

Wassermoleküle

Erhitzt man Wasser, geht es in den gasförmigen Zustand über. Begründe, dass es sich dabei nicht um eine chemische Reaktion handelt.

Bedeutung der Neutralisationsreaktionen in der Praxis

Neutralisationsreaktionen finden zwischen sauren und alkalischen Lösungen unter Bildung von Wasser und Salzen statt. Solche Neutralisationsreaktionen haben in der Praxis große Bedeutung. So benötigen beispielsweise die Mikroorganismen in der biologischen Reinigungsstufe von **Kläranlagen** ein ganz bestimmtes Milieu (s. Abb. 1). Durch saure oder alkalische Lösungen würden sie absterben. Daher wird das Abwasser überprüft, bevor es in die Becken eingeleitet wird, und durch Zugabe von Säuren oder Metallhydroxidlösungen neutralisiert.

Die Kenntnisse über Neutralisationsreaktionen finden auch in der **Landwirtschaft** und in der **Forstwirtschaft** Anwendung. Das Milieu des Bodens ist entscheidend für das Wachstum der Pflanzen. So beeinflusst der pH-Wert des Bodens die Verfügbarkeit von Nährsalz-Ionen für Pflanzen. Die Verhältnisse im Boden werden u. a. durch sauren Regen beeinflusst. Mithilfe geeigneter Zusätze kann man regulierend eingreifen (s. Abb. 3). So bringt man alkalisch wirkende Düngemittel nach der Vegetationsperiode auf die Felder auf, um die Pflanzen nicht zu schädigen. In der Forstwirtschaft und im Garten nutzt man langsam wirkende Dünger, die den pH-Wert nicht so drastisch verändern.

In unserem Körper spielen Neutralisationsreaktionen ebenfalls eine wichtige Rolle, z. B. wird die Magensäure im nächsten Verdauungsabschnitt neutralisiert, sodass keine Verätzungen auftreten können. Durch neutralisierende Medikamente, die z. B. Aluminium- und Magnesiumhydroxid enthalten, kann bei Sodbrennen geholfen werden.

Aufgaben

1. Wie werden alkalische Abwässer im Klärwerk behandelt? Warum ist eine Behandlung nötig?

2. Stelle die Reaktionsgleichung für die Reaktion von Salpetersäure mit Natriumhydroxidlösung auf.

1 In Belebungsbecken werden organische Verunreinigungen durch Mikroorganismen abgebaut.

2 Fische im Aquarium benötigen ein ganz bestimmtes Milieu, sonst sterben sie.

3 Wälder werden mit Kalk behandelt, um die Folgen des sauren Regens zu mindern.

Reaktionen von Säuren und Basen

S Experiment 1

Aus verdünnter Salzsäure und Natriumhydroxidlösung (beide 10%ig) lässt sich eine neutrale Lösung herstellen, wenn die Lösungen im richtigen Verhältnis miteinander reagieren (s. S. 44). Funktioniert dies auch mit anderen Säuren und Basen?

Aufgabe:
Versuche, neutrale Lösungen herzustellen. Lasse dabei Salzsäure und Schwefelsäure jeweils mit Kaliumhydroxidlösung reagieren.

Vorbereitung:
Geräte und Chemikalien: Messzylinder, Reagenzgläser, Pipette, 10%ige Salzsäure [X], 10%ige Schwefelsäure [X], 10%ige Kaliumhydroxidlösung [C], Unitestlösung.

Durchführung:
Versetze jeweils 5 ml der Lösungen mit Unitestlösung. Gib mit der Pipette tropfenweise die alkalische Lösung zur sauren Lösung. Schätze die verbrauchte Menge an alkalischer Lösung ab, wenn der Indikator eine neutrale Lösung anzeigt.

Beobachtung und Auswertung:
Beschreibe deine Beobachtungen.

a) Formuliere die Reaktionsgleichungen.
b) Vergleiche die Menge an alkalischer Lösung, die zur Neutralisation der Säuren jeweils benötigt wurde. Finde eine Erklärung.

S Experiment 2

Der Magen des Menschen enthält ungefähr einen halben Liter Magensäure. Der pH-Wert liegt bei 0,9 – 2,0. Steigt der Magensaft in die Speiseröhre, verspürt man ein unangenehmes Brennen, das im Volksmund „Sodbrennen" genannt wird.
Der Arzt verordnet dagegen Antazida, das sind alkalische Stoffe, die die Magensäure teilweise neutralisieren.

Magen des Menschen

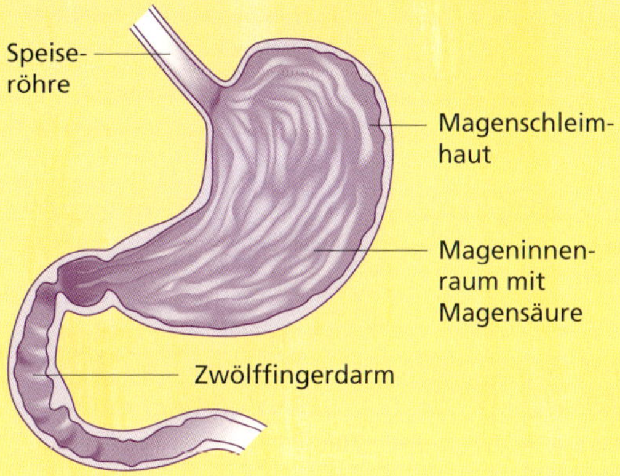

Aufgabe:
Zeige in einem Modellversuch die Wirkung dieser Medikamente.

Vorbereitung:
Vorüberlegung:
Informiere dich in der Apotheke über die Wirkstoffe verschiedener Antazida und bringe drei verschiedene Präparate als Proben zur Untersuchung mit.
Geräte: drei Erlenmeyerkolben, Mörser und Pistill
Chemikalien: Universalindikatorlösung, verdünnte Salzsäure [X], drei verschiedene Antazida aus der Apotheke, z. B. Talcid, Rennie, Bullrich-Salz

Durchführung:
Pulverisiere je zwei Tabletten der Medikamente. Fülle in jeden Erlenmeyerkolben ca. 100 ml verdünnte Salzsäure [X] und einige Tropfen Indikatorlösung.
Gib nun in den ersten Erlenmeyerkolben ein pulverisiertes Medikament und beobachte die Reaktion.
Wiederhole den Versuch mit den beiden anderen Arzneimitteln.

Beobachtung und Auswertung:
Notiere deine Beobachtungen.

a) Erläutere, nach welchem Prinzip Antazida im Magen wirken.
b) Begründe, warum Natriumhydroxid nicht als Medikament gegen Sodbrennen eingesetzt werden kann.

Chemie im Kontext

Neutralisationsreaktionen im Boden?

Saurer Regen beeinflusst den pH-Wert des Bodens. Da ist es interessant zu wissen, in welchem Maße dies geschieht.
Überprüft man die Veränderungen des pH-Wertes bei Zugabe von sauren Lösungen, stellt man fest, dass sie nicht wie erwartet erfolgen, sondern dass der pH-Wert bis zu einer bestimmten Säuremenge fast konstant bleibt.
Wie lässt sich dieses unerwartete Ergebnis erklären?

Zuerst einmal denkt man natürlich an eine einfache Neutralisationsreaktion, die im Boden abläuft. Dabei würden sich die Hydroxid-Ionen und die Wasserstoff-Ionen zu Wassermolekülen verbinden. Dann müsste sich der pH-Wert aber schneller ändern. Da das nicht geschieht, spricht man von der **Pufferwirkung des Bodens**. Diese Wirkung beruht im pH-Bereich von 6,2 bis 8,3 u. a. auf einem Carbonat/Hydrogencarbonat/Kohlensäure-System. Kohlensäure gelangt z. B. durch die Reaktion von Kohlenstoffdioxid mit Wasser in den Boden. In der wässrigen Lösung liegen u. a. Hydrogencarbonat-Ionen vor.

$$H_2CO_3 \longrightarrow H^+_{(aq)} + HCO_3^-{}_{(aq)}$$

Hydrogencarbonat-Ion

In der Natur läuft dies ständig ab. Gleichzeitig bildet sich aber aus den entstandenen Ionen permanent wieder die Säure. So entsteht ein **Gleichgewicht,** in dem immer ein bestimmtes Verhältnis zwischen dem Ausgangsstoff (Kohlensäure) und den Reaktionsprodukten (Hydrogencarbonat-Ion und Wasserstoff-Ion) vorliegt.
Durch dieses Puffersystem werden neu hinzukommende Wasserstoff-Ionen, z. B. aus dem sauren Regen, praktisch „weggefangen". Die Hydrogencarbonat-Ionen reagieren mit den „neuen" Wasserstoff-Ionen zu Säuremolekülen. Da die Wasserstoff-Ionen nicht frei beweglich in der Lösung vorliegen, verändern sie den pH-Wert nicht. Kommen zu viele Wasserstoff-Ionen hinzu, funktioniert dieses Puffersystem nicht mehr. Dann fällt der pH-Wert stark ab.
Auch die Zugabe von Hydroxid-Ionen kann im angegebenen Bereich abgepuffert werden.
Diese Ionen reagieren mit der Kohlensäure und bilden dabei Salze und Wasser. Dadurch wird der pH-Wert ebenfalls kaum beeinflusst.
Das Puffersystem aus Kohlensäure und Hydrogencarbonat-Ionen spielt bei vielen natürlichen Vorgängen eine wichtige Rolle. Für biochemische Prozesse ist es oft bedeutsam, dass ein konstanter pH-Wert eingehalten wird. Dies ist u. a. in der Mundhöhle der Fall. Speichel enthält ebenfalls die genannten Ionen. Darum können durch eine gute Speichelproduktion Säuren in der Mundhöhle abgepuffert werden.
Auch im Blut wird der pH-Wert durch Puffersysteme konstant gehalten.

Hilfe für Kriminalisten

Im kriminalistischen Alltag ist es erforderlich, Geld durch Farbstoffe vor einem Diebstahl zu sichern. Dazu werden dünne Beschichtungen auf Geldscheine und Hartgeld aufgebracht. Diese sind zuerst unsichtbar und entlarven den Täter erst, wenn dieser mit dem Diebesgut in Berührung gekommen ist. Die aufgetragenen Stoffe erzeugen auf der Haut eine intensive Verfärbung, die sich nicht entfernen lässt.
Auf welchem Prinzip beruht diese Diebstahlsicherung?

Bei dieser Variante der Sicherung geht es besonders darum, Diebstähle aufzudecken. Daher soll das Identifikationsmittel möglichst nicht erkannt werden. Bei diesem Mittel handelt es sich um eine organische Base. Auch organische Basen reagieren mit Säuren.
Unsere Haut bildet einen Säureschutzmantel aus. Über die Drüsen der Haut werden Säuren an die Hautoberfläche abgegeben. Bei Berührung kommt es zu einer Reaktion zwischen der Rhodaminbase und den Säuren. Die dabei entstehende Substanz hat eine intensive rote Farbe und lässt sich nicht abwaschen. So stark rot gefärbte Finger sind ein auffälliges Merkmal.

gewusst · gekonnt

1. Erweitere dein Glossar.

Glossar

Neutralisationsreaktion
pH-Wert
Säure-Base-Reaktion

2. Gib Bereiche an, in denen die genaue Kenntnis des pH-Wertes wichtig ist, und begründe jeweils die Bedeutung. Recherchiere dazu z. B. im Internet.

3. a) Auf der Abbildung kannst du die pH-Werte einiger Stoffe ablesen. Gib die Ursache der sauren bzw. alkalischen Reaktionen der Lösungen an.

b) Ergänze weitere Beispiele.

4. Informiere dich über die Wirkung und enthaltende Inhaltsstoffe sogenannter Antazida. Stelle eine mögliche Reaktionsgleichung auf.

5. Salpetersäure kann Natriumhydroxidlösung, Kaliumhydroxidlösung oder Calciumhydroxidlösung neutralisieren.
Welche Ionen liegen jeweils bei diesen Reaktionen vor und nach der Neutralisationsreaktion in den betreffenden Lösungen vor?
Gib die betreffenden Namen und das chemische Zeichen an.

6. Bei einer Wasseranalyse hat sich ergeben, dass das Wasser in einem Gartenteich einen zu niedrigen pH-Wert aufweist.
Welche Maßnahmen würdest du vorschlagen, um den Zustand zu verbessern? Begründe deine Vorschläge.

7. Erläutere, warum das zu reinigende Abwasser nach entsprechender Analyse mit sauren oder alkalischen Lösungen behandelt wird.

8. Informiere dich, was mit dem „Kalken der Wälder" bewirkt werden soll und welches Düngemittel Verwendung findet.

9. Hier stimmt etwas nicht! Gleiche die folgenden Reaktionsgleichungen aus:

a) $NaOH + H_2SO_4 \longrightarrow Na_2SO_4 + H_2O$
b) $Al(OH)_3 + HNO_3 \longrightarrow Al(NO_3)_3 + H_2O$
c) $Ca(OH)_2 + H_3PO_4 \longrightarrow Ca_3(PO_4)_2 + H_2O$

Schreibe die Gleichungen noch einmal in Ionenschreibweise auf.

10. Zwischen der Konzentration der Wasserstoff-Ionen in wässriger Lösung und dem pH-Wert besteht ein Zusammenhang.
Leite den Zusammenhang aus der experimentellen Untersuchung einer Salzsäurelösung ab.
Ermittle dazu den pH-Wert der Säurelösung. Verdünne 1 ml dieser Lösung nacheinander auf 10 ml, 100 ml und 1 000 ml und bestimme jeweils erneut den pH-Wert.

Saure und alkalische Lösungen

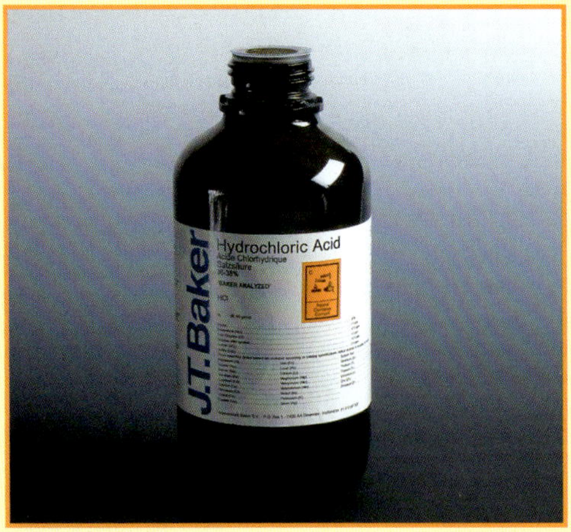

Säuren
sind Stoffe, deren Moleküle in wässrigen Lösungen in Wasserstoff-Ionen und Säurerest-Ionen dissoziieren.

Bildung von sauren Lösungen

Halogenwasserstoff	**+ Wasser**	$\longrightarrow$	**saure Lösung**
HCl		$\xrightarrow{H_2O}$	$H^+_{(aq)} + Cl^-_{(aq)}$
Nichtmetalloxid	**+ Wasser**	$\longrightarrow$	**saure Lösung**
SO_2	$+ H_2O$	$\longrightarrow$	$2\,H^+_{(aq)} + SO_3^{2-}{}_{(aq)}$

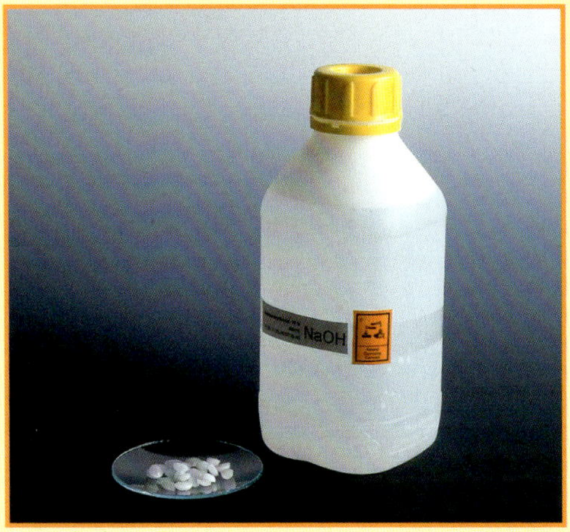

Basen
sind Stoffe, die in wässrigen Lösungen in negativ geladene Hydroxid-Ionen und positiv geladene Ionen (meist Metall-Ionen) dissoziieren.

Bildung von alkalischen Lösungen

unedles Metall + Wasser $\longrightarrow$ **Metall-Ionen + Hydroxid-Ionen + Wasserstoff**

$2\,Na + 2\,H_2O \longrightarrow 2\,Na^+_{(aq)} + 2\,OH^-_{(aq)} + H_2$

Metalloxid + Wasser $\longrightarrow$ **Metall-Ionen + Hydroxid-Ionen**

$CaO + H_2O \longrightarrow Ca^{2+}_{(aq)} + 2\,OH^-_{(aq)}$

Der pH-Wert
Der pH-Wert ist eine Maßzahl zur Charakterisierung einer sauren, alkalischen oder neutralen Lösung.

	0	1	2	3	4	5	6	7	8	9	10	11	12	13	14
Farbskala des Universalindikators		stark sauer				schwach sauer		neutral			schwach alkalisch		stark alkalisch		
pH-Skala	0							7							14

saurer Bereich – Neutralpunkt – alkalischer Bereich

Die Neutralisationsreaktion
Die Neutralisationsreaktion ist eine exotherme Reaktion, bei der Wasserstoff-Ionen und Hydroxid-Ionen zu Wassermolekülen zusammentreten.

Beispiel: $H^+_{(aq)} + Cl^-_{(aq)} + Na^+_{(aq)} + OH^-_{(aq)} \longrightarrow H_2O + Na^+_{(aq)} + Cl^-_{(aq)} \quad \Delta E = -n\ \mathrm{kJ \cdot mol^{-1}}$

2

Salze – Gegensätze ziehen sich an

2.1 Weißes Gold

Organismen brauchen Salz

Das gilt sowohl für Pflanzen als auch für Tiere und Menschen. Für Nutztiere gibt es daher Salzlecksteine, um ihre Versorgung zu sichern.

Warum haben Salze eine so große Bedeutung für Lebewesen?

Salzkristalle

Die mikroskopische Aufnahme (auf S. 51) zeigt Salzkristalle, die aus Meerwasser auskristallisierten.

Kann man Salze auch durch chemische Reaktionen herstellen?

Salze und elektrische Leitfähigkeit

Meerwasser ist eine Salzlösung und leitet den elektrischen Strom. Auch Salzschmelzen sind elektrisch leitfähig.

Was passiert mit den Stoffen, wenn eine Gleichspannung angelegt wird?

Das Salz in der Suppe

Kochsalz und andere Salze

In jedem Haushalt ist Speisesalz vorhanden. Es enthält mindestens 97 % **Kochsalz (Natriumchlorid, NaCl).** Natriumchlorid findet jedoch nicht nur als Würzmittel Verwendung, sondern wird im Winterdienst als Tausalz eingesetzt, dient in der Lederindustrie als Konservierungsmittel und spielt als Ausgangsstoff in der chemischen Industrie eine bedeutende Rolle.
Unvorstellbar große Mengen an Natriumchlorid befinden sich gelöst im Wasser der Ozeane. Der durchschnittliche Salzgehalt von Meereswasser beträgt 3,5 %. In wärmeren Ländern wird das Salz durch Verdunsten des Wassers gewonnen.
Weitere Vorkommen bilden unterirdische Lagerstätten. Diese sind in Europa vorwiegend in der Zechsteinzeit vor ca. 225 Mio. Jahren entstanden. Aus diesen Lagerstätten wird das Salz bergmännisch gefördert (Steinsalz) oder unter der Erde gelöst, als Sole an die Oberfläche gepumpt und dort durch Eindampfen gewonnen (Siedesalz).

Aufgabe

Informiere dich über die Entstehung von Salzlagerstätten und erstelle dazu eine Präsentation.

STECKBRIEF: Natriumchlorid NaCl

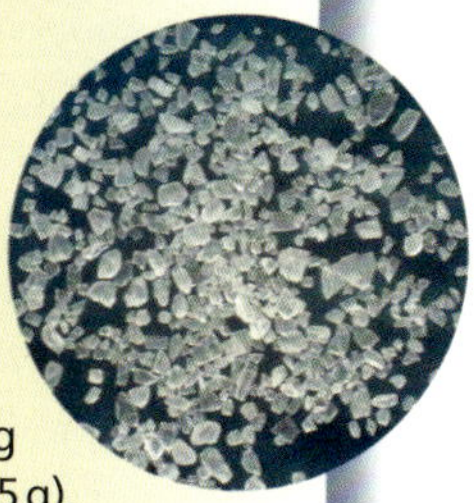

Eigenschaften:
fester, farbloser, kristalliner Stoff, Kristalle erscheinen aufgrund optischer Effekte meist weiß, charakteristischer Geschmack, geruchlos, sehr gut in Wasser löslich (in 100 g Wasser lösen sich bei 20 °C 35,85 g), Kristalle nicht elektrisch leitfähig, jedoch die Lösungen und die Schmelze
Dichte: 2,2 g · cm^{-3} (bei 25 °C)
Schmelztemperatur: 801 °C
Siedetemperatur: 1 465 °C

Vorkommen: Salzlagerstätten, im Meerwasser gelöst

Verwendung: Würzmittel und Konservierungsmittel, isotonische Kochsalzlösung, Herstellung von Chlor, Natronlauge und Soda (Natriumcarbonat)

Besonderheit: Für Menschen und Tiere ist Kochsalz lebensnotwendig. Zu viel Kochsalz ist jedoch schädlich. Mikroorganismen sterben bei zu hoher Salzkonzentration ab.

S Experiment

Prüfe es selbst

Aufgabe:
Untersuche die Eigenschaften von Natriumchlorid.

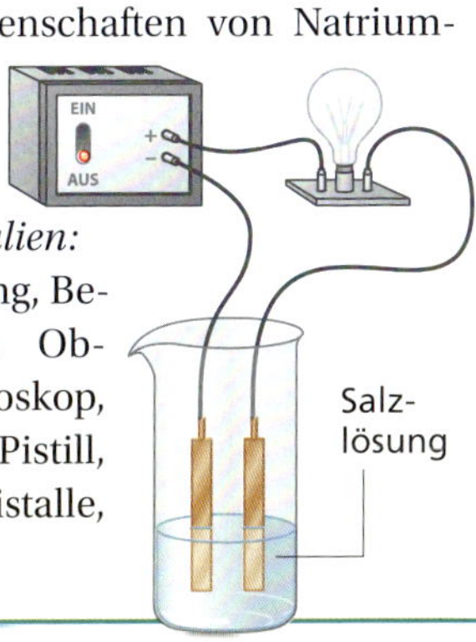

Vorbereitung:
Geräte und Chemikalien:
Geräte laut Abbildung, Bechergläser, Pipette, Objektträger, Mikroskop, Reibschale mit Pistill, Waage, Kochsalzkristalle, Wasser

Durchführung:
1. Gib zwei bis drei Tropfen Kochsalzlösung auf einen Objektträger. Lass die Tropfen eindunsten und betrachte das Ergebnis unter dem Mikroskop.
2. Teste die Härte. Zerreibe einige Kristalle.
3. Überprüfe die elektrische Leitfähigkeit der trockenen Kristalle und einer Lösung.
4. Ermittle experimentell, wie viel Salz sich in 100 ml Wasser (25 °C) löst.

Auswertung:

Natriumchlorid gehört zu den **Chloriden** (Salze der Chlorwasserstoffsäure). Ebenso bedeutsam sind **Sulfate** (Salze der Schwefelsäure), die **Phosphate** (Salze der Phosphorsäure) und die **Nitrate** (Salze der Salpetersäure). Sie spielen z. B. als Düngemittel (s. S. 86 f.) eine große Rolle.

Bei allen **Salzen** handelt es sich um kristalline Substanzen, die aus entgegengesetzt geladenen Ionen (einfache oder zusammengesetzte Ionen) aufgebaut sind (s. Abb.). Zwischen den Ionen wirken starke elektrostatische Anziehungskräfte (COULOMB-Kräfte) in alle Richtungen des Raums.

Man bezeichnet die Salze als **Ionensubstanzen** und die Kräfte, die den Zusammenhalt im Kristall bewirken, als **Ionenbindung.**

Aus dem Verhältnis der Ladungen der Ionen und ihrer Anordnung im Kristall ergeben sich verschiedene Kristallformen (s. Abb.).

Salze sind Ionensubstanzen, die aus positiv geladenen Ionen (oft Metall-Ionen) und aus negativ geladenen Säurerest-Ionen bestehen.

Der ähnliche Bau der Ionensubstanzen führt zu einer Reihe charakteristischer Eigenschaften. Alle Salze weisen eine große Härte sowie hohe Schmelz- und Siedetemperaturen auf.

Auch die unterschiedliche elektrische Leitfähigkeit der Feststoffe bzw. ihrer Lösungen und Schmelzen ist auf die Struktur der Ionensubstanzen zurückzuführen.

In Lösungen und Schmelzen sind die Ionen frei beweglich und können somit Ladungen transportieren. Sie sind daher elektrisch leitfähig.

In dem Feststoff befinden sich die Ionen auf festen Gitterplätzen. Die Kristalle leiten den elektrischen Strom deshalb nicht.

Die chemische Bindung, die auf elektrostatischen Anziehungskräften zwischen entgegengesetzt geladenen Ionen beruht, bezeichnet man als Ionenbindung. Sie bedingt die typischen Eigenschaften der Salze.

Aufgaben

1. Nenne fünf Ionensubstanzen und gib jeweils die positiv geladenen und negativ geladenen Ionen an, aus denen die Stoffe zusammengesetzt sind.

2. Beschreibe den Bau des Natriumchloridkristalls.

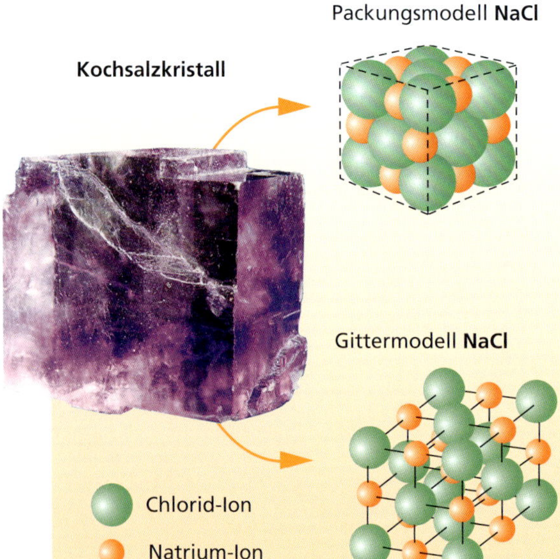

mögliche Kristallformen von Ionensubstanzen

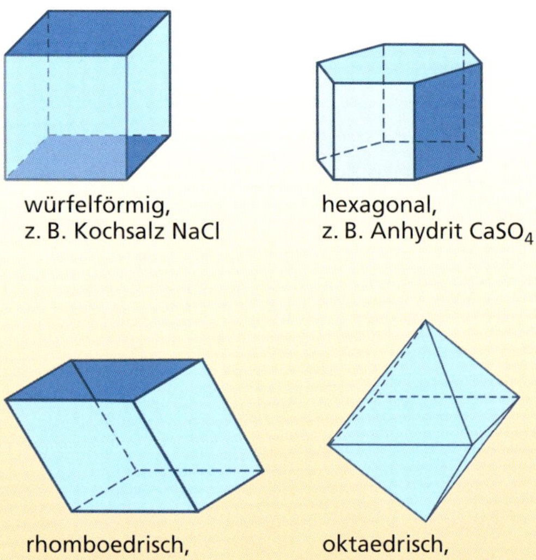

Struktur-Eigenschafts-Konzept: Salze

Die typischen Eigenschaften von Salzen ergeben sich aus der ähnlichen Art, Anordnung und den ähnlichen Wechselwirkungen zwischen den Teilchen.

Art der Teilchen: Salze bestehen aus positiv geladenen Ionen (Kationen) und negativ geladenen Ionen (Anionen).

Anordnung der Teilchen: Die unterschiedlichen Ionen sind regelmäßig in einem dreidimensionalen Ionengitter auf festen Gitterplätzen angeordnet. Das Verhältnis der Ionen im Kristall wird durch ihre Ladungen bestimmt. Die Ladungen der positiv und negativ geladenen Ionen heben sich gegenseitig auf.

Wechselwirkungen zwischen den Teilchen: Zwischen den entgegengesetzt geladenen Ionen wirken starke elektrostatische Anziehungskräfte im Gitter. Die Stärke der Wechselwirkungen hängt von der Größe und Ladung der Ionen ab.

Ionenkristall

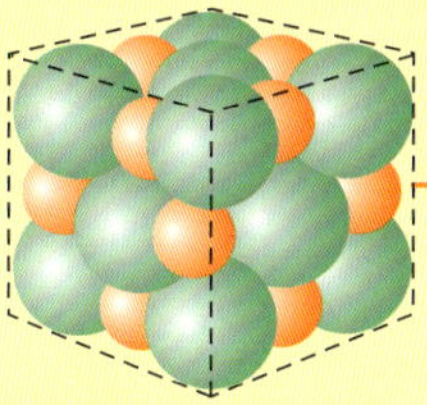

Ionensubstanzen sind fest und hart, weil zwischen den Ionen starke Anziehungskräfte wirken. Daher bilden Salze sehr stabile dreidimensionale Ionengitter.

Ionensubstanzen sind spröde und nicht verformbar, weil bei der Verschiebung der Ionenschichten gleichartige Ionen nebeneinander geraten, sich abstoßen und die Kristalle daher an diesen Stellen brechen.

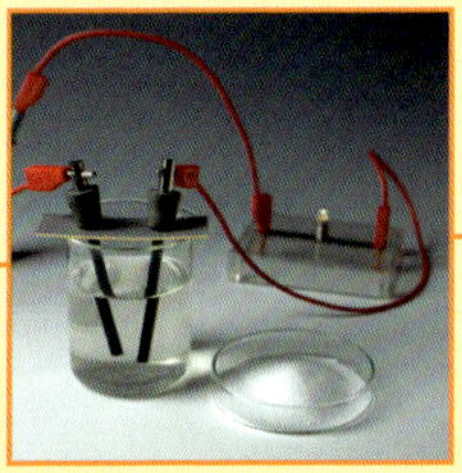

Lösungen und Schmelzen von Salzen sind elektrisch leitfähig, weil in beiden Flüssigkeiten (anders als im Feststoff) frei bewegliche Ionen als Ladungsträger zur Verfügung stehen.

Erläutere den Zusammenhang von Struktur und Eigenschaften eines Stoffes an einem weiteren Beispiel.

Salzbildungsreaktionen

Viele Salze sind als Mineralien in der Natur zu finden. Sie sind beispielsweise durch Kristallisation aus wässrigen Lösungen entstanden und können rein oder im Gemisch mit anderen Stoffen vorliegen.
Salze kristallisieren beispielsweise bei **Fällungsreaktionen** aus, die Chemiker zum Nachweis von Ionen in unbekannten Lösungen nutzen. Dabei treten die in Lösung vorliegenden Kationen und Anionen zu schwer löslichen Salzen zusammen. Diese fallen wie Silberchlorid oder Bariumsulfat (s. Abb. 1) als feste Niederschläge aus und können von der Lösung abgetrennt werden.

$$Ag^{+}_{(aq)} + Cl^{-}_{(aq)} \longrightarrow AgCl\downarrow$$

$$Ba^{2+}_{(aq)} + SO_4^{2-}{}_{(aq)} \longrightarrow BaSO_4\downarrow$$

Salze bilden sich auch bei **Säure-Base-Reaktionen** (Neutralisationsreaktionen, s. S. 44).
In ähnlicher Weise erhält man Salze bzw. Salzlösungen durch **Reaktion von Metalloxiden mit Säuren.** Bei der Umsetzung von Kupferoxid mit Schwefelsäure bildet sich eine blaue Kupfersulfatlösung (s. Abb. 1, rechts). Daraus lässt sich das feste Kupfersulfat durch Verdampfen des Wassers gewinnen.

$$CuO + 2\,H^{+}_{(aq)} + SO_4^{2-}{}_{(aq)} \longrightarrow Cu^{2+}_{(aq)} + SO_4^{2-}{}_{(aq)} + H_2O$$

Mithilfe von Säuren lassen sich so korrodierte Metalloberflächen reinigen: An Luft bilden sich Oxidschichten an vielen Metalloberflächen. Diese lassen sich mit geeigneten Säuren entfernen, indem die Oxide in wasserlösliche Salze überführt werden. So werden angelaufene Messingteile oder Kupferbleche mit der geeigneten Poliersäure wieder blitzblank.
Leider funktioniert diese Methode nicht bei allen Metallen (s. S. 57 und 61) und bei der Wahl der Säure muss man sehr genau auf die Art und Konzentration der Säure achten.
Salze entstehen ebenfalls bei der **Reaktion von Nichtmetalloxiden mit alkalischen Lösungen.** Ein Beispiel ist der Nachweis von Kohlenstoffdioxid durch Einleiten des Gases in Kalkwasser.

$$Ca^{2+}_{(aq)} + 2\,OH^{-}_{(aq)} + CO_2 \longrightarrow CaCO_3 + H_2O$$

Diese Salzbildungsreaktion findet auch beim Abbinden von Kalkmörtel an der Luft statt (s. S. 72). Die Reinigung von schwefeldioxidhaltigen Abgasen in Kraftwerken basiert auf dem gleichen Prinzip: Das Abgas wird in Calciumhydroxidlösung eingeleitet.
Dabei entsteht Calciumsulfitlösung, aus der mit Sauerstoff Calciumsulfat gewonnen werden kann. Das wasserhaltige Salz ist schwer löslich und fällt als Gips aus. Mit diesem Verfahren wird aus dem giftigen Schwefeldioxid ein hochwertiger Baustoff gewonnen und damit die Umwelt entlastet (s. Abb. 2)!

1 Fällungen von Silberbromid (links), Bariumsulfat (Mitte) und Lösung von Kupfersulfat (rechts)

2 Der in Kraftwerken anfallende Gips ($CaSO_4 \cdot 2\,H_2O$) ist ein begehrter Baustoff.

Salze lassen sich auch durch **Reaktion der Elementsubstanzen** darstellen, beispielsweise durch Umsetzung von Natrium mit Chlor. Dabei entstehen aus den Natriumatomen durch Elektronenabgabe Natrium-Ionen. Diese werden von den Chloratomen aufgenommen, die dadurch zu Chlorid-Ionen werden.

Elektronenabgabe: $2\,Na \longrightarrow 2\,Na^{+} + 2e^{-}$

Elektronenaufnahme: $Cl_2 + 2e^{-} \longrightarrow 2\,Cl^{-}$

Bei dieser Reaktion erfolgt ein Elektronenübergang von den Natriumatomen zu den Chloratomen. Die Elektronenaufnahme und Elektronenabgabe laufen gleichzeitig ab und bedingen einander.

Elektronenabgabe

$$2\,Na + Cl_2 \longrightarrow 2\,NaCl$$

Elektronenaufnahme

Bei der Reaktion der Elementsubstanzen zu Salzen handelt es sich um eine Reaktion mit Elektronenübergang. Durch Elektronenaufnahme bzw. -abgabe bilden sich Ionen aus Atomen.

Bei der **Reaktion von Metallen mit Säuren** erfolgt ebenfalls ein Elektronenübergang. Insbesondere alle unedlen Metalle reagieren mit verdünnten Säuren zu den entsprechenden Metallsalzen und gasförmigem Wasserstoff.

Elektronenabgabe

$$Zn + 2\,H^{+}_{(aq)} + 2\,Cl^{-}_{(aq)} \longrightarrow Zn^{2+}_{(aq)} + 2\,Cl^{-}_{(aq)} + H_2$$

Elektronenaufnahme

Edle Metalle wie Kupfer oder Silber reagieren nur mit oxidierenden Säuren höherer Konzentration, z. B. Salpetersäure. Dabei wird die Salpetersäure reduziert und die Metalle oxidiert (s. S. 58).

Elektronenabgabe

$$Cu + 4\,H^{+}_{(aq)} + 4\,NO_3^{-}{}_{(aq)} \longrightarrow Cu^{2+}_{(aq)} + 2\,NO_3^{-}{}_{(aq)} + 2\,H_2O + NO_2$$

Elektronenaufnahme

Aufgabe

Erstelle eine Mindmap zu den verschiedenen Salzbildungsreaktionen und ihrer Bedeutung in Natur und Technik.

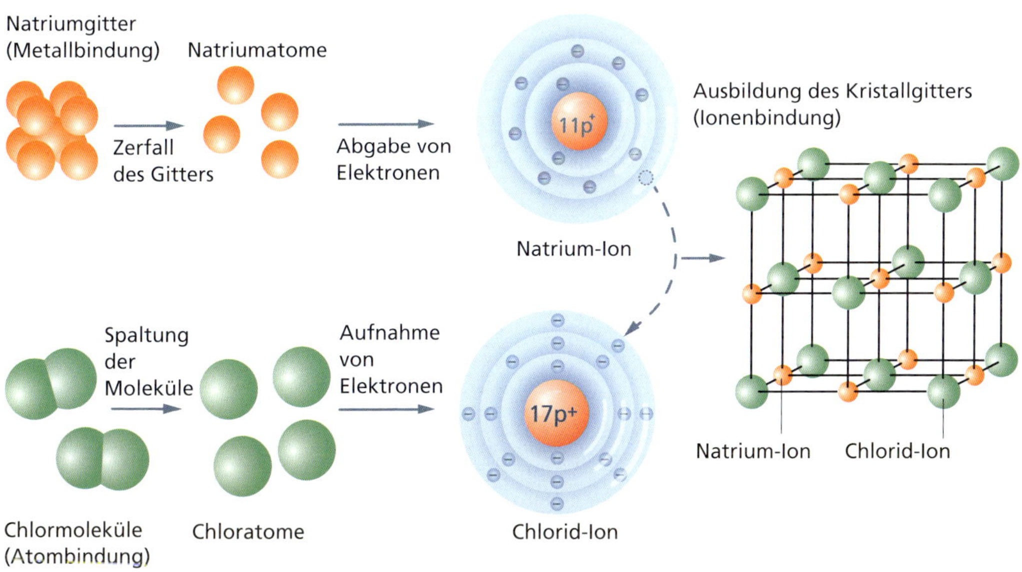

Mosaik

Reaktionen mit Elektronenübergang – eine neue Reaktionsart?

Reaktionen, bei denen Elektronenabgabe und Elektronenaufnahme gleichzeitig ablaufen, sind **Reaktionen mit Elektronenübergang**. Beispiele für solche Reaktionen sind die Reaktionen von Elementsubstanzen zu Salzen, wie beispielsweise die Reaktion von Natrium und Brom zu Natriumbromid (s. Abb. 2).

Um zu entscheiden, ob es sich bei dieser Reaktion um eine neue Reaktionsart handelt, soll die bisher bekannte **Redoxreaktion** betrachtet werden.

Aluminium reagiert mit Eisen(III)-oxid (aluminothermisches Schweißen) (s. Abb. 1). Dabei laufen Oxidation und Reduktion gleichzeitig ab.

Oxidation ($Al \rightarrow Al_2O_3$)

$$2\,Al + Fe_2O_3 \longrightarrow Al_2O_3 + 2\,Fe$$

Reduktion ($Fe_2O_3 \rightarrow Fe$)

Während der Reaktion nimmt Aluminium Sauerstoff auf (Oxidation) und reagiert zum Aluminiumoxid. Gleichzeitig gibt Eisenoxid Sauerstoff ab und wird zum Eisen.

Um jedoch die Frage zu beantworten, ob der Sauerstoffübergang wirklich das entscheidende Merkmal dieser Reaktion ist, müssen die Änderungen der Teilchen betrachtet werden.

Aluminium ist aus Aluminiumatomen aufgebaut. In der Verbindung (Aluminiumoxid) sind Aluminium-Ionen enthalten. Da Aluminiumatome drei Außenelektronen besitzen, müssen jeweils diese drei Elektronen abgegeben werden, damit aus den Atomen die Ionen entstehen.

Elektronenabgabe: $2\,Al \longrightarrow 2\,Al^{3+} + 6e^-$

Die abgegebenen Elektronen werden von den dreifach positiv geladenen Eisen-Ionen (im Eisenoxid) aufgenommen. Diese werden dadurch zu Eisenatomen.

Elektronenaufnahme: $2\,Fe^{3+} + 6e^- \longrightarrow 2\,Fe$

Auch bei dieser Redoxreaktion erfolgen Elektronenübergänge. Demnach handelt es sich bei Reaktionen mit Elektronenübergang nicht um eine neue Reaktionsart, sondern der Begriff der Redoxreaktion muss erweitert werden. Das entscheidende Kriterium ist der Elektronenübergang.

Oxidation (Elektronenabgabe) ($Mg \rightarrow Mg^{2+}$)

$$Mg + Br_2 \longrightarrow Mg^{2+} + 2\,Br^-$$

Mg: Reduktionsmittel; Br_2: Oxidationsmittel

Reduktion (Elektronenaufnahme) ($Br_2 \rightarrow 2\,Br^-$)

Die Redoxreaktion ist eine Reaktion mit Elektronenübergang. Ist Sauerstoff an der Reaktion beteiligt, erfolgt ein Sauerstoffübergang.

Teilreaktion Oxidation:	**Elektronenabgabe**
Teilreaktion Reduktion:	**Elektronenaufnahme**

1 Reaktion von Aluminium und Eisenoxid beim aluminothermischen Schweißen.

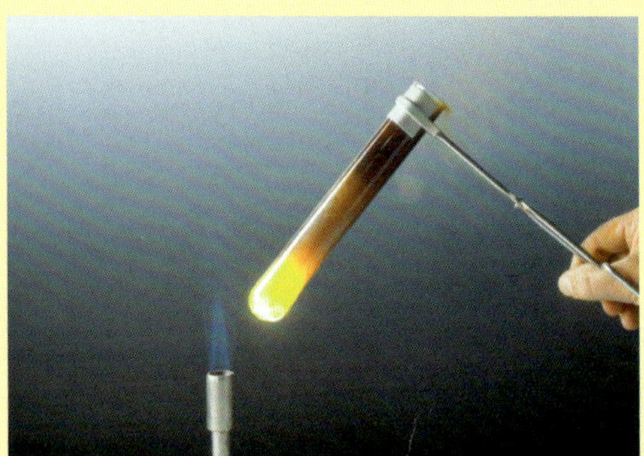

2 Reaktion von Natrium und Brom unter Laborbedingungen.

Elektrolyse – Salze unter Strom

Salzlösungen und -schmelzen sind im Gegensatz zu Salzkristallen elektrisch leitfähig, weil ihre Ionen frei beweglich sind. Legt man an eine Zinkchloridlösung eine Gleichspannung von ca. 2 V an, beobachtet man nach kurzer Zeit Veränderungen an den Elektroden. An einer Elektrode scheidet sich Zink ab, an der anderen bildet sich gasförmiges Chlor (s. Abb. 1).
Durch Zufuhr von elektrischer Energie wird das Zinksalz zersetzt. Dabei wird elektrische Energie in chemische Energie umgewandelt. Derartige **erzwungene elektrochemische Reaktionen** bezeichnet man als **Elektrolysen.**
Auch gelöstes Kupfer(II)-chlorid wird unter dem Einfluss von elektrischem Strom in Kupfer und Chlor umgewandelt. Die Erklärung für diese Tatsache liegt im Teilchenbereich. Taucht man zwei Elektroden in die Lösung und legt eine Gleichspannung an, erfolgt innerhalb der Salzlösung ein gerichteter Ladungstransport. Die enthaltenen Kupfer-Ionen und Chlorid-Ionen bewegen sich auf die Elektroden zu.
Die negativ geladenen Chlorid-Ionen wandern zur **Anode** (Pluspol). Dort herrscht ein Elektronenmangel. Die Chlorid-Ionen geben Elektronen ab und reagieren zu Chloratomen, die sich zu Chlormolekülen verbinden.

Anode (Elektronenabgabe):

$$2\,Cl^-{}_{(aq)} \longrightarrow Cl_2\uparrow + 2\,e^-$$

Gleichzeitig wandern die positiv geladenen Kupfer-Ionen zur **Katode** (Minuspol). Dort herrscht Elektronenüberschuss. Die Kupfer-Ionen nehmen Elektronen auf und reagieren zu Kupferatomen.

Katode (Elektronenaufnahme):

$$Cu^{2+}{}_{(aq)} + 2\,e^- \longrightarrow Cu$$

Da bei der Elektrolyse ein Elektronenübergang erfolgt, handelt es sich um eine spezielle Form der Redoxreaktion.

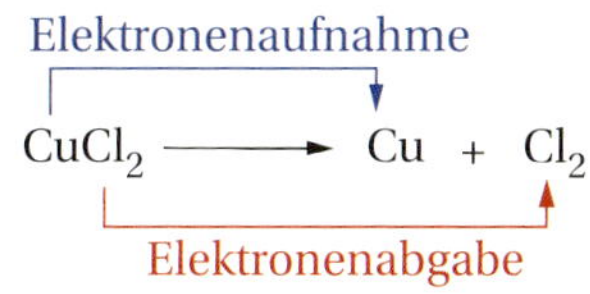

Die Elektrolyse ist eine erzwungene elektrochemische Reaktion, bei der Stoffe durch Zufuhr von elektrischer Energie zersetzt werden.

Aufgaben

Erläutere die grundlegenden Merkmale der Elektrolyse anhand der elektrochemischen Zersetzung von Wasser.

1 Zersetzung eines Zinksalzes unter dem Einfluss von Gleichstrom

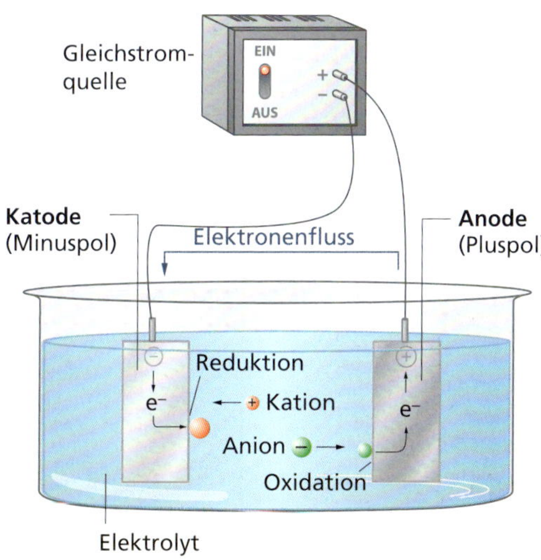

2 Aufbau einer Elektrolyseapparatur: Zersetzung durch Zufuhr elektrischer Energie

Elektrolyse – reine Energieverschwendung?

In der Industrie werden Elektrolyseprozesse zur Synthese wichtiger Metalle und anderer Stoffe genutzt. So gewinnt man Aluminium und Kupfer ebenso elektrolytisch wie die Grundchemikalien Chlor und Natronlauge.
Durch die technische **Chloralkali-Elektrolyse** werden jährlich in Deutschland ca. 3,5 Mio. Tonnen **Chlor** und ca. 4 Mio. Tonnen Natronlauge erzeugt. Chlor wird direkt oder indirekt zur Herstellung von ungefähr 50 % aller Chemieprodukte benötigt. Kunststoffe, Lösemittel, Desinfektionsmittel, Salzsäure und Unkrautbekämpfungsmittel u. v. a. m. sind Produkte der Chlorchemie.
Natronlauge spielt eine bedeutende Rolle in der Metallurgie (z. B. bei der Gewinnung von Aluminium), bei der Herstellung von Papier, Kunstfasern, Seifen, Waschmitteln und vielen anderen Stoffen.
Obwohl für die Chloralkali-Elektrolyse jährlich mehr als 2 % der in Deutschland erzeugten Elektroenergie verbraucht werden, ist diese Energie durchaus nicht verschwendet!
Chlor und Natronlauge werden aus Natriumchlorid als Rohstoff gewonnen, der in der Natur in großen Mengen vorkommt. Dieser Rohstoff lässt sich nur durch Elektrolyse mit vertretbarem Aufwand in die gewünschten Produkte umwandeln. Dazu wird eine warme Natriumchloridlösung bei 3,3 bis 4,5 V in geeigneten elektrochemischen Zellen elektrolysiert. Dabei wandern die Chlorid-Ionen zur Anode (Pluspol) und werden oxidiert.

Anode: $2\,Cl^-_{(aq)} \longrightarrow Cl_2\uparrow + 2\,e^-$

An der Katode (Minuspol) werden nicht Natrium-Ionen reduziert, sondern Wasserstoff-Ionen. Dabei entstehen Hydroxid-Ionen und Wasserstoffmoleküle.

Katode: $2\,H_2O + 2\,e^- \longrightarrow H_2\uparrow + 2\,OH^-_{(aq)}$

Gesamtreaktion:

$$2\,Na^+_{(aq)} + 2\,Cl^-_{(aq)} + 2\,H_2O \longrightarrow Cl_2\uparrow + H_2\uparrow + 2\,Na^+_{(aq)} + 2\,OH^-_{(aq)}$$

Im Laufe der Zeit wurden verschiedene Verfahren zur Chloralkali-Elektrolyse entwickelt. Das modernste und umweltfreundlichste Verfahren ist das Membranverfahren (s. Abb. 2). Hier wird die Energie am effektivsten ausgenutzt und kaum umweltschädliche Stoffe freigesetzt.

1 Ohne Natronlauge und Chlor wären viele Alltagsgegenstände nicht verfügbar.

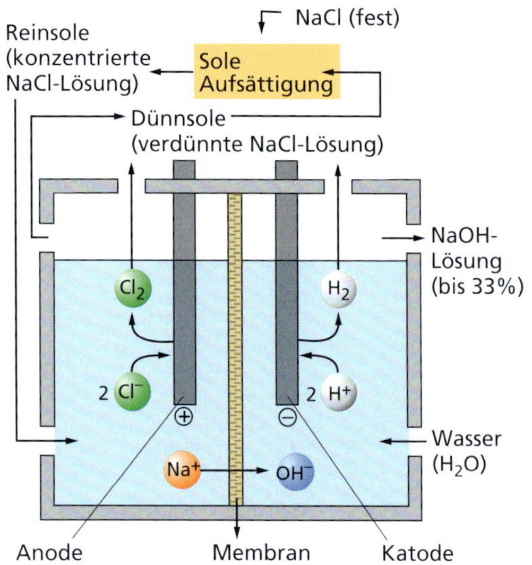

2 Schema der Chloralkali-Elektrolyse nach dem Membranverfahren

Mosaik

Metalle – Reinheit durch Elektrolyse

Nach Eisen und Aluminium ist **Kupfer** mit einer Weltjahresproduktion von 15 Mio. Tonnen das drittwichtigste Gebrauchsmetall. Es wird aufgrund seiner hohen Beständigkeit als Baustoff für Dachkonstruktionen und Trinkwasserleitungen genutzt. In der Elektroindustrie ist Kupfer aufgrund seiner guten Leitfähigkeit und Verarbeitbarkeit unentbehrlich. Außerdem ist das Metall Bestandteil vieler Legierungen wie Messing und Bronze.

Die in der Natur vorkommenden Kupfererze, z. B. in der Nähe von Spremberg (Brandenburg), enthalten meist weniger als 2 % Kupfer. Um daraus hochreines Kupfer für die Mikroelektronik zu gewinnen, sind viele Schritte erforderlich. Zunächst trennt man das Erz von unerwünschten Begleitstoffen. Durch chemische **Redoxreaktionen** wird dann aus den sulfidischen Kupferverbindungen Rohkupfer hergestellt (s. Abb. 1).

Daraus entfernt man durch Schmelzen einen Großteil der Begleitmetalle wie Zink, Nickel und Arsen. Das sogenannte Garkupfer enthält immer noch bis zu 1 % Gold und Silber als Verunreinigungen und muss einer weiteren Reinigung unterzogen werden.

Das edle Metall (s. S. 62) eignet sich besonders gut für die **elektrolytische Raffination,** weil man die Elektrolyse in wässrigen Lösungen und mit geringem Energieaufwand durchführen kann. Dazu wird das Garkupfer als Anode in einer schwefelsaure Kupfersulfatlösung eingebracht.

Als Katode schaltet man ein Reinkupferblech. Schon bei einer Spannung von 0,25 bis 0,4 V löst sich an der Anode das Garkupfer auf. Kupferatome geben Elektronen ab und gehen in Lösung (s. Abb. 2). Die edleren Metalle Silber und Gold werden dagegen nicht oxidiert und setzen sich im Anodenschlamm am Boden der Elektrolysezelle ab. Durch weitere Aufarbeitung lassen sich die reinen Edelmetalle daraus gewinnen.

An der Katode werden Kupfer-Ionen aus der Lösung reduziert, sodass sich hochreines Kupfer abscheidet. Auf diese Weise lassen sich metallische Verunreinigungen fast vollständig entfernen und Kupfer mit einer Reinheit von 99,99 % erzeugen, das für mikroelektronische Bauelemente geeignet ist.

Zunehmend setzt man die Elektrolyse auch zur Kupfergewinnung aus Elektronikschrott oder anderen Altmaterialien ein. Dem Kupfer-Recycling kommt wegen der begrenzten Kupfervorkommen immer größere Bedeutung zu.

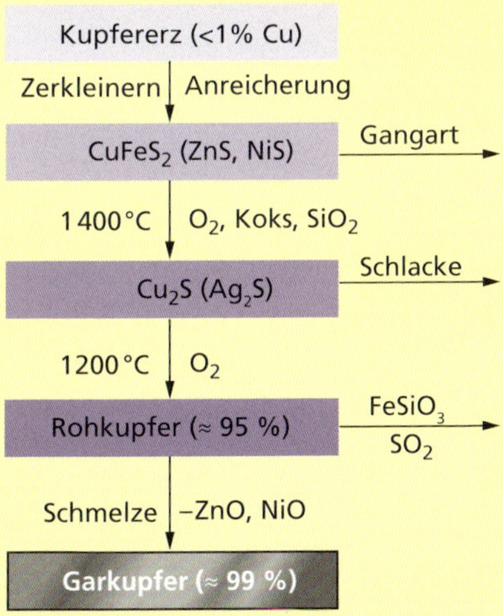

1 Schema der metallurgischen Gewinnung von Garkupfer

Anode: $Cu_{roh} \longrightarrow Cu^{2+}_{(aq)} + 2e^-$

Katode: $Cu^{2+}_{(aq)} + 2e^- \longrightarrow Cu_{rein}$

Gesamt: $Cu_{roh} \longrightarrow Cu_{rein}$

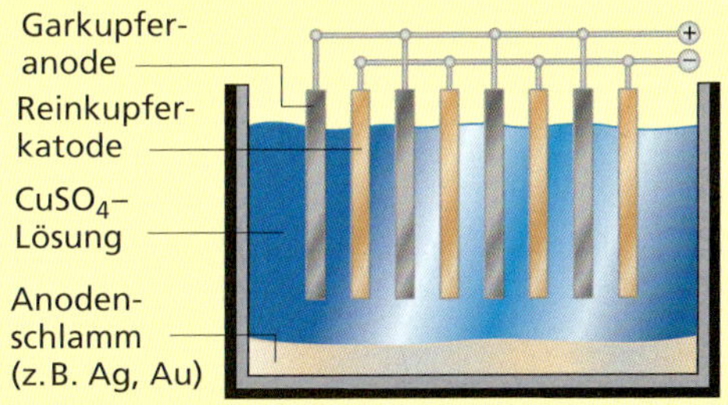

2 Schema der elektrolytischen Raffination zur Gewinnung von Reinstkupfer

Mosaik

Elektrochemische Reaktionen

Nicht nur Salze können durch elektrischen Strom zersetzt werden. Wird Wasser im hofmannschen Wasserzersetzungsapparat vom Gleichstrom durchflossen, bilden sich die Elementsubstanzen Wasserstoff und Sauerstoff.
Bei jeder **Elektrolyse** handelt es sich um eine **elektrochemische Reaktion,** die nicht freiwillig abläuft. Die Zerlegung der Stoffe erfolgt nur unter Energiezufuhr **(erzwungene elektrochemische Reaktion).** Ein Teil der zugeführten Energie wird in chemische Energie umgewandelt. Daher ist der Energieinhalt der Reaktionsprodukte größer als der Energieinhalt der Ausgangsstoffe.

Im Gegensatz dazu existieren jedoch auch elektrochemische Reaktionen, die freiwillig verlaufen. Das bedeutet, dass die Reaktionsprodukte einen geringeren Energieinhalt als die Ausgangsstoffe aufweisen. Taucht man beispielsweise einen Eisennagel in eine Kupfer(II)-sulfatlösung, setzt sich mit der Zeit Kupfer auf dem Eisennagel ab. Die Lösung entfärbt sich und es ist ein leichter Temperaturanstieg messbar. Die Kupfer(II)-sulfatlösung hat mit dem Eisen zu Kupfer und Eisen(II)-sulfatlösung reagiert **(freiwillige elektrochemische Reaktion).** Dabei haben Kupfer-Ionen Elektronen aufgenommen, die von Eisenatomen abgegeben wurden.

Elektronenaufnahme: $Cu^{2+} + 2e^- \longrightarrow Cu$

Elektronenabgabe: $Fe \longrightarrow Fe^{2+} + 2e^-$

1 Zwischen Kupfer-Ionen und Eisenatomen erfolgt ein Elektronenübergang.

Dabei werden die Elektronen immer von den Atomen des unedleren Metalls abgegeben und von den Ionen des edleren Metalls aufgenommen.

$$Cu^{2+} + Fe \longrightarrow Cu + Fe^{2+}$$

Umgekehrt erfolgt kein Elektronenübergang und somit auch keine elektrochemische Reaktion.

$$Cu + Fe^{2+} \not\longrightarrow$$

Nach dem Bestreben ihrer Atome, bei einer chemischen Reaktion Elektronen abzugeben, kann man die Metalle ordnen.

Das Bestreben der Metallatome zur Elektronenabgabe nimmt ab.

K Ca Na Mg Al Zn Fe Pb | Cu Ag Hg Pt Au

unedle Metalle (K bis Pb) | edle Metalle (Cu bis Au)

Das Bestreben der Metall-Ionen zur Elektronenaufnahme nimmt zu.

Dieser freiwillig verlaufende Elektronenübergang bildet u. a. die Grundlage für die Stromerzeugung in **Batterien und Akkumulatoren** (s. S. 66 ff).
Trennt man beispielsweise in einem **galvanischen Element** die Orte der Elektronenaufnahme und der Elektronenabgabe räumlich und schafft dann eine leitende Verbindung zwischen ihnen, fließt ein elektrischer Strom, der genutzt werden kann. Ein Teil der chemischen Energie wird in elektrische Energie umgewandelt.
Elektrochemische Reaktionen, die freiwillig ablaufen, haben allerdings nicht nur als Stromlieferanten große wirtschaftliche Bedeutung. Sie spielen auch bei Korrosionsprozessen eine Rolle und rufen so große wirtschaftliche Schäden hervor.

Ob es sich nun um freiwillig ablaufende oder erzwungene elektrochemische Reaktionen handelt, immer erfolgt ein Elektronenübergang. Somit handelt es sich bei diesen Reaktionen um spezielle Redoxreaktionen (s. S. 58).
Dabei ist die Elektronenabgabe als die Teilreaktion Oxidation definiert und die Elektronenaufnahme als die Teilreaktion Reduktion. Beide Teilreaktionen laufen gleichzeitig ab und bedingen einander.

Chemie im Kontext

Aluminium – immer für eine Überraschung gut

Schokolade wird in Aluminiumfolie verpackt. Hat man **Amalgamfüllungen** und beißt aus Versehen auf die Folie, entsteht ein unangenehmes Kribbeln oder Ziehen.
Erläutere die Ursache für diese Empfindung.

Amalgame sind Quecksilberlegierungen. Für die Zahnfüllungen werden Legierungen mit edlen Metallen verwendet, die im Mund beständig gegenüber im Speichel gelöste Säuren und Salzen sind. Das ist notwendig, damit sich das giftige Quecksilber nicht löst und vom Organismus aufgenommen wird.
Wenn das Amalgam in Kontakt mit dem unedlen Metall Aluminium kommt, erfolgt jedoch trotzdem eine elektrochemische Reaktion. Es entsteht kurzzeitig ein Lokalelement, wobei der Speichel als Elektrolyt wirkt.
Das unedle Aluminium geht unter Elektronenabgabe in Lösung:

Anode: $4\,Al \longrightarrow 4\,Al^{3+}{}_{(aq)} + 12\,e^-$

Die Amalgamfüllung fungiert als Katode. Weil im Elektrolyten keine edlen Metalle gelöst sind, wird Sauerstoff an der Katode reduziert.

Katode: $3\,O_2 + 12\,H^+{}_{(aq)} + 12\,e^- \longrightarrow 6\,H_2O$

Gesamtreaktion:
$$4\,Al + 3\,O_2 + 12\,H^+{}_{(aq)} \longrightarrow 4\,Al^{3+}{}_{(aq)} + 6\,H_2O$$

Bei der **freiwilligen Reaktion** wird chemische Energie in elektrische Energie umgewandelt. Der Strom fließt teilweise über die Amalgamfüllung ab. Da sich im Zahn Nerven befinden, erhalten diese einen elektrischen Impuls und leiten die Information an das Gehirn weiter. Im Gehirn wird die Veränderung registriert und wir nehmen sie als unangenehm wahr.

Elektrochemische Reinigung

Silber ist ein Edelmetall und damit beständig gegen die meisten Umwelteinflüsse. Jeder kennt jedoch das Phänomen, dass Silberbesteck anläuft. Verursacht wird das Anlaufen durch Schwefelverbindungen, die zum Teil in der Luft, vor allem aber in Eiweißstoffen vorkommen.
Wie lässt sich angelaufenes Silberbesteck reinigen?

Bei der Reaktion von Silber mit Schwefel entsteht schwarzes Silbersulfid (Ag_2S).
Auf die mechanische Reinigung durch kräftiges Bürsten sollte man bei Silberbesteck verzichten, da die Oberfläche zerkratzt wird.
Ein Griff in die elektrochemische Trickkiste ermöglicht aber eine elegante und kostengünstige Reinigung. Dazu legt man das angelaufene Silberbesteck zusammen mit Aluminiumfolie in eine heiße Salzlösung.
An der Kontaktstelle zwischen dem Besteck und der Folie kommen in einer elektrisch leitfähigen Lösung (Elektrolyt) ein unedles und ein edles Metall direkt in Kontakt. Ein sogenanntes **Lokalelement** entsteht. Die unedlen Aluminiumatome geben Elektronen ab und gehen als Aluminium-Ionen in Lösung.

Anode: $2\,Al \longrightarrow 2\,Al^{3+}{}_{(aq)} + 6\,e^-$

Die Elektronen wandern durch Folie und Besteck und reduzieren Silber-Ionen des Silbersulfids zu Atomen, die auf der Besteckoberfläche verbleiben.

Katode: $6\,Ag^+{}_{(aq)} + 6\,e^- \longrightarrow 6\,Ag$

Gesamtreaktion:
$$3\,Ag_2S + 2\,Al \longrightarrow 2\,Al^{3+}{}_{(aq)} + 3\,S^{2-}{}_{(aq)} + 6\,Ag$$

Durch die elektrochemische Reinigung wird der schwarze Silbersulfidbelag in lösliches Sulfid überführt. Dieses lässt sich leicht entfernen, während das Silber unbeschädigt zurückbleibt.

gewusst · gekonnt

1. Vervollständige dein Glossar:

Glossar

elektrochemische Reaktion
Elektrolyse
Ionenbindung
Ionenkristall
Ionensubstanz
Redoxreaktion
Salz
Salzbildungsreaktionen

2. Informiere dich über verschiedene Verfahren zur Gewinnung von Kochsalz und beschreibe sie.

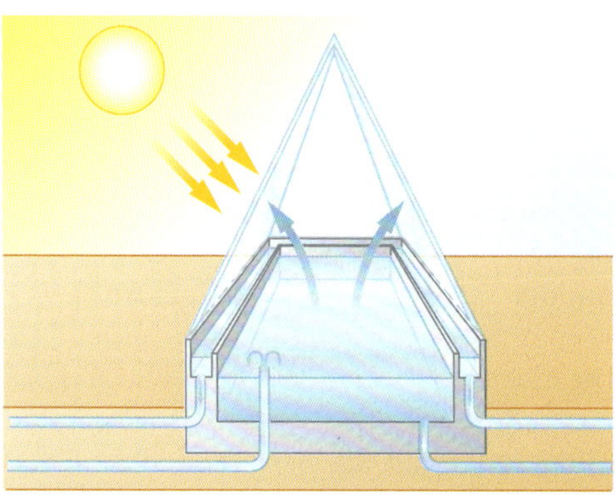

3. Trage Eigenschaften und Verwendungsmöglichkeiten von Kochsalz zusammen. Stelle an einem selbst gewählten Beispiel den Zusammenhang zwischen Eigenschaften und Verwendung dar.

4. a) Calciumchlorid kann durch unterschiedliche chemische Reaktionen hergestellt werden. Gib drei Möglichkeiten mit Wort- und Reaktionsgleichung an.
   b) Gib die Gleichungen in Ionenschreibweise an.

5. Erläutere die Bildung von Sulfid-Ionen (S^{2-}) aus Schwefelatomen. Nutze dazu Modelle und die chemische Zeichensprache.

6. Natrium reagiert mit Chlor. Natriumhydroxid reagiert mit Salzsäure. In beiden Fällen bildet sich Natriumchlorid.
Stelle jeweils die Reaktionsgleichung auf. Vergleiche beide Reaktionen miteinander.

7. L Die folgenden Experimente werden vom Lehrer gezeigt.

Aluminium + Brom

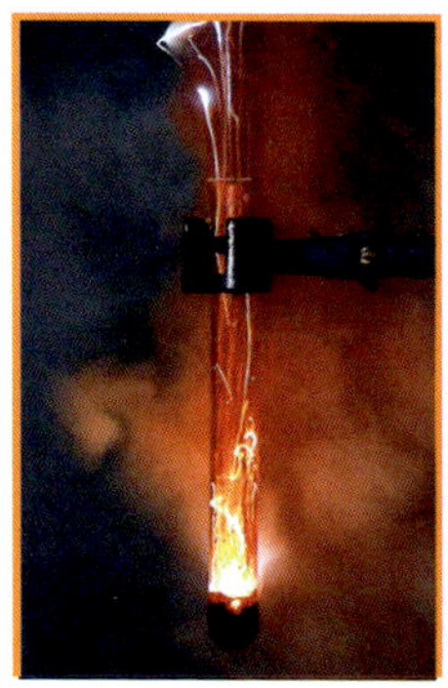

Eisen + Chlor

   a) Kennzeichne diese Prozesse als chemische Reaktionen. Gehe dazu auf Stoffumwandlungen, Energieumwandlungen und Änderungen im Teilchenbereich ein.
   b) Stelle die Reaktionsgleichungen auf und gib die Teilgleichungen an. Benenne die Reaktionsart.

8. Natriumchlorid ist Ausgangsstoff für viele Produkte. Elektrolytische Prozesse spielen dabei eine Rolle.
Erläutere die Entstehung der unterschiedlichen Reaktionsprodukte bei der Elektrolyse einer wässrigen Natriumchloridlösung und einer Natriumchloridschmelze.

9. Weise anhand eines selbst gewählten Beispiels nach, dass elektrochemische Reaktionen spezielle Redoxreaktionen sind.
Wonach unterteilt man freiwillige und erzwungene elektrochemische Reaktionen?

10. In der Brennstoffzelle wird die Reaktion von Wasserstoff mit Sauerstoff genutzt, um chemische in elektrische Energie umzuwandeln.

a) Den „Brennstoff“ Wasserstoff kann man u. a. durch Elektrolyse herstellen. Erläutere die Vorgänge im hofmannschen Wasserzersetzungsapparat.

b) Informiere dich über die Funktionsweise der Brennstoffzelle.

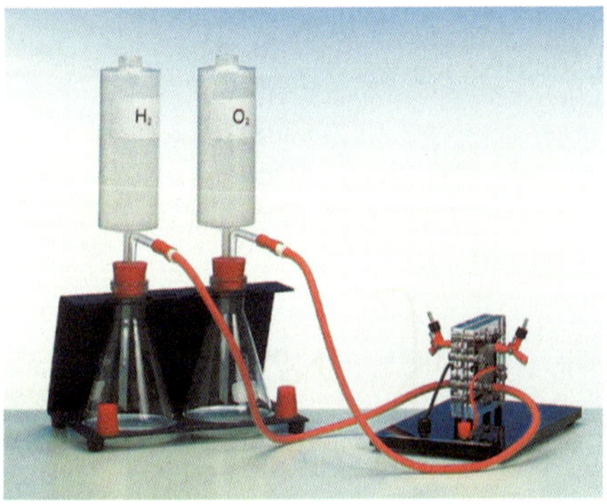

11. Erläutere unterschiedliche Möglichkeiten, elektrische Energie zu gewinnen. Welche Energieform wird jeweils genutzt?

12. Untersuche den Rostvorgang an blank geriebenen Eisennägeln bei Kontakt mit Magnesium und Kupfer. Sorge dafür, dass der Zellstoff in regelmäßigen Abständen mit Kochsalzlösung angefeuchtet wird.

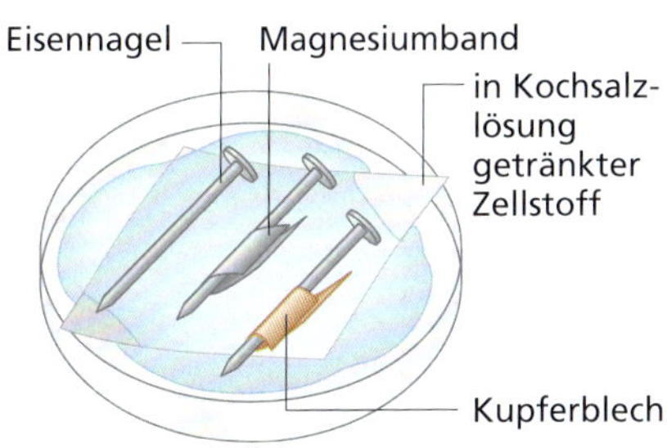

Notiere nach einer Woche deine Beobachtungen und erkläre sie. Welche Art der elektrochemischen Reaktion liegt vor?

13. Glatteis führt im Winter zu Beeinträchtigungen im Straßenverkehr und vielen Unfällen auf öffentlichen Wegen. Zur Bekämpfung der Glättegefahr setzen die Stadtreinigungen Streusalz oder Splitt ein.

a) Finde heraus, welche Salze in Streusalz enthalten sind.

b) Entwickle ein Experiment, das die Wirkungsweise von Streusalz zeigt. Führe das Experiment durch und protokolliere es.

c) Informiere dich, welche Mengen Streusalz und Splitt in Berlin in einem normalen Winter verbraucht werden.

d) Der Einsatz von Streusalz wird durchaus kontrovers diskutiert (s. unten). Finde weitere Argumente, die für Splitt bzw. Streusalz zur Glättebekämpfung im Winter sprechen. Diskutiere die Vor- und Nachteile mit deinen Mitschülern.

Splitt – keine Alternative zu Streusalz

Der Nachteil von Splitt im Vergleich zum Salz:
Um die abstumpfenden Streumittel herzustellen und auf die Fahrbahnen zu streuen, wird bei gleichem Nutzen ein dreifach höherer Primärenergieaufwand benötigt. [...] Zudem können abstumpfende Stoffe selbst mit einem hohen Aufwand nur zum Teil bei der Straßenreinigung eingesammelt und wiederverwendet werden. Sie erhöhen deshalb die zu entsorgenden Abfallmengen [...].

Quelle: www.uni-protokolle.de/nachrichten/id/12014

Auswirkung von Streusalz auf Pflanzen:

Ein gesteigerter Salzgehalt im Boden kann zu Wurzelschädigungen führen. Zugleich behindert der erhöhte Salzanteil die Aufnahme anderer wichtiger Nährstoffe. So weisen salzgeschädigte Bäume einige typische Symptome auf: Die Blätter treiben erst später im Frühjahr aus. Sie sind dann kleinflächiger und haben abgestorbene Gewebeteile an Blatträndern und Spitzen. Bäume zeigen frühzeitige Alterungserscheinungen wie Verfärbungen der Blätter und vorzeitigen Laubabfall bis hin zum Absterben von Pflanzenteilen oder der ganzen Pflanze.

Quelle: www.gsf.de/flugs/Streusalz_2005-flugs.pdf

Wahlbereich: Batterien und Akkus – mobile Energieträger

Strom to go

Fotoapparate, Laptops, MP3-Player und viele andere technische Geräte sind aus unserem Alltag nicht mehr wegzudenken. Fast jeder 14-Jährige ist heute schon im Besitz eines eigenen Handys. Um sie unterwegs betreiben zu können, benötigen sie als mobile Energiequellen **Batterien** (s. Abb. 1) oder **Akkumulatoren** (s. S. 68).
Für die unterschiedlichen technischen Geräte gibt es eine Vielzahl von Batterietypen, die sich in Form, Größe und Material unterscheiden. Trotzdem ist das Prinzip der Energiegewinnung bei allen Batterien gleich.

1. *Informiere dich im Internet über verschiedene Energieformen.*

Bei freiwillig ablaufenden elektrochemischen Reaktionen (s. S. 61) wird chemische Energie in elektrische Energie umgewandelt. Diese Redoxreaktionen lassen sich mit einfachen Mitteln zur **Stromerzeugung** nutzen.

S Experiment 1

Aufgabe:
Baue eine Obst-Batterie. Fordere die notwendigen Geräte und Materialien beim Lehrer an.

Durchführung:
a) Stecke einen Eisennagel und einen Kupferdraht in einen Apfel bzw. eine Kartoffel und miss die Spannung. Ermittle den Plus- und den Minuspol.
b) Untersuche, ob der Versuch auch mit zwei gleichen Metallen gelingt.
c) Versuche, durch unterschiedliche Metallkombinationen die Spannung zu erhöhen.

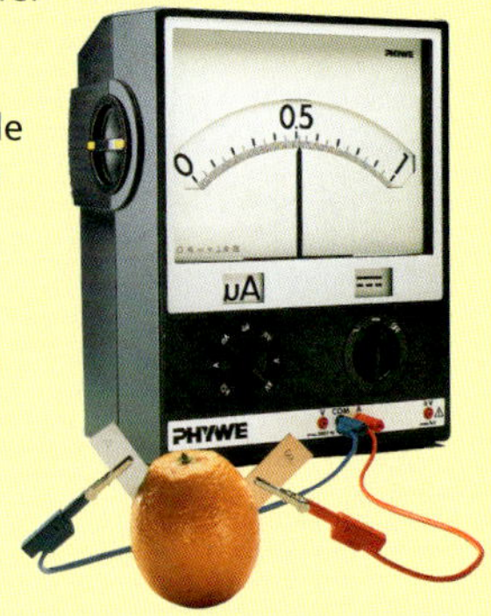

1 Mobile Energiequellen – chemische Reaktionen bringen die Taschenlampe zum Leuchten.

*2. *Erkläre deine Beobachtungen aus Experiment 1 mithilfe der elektrochemischen Spannungsreihe.*

3. *Formuliere die Teilreaktionen, die an den Elektroden der Obst-Batterie ablaufen. Bestimme die Art der Teilreaktionen.*

4. *Leite aus den Teilreaktionen die Gesamtreaktion ab. Erläutere die Funktionen der Anode und der Katode.*

Zwischen den Elektroden der Batterie befindet sich eine elektrisch leitende Flüssigkeit, die **Elektrolyt** genannt wird. Als Elektrolyte können alle Lösungen (Säuren, Laugen, Salzlösungen) dienen, die frei bewegliche Ionen enthalten.

S Experiment 2

Aufgabe:
Teste, ob sich die Spannung durch unterschiedliche Obstsorten erhöhen lässt. Prüfe jeweils auch den pH-Wert des Obstes.

Vorbereitung und Durchführung:
Orientiere dich an der Experimentieranordnung aus Experiment 1 und wandle diese entsprechend ab.

Beobachtung und Auswertung:
Notiere deine Beobachtungen in einer Tabelle. Erstelle ein Balkendiagramm, das die Abhängigkeit der Spannung von der Obstsorte zeigt.

Batterien im Alltag

Elektrochemische Stromquellen wie Batterien bezeichnet man als **galvanische Elemente.** Die am Minuspol (Anode: Ort der Oxidation) gebildeten Elektronen können über einen Verbraucher (Glühlampe, Elektromotor) zum Pluspol (Katode) geleitet werden. Die Katode (Ort der Reduktion) dient der Sammlung der Elektronen.
Ein typisches galvanisches Element ist das **Zink-Kohle-Element.** Dabei steckt eine Kohleelektrode in einer Kupferchloridlösung und ein Zinkstab in einer Kaliumchloridlösung. Die beiden Lösungen sind durch eine poröse Tonwand getrennt. Die Elektroden sind leitend miteinander verbunden.

S Experiment 1

Aufgabe:
Baue das abgebildete galvanische Element nach und miss die Spannung. Führe Protokoll.

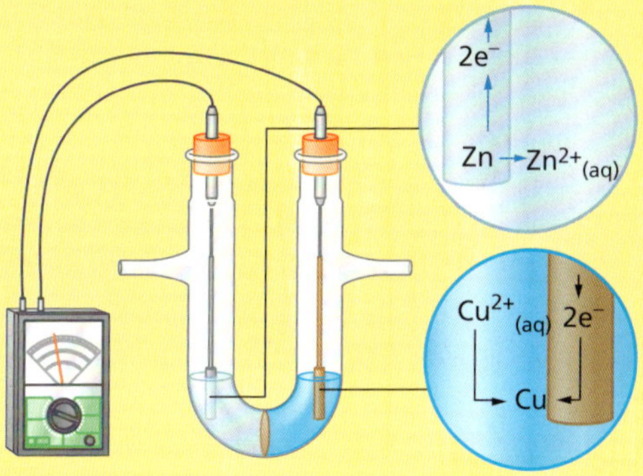

Bei der Zink-Kohle-Batterie steckt ein Kohlestift in einem Gemisch aus Ruß und Braunstein (Mangandioxid). Er bildet den Pluspol. Dieses Gemisch wird von einem Zinkbecher umgeben, er bildet den Minuspol.

1. *Zersäge eine Zink-Kohle-Batterie (s. Abb.) im Längsschnitt. Fertige eine Zeichnung an.*

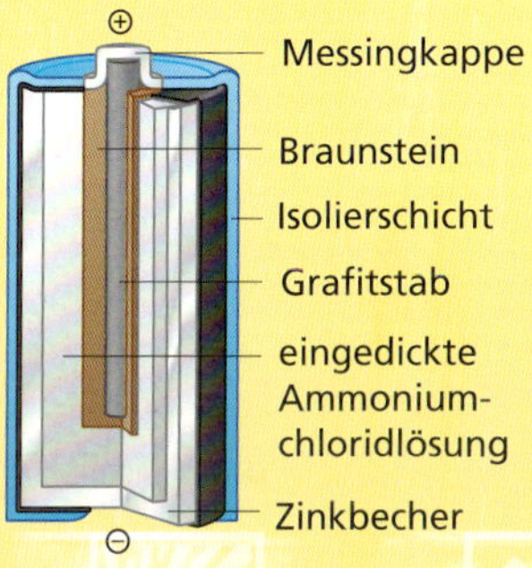

Eine weitere gängige Batterieart ist die **Alkali-Mangan-Batterie** (Alkaline). Die Katode (Reduktion) wird durch gepressten Braunstein gebildet, der sich im Inneren befindet. Die Anode (Oxidation) besteht aus einer Paste aus Zink und Kaliumhydroxid, die durch ein ionendurchlässiges Faserpapier geschützt ist. Diese Batterie zeichnet sich durch eine lange Lebensdauer und durch eine hohe Sicherheit (Auslaufschutz) aus.

S Experiment 2

Aufgabe:
Baue eine Alkali-Mangan-Batterie nach.
Lege dazu ein Stück Filterpapier auf den Boden eines Zinkbechers (bzw. eines Aluminiumbechers von einem Teelicht). Rühre einen Brei aus Mangandioxid, Kaliumhydroxid, Stärke und Wasser an und gib ihn in den Becher.
Stecke eine Grafitelektrode in den Brei und miss die Spannung zwischen dem Metall des Bechers und der Grafitelektrode.
Führe Protokoll.

In Armbanduhren, Hörgeräten und vielen Taschenrechnern kommen **Knopfzellen** (kleine Batterien in Form von Knöpfen) zum Einsatz. Die Typen von Knopfzellen unterscheiden sich in ihrem Elektrodenmaterial.

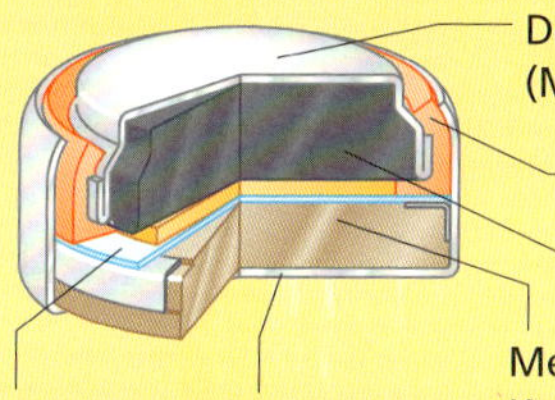

Einen Vertreter stellt die Zink-Silberoxid-Knopfzelle dar. Die Anode dieser Batterie besteht aus Zinkpulver, das im Verlauf der Entladung oxidiert wird. Die Katode besteht aus Silberoxid, das zu elementarem Silber reduziert wird. Kalilauge dient als Elektrolyt.

2. *Erstelle eine Präsentation zu den Batteriearten. Gehe dabei auf das Grundprinzip, Elektrodenreaktionen und Anwendungsgebiete ein.*

Akkus – ein ständiges Hin und Her

Viele Autofahrer haben im Winter Probleme, ihren Wagen zu starten (s. Abb. 1). Der Startvorgang wird durch einen **Akkumulator** initiiert.
Im Gegensatz zu den auf der Seite 66 betrachteten Batterien, die nach dem Entladen unbrauchbar sind, können Akkumulatoren durch Umkehrung der elektrochemischen Reaktion wieder aufgeladen werden. Bei der Autobatterie handelt es sich um einen **Bleiakkumulator.**

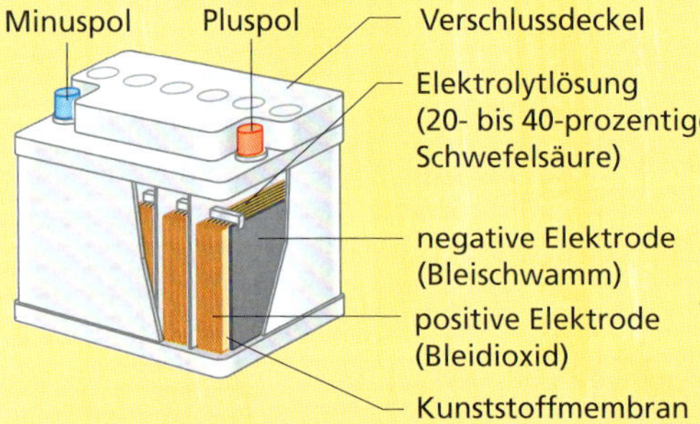

Autobatterien bestehen in der Regel aus sechs einzelnen galvanischen Elementen, die hintereinandergeschaltet sind und eine Spannung von 12 V erzeugen. Das jeweilige galvanische Element besteht aus einer Blei-Anode und einer Bleioxid-Katode. Als Elektrolyt dient 20 bis 40 %ige Schwefelsäure.

S Experiment 1

Aufgabe:
Baue einen Modellakkumulator.

Vorbereitung:
Fordere notwendige Geräte und Chemikalien beim Lehrer an und informiere dich über mögliche Gefahrstoffe.

Durchführung:
a) Halte zwei Bleiplatten in ein Becherglas mit 20%iger Schwefelsäure und verbinde sie mit einer Gleichspannungsquelle von ca. 4 V (Laden des Akkus).
Beobachte die Veränderungen an den Bleiplatten.
b) Entferne die Spannungsquelle. Verbinde die Elektroden mit einer Glühlampe und beobachte wieder die Vorgänge an den Elektroden (Entladen des Akkus).

1 Der Startvorgang wird durch eine wiederaufladbare Batterie initiiert.

Beobachtung und Auswertung:
1. Notiere die beobachteten Veränderungen.
2. Stelle den Lade- und Entladevorgang grafisch dar. Informiere dich im Internet über die chemischen Prozesse an den Elektroden.
3. Recherchiere im Internet, warum es gerade im Winter zu Problemen beim Startvorgang von Fahrzeugen kommen kann.

Handys und viele neue Notebooks enthalten **Lithium-Ionen-Akkumulatoren.** Sie zeichnen sich durch eine lange Lebensdauer, geringes Gewicht und eine hohe Leistungsfähigkeit aus. So können sie bis zu 1 000-mal wieder aufgeladen werden. Ältere Akkumulatortypen sind Nickel-Cadmium-Akkus (NiCd) und Nickel-Metallhydrid-Akkus (NiMH). Sie sind zwar preiswerter, jedoch weniger leistungsfähig als die modernen Akkumulatoren.

Marktanteile der Akkumulatoren in der BRD in %

	NiCd-Akku	NiMH-Akku	Pb-Akku	Li-Ionen-Akku	Sonstige
2000	41,2	37,7	10,8	9,5	0,8
2001	37,4	31,3	18,6	11,4	1,3
2002	36,4	31,9	10,0	20,5	1,2
2003	35,6	27,1	12,0	24,1	1,2
2004	32,3	23,5	15,4	27,6	1,2

1. *Erstelle ausgehend von der Tabelle ein Balkendiagramm und interpretiere deine Grafik.*

Leere Batterien – und dann?

Batterien und Akkus enthalten oft giftige Schwermetalle wie Blei, Quecksilber, Cadmium und Nickel sowie ätzende Säuren oder Laugen.

1. *Erstelle einen Steckbrief in Hinblick auf die Toxizität der oben genannten Metalle.*

2. *Suche im Alltag nach weiteren Verwendungszwecken der oben genannten Metalle. Gib gegebenenfalls an, durch welche Materialien diese Schwermetalle ersetzt werden können.*

Batterien dürfen aufgrund ihrer Umweltgefährdung nicht im normalen Hausmüll entsorgt werden.
Deshalb gibt es sicherlich auch an deiner Schule, wie auch in vielen Supermärkten, eine Batteriesammelbox (s. Abb. 1).
Jährlich werden in der Bundesrepublik Deutschland ca. 30 000 Tonnen (ca. 600 Mio. Stück) Batterien verkauft (s. Abb. 2).

3. *Informiere dich, z. B. im Internet, über die Gewinnung von Schwermetallen.*

Recycling – aus Alt mach Neu

Die Rücknahmequote der verkauften Batterien beträgt leider nur ca. 40 %. Der Rest wird nach wie vor falsch, also mit dem normalen Hausmüll, entsorgt.

1. *Entwirf einen Flyer mit dem Ziel, die Rücknahmequote von Altbatterien an deiner Schule zu erhöhen. Wie könnten die Schüler und Schülerinnen motiviert werden, die Altbatterien korrekt zu entsorgen?*

Von ordnungsgemäß zurückgegebenen Batterien werden jährlich durchschnittlich 77 % dem **Recycling** zugeführt. Der Rest muss gesondert entsorgt werden.
Ausschlaggebend für die Recyclingfähigkeit einer Batterie ist ihr Gehalt an Quecksilber.
Aus quecksilberfreien Batterien lassen sich 90 % der Rohstoffe ohne Probleme zurückgewinnen. Insbesondere handelt es sich dabei um Zink, Blei, Stahl, Nickel und Cadmium. Die restlichen 10 % sind sogenannte Schlacken.
In den Recyclingbetrieben werden die Altbatterien in ihre Bestandteile zerlegt, sortiert und zerkleinert.

2. *Interpretiere die Grafik zum Batterierecycling.*

2.2 Carbonate – eine Gruppe von Salzen

Zerstörerischer Regen
Bauwerke verwittern ebenso wie Gestein. Die Zerstörung wird durch sauren Regen beschleunigt. *Warum werden Baustoffe wie Kalkmörtel und Marmor besonders angegriffen?*

Ein moderner Baustoff?
Der Baustoff Beton ist keine Erfindung unserer heutigen Zeit. Schon zurzeit der Römer wurde er zum Bau von Wasserleitungen und von großen Kuppelbauten eingesetzt. *Was ist Beton?*

Baustoff der Natur
Die Kreidefelsen auf Rügen sind aus den Gehäusen kleiner Lebewesen (u. a. Foraminiferen) entstanden. *Welche chemische Verbindung bildete den Baustoff für die Gehäuse?*

Carbonate – Salze der Kohlensäure

Eigenschaften der Carbonate

Die Kohlensäure bildet zwei Gruppen von Salzen – die **Carbonate** und die **Hydrogencarbonate.** Das bekannteste Carbonat ist **Calciumcarbonat** ($CaCO_3$ – Kalk). Carbonate sind durch mehrere gemeinsame Eigenschaften gekennzeichnet.
Von sauren Lösungen werden sie zersetzt. Dabei wird Kohlenstoffdioxid frei.

$$CaCO_3 + 2\,HCl \longrightarrow CaCl_2 + H_2O + CO_2$$

Auch gegenüber Hitze sind die meisten Carbonate unbeständig (s. S. 73). Wirtschaftlich bedeutsam ist die thermische Zersetzung von Calciumcarbonat.

$$CaCO_3 \longrightarrow CaO + CO_2\uparrow \qquad \Delta E = +179\ kJ \cdot mol^{-1}$$

Die Zersetzung kann zum **indirekten Nachweis** von Carbonaten eingesetzt werden. Das freigesetzte Kohlenstoffdioxid bildet mit Kalk- oder Barytwasser einen weißen Niederschlag.

$$CO_2 + Ca^{2+}{}_{(aq)} + 2\,OH^-{}_{(aq)} \longrightarrow CaCO_3\downarrow + H_2O$$

Carbonate unterscheiden sich u. a. in ihrer Löslichkeit in Wasser. Bariumcarbonat und Calciumcarbonat sind schwer wasserlöslich. Daher fallen die Verbindungen bei der Nachweisreaktion auch als Niederschlag aus. Im Gegensatz dazu sind Natriumcarbonat und Kaliumcarbonat sehr gut wasserlöslich.

$$Na_2CO_3 \longrightarrow 2\,Na^+{}_{(aq)} + CO_3{}^{2-}{}_{(aq)}$$

Ausgewählte Carbonate

Carbonat	Formel	Verwendung
Calcium-carbonat	$CaCO_3$	Herstellung von Baustoffen wie Kalk- und Zementmörtel
Natrium-carbonat (Soda)	Na_2CO_3	Flussmittel und Ausgangsstoff bei der Glasherstellung
Kalium-carbonat (Pottasche)	K_2CO_3	Backhilfsmittel, Herstellung von Schmierseife

Carbonate werden durch saure Lösungen und durch Hitze zersetzt. Ihr Nachweis erfolgt indirekt über das gebildete Kohlenstoffdioxid.

Aufgabe

Was erwartest du, wenn du Naturkreide mit Säurelösung versetzt? Begründe.

S Experiment

Prüfe es selbst

Calciumcarbonat wird durch verdünnte Säuren und Hitze zersetzt. Dabei entsteht u. a. Kohlenstoffdioxid.

Aufgabe:
Zersetze Calciumcarbonat durch verdünnte Salzsäure und weise Kohlenstoffdioxid nach.

Vorbereitung:
Chemikalien: verdünnte Salzsäure ☒, Marmor, Bariumhydroxidlösung ☒
Geräte: entsprechend der Versuchsskizze

Durchführung:

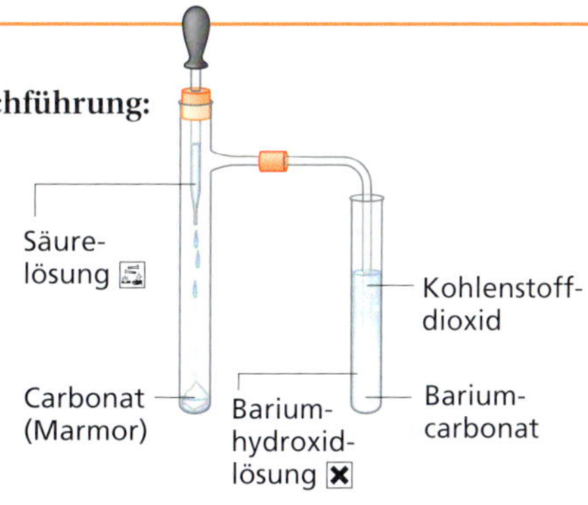

Beobachtung und Auswertung:
Beschreibe deine Beobachtungen. Warum kann Kohlenstoffdioxid entstehen? Wodurch wird Kohlenstoffdioxid nachgewiesen?

Mosaik

Kalk – ein Baustoff aus der Natur

Kalk kommt in der Natur recht häufig vor. In manchen Regionen existieren große Lagerstätten.
Als **Kalkstein** bezeichnet man ein Sedimentgestein, das zum großen Teil aus Calciumcarbonat besteht. Weitere Bestandteile sind u. a. Ton, Sand und Eisenoxide.
Eine besondere Form des Kalksteins ist **Kreide.** Kreide hat sich in der Kreidezeit aus den Schalen von Kleinstlebewesen, die im Meer lebten, gebildet und schließt daher oft zahlreiche Reste von Lebewesen ein. Im Laufe langer Zeiträume entstanden Ablagerungen, die schließlich von Sedimenten bedeckt wurden. Durch tektonische Bewegungen gelangten die Schichten schließlich an die Oberfläche. Die Kreidefelsen auf Rügen sind ein imposantes Beispiel.
Marmor enthält einen hohen Anteil an Calciumcarbonat. Er ist u. a. aus Kalkstein entstanden, der unter sehr hohem Druck stand. Marmor kann weiß oder gefärbt sein, wobei die Färbung einheitlich oder streifig ist.

In reiner Form kommt Calciumcarbonat als **Calcit (Kalkspat)** oder **Aragonit** (s. Abb.) vor. Beide sind kristallin, unterscheiden sich aber durch die Form der Kristalle.
Tropfsteine bestehen aus Calciumcarbonat (s. S. 74 f). Neben Tropfsteinhöhlen existieren weitere faszinierende „Bauwerke" aus diesem Baustoff der Natur.

Korallenriffe sind ganz besonders vielfältige und sensible Ökosysteme. Sie wurden von bestimmten Korallen, Organismen aus der Gruppe der Hohltiere, aufgebaut.
Diese leben in klarem, warmem und flachem Wasser. Daher können solche Riffe auch nicht in kalten Meeren entstehen, sondern kommen nur in tropischen Gewässern vor.
Die riffbildenden Korallen scheiden ein Außenskelett aus Kalk ab. Die zum Aufbau dieser Kalkskelette nötigen Ionen entnehmen die Korallen dem Meerwasser. Sterben die Tiere ab, bleiben die Kalkskelette erhalten. Viele Generationen von Korallen bilden mit der Zeit die großen Riffe. Diese stellen den Lebensraum für unterschiedliche Organismen dar (s. Abb. 1).
Die große Artenvielfalt macht Riffe für Wissenschaftler und Taucher interessant.
Leider sind diese sensiblen Ökosysteme durch Umweltverschmutzung, Klimaphänomene und Tauchtourismus stark bedroht.

Schneckengehäuse bestehen hauptsächlich aus Kalk. Dieses Kalkgehäuse schützte die Schnecke.
Ebenso bilden die Schalen der Muscheln einen Schutz vor Fressfeinden. **Muschelschalen** bestehen wie Schneckengehäuse zu einem großen Teil aus Calciumcarbonat.
Die Formenvielfalt der Schnecken und Muscheln ist gewaltig. Manche sind sehr filigran oder bizarr gestaltet. Einige Muscheln können sehr groß werden (s. Abb. 2).

1 Korallen scheiden eine Kalkschicht ab. Daraus entstehen mit der Zeit Riffe.

2 Die sogenannte Mördermuschel ist die größte Muschel und wird über einen Meter groß.

Der technische Kalkkreislauf

Schaut man sich draußen um, entdeckt man überall eine rege Bautätigkeit. Kaum ein Bauwerk ließe sich ohne **Kalkmörtel** errichten. Er wird zum Verputzen von Innenräumen verwendet und ist Bestandteil des Binders, der zum Mauern eingesetzt wird.
Rohstoff für die Herstellung des Mörtels stellt der in der Natur abgebaute Kalkstein (Calciumcarbonat - $CaCO_3$) dar.

Herstellung von Branntkalk: Beim Kalkbrennen nutzt man aus, dass Calciumcarbonat thermisch zersetzt werden kann. Der zerkleinerte Kalkstein wird im Drehrohrofen bei einer Temperatur von 1 000 °C gebrannt. Dabei bilden sich Branntkalk (CaO) und Kohlenstoffdioxid.

$$CaCO_3 \longrightarrow CaO + CO_2\uparrow \quad \Delta E = +179\ kJ \cdot mol^{-1}$$

Herstellung von Löschkalk: Branntkalk muss „gelöscht" werden. Dabei reagiert er mit Wasser zu Löschkalk - $Ca(OH)_2$.
Der Löschkalk wird getrocknet und gemahlen. Entweder kommt er in dieser Form in den Handel oder er wird schon mit Sand gemischt und als Fertigmörtel angeboten.

$$CaO + H_2O \longrightarrow Ca(OH)_2 \quad \Delta E = -66\ kJ \cdot mol^{-1}$$

1 In der Kalkbrennanlage Rüdersdorf dient der Rüdersdorfer Muschelkalk als Rohstoff.

Herstellung des Mörtels und Abbinden: Aus Löschkalk, Sand und Wasser wird Kalkmörtel gemischt. Er muss abbinden, damit das Gemisch fest und haltbar wird. Hauptsächlich reagiert der im Mörtel enthaltene Löschkalk mit dem Kohlenstoffdioxid der Luft zu Calciumcarbonat. Kalkmörtel wird auch als Luftmörtel bezeichnet, da er zum Abbinden das Kohlenstoffdioxid der Luft benötigt.

$$Ca(OH)_2 + CO_2 \longrightarrow CaCO_3 + H_2O \quad \Delta E = -113\ kJ \cdot mol^{-1}$$

Der abgebundene Mörtel besteht demnach aus Calciumcarbonat. Auch Kalkstein - der Ausgangsstoff für diesen Baustoff - besteht aus Calciumcarbonat.

Den Prozess vom Kalkstein bis zum abgebundenen Mörtel bezeichnet man als technischen Kalkkreislauf, weil Ausgangsstoff und Endprodukt aus dem gleichen Stoff bestehen.

Aufgabe

Beschreibe unter Nutzung der Abbildung 2 den technischen Kalkkreislauf.
Interpretiere die Reaktionsgleichungen für die einzelnen Teilprozesse.

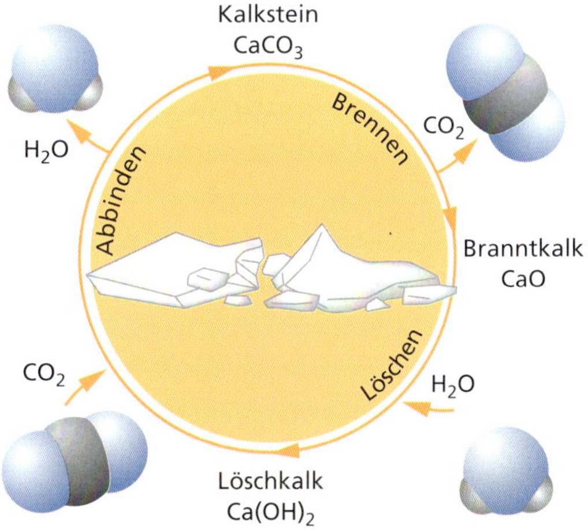

2 Ausgangsstoff und Endprodukt des Kreislaufs ist Calciumcarbonat.

Von Tropfsteinen und hartem Wasser

Betritt man eine Tropfsteinhöhle, ist man von der Formenvielfalt der Gebilde beeindruckt (s. Abb. 1). Sie bestehen zum großen Teil aus dem schwer löslichen **Calciumcarbonat ($CaCO_3$).** An der Entstehung der Tropfsteine sind Kohlenstoffdioxid und die Kohlensäure beteiligt.
Regenwasser reagiert teilweise mit Kohlenstoffdioxid aus der Luft (s. S. 16).

$$H_2O + CO_2 \longrightarrow H_2CO_3$$

Deshalb ist auch „sauberer Regen" schwach sauer, sein pH-Wert beträgt ungefähr 6. Wenn das versickernde saure Regenwasser auf kalkreiche Bodenschichten trifft, bildet sich teilweise **Calciumhydrogencarbonat ($CaHCO_3$)**. Dieses Salz ist gut löslich und dissoziiert in Wasser.

$$CaCO_3 + H^+_{(aq)} \longrightarrow Ca^{2+}{}_{(aq)} + HCO_3^-{}_{(aq)}$$

Tritt die „Salzlösung" aus dem Felsen aus, verdunstet das Wasser. Schwer lösliches Calciumcarbonat scheidet sich durch folgenden Prozess ab:

$$Ca^{2+}{}_{(aq)} + 2\,HCO_3^-{}_{(aq)} \longrightarrow CaCO_3\downarrow + CO_2\uparrow + H_2O\uparrow$$

Im Ergebnis der beschriebenen Reaktionen sind vor Millionen von Jahren ganze Gebirgszüge entstanden. Die Dolomiten in Italien bestehen aus Calciumcarbonat und Magnesiumcarbonat, die zusammen als Dolomit kristallisieren. Kalkstein und Kreide (s. Abb. 2) bildeten sich auf die gleiche Art und Weise.
In natürlichen Gewässern sind noch andere Mineralien (z. B. Sulfate) und Gase (z. B. Sauerstoff) gelöst. Dadurch enthält das Trinkwasser u. a. relativ große Mengen an Calcium-, Magnesium-, Carbonat-, Hydrogencarbonat-, Sulfat- und Chlorid-Ionen.
Die gelösten Calcium- und Magnesiumsalze verursachen die sogenannte **Härte des Wassers.** Hartes Wasser führt zu hartnäckigen Salzablagerungen auf Armaturen, zu verkalkten Rohren und anderen Problemen im Haushalt und in der Industrie.
Der auf Carbonaten und Hydrogencarbonaten beruhende Teil der Wasserhärte wird **Carbonathärte** oder **temporäre Härte** genannt.
Die Bezeichnung rührt daher, dass dieser Anteil durch Erhitzen beseitigt werden kann. Beim Erwärmen entweichen Kohlenstoffdioxid und Wasser aus der Lösung, sodass genau wie beim Verdunsten von Wasser (s. Reaktionsgleichung links) schwer lösliche Carbonate ausfallen.

1 Tropfsteine entstehen in langen Zeiträumen aus Calciumcarbonat.

2 Kreidefelsen bildeten sich durch die gleichen Reaktionen wie Tropfsteine.

Die Carbonate gehen beim Abkühlen nicht wieder in Lösung. Sie bleiben als Kalkablagerungen zurück, die sich speziell an Heizelementen (s. Abb.), Heizkesseln (Kesselstein) oder Wärmetauschern in der Industrie niederschlagen. Da Salze schlechte Wärmeleiter sind, ergeben sich daraus erhebliche wirtschaftliche Probleme.
Die anderen Salze hauptsächlich die Sulfate bedingen die **permanente Härte des Wassers,** die sich durch Erhitzen nicht beeinflussen lässt.
Die **Gesamthärte** setzt sich aus permanenter und temporärer Härte zusammen. Sie wird in Grad deutscher Härte (°dH) angegeben. 1 ° dH bedeutet, dass der Gehalt in einen Liter Wasser 10 mg Calciumoxid entspricht.
Hartes Wasser beeinträchtigt auch die Waschwirkung von Seifen (s. S. 223) sowie den Geschmack von Bier und anderen Getränken. Allerdings unterscheidet sich der Härtebereich des Trinkwassers regional. Je nachdem wie kalkhaltig die Böden sind, aus denen das Wasser stammt, kann die Wasserhärte zwischen weich und sehr hart schwanken (s. Tab.).

Die Wasserhärte ist ein Maß für die im Wasser enthaltenen Salze. Die Gesamthärte setzt sich aus temporärer und permanenter Härte zusammen.

1 Kalkablagerungen können letztlich einen Kurzschluss der Heizelemente verursachen.

Härtebereiche des Wassers

Härtebereich		$\frac{mmol}{l}$	°dH
weich	1	0–1,3	0– 7
mittelhart	2	1,3–2,5	7–14
hart	3	2,5–3,8	14–21
sehr hart	4	>3,8	>21

Aufgabe

Erkundige dich im zuständigen Wasserwerk, welche Härte das Trinkwasser in eurer Region aufweist. Interpretiere den Wert.

S Experiment

Prüfe es selbst

Aufgabe:
Bestimme die Härte von verschiedenen Wasserproben mithilfe von Teststreifen

Vorbereitung:
Geräte und Chemikalien: Reagenzgläser, Teststreifen zur Messung der Wasserhärte, Leitungswasser, Regenwasser, destilliertes Wasser

Durchführung:
Miss die Wasserhärte entsprechend der zu den Teststreifen gehörenden Vorschrift.

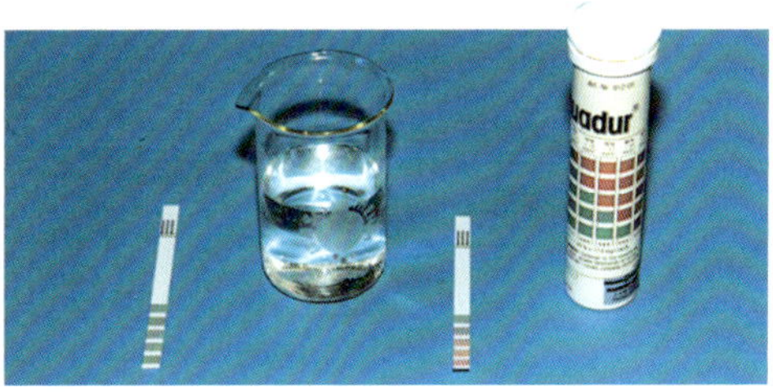

Auswertung:

1. Leite aus den Ergebnissen eine Schlussfolgerung zu den Ursachen der Wasserhärte in den drei Wasserproben ab.
2. Triff eine Voraussage, wie sich die Gesamthärte der drei Proben nach Aufkochen verändern wird. Überprüfe sie experimentell.

Kalk in Natur und Technik

S Experiment 1:

Aufgabe:
Teste, ob folgende Materialien Carbonate enthalten: Marmorstückchen, leeres Schneckenhaus, Wandtafelkreide, Putzstück, Pottasche, Eierschale.

Vorbereitung:
Notiere benötigte *Geräte* und *Chemikalien*. Fordere sie beim Lehrer an.

Durchführung:
Versetze jede Stoffprobe mit einigen Tropfen verdünnter Säure und halte gleichzeitig einen Glasstab mit etwas Calciumhydroxidlösung über die Stoffprobe.

Beobachtung und Auswertung:
Notiere die Beobachtungen und werte sie jeweils aus. Lege dazu eine Tabelle an.
Stelle die Reaktionsgleichungen für den positiv verlaufenden Nachweis auf.
Erkunde, um welches Carbonat es sich bei den untersuchten Proben handelt.

S Experiment 2:

Aufgabe:
Führe ein Modellexperiment zum technisch bedingten Kalkkreislauf durch.

Vorbereitung:
Geräte: Tiegelzange, Porzellanschale, Brenner, Pipette, Becherglas, Schutzbrille
Chemikalien: Sand, Marmorstückchen, Universalindikator, Calciumoxid, Wasser

Durchführung:
a) Glühe ein Marmorstückchen aus, indem du es in die heißeste Zone der Flamme hältst.
b) Lege das ausgeglühte, abgekühlte Marmorstück in ein Becherglas und gib etwas Wasser hinzu. Prüfe die Mischung mit dem Indikator.
c) Verrühre etwas Calciumoxid mit Wasser. Mische dann drei Teile Sand dazu und füge eventuell noch etwas Wasser hinzu, sodass ein dicker Brei entsteht.
d) Kontrolliere den Brei nach zwei Tagen.

Beobachtung und Auswertung:
Notiere die Beobachtungen und werte aus.
a) Überlege, welche Reaktion beim Ausglühen abläuft. Stelle eine entsprechende Reaktionsgleichung auf.
b) Gib eine Erklärung für die Farbänderung des Universalindikators. Stelle eine Reaktionsgleichung für den abgelaufenen Prozess auf.
c) Notiere, welches Reaktionsprodukt sich beim Verrühren des Calciumoxids mit Wasser bildet. Wie bezeichnet man das Stoffgemisch, welches bei Zugabe von Sand und Wasser entsteht?
d) Erläutere, warum man vom „Aushärten" der Masse spricht und was dabei chemisch passiert. Gib die chemische Gleichung an.

S Experiment 3:

Aufgabe:
Dampfe verschiedene Wasserproben (Regenwasser, Leitungswasser usw.) ein und untersuche den Rückstand.

Durchführung:
Fordere die Geräte lt. Abb. an. Dampfe die Wasserproben in der Schale vorsichtig ein. Überprüfe die Löslichkeit des Rückstands in Wasser und in Haushaltsessig.

Auswertung:
Notiere deine Beobachtungen.
a) Erläutere die Begriffe permanente und temporäre Wasserhärte.
b) Erstelle eine tabellarische Übersicht über die Probleme, die hartes Wasser in Haushalten und in der Industrie verursacht.
c) Erkunde, welche Verfahren zur Wasserenthärtung Anwendung finden.

Chemie im Kontext

Zement und Beton

Der Bau des Kolosseums in Rom begann 72 v. Chr. Zum Bau fand auch Beton Verwendung, der damals *opus caementum* hieß.
Obwohl eigentlich keine Erfindung der Neuzeit, sind Zement und Beton Baustoffe des 20. und sicher auch des 21. Jahrhunderts. Sie ermöglichen die Errichtung von Wolkenkratzern, riesigen Staudämmen und spielen auch im Brückenbau eine Rolle.
Erkläre, warum Zementmörtel und Beton härter werden als Kalkmörtel.

Ausgangsstoffe für die Herstellung von **Zement** sind Kalkstein und Ton. Das Gemisch wird zerkleinert und im Brennofen bei einer Temperatur von bis zu 1 500 °C gebrannt.
Das Produkt wird wiederum gemahlen und mit etwas Gips vermischt.

Um **Zementmörtel** herzustellen, wird Zement mit Sand (Siliciumdioxid) und Wasser vermengt. Er kommt hauptsächlich in Feuchträumen und im Kellerbereich zum Einsatz.
Mischmörtel enthält als Binder Löschkalk und Zement. Er wird hauptsächlich zum Mauern verwendet.
Beton besteht aus den Komponenten Zement, Kies und Wasser. In Abhängigkeit vom Gehalt an Zement unterscheidet man unterschiedliche Betonarten. Für Wannenfundamente, die wasserundurchlässig sein müssen, verwendet man z. B. Sperrbeton mit einem hohen Gehalt an Zement.

Zementmörtel und Beton benötigen zum Abbinden kein Kohlenstoffdioxid, sondern Wasser.
Die im Zement enthaltenen Oxide reagieren mit den aus dem Ton stammenden Bestandteilen zu außerordentlich stabilen Silicatkristallen. Diese Minerale bilden faserige, fein verästelte Strukturen, die wie Leim wirken und die Zuschlagstoffe fest verkitten. Dadurch wird das Produkt stark verfestigt und erhält die Härte und Druckfestigkeit von Gestein.
Weil Beton auch unter Wasser abbindet, kann er für den Brückenbau und für den Bau von Wasserzisternen eingesetzt werden.
Beton ist zwar sehr hart, hat aber keine hohe Zug- und Biegefestigkeit. Daher verbindet man oft Stahlstäbe und Stahlgeflecht mit Beton zu **Stahlbeton.** Dadurch erreicht man eine hohe Belastbarkeit.

1 Der Bau solcher Staudämme ist ohne Beton nicht möglich.

2 Nutzung von Beton beim Eigenheimbau: mit Beton ausgegossene Schalung für ein Fundament.

gewusst · gekonnt

1. Ergänze dein Glossar:

Glossar

Abbinden
Beton
Kalk
Kalkbrennen
Kalklöschen
Kalkmörtel
Wasserhärte

2. Brausetabletten enthalten neben anderen Bestandteilen Natriumhydrogencarbonat und Citronensäure.

a) Erkläre, warum es bei Zugabe von Wasser zur Gasentwicklung kommt.
b) Entwickle ein Experiment, um nachzuweisen, welches Gas entsteht.
c) Auf der Packungsbeilage von Brausetabletten findet sich der Hinweis, dass man mit dem Trinken warten solle, bis sich die Tablette vollständig gelöst habe. Erkläre diese Vorsichtsmaßnahme.

3. S Mithilfe von Badreinigern lassen sich Kalkflecken an Armaturen leicht entfernen.

a) Teste den pH-Wert der Reiniger und erläutere ihre Wirkungsweise. Führe dazu Protokoll.
b) Auf vielen Badreinigern findet sich der Hinweis, dass sie nicht zum Reinigen von Marmorbädern geeignet sind. Erläutere diesen Hinweis anhand einer Reaktionsgleichung.

4. Erläutere, wie Tropfsteinhöhlen entstehen.

5. Informiere dich beim Wasserwerk deines Heimatortes über die Härte des örtlichen Trinkwassers. Leite Schlussfolgerungen für die Dosierung von Waschmitteln ab.

6. Bei hartem Wasser setzt sich in Heizkesseln und Wasserkochern schnell Kesselstein ab. Dieser Kesselstein leitet die Wärme schlecht und verursacht deshalb einen höheren Energieverbrauch.
Wie lassen sich die Ablagerungen beseitigen? Erläutere deinen Vorschlag.

7. Benutzt man Regenwasser zum Waschen der Wäsche, benötigt man weniger Waschmittel. Entspricht diese Aussage der Wahrheit? Begründe deine Entscheidung.

8. S Ermittle mithilfe von Teststäbchen die Wasserhärte von Leitungswasser. Erhitze das Wasser bis zum Sieden. Bestimme nach dem Abkühlen erneut die Wasserhärte. Erkläre deine Beobachtungen.

9. Wenn sich ein Flusskrebs häutet, ist der Panzer zunächst weich („Butterkrebs"). Er muss erst aushärten. Dazu wird Kalk in den Panzer eingelagert.
In kalkreichem, hartem Wasser kann man nach der Häutung ausgewürgte Magensteine (sie bestehen aus Calciumcarbonat) finden, in saurem, kalkarmem Wasser werden diese Magensteine nicht abgegeben.
Vermute, welche Funktion die Magensteine haben könnten.

10. Vergleiche Kalk- und Zementmörtel. Gib an, wie du deine Aussagen experimentell belegen könntest.

11. a) Untersuche experimentell das Verhalten von Natron (Natriumhydrogencarbonat) beim Erhitzen und bei Zugabe von verdünnter Säure. Stelle einen Plan auf und lasse ihn vom Lehrer bestätigen.
b) Natron wird manchmal als Hausmittel bei Sodbrennen empfohlen. Bewerte diesen Rat unter Nutzung deiner Ergebnisse aus dem Experiment.
c) Zum Kuchenbacken verwendet man als Treibmittel Backpulver (enthält Natron). Beim Backprozess „geht" der Teig. Worauf ist die Volumenvergrößerung zurückzuführen? Stelle eine Vermutung auf.

12.

Betrachte die Abbildung. Was wird passieren, wenn der Zitronensaft in das Reaktionsgefäß getropft wird?

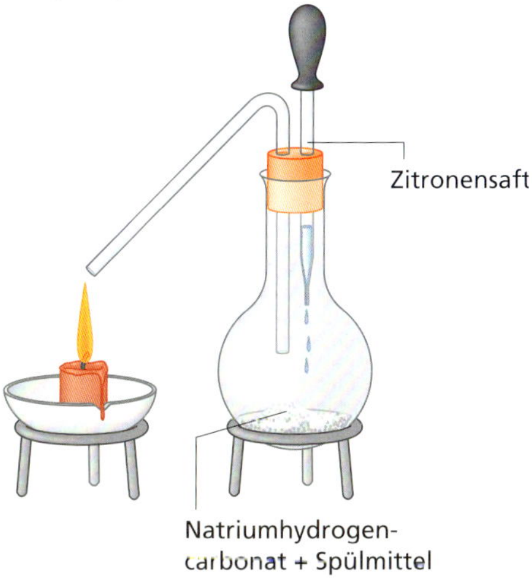

13. Die Bodenfruchtbarkeit hängt u. a. vom Kalkgehalt des Bodens ab. Daher ist es wichtig, diesen Wert zu bestimmen.
a) Beschreibe, durch welchen Test man den Kalkgehalt einer Bodenprobe abschätzen kann.
b) Gib an, welche Eigenschaften der Carbonate bei diesem Test ausgenutzt werden, und belege deine Aussage mit der entsprechenden Reaktionsgleichung.

14. Beton ist ein vielseitiger Baustoff. Dokumentiere die Einsatzmöglichkeiten durch entsprechende Fotos.
Gestalte dazu eine Präsentation.

15. In der Presse findet man manchmal Meldungen über mysteriöse Naturkatastrophen, bei denen Menschen durch plötzliche Freisetzung großer Mengen Kohlenstoffdioxid sterben.

Killerseen in Kamerun?

Am Lake Monoun, einem der vielen Kraterseen im Nordwesten von Kamerun, starben im August 1984 37 Menschen unter mysteriösen Umständen einen qualvollen Erstickungstod.
Nur zwei Jahre später war Kamerun wieder Schauplatz eines ähnlichen Phänomens. Nur etwa 100 Kilometer vom Lake Monoun entfernt gab es dieses Mal am Lake Nyos mehr als 1.700 Opfer zu beklagen.
Forscher kamen zu dem Schluss, dass es wahrscheinlich gewaltige CO_2-Gasblasen waren, die die Menschen in aller Stille umgebracht hat. Explosionsartig seien sie aus den Seen aufgestiegen und hätten dann den Schleier des Todes über die Region gedeckt.

a) Stelle eine begründete Vermutung auf, welche Art von Gestein sich unter den „Killerseen" befinden muss.
b) Informiere dich, unter welchen zusätzlichen Voraussetzungen ein See zum „Killersee" mutieren kann.
c) Entwickle ein Experiment, um zu bestimmen, welches Volumen Kohlenstoffdioxid bei der Zersetzung von einem Gramm Kalkstein entsteht.

Salze – Gegensätze ziehen sich an

Salze sind **Ionensubstanzen,** die aus positiven geladenen Ionen (oft Metall-Ionen) und negativ geladenen Ionen (Säurerest-Ionen) aufgebaut sind. Die Ionen sind in einem regelmäßigen dreidimensionalen Gitter angeordnet und werden durch starke elektrostatische Anziehungskräfte (Ionenbindung) zusammengehalten.
Die ähnliche Struktur bedingt die typischen Eigenschaften der Salze.

Salzbildungsreaktionen

Fällungsreaktion

$Ag^{+}_{(aq)} + Br^{-}_{(aq)} \longrightarrow AgBr\downarrow$

Säure-Base-Reaktion (Neutralisation)

$H^{+}_{(aq)} + Cl^{-}_{(aq)} + Na^{+}_{(aq)} + OH^{-}_{(aq)} \longrightarrow Na^{+}_{(aq)} + Cl^{-}_{(aq)} + H_2O$

Reaktionen von Nichtmetalloxiden mit Basen

$CO_2 + Ba^{2+}_{(aq)} + 2OH^{-}_{(aq)} \longrightarrow BaCO_3\downarrow + H_2O$

Salze

Reaktionen von Metalloxiden mit Säuren

$CaO + 2H^{+}_{(aq)} + 2Cl^{-}_{(aq)} \longrightarrow Ca^{2+}_{(aq)} + 2Cl^{-}_{(aq)} + H_2O$

Redoxreaktion

Reaktionen von Metallen mit Nichtmetallen

$2Na + I_2 \longrightarrow 2NaI$

Reaktionen von Metallen mit Säuren

$Mg + 2H^{+}_{(aq)} + 2Cl^{-}_{(aq)} \longrightarrow H_{2(g)}\uparrow + Mg^{2+}_{(aq)} + 2Cl^{-}_{(aq)}$

Redoxreaktionen

Redoxreaktionen sind Reaktionen mit Elektronenübergang. Dabei laufen Reduktion (Elektronenaufnahme) und Oxidation (Elektronenabgabe) gleichzeitig ab.

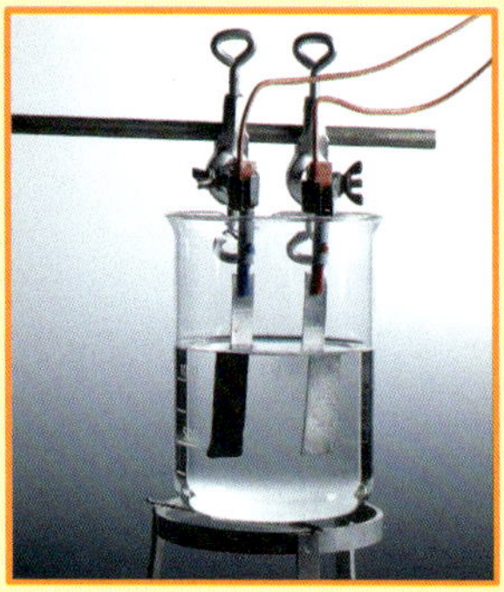

Die **Elektrolyse** ist eine elektrochemische Reaktion, bei der Stoffe durch Zufuhr elektrischer Energie zersetzt werden. Die elektrische Energie wird teilweise in chemische Energie umgewandelt. Bei der erzwungenen elektrochemischen Reaktion handelt es sich um eine spezielle Art der Redoxreaktion.

Wahlbereich: Vom Ammoniak zum Düngemittel

Auch Pflanzen haben Hunger

Pflanzen benötigen für Wachstum und Entwicklung **Makroelemente** (C, O, H, N, S, P, K, Ca, Fe, Mg) in größeren Mengen und **Mikroelemente** (Mn, Cu, Mo, B, Zn) nur in Spuren. Kohlenstoff, Wasserstoff und Sauerstoff sind elementare Bestandteile von Kohlenstoffdioxid und Wasser. Alle anderen elementaren Bestandteile müssen die Pflanzen in Form von **Nährsalz-Ionen** über ihre Wurzeln aus dem Boden aufnehmen.
Fehlen diese Nährsalz-Ionen, kommt es zu Mangelerscheinungen.

1. *Erstelle eine tabellarische Übersicht über die Folgen von Stickstoff-, Magnesium- und Phosphormangel für Grünpflanzen.*

Nährsalz-Ionen, die dem Boden durch das Ernten der Pflanzen entzogen werden, müssen ihm durch Düngung wieder zugeführt werden. Auf diesen Zusammenhang machte JUSTUS VON LIEBIG (1803–1873) aufmerksam. Er empfahl die Düngung mit anorganischen Mineralsalzen.

LIEBIG formulierte auch das Gesetz vom Minimum und veranschaulichte es durch die oben stehende Abbildung. Das Gesetz besagt, dass die Höhe des Ernteertrags stets vom im Boden am wenigsten vorhandenen pflanzlichen Nährstoff bestimmt wird.

2. *Interpretiere die Abbildung der „Minimumtonne" und erläutere daran das Gesetz vom Minimum.*

3. *Informiere dich im Baumarkt oder im Gartencenter, welche Mineralstoffe in handelsüblichen Düngern enthalten sind.*

4. *Sage voraus, welche Anforderungen, z. B. hinsichtlich der Löslichkeit, Mineraldünger erfüllen müssen, um möglichst effektiv zu wirken. Überprüfe in geeigneten Quellen, ob deine Voraussagen stimmen.*

5. *Finde heraus, welche organischen Stoffe das Element Stickstoff enthalten. Ermittle einige Formelbeispiele.*

S Experiment 1

Aufgabe:
Überprüfe die Wirkung von verschiedenen Mineraldüngern auf Pflanzen.

Vorbereitung:
Geräte und Chemikalien: Petrischalen, Watte oder Nullerde, Kressesamen, verschiedene Mineraldünger

Durchführung:
1. Säe in mehreren Petrischalen Kressesamen auf feuchter Watte bzw. Nullerde aus. Lass sie an einem warmen, hellen Standort keimen.
2. Befeuchte die Watte bzw. die Nullerde (s. Abb.) in einem Gefäß nur mit destilliertem Wasser, in den anderen Gefäßen jeweils mit unterschiedlichen Düngelösungen.

Beobachtung und Auswertung:
Notiere deine Beobachtungen und erkläre sie.

Kreislauf des Stickstoffs

Stickstoff ist zwar in der Atmosphäre in großen Mengen enthalten, kann aber nur von sehr wenigen Lebewesen direkt verwertet werden (s. Abb. rechts).
Da aber alle Organismen Stickstoff hauptsächlich zum Aufbau körpereigener **Eiweiße** benötigen, müssen sie das Makroelement in anderer Form aufnehmen.
Durch verschiedene chemische Reaktionen wird der Luftstickstoff in Verbindungen umgewandelt, die Pflanzen aufnehmen und assimilieren können. Diese Prozesse der **Stickstofffixierung** sind auf komplexe Weise miteinander verbunden.
Sie werden in vereinfachter Form im **Stickstoffkreislauf** dargestellt (s. Abb. unten). Der Stoffkreislauf verdeutlicht, welche Mengen Stickstoff (in Mrd. Tonnen) zwischen den verschiedenen Umweltbereichen jährlich ausgetauscht werden.

1 Schmetterlingsblütengewächse, z. B. Lupinen, leben in Symbiose mit Knöllchenbakterien. Diese wandeln den Luftstickstoff in Salze um, sodass die Pflanzen stickstoffhaltige Ionen aufnehmen können.

1. *Informiert euch in geeigneten Quellen über die biologische, atmosphärische und industrielle Fixierung von Stickstoff. Bildet dazu kleine Teams und tauscht euch mithilfe der Expertenmethode untereinander aus.*

2. *Erarbeite einen Vortrag zum Kreislauf des Stickstoffs. Interpretiere dazu die unten stehende Abbildung und nutze deine Kenntnisse, die du zu den Prozessen der Stickstofffixierung gewonnen hast.*

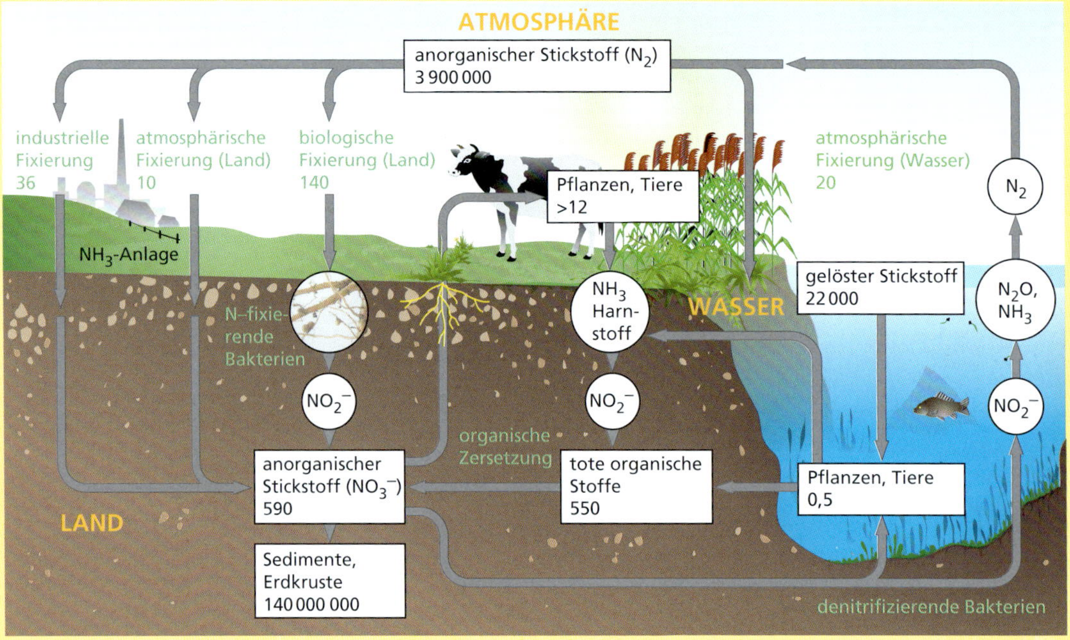

Ammoniak – die schwierige Synthese

Natürliche stickstoffhaltige Düngemittel sind Harnstoff enthaltender Stalldung bzw. Kompost oder Mineralien wie Chilesalpeter. Die natürliche Düngung ist jedoch mit vielen Nachteilen verbunden und die Salpetervorkommen reichen nicht aus, um den Bedarf zu befriedigen.
Nahezu unbegrenzt verfügbar ist dagegen der reaktionsträge Stickstoff der Luft. Allerdings gelang es erst zu Beginn des 20. Jh., diesen Rohstoff für die Synthese von Kunstdüngern zu nutzen.
Dazu setzt man zunächst Stickstoff mit Wasserstoff zu **Ammoniak** um. Neben Luft benötigt man Wasser und Erdgas als Rohstoffe.

1. *Informiere dich über die Gewinnung der Ausgangsstoffe durch Synthesegaserzeugung. Entwickle dazu ein Reaktionsschema.*

Zur Synthese leitet man Wasserstoff und Stickstoff im Kontaktofen über einen Katalysator. Die Umsetzung erfolgt bei 400 bis 500 °C, um die volle Wirksamkeit des Katalysators zu gewährleisten.

$$N_2 + 3\,H_2 \rightleftharpoons 2\,NH_3 \qquad \Delta E = -92\ \text{kJ}$$

Die Vorarbeit für ein technisch realisierbares Verfahren wurde von FRITZ HABER (1868–1934) geleistet. CARL BOSCH (1874–1940) entwickelte das Verfahren bis zur großtechnischen Umsetzung weiter. Nach diesen beiden Wissenschaftlern bezeichnet man die Art der technischen Ammoniaksynthese als Haber-Bosch-Verfahren.

Unter Leitung von ALWIN MITTASCH (1869–1953) wurde ein geeigneter Katalysator für die Synthese gefunden. Erst die Entdeckung des langzeitstabilen Eisenoxid-Mischkatalysators ermöglichte die wirtschaftliche Nutzung des reaktionsträgen Stickstoffs zur Ammoniaksynthese. 1913 nahm die erste Syntheseanlage die Produktion von Ammoniak mit einer Tagesleistung von 30 t Ammoniak auf. Die heutigen Hochdruckreaktoren (s. Abb.) können 50 t Ammoniak pro Stunde produzieren.

2. *Beschäftige dich mit der Biografie von FRITZ HABER. Diskutiere die Verantwortlichkeit von Wissenschaftlern.*

Schema der Ammoniaksynthese (Haber-Bosch-Verfahren)

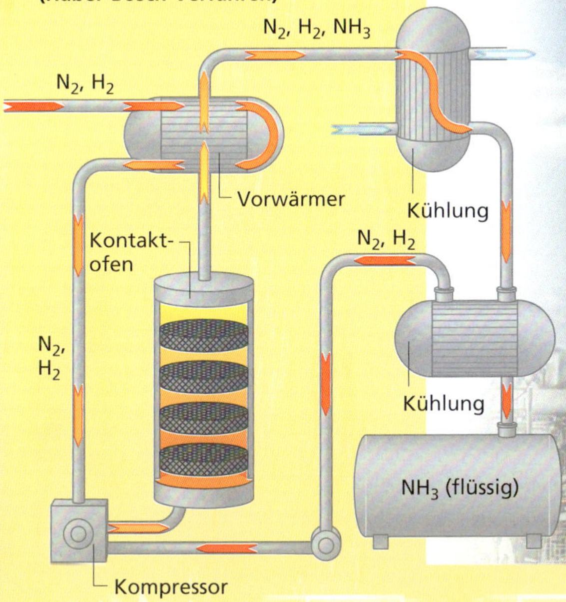

Ammoniak und Ammoniumsalze

Ammoniak ist ein wichtiges Synthesegas für die chemische Industrie. Weltweit werden jährlich ca. mehr als 100 Mio. Tonnen produziert. 80 % davon benötigt man zur Düngemittelproduktion, die restliche Menge zur Synthese von Sprengstoffen, Kunststoffen, Chemiefasern, Farbstoffen oder Soda.

Dabei nutzt man u. a. die Eigenschaft aus, dass Ammoniak mit vielen Säuren reagiert. Durch diese Reaktion entstehen **Ammoniumsalze** wie Ammoniumchlorid (s. Abb. 1).

$$NH_3 + HCl \longrightarrow NH_4Cl\downarrow$$

Ammoniumsalze dissoziieren in Wasser in Ammonium-Ionen und Säurerest-Ionen. Sie sind generell sehr gut in Wasser löslich.

$$NH_4Cl \xrightarrow{H_2O} NH_4^+{}_{(aq)} + Cl^-{}_{(aq)}$$

Beim Erhitzen zersetzen sich Ammoniumsalze:

$$NH_4Cl \longrightarrow NH_3 + HCl$$

1. *Erstelle eine Mindmap zur Verwendung von Ammoniak als Synthesebaustein.*

S Experiment 1

Aufgabe:
Untersuche die elektrische Leitfähigkeit und die Reaktion von 5 %iger Ammoniaklösung mit Säure-Base-Indikatoren.

Vorbereitung und Durchführung:
Plane das Experiment und fordere die Geräte und Chemikalien beim Lehrer an. Informiere dich über die Sicherheitsbestimmungen beim Umgang mit Ammoniak. Führe das Experiment entsprechend deinem Plan durch. Notiere deine Beobachtungen.

Auswertung:
a) Erkläre deine Beobachtungen anhand einer Reaktionsgleichung.
b) Vergleiche den Bau des Ammoniakmoleküls mit dem des Ammonium-Ions.

STECKBRIEF: Ammoniak NH_3

Eigenschaften:
farbloses, stechend riechendes Gas, giftig, reizt die Schleimhäute, in Wasser löslich (518 l je 1 l Wasser bei 20 °C), kann schon bei 8–9 bar verflüssigt werden

Dichte:	0,77 g · l^{-1} (bei 25 °C)
Schmelztemperatur:	–78 °C
Siedetemperatur:	–33 °C

Bau:

Kalottenmodell

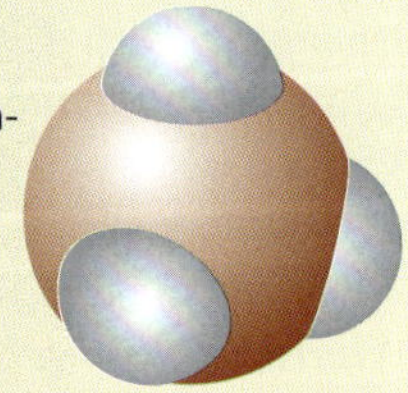

Strukturformel

H–N̄–H
   |
   H

Ammoniak als Ausgangsstoff

- Harnstoff
- Kunststoffe
- Ammoniumsalze
- Salpetersäure

2. *Gib die Namen und Formeln für vier Ammoniumsalze an. Stelle gemeinsame Eigenschaften heraus.*

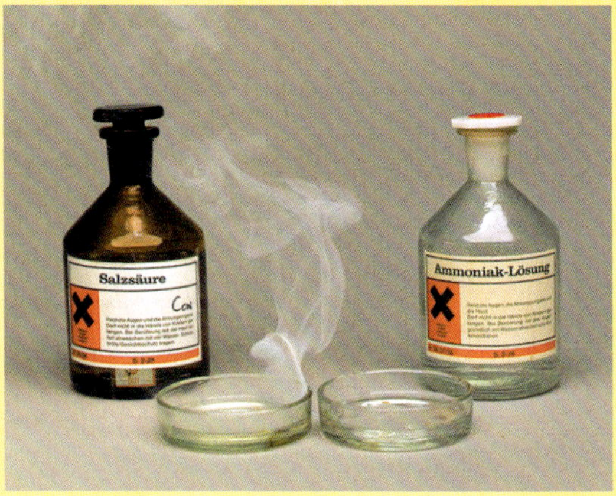

1 Die Reaktion von Ammoniak und Chlorwasserstoff zu Ammoniumchlorid gilt als Nachweis der beiden Verbindungen.

Ammoniumsalze sind außerordentlich vielseitig (s. Tab. unten), auch wenn sie hauptsächlich als Düngemittel eingesetzt werden. Im Alltag begegnen sie uns als Backhilfsmittel (Hirschhornsalz, Ammoniumhydrogencarbonat), oder als Lebensmittelzusatzstoff (Salmiak) bzw. Lötstein (Ammoniumchlorid, s. Abb. unten).

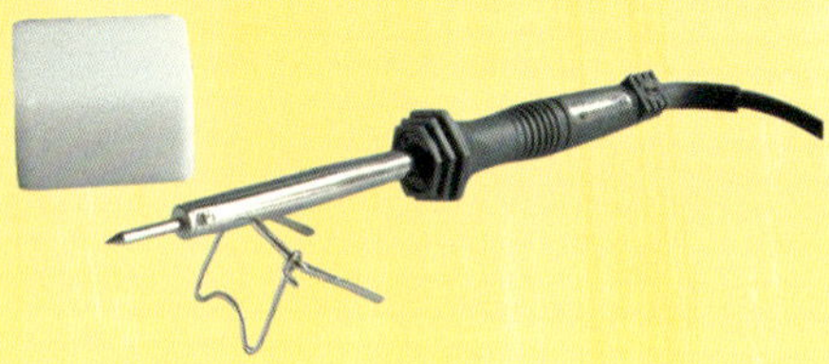

3. *Übertrage die unten stehende Tabelle auf ein Blatt Papier und ergänze sie um eine Spalte. Nenne in der neuen Spalte die Eigenschaften der Ammoniumsalze, die für die aufgeführten Anwendungen erforderlich sind.*

4. *Informiere dich über die Vor- und Nachteile von Ammoniumsalzen als Stickstoffdüngemittel.*

Verwendung von Ammoniumsalzen	
Ammonium-nitrat NH_4NO_3	Stickstoffdüngemittel, Sicherheitssprengstoff, Herstellung von Kältemischungen und Lachgas (N_2O)
Ammonium-chlorid NH_4Cl	Stickstoffdüngemittel, Herstellung von Kältemischungen, Lötstein
Ammonium-carbonat $(NH_4)_2CO_3$	Beize beim Textilfärben, Herstellung von Feuerlöschern
Ammonium-hydrogen-carbonat NH_4HCO_3	Zwischenprodukt bei der Sodaherstellung Bestandteil von Hirschhornsalz (Backtriebmittel)
Ammonium-sulfat $(NH_4)_2SO_4$	Mehrkomponentendüngemittel, Flammschutzmittel, Bestandteil in Kältemischungen
Ammonium-phosphat $(NH_4)_3PO_4$	Mehrkomponentendüngemittel, Flammschutzmittel

1 Viele Ammoniumsalze sind als Mineraldünger geeignet.

S Experiment 2

Aufgabe:
Weise Ammonium-Ionen in ihren Salzen nach.

Vorbereitung:
Geräte: Petrischale, Glasplatte (Uhrglas), Pipette
Chemikalien: Universalindikatorpapier, verdünnte Natronlauge ($\omega \approx 10\,\%$), Ammoniumchlorid

Durchführung:
Gib Ammoniumchlorid in eine Petrischale. Befeuchte einen Streifen Indikatorpapier und klebe ihn auf die Glasplatte. Tropfe auf die Probe 3 bis 4 Tropfen Natronlauge. Teste vorsichtig den Geruch. Lege danach die Glasplatte so auf die Petrischale, dass die Seite mit dem pH-Papier nach unten zeigt.

Auswertung:
a) Erkläre deine Beobachtungen anhand einer Reaktionsgleichung.
b) Erläutere, was man unter einem indirekten Nachweis versteht.

Nitrate – Salze der Salpetersäure

Ammonium-Ionen können von den Pflanzen nicht direkt aufgenommen werden. Daher beeinflussen Ammoniumsalze die Stickstoffbilanz im Boden nur langsam. **Nitrate** werden dagegen direkt von den Pflanzen aufgenommen und wirken deshalb schneller. Sie werden im Boden aber nicht so lange gespeichert wie Ammoniumsalze. Nitrate bilden sich bei der Reaktion von **Salpetersäure** mit Metallen, Metalloxiden oder basischen Lösungen, z. B. Ammoniaklösung.

1. *Entwickle die Gleichungen für die o. g. Salzbildungsreaktionen in Ionenschreibweise.*

Nitrate sind sehr gut in Wasser löslich. Sie dissoziieren in Kationen und Nitrat-Ionen.

$$NaNO_3 \xrightarrow{H_2O} Na^+_{(aq)} + NO_3^-{}_{(aq)}$$

Bei der thermischen Zersetzung vieler Nitrate wird Sauerstoff frei. Nitrate wirken oxidierend und gehören zu den Gefahrstoffen.

$$2\,NaNO_3 \longrightarrow 2\,NaNO_2 + O_2$$

Bei der Zündung von Feuerwerkskörpern spielt die thermische Zersetzung der Nitrate eine entscheidende Rolle.

2. *Erkläre, wie es bei Gewittern zur Bildung von Salpetersäure kommen kann.*

3. *Man kann manchmal die Meinung hören, dass Pflanzen nach einem Gewitter besonders gut wachsen. Besteht da wirklich ein Zusammenhang? Bewerte die Aussage.*

4. *In einem Reagenzglas wird eine kleine Probe* **S** *Kaliumnitrat erhitzt und mit einem glimmenden Holzspan geprüft.*
   a) Beschreibe deine Beobachtungen.
   b) Erkläre das Phänomen und stelle eine Reaktionsgleichung auf.

Konzentrierte Salpetersäure ($\omega \approx 65\,\%$)
Eigenschaften:
farblose, stark ätzende Flüssigkeit, färbt Indikatoren charakteristisch, Salzbildungsreaktionen mit Metallen, Metalloxiden und Hydroxiden, oxidierende Säure
Dichte:
abhängig von der Konzentration

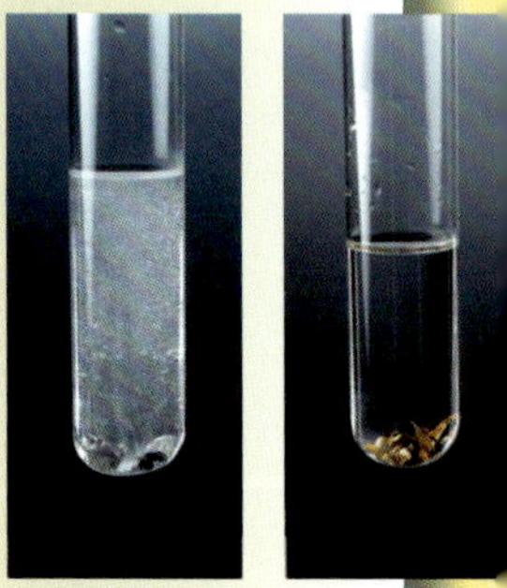

5. *Ergänze den Steckbrief zur Salpetersäure, indem du die speziellen Eigenschaften rauchender Salpetersäure ($w \approx 98\,\%$) ermittelst.*

L Experiment 1

Aufgabe:
Führe beim Nitratnachweis Protokoll.

Vorbereitung:
Geräte: Reagenzglas, Pipette
Chemikalien: konzentrierte Schwefelsäure, schwefelsaure Eisen(II)-sulfatlösung, Natriumnitratlösung als Probe

Durchführung:
In ein Reagenzglas mit der Probe gibt man schwefelsaure Eisen(II)-sulfatlösung. Diese wird vorsichtig mit Schwefelsäure unterschichtet.

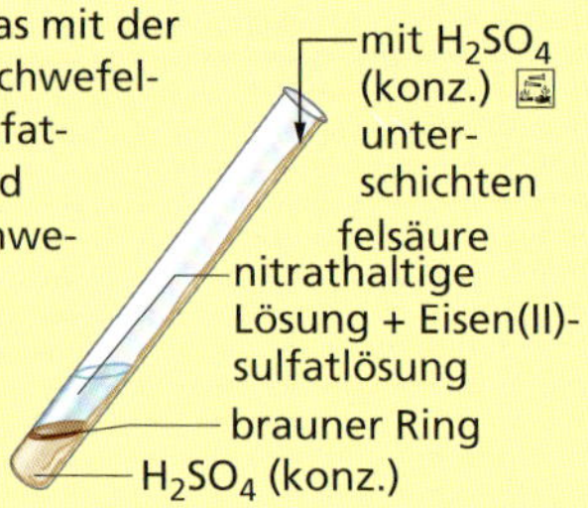

Auswertung:
a) Begründe, warum man Nitrat-Ionen nicht durch Fällungsreaktionen nachweisen kann.
b) Informiere dich über weitere Möglichkeiten, Nitrat-Ionen in Lösungen nachzuweisen.

Ammoniumnitrat – das Supersalz?

1. *Erstelle einen Steckbrief zum Ammoniumnitrat.*

2. *Düngemittel, die Ammoniumnitrat enthalten, sind bei Stickstoffmangel im Boden besonders wirksam. Erkläre diese Tatsache.*

Ammoniumnitrat vereinigt als Düngemittel die Vorteile der Ammoniumsalze und der Nitrate. Es zersetzt sich aber bereits bei tiefen Temperaturen in ausschließlich gasförmige Produkte:

$$2\,NH_4NO_3 \longrightarrow 2\,N_2 + O_2 + 4\,H_2O \qquad \Delta E = -236\,kJ \cdot mol^{-1}$$

Aufgrund seiner Explosivität wurde das Salz lange Zeit hauptsächlich als Sprengstoff verwendet. Am 21.09.1921 ereignete sich bei der BASF in Ludwigshafen ein schwerer Unfall. Bei Arbeiten an einer Vorratshalde eines Düngemittels, das einen zu großen Anteil an Ammoniumnitrat enthielt, kam es zur Explosion. 560 Menschen starben und viele hundert wurden verletzt.
Deshalb ist der Einsatz von reinem Ammoniumnitrat als Düngemittel verboten. Es darf nur in Stoffgemischen vertrieben werden, die einen Anteil von mindestens 35 % nicht brennbarer Stoffe enthalten.
Die Mischdünger bieten noch andere Vorteile: Sie enthalten außer Stickstoff noch weitere Pflanzennährstoffe. Manche Dünger können der Versauerung des Bodens entgegenwirken.

Die intensive Düngung zur Ertragssteigerung in der Landwirtschaft hat aber auch negative Folgen. Durch **Überdüngung** reichert sich der Boden mit Nitraten an, die in hoher Konzentration schädlich wirken. Schadstoffe können ins Grundwasser oder in die menschliche Nahrungskette gelangen.

3. *Informiere dich über die Folgen der Überdüngung in der Natur. Bewerte den Einsatz von Düngemitteln in der Landwirtschaft unter umweltchemischen Kriterien.*

Verwendung einiger Nitrate

Nitrat	Verwendung
Ammoniumnitrat NH_4NO_3	Bestandteil eines Düngemittels (Kalkammonsalpeter), Bestandteil von Sprengstoffen
Natriumnitrat $NaNO_3$	Düngemittel (Natronsalpeter), früher Ausgangsstoff der Salpetersäureproduktion, Bestandteil von Sprengstoffen
Kaliumnitrat KNO_3	Düngemittel (Kalisalpeter), Bestandteil von Schwarzpulver
Silbernitrat $AgNO_3$	Nachweismittel für Halogenid-Ionen

S Experiment 1

Aufgabe:
Teste ob Mineraldünger aus dem Baumarkt Nitrat-Ionen und Ammonium-Ionen enthalten.

Auswertung:
a) Vergleiche deine Ergebnisse mit den Inhaltsangaben auf der Verpackung.
b) Begründe, warum nicht alle Mineraldünger Stickstoff enthalten.
c) Diskutiere die Vor- und Nachteile von Mischdüngern.

1 Durch Eintrag von Düngemittel in die Gewässer werden auch diese Ökosysteme geschädigt.

Wahlbereich: Katalysatoren – Unwahrscheinliches wird möglich

Katalysatoren und ihre Wirkung

Heute wissen wir, wie **Katalysatoren** prinzipiell wirken. Sie verändern die Geschwindigkeit, mit der chemische Reaktionen ablaufen. Durch die Ausbildung von reaktiven Zwischenprodukten wird die **Aktivierungsenergie** herabgesetzt. Nach der chemischen Reaktion liegen die Katalysatoren unverändert vor. Die meisten Katalysatoren beschleunigen selektiv den Ablauf ganz bestimmter chemischer Reaktionen.
Wichtige Erkenntnisse verdanken wir JÖNS JACOB BERZELIUS (1779 – 1848). Er stellte 1835 fest, dass manche chemische Reaktionen nur in Anwesenheit von ganz bestimmten Stoffen ablaufen bzw. sonst sehr langsam verlaufen. Er beobachtete auch, dass diese Stoffe nicht verbraucht werden.

Experiment 1

Aufgabe:
Untersuche die Wirkung von Pflanzenasche bei der Verbrennung von Zucker

Vorbereitung:
Geräte und Chemikalien: Glucose, Pflanzenasche, Abdampfschale, Brenner

Durchführung:
a) Versuche eine Probe Glucose mit der Brennerflamme zu entzünden.
b) Vermische eine weitere Glucoseprobe mit etwas Pflanzenasche und versuche erneut, dieses Gemisch zu entzünden.

Beobachtung und Auswertung:
Beschreibe deine Beobachtungen und erkläre sie.

1. *Erarbeite einen Vortrag über das Leben von JÖNS JACOB BERZELIUS. Gehe besonders auf seine wissenschaftlichen Leistungen ein.*

Experiment 2

Aufgabe:
Untersuche die Wirkung von Braunstein auf Wasserstoffperoxid.

Vorbereitung:
Geräte und Chemikalien: : 3 Bechergläser (50 ml), Messzylinder (25 ml), Pinzette, Fettstift, Braunsteintablette ☒, Wasserstoffperoxid ($\omega \approx 5\,\%$, ☒)

Durchführung:
a) Nummeriere die drei Bechergläser und fülle je 15 ml Wasserstoffperoxid ein.
b) Gib anschließend eine Braunsteintablette mit der Pinzette in das Becherglas 2. Warte einige Minuten lang und beobachte die Reaktion in Becherglas 1 und 2.
c) Nimm mit einer Pinzette die Braunsteintablette wieder heraus, spüle sie unter dem Wasserhahn ab und betrachte sie. Tauche dieselbe Braunsteintablette in Becherglas 3. Nimm die Tablette nach einigen Minuten heraus, spüle sie ab und betrachte sie erneut.

Beobachtung und Auswertung:
Beschreibe deine Beobachtungen und erkläre sie.

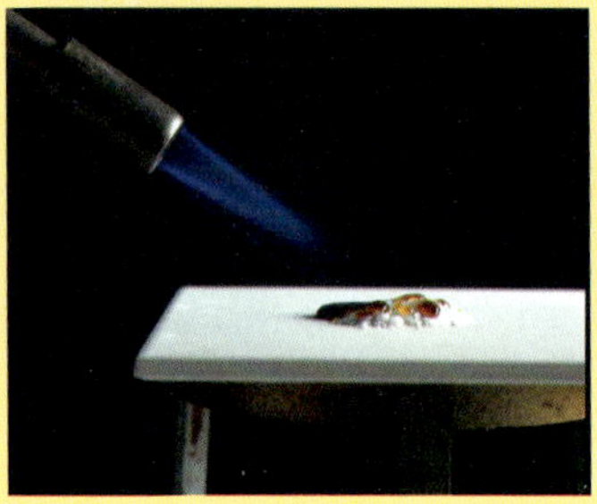

Selbst stark exotherme Reaktionen wie die **Knallgasreaktion** zwischen Sauerstoff und Wasserstoff können erst nach Zufuhr einer ausreichend hohen Aktivierungsenergie ablaufen.

Experiment 3

S Aufgabe 1:
Stelle Knallgas her und entzünde es.

Vorbereitung:
Geräte: Reagenzglas mit seitlichem Ansatz, Schlauchmaterial, Reagenzgläser, Reagenzglashalter, Stopfen, Span, Schutzbrille
Chemikalien: Zink, verdünnte Salzsäure ($\omega \approx 10\,\%$,)

Durchführung:
a) Versetze Zinkstückchen mit verdünnter Salzsäure und fange das entstehende Gas durch Luftverdrängung auf.
Stelle die gefüllten Reagenzgläser in einen Reagenzglashalter
b) Öffne ein Gefäß und beoachte, was passiert.
c) Öffne ein weiteres Gefäß und halte sofort einen brennenden Span an die Öffnung.
d) Wiederhole Schritt b) und c) mit weiteren gefüllten Reagenzgläsern.

Beobachtung und Auswertung:
Beschreibe deine Beobachtungen. Erläutere, warum die Beobachtungen bei b) und c) verschieden sind, obwohl jeweils beide Ausgangsstoffe vorhanden sind.
Stelle die Reaktionsgleichung für die ablaufende Reaktion auf.

L Aufgabe 2:

Im Experiment wird Wasserstoff erzeugt. In den entstehenden Gasstrom hält der Lehrer ein Knäuel Platin auf Glaswolle. Dabei erfolgt keine zusätzliche Energiezufuhr.
Vermute, was passieren wird. Begründe deine Vermutung.
Beobachte dann das Lehrerexperiment und führe zu diesem Experiment Protokoll.
Stimmt das Ergebnis mit deiner Vermutung überein?
Vergleiche die Reaktionsbedingungen beim Lehrer- und Schülerexperiment. Welcher Aspekt der Wirkungsweise von Katalysatoren wird mit diesen Experimenten verdeutlicht? Erkläre.

2. *Fasse in Auswertung der Experimente 1 bis 3 die Wirkungsweise von Katalysatoren zusammen. Verdeutliche die Wirkung mithilfe einer Zeichnung oder eines Comics.*

3. *Begründe, warum Katalysatoren häufig als „oberflächenaktive Stoffe" bezeichnet werden.*

Das im Lehrerexperiment beobachtete Prinzip der Beeinflussung der Reaktion von Sauerstoff und Wasserstoff wurde schon 1823 vom Jenaer Chemieprofessor JOHANN WOLFGANG DÖBEREINER (1780 - 1849) bei der Konstruktion seines Feuerzeugs genutzt.

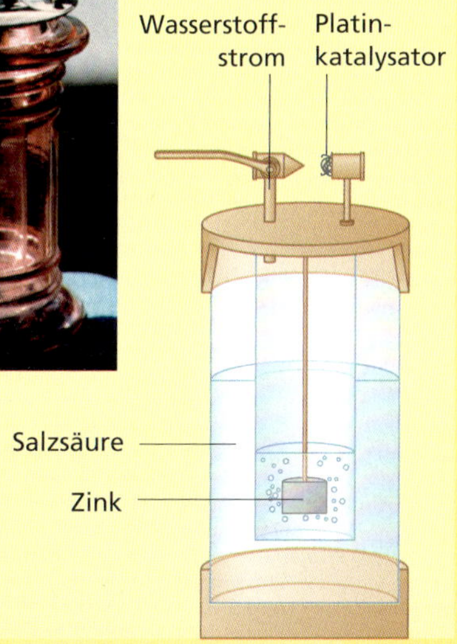

4. *Beschreibe das Funktionsprinzip dieses Feuerzeugs.*

5. *Erarbeite einen Vortrag über das Leben von DÖBEREINER. Gehe besonders auf seine wissenschaftlichen Leistungen ein.*

Enzyme als Biokatalysatoren

In den Zellen von Lebewesen finden eine Vielzahl **biochemischer Reaktionen,** z. B. beim Stoffwechsel, statt. Dafür, dass diese Prozesse mit der optimalen Geschwindigkeit ablaufen, sind Enzyme verantwortlich.
Das Wort basiert auf dem griechischen Wort *enzymon*, was so viel wie „im Sauerteig" bzw. „in Hefe" bedeutet.
Enzyme sind **Biokatalysatoren** und müssen bestimmte Reaktionen teilweise milliardenfach beschleunigen. Dabei bleiben die Reaktionsbedingungen im Organismus weitgehend konstant.

1. *Schon lange nutzt der Mensch Organismen bzw. ihre Enzyme, um bestimmte Lebensmittel herzustellen. Ein bekanntes Beispiel ist die alkoholische Gärung. Durch die Enzyme bestimmter Hefen wird der Abbau von Zucker zu Ethanol katalysiert (s. S. 137). Recherchiere weitere Prozesse, bei denen Enzyme in der Nahrungsmittelindustrie genutzt werden und stelle sie in einer Übersicht dar.*

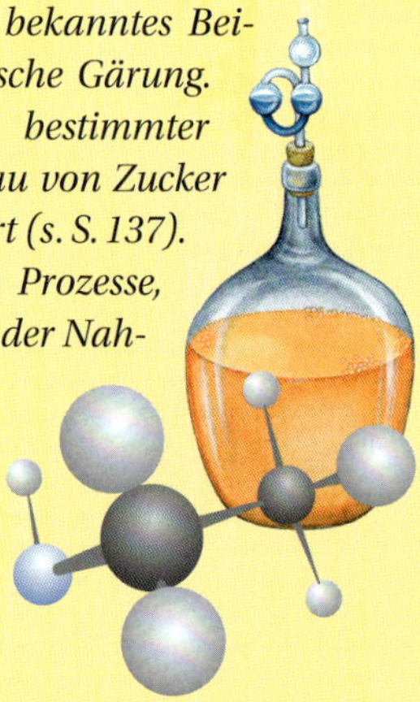

2. *Erstelle eine Liste über die Bedingungen, unter denen Enzyme im menschlichen Organismus wirken. Leite daraus ab, welche Anforderungen die Biokatalysatoren erfüllen müssen.*

Praktisch jeder Stoffwechselprozess wird durch ein anderes Enzym gesteuert. Bei manchen Reaktionen werden auch Stoffe wie Wasserstoffperoxid gebildet, die den Organismus schädigen können. Diese müssen schnell abgebaut werden. Enzyme ermöglichen die Stoffwechselprozesse und somit auch den Abbau von Schadstoffen.

S Experiment 1

Aufgabe:
Untersuche den Einfluss von Kartoffelpresssaft auf den zeitlichen Verlauf der Zersetzung von Wasserstoffperoxid.

Vorbereitung:
Geräte: Reagenzgläser, Holzspan, Brenner, Schutzbrille, Spatel
Chemikalien: Kartoffelpresssaft, Wasserstoffperoxidlösung ($\omega \approx 5\%$, [X])

Durchführung:
a) Gib 5 ml Wasserstoffperoxidlösung in ein Reagenzglas und halte einen glühenden Holzstab über die Öffnung.
b) Gib 5 ml Wasserstoffperoxidlösung in ein Reagenzglas, füge Kartoffelpress-Saft hinzu und halte einen glühenden Holzstab über die Öffnung (s. Abb. unten).

Beobachtung und Auswertung:
Notiere deine Beobachtungen.
a) Erläutere, warum der glühende Holzstab jeweils über die Öffnungen der Reagenzgläser gehalten werden soll.
b) Leite eine begründete Schlussfolgerung aus den Beobachtungen ab.
Welche Funktion hat der Kartoffelpress-Saft?

Enzyme sind fast ausschließlich **Eiweiße** (s. S. 181 ff.). Aufgrund ihrer speziellen Struktur können enzymatisch wirksame Eiweißmoleküle nur mit ganz bestimmten anderen Molekülen (Substratmolekülen) reagieren.
Enzym und **Substrat** passen zueinander wie ein Schlüssel zum Schloss. Dieses von EMIL FISCHER (1852–1919) entdeckte **Schlüssel-Schloss-Prinzip** führt dazu, dass Enzyme sehr spezifisch wirken. Ein Enzym katalysiert nur eine ganz bestimmte biochemische Reaktion.

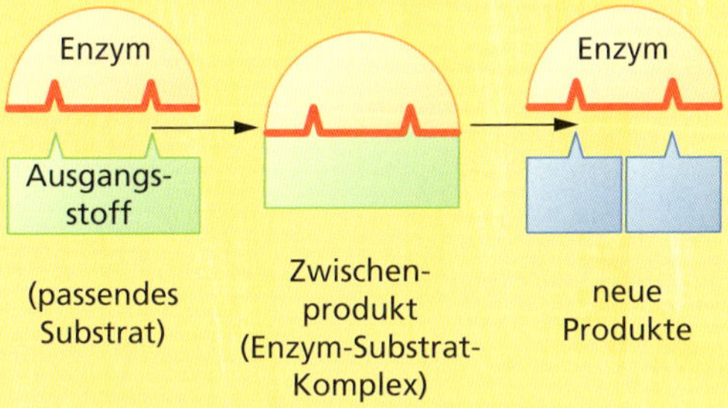

3. *Informiere dich darüber, auf welchen Strukturmerkmalen der Eiweißmoleküle die spezifische Wirkung von Enzymen beruht.*

Die Struktur der Enzyme wird durch Erhitzen oder durch Säuren, Basen oder andere Enzymgifte zerstört. Auch deshalb hängt die Aktivität von Enzymen stark von den Reaktionsbedingungen ab.

4. *Interpretiere die unten stehende Abbildung. Begründe, warum die Reaktionsgeschwindigkeit biochemischer Reaktionen nicht kontinuierlich mit der Temperatur steigt.*

Temperaturoptimum von Enzymen

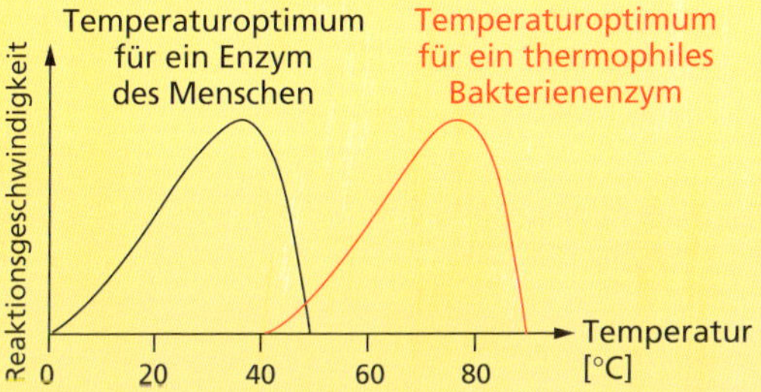

S Experiment 2

Aufgabe:
Teste, ob Milch Enzyme enthält.

Vorbereitung:
Geräte: Reagenzgläser, Becherglas, Messzylinder, Pipette, Thermometer, Brenner, wasserfester Faserstift
Chemikalien: frische und abgekochte Milch, Methylenblaulösung ($\omega \approx 1$ %), Formaldehyd-lösung ($\omega \approx 10$ %, ☒)

Durchführung:
Gib in je ein Reagenzglas 10 ml frische bzw. 10 ml abgekochte Milch. Tropfe zu jeder Probe so viel Methylenblaulösung, bis die Milch blau gefärbt ist. Füge jeweils 2 ml Formaldehydlösung dazu und stelle beide Reagenzgläser in ein Wasserbad, dessen Temperatur 70 °C nicht überchreiten darf.

Auswertung:
Notiere deine Beobachtungen.
a) Informiere dich darüber, welche Enzyme in Milch enthalten sein können.
b) Erkläre deine Beobachtungen. Gehe dabei auch darauf ein, warum das Wasserbad maximal auf 70 °C erwärmt werden darf.

Enzyme werden heute industriell nicht nur zur Herstellung von Alkohol, Essig oder Käse genutzt. Eine Reihe moderner biotechnologischer Prozesse, z. B. die Synthese von Insulin für Diabetiker oder anderer Arzneistoffe werden durch Biokatalysatoren gesteuert.
Im Alltag begegnen uns Enzyme häufiger, als man denkt. Sie werden Waschmitteln zugesetzt, um deren Reinigungswirkung bei schwierigen Flecken zu erhöhen. Auch Medikamente enthalten Enzyme (z. B. Wobenzym®) oder beeinflussen die Wirkung von Enzymen im Körper (z. B. Aspirin®).

5. *Erstelle ein Poster zur Bedeutung der Enzyme in der Natur, in der Technik und im Alltag.*

6. *Vergleiche Enzyme mit anorganischen Katalysatoren, die in der chemischen Industrie eingesetzt werden.*

Energie-Konzept: Katalytische Reaktionen

Der Energiegehalt der an chemischen Reaktionen beteiligten Stoffe (Reaktionssystem) ändert sich durch Energieaustausch mit der Umgebung.

1. Ausgangsstoffe besitzen chemische Energie.

2. Sollen Stoffe miteinander reagieren, müssen sie durch Zufuhr der **Aktivierungsenergie** E_A in einen reaktionsfähigen Zustand versetzt werden ($E_A > 0$ kJ).

   a) Jeder chemische Prozess ist durch eine für ihn charakteristische Aktivierungsenergie gekennzeichnet.

   b) Ein Katalysator bildet mit den Ausgangsstoffen reaktive Zwischenprodukte. Dadurch wird die Aktivierungsenergie herabgesetzt und die Reaktionsgeschwindigkeit erhöht.

3. Die stattfindende Stoffumwandlung ist immer mit der Energieumwandlung gekoppelt.

4. Die Energiedifferenz zwischen den Reaktionsprodukten und den Ausgangsstoffen bezeichnet man als **Reaktionsenergie** ΔE bzw. **Reaktionswärme** Q. Sie wird durch Katalysatoren nicht beeinflusst.

Beispiel: Zerfall von Wasserstoffperoxid

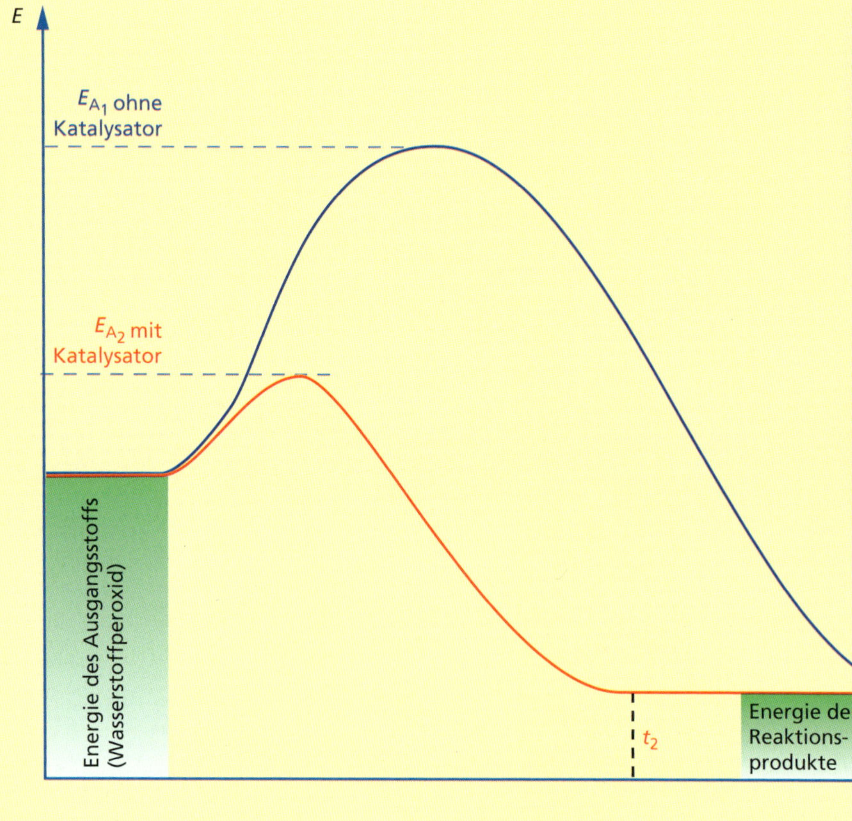

nach einer halben Minute

ohne Katalysator

mit Katalysator

Erläutere die prinzipielle Wirkungsweise von Enzymen, z. B. bei der Verdauung von Eiweißen.

3 Kohlenwasserstoffe – Brennstoffe und Rohstoffe

3.1 Erdöl und Erdgas

Vom Erdöl zum Kunststoff

Erdöl ist nicht nur Energieträger, sondern auch wertvoller Rohstoff. *Warum kann Erdöl für viele Produkte, u. a. auch für Verpackungskunststoffe, als Ausgangsstoff genutzt werden?*

Fossile Energieträger

Neben Kohle sind Erdöl und Erdgas wichtige Energielieferanten. In Deutschland gewinnt man fast ein Fünftel der Energie aus Erdgas. Derzeit ist es noch nicht möglich, auf die fossilen Energieträger zu verzichten. *Woher stammt die Energie, die wir bei der Verbrennung von Erdöl, Erdgas oder Kohle nutzen?*

Geht uns die Luft aus?

Die Nutzung fossiler Energieträger bringt Umweltprobleme mit sich. Dabei erweist sich das eigentlich ungiftige Reaktionsprodukt Kohlenstoffdioxid als Risiko für unser Klima. *Welche Maßnahmen zum Schutz der Umwelt sind notwendig?*

Fossile Energieträger

Kohle, Erdöl und Erdgas besitzen für die Industrie und Wirtschaft als Energie- und Rohstoffquellen eine große Bedeutung.
Erdgas ist immer ein Gemisch von Gasen. Die wichtigsten Bestandteile sind **Kohlenwasserstoffe.** Diese bestehen aus den Elementen Kohlenstoff und Wasserstoff. Es handelt sich um Molekülverbindungen. Daneben sind im Erdgas Stickstoff, Schwefelwasserstoff und Wasser enthalten.
Meist hat sich Erdgas im Zusammenhang mit Erdöl gebildet. Auch Erdöl ist ein Gemisch, das viele verschiedene Kohlenwasserstoffe enthält.

Erdöl und Erdgas sind aus organischem Material entstanden. Kleinste Meeresbewohner (Mikroorganismen, Bakterien und Algen) sanken zu Boden und wurden dort mit Sedimenten bedeckt. Anaerobe Bakterien zersetzten dieses organische Material unter Luftabschluss. Im Laufe von mehr als 100 Millionen Jahren entwickelten sich unter dem Einfluss von hohem Druck und hohen Temperaturen Erdöl und Erdgas (s. Abb. 1).

Kohle entstand ebenfalls aus organischem Material, aus den riesigen Wäldern des Karbons und des Tertiärs.

L Experiment

Erdöl im Test

Aufgabe:
Es soll experimentell bewiesen werden, dass Erdöl ein Stoffgemisch ist. Dazu führt der Lehrer eine Destillation durch.
Notiere Geräte und Chemikalien und werte die Beobachtungsergebnisse entsprechend.

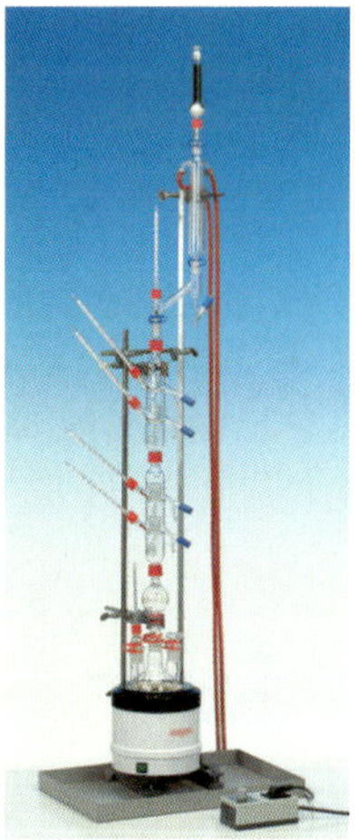

Erdöl, Erdgas und Kohle sind Stoffgemische. Sie entstanden in langen Zeiträumen und werden als fossile Brennstoffe bzw. fossile Energieträger bezeichnet.

Aufgabe

Beschreibe die Entstehung von Erdöl und Erdgas.

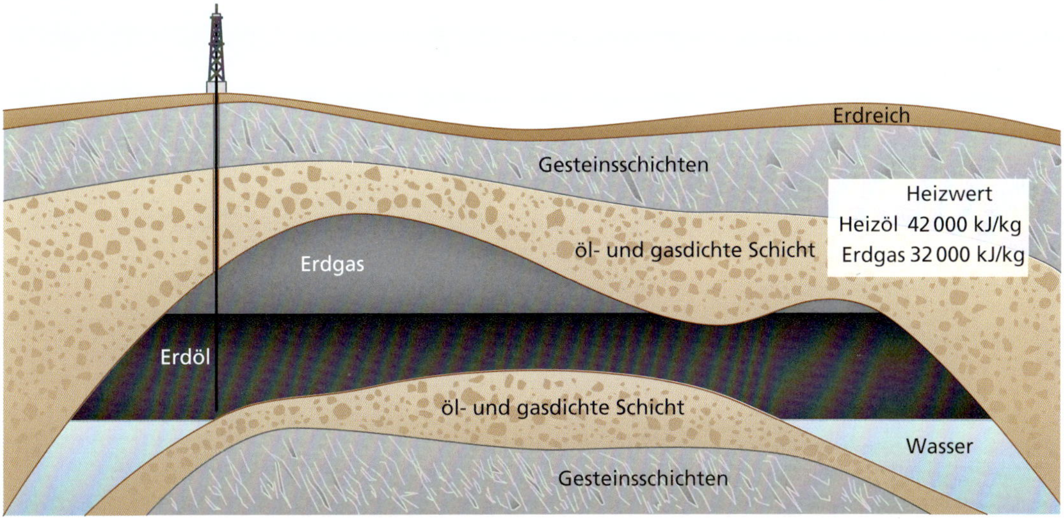

1 Erdöl- und Erdgaslagerstätten (schematischer Aufbau)

Vorkommen und Förderung von Erdöl und Erdgas

Die Vorkommen der natürlichen Ressourcen an Erdgas, Erdöl und Kohle sind begrenzt. Man schätzt, dass die Weltreserven bei gegenwärtigem Verbrauch an Erdöl in ca. 40 Jahren und an Erdgas in ca. 60 Jahren erschöpft sind.

Deutschland bezieht sein Rohöl nur zu einem geringen Anteil aus eigenen Lagerstätten (s. Grafik). Diese liegen sehr tief: Erdöllagerstätten in 1 000 bis 2 000 m, Erdgaslagerstätten in 3 000 bis 5 000 m. Der Erdgasbedarf wird zu ca. 20 % aus eigener Förderung gedeckt. Ansonsten wird Erdgas hauptsächlich aus norwegischen und russischen Quellen bezogen.

Zur Förderung wird das **Rohöl** an die Oberfläche gepumpt. Vor dem Transport wird es von Wasser, Sand und Bohrschlamm befreit. Die wichtigsten Transportmittel für Erdöl sind Pipelines und Großtanker. Der Transport in Tankern birgt ein Umweltrisiko. Bei Tankerunfällen kann es zur Verschmutzung des Meeres und von Küstenabschnitten kommen. Das Rohöl wird in Raffinerien aufbereitet.

Häufig wird bei der Förderung von Rohöl auch **Erdgas** freigesetzt. In anderen Lagerstätten sind Erdgase unter Druck in porösem Gestein enthalten. Oft reicht der Lagerstättendruck aus, um das Gas durch unterirdische Pipelines bis zum Verbraucher zu transportieren.
Vor dem Transport wird das Erdgas getrocknet und vom Schwefelwasserstoff befreit. Erdgas kann in unterirdischen Hohlräumen (Kavernen) oder in Stahltanks gelagert werden. In der Bundesrepublik Deutschland existieren 31 riesige Untergrundspeicher mit ca. 11,5 Mrd. m^3 Gas.

Aufgaben

1. Die Weltreserven an fossilen Energieträgern sind begrenzt. Leite eine Schlussfolgerung ab.

2. Diskutiere, welche Umweltprobleme durch Förderung, Transport und Nutzung von Erdöl auftreten können.

Rohölversorgung Deutschland 2002

	in Mio. t	in %
Naher Osten	11,197	10,3
Afrika	18,044	16,7
EU/Norwegen	36,006	33,3
GUS	38,502	35,6
sonstige Länder	978	0,9
Deutschland	3,508	3,2

Erdöl – schwarzes Gold

Erdöl ist ein komplexes Stoffgemisch, dessen Zusammensetzung sich auch noch von Lagerstätte zu Lagerstätte unterscheidet. Das **Rohöl** muss vor der weiteren Verarbeitung zunächst in einfachere Bestandteile zerlegt werden.

Für die Aufbereitung wird das Stoffgemisch durch **fraktionierte Destillation** in entsprechenden Raffinerien in einzelne **Erdölfraktionen** zerlegt (s. Abb. 1). Dabei handelt es sich nicht um Reinstoffe, sondern um Gemische aus Kohlenwasserstoffen mit ähnlichen Siedepunkten.
Zuerst erfolgt die **Destillation unter Normaldruck.** Dazu wird das Rohöl durch Erhitzen auf ca. 300 °C verdampft. Die entstehenden Dämpfe werden in die Fraktionierkolonne (bzw. Destillationskolonne) geleitet. Dort kondensieren die Kohlenwasserstoffe in verschiedenen Höhen (Etagen), aus denen sie flüssig abgezogen werden.
Wollte man die Bestandteile mit den höchsten Siedetemperaturen trennen, käme es leicht zu ihrer thermischen Zersetzung. Da bei niedrigerem Druck eine Erniedrigung der Siedetemperatur eintritt, führt man im Anschluss an die Destillation bei Normaldruck eine **Vakuumdestillation** durch. Hier lassen sich die hoch siedenden Anteile ohne chemische Zersetzung trennen.
Der größte Teil der Destillationsprodukte des Erdöls wird zu Kraftstoffen weiterverarbeitet. Leicht- und Schwerbenzin dienen als Vergaserkraftstoff (Benzin). Petroleum und Gasöl werden zu Dieselkraftstoff verarbeitet.
Höher siedende Fraktionen werden in der Industrie als Heizöle eingesetzt.
Besonders die Benzine, Gase und Bitumen dienen als Ausgangsstoffe für viele Produkte der chemischen Industrie.

Die Trennung der Bestandteile des Stoffgemischs Erdöl erfolgt durch fraktionierte Destillation in Raffinerien.

Aufgaben

Erdöl kann als Energieträger und Rohstoff dienen. Belege diese Aussage mit Beispielen.

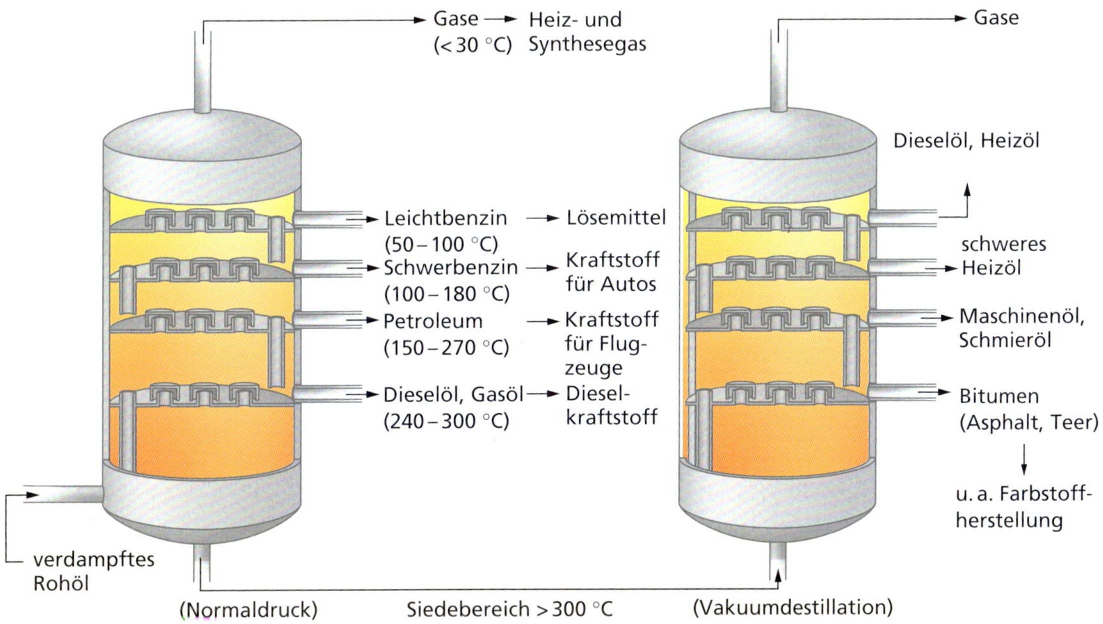

1 Erdölfraktionen und ihre Verwendung

Mosaik

Organische Stoffe

Die Kohlenstoffverbindungen, aus denen Erdöl und Erdgas bestehen, gehören zu den **„organischen Stoffen"**. Der Begriff wurde von JÖNS JACOB BERZELIUS geprägt. Es handelte sich zunächst um einen Sammelbegriff für Stoffe, die von Lebewesen produziert werden.
Man nahm damals an, dass eine Herstellung im Labor nicht möglich sei, da dafür eine geheimnisvolle Lebenskraft *(vis vitalis)* erforderlich wäre. So war es ein bedeutendes Ereignis, als FRIEDRICH WÖHLER 1828 Harnstoff aus anorganischen Stoffen synthetisierte.
Normalerweise entsteht dieser Stoff als Abfallprodukt des Eiweißstoffwechsels in einigen tierischen Organismen und wird beim Menschen über die Nieren mit dem Urin und über die Haut mit dem Schweiß ausgeschieden. WÖHLER stellte Harnstoff aus Cyansäure und Ammoniak her, ohne dass tierische Organe an der Synthese beteiligt waren. An seinen Erfolg konnte er zuerst selbst kaum glauben, weil das Ergebnis den geltenden Lehrsätzen völlig widersprach. Deshalb wiederholte er das Experiment mehrfach. Doch dann stand fest, dass organische Stoffe auch ohne die *vis vitalis* gebildet werden können. Durch WÖHLERS Experiment wurde deutlich, dass es eigentlich keine strenge Grenze zwischen organischen und anorganischen Stoffen gibt und sie ineinander umwandelbar sind.
Diese neue Erkenntnis führte zu einer stürmischen Entwicklung der organischen Chemie.
Heute sind Millionen organischer Verbindungen bekannt. Dazu gehören u.a. Fette, Kohlenhydrate, Eiweiße, Farbstoffe, Arzneistoffe, Kunststoffe, Aromastoffe, auch die Essigsäure und die Alkohole (z.B. Ethanol).
Man versteht unter organischen Stoffen alle Kohlenstoffverbindungen außer den Oxiden des Kohlenstoffs, den Carbiden, der Kohlensäure und ihren Salzen (Carbonate und Hydrogencarbonate). Wie bei anorganischen Stoffen gelten auch bei organischen Stoffen die Gesetzmäßigkeiten der chemischen Reaktionen.
Einige Strukturmerkmale und typische Reaktionen sind jedoch für organische Stoffe besonders kennzeichnend. Sie bestehen im Allgemeinen aus Molekülen. Innerhalb der Moleküle sind die Atome durch Atombindungen verbunden. Die grundlegende Struktur wird durch die Anzahl und die Anordnung der Kohlenstoffatome in den Molekülen bestimmt. Fast alle organischen Moleküle enthalten Wasserstoffatome. Einige Vertreter können auch Sauerstoff-, Stickstoff- oder Halogenatome enthalten.
Die beiden Elemente Kohlenstoff und Wasserstoff sind in organischen Stoffen nachweisbar. Beim Erhitzen verkohlen die Stoffe. Bei der vollständigen Verbrennung bilden sich immer Kohlenstoffdioxid (CO_2) und auch Wasser (H_2O).

JÖNS JACOB BERZELIUS (1779–1848)

FRIEDRICH WÖHLER (1800–1882)

Aufgabe:
Weise nach, dass Kerzenwachs die Elemente Kohlenstoff und Wasserstoff enthält.

S Experiment

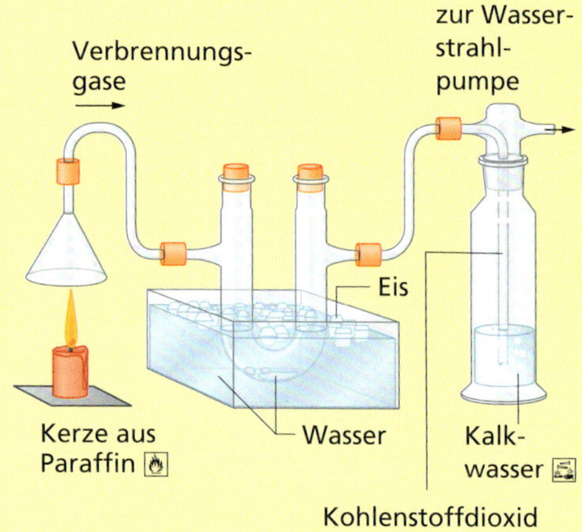

1 Nachweis von Kohlenstoff und Wasserstoff

Brennstoff Erdöl

Wir verbrennen Benzin, Diesel und Kerosin in entsprechenden Motoren und nutzen die dabei freigesetzte Energie, um Fahrzeuge in Bewegung zu setzen. Durch Verbrennung von Heizöl oder Heizgas gewinnen wir Wärme für unsere Wohnungen. Zu festlichen Stunden oder in der Weihnachtszeit fasziniert uns das Licht der vielen Kerzen, die angezündet werden.

Ob Diesel, Kerosin, Benzin oder das Paraffin, aus dem Kerzen bestehen, immer handelt es sich um Erdölprodukte.
Die freigesetzte mechanische, thermische und Lichtenergie stammt aus den exothermen Reaktionen des enthaltenen Kohlenstoffs und Wasserstoffs mit Sauerstoff. Bei ausreichender Sauerstoffzufuhr bilden sich als Reaktionsprodukte der Nutzung dieser **fossilen Brennstoffe** daher immer Kohlenstoffdioxid und Wasser.
Beide Verbindungen gehören zu den **Treibhausgasen.** In der Atmosphäre speichern Treibhausgase einen Teil der Wärmestrahlung und bewirken so eine Zunahme der Temperatur.
Der **Treibhauseffekt** (s. Abb. 1) ist für das Leben auf der Erde von großer Bedeutung. Durch ihn herrscht auf unserem Planeten eine mittlere Temperatur von +15 °C. Ohne den Treibhauseffekt würden auf der Erde nur mittlere Temperaturen von -18 °C erreicht werden.
Allerdings wird der **natürliche Treibhauseffekt** (s. S. 130 ff.) vor allem durch die Erhöhung des Kohlenstoffdioxidanteils in der Atmosphäre verstärkt. Der 2007 veröffentlichte UN-Klimareport geht davon aus, dass bis zum Jahr 2100 die Temperatur weltweit um 1,1 bis 6,4 °C ansteigt.
Daraus ergeben sich zunehmend Wetterextreme wie Dürreperioden, Stürme oder starke Regenfälle. Auch ein Anstieg des Meeresspiegels wird erwartet. Daher sind weltweite Maßnahmen zur Minderung des Kohlenstoffdioxidausstoßes erforderlich.

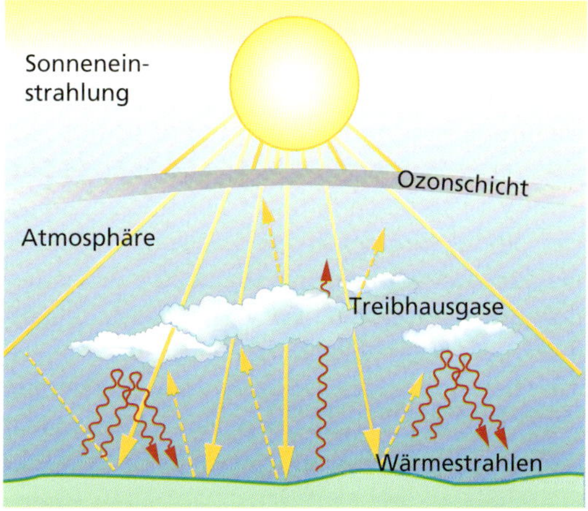

1 Treibhausgase in der Atmosphäre vermindern die Abgabe von Wärmestrahlung in den Weltraum.

Aufgabe

Zähle Möglichkeiten auf, die Verstärkung des Treibhauseffekts zu verringern.

Treibhausgas	Anteil am vom Menschen bedingten Treibhauseffekt in %	Quelle
Kohlenstoffdioxid	61	fossile Brennstoffe, Waldrodung, biologischer Abbau, Atmung
Methan	15	Großviehhaltung, Sümpfe, Reisanbau
FCKW	11	Anwendungen von Fluorchlorkohlenwasserstoffen (FCKW s. S. 120)
Ozon	8	Eintrag aus Stratosphäre, Reaktionen von Gasen
Stickstoffoxide	4	Stickstoffdüngung, Brandrodung, Verbrennungsvorgänge
Übrige	1	

Rohstoff Erdöl – zum Verbrennen viel zu schade

Die Erdölreserven, die mit heutiger Technik gefördert werden können (s. Abb. 2), gehen bei dem heutigen Verbrauch in naher Zukunft zur Neige. Der Ölpreis wird um so mehr steigen, je knapper der Rohstoff wird. Da die Nutzung von fossiler Energieträger zudem unser Klima negativ beeinflusst, sind Alternativen nötig.
Aus diesen Gründen ist Erdöl zum Verbrennen viel zu schade. Einmal verbraucht, steht es nicht mehr zur Verfügung. Sinnvoller kommt der Bodenschatz als **Rohstoff der chemischen Industrie** zum Einsatz. Auf der Basis von Erdöl werden verschiedene Kunststoffe (Plaste, Chemiefasern, Klebstoffe, Farben und Lacke), aber auch Grundstoffe für Medikamente, Kosmetik und viele Dinge unseres Alltags hergestellt.

Es stellt sich die Frage, warum Erdöl für so viele Produkte Ausgangsstoff sein kann. Die Antwort liegt in der Zusammensetzung dieses Stoffgemisches. Es enthält einen hohen Anteil an **Kohlenwasserstoffen** (s. S. 110). Die Elemente Kohlenstoff und Wasserstoff bilden die Grundbausteine für alle organischen Stoffe. Die wichtigsten „Zutaten" sind also zu einem hohen Anteil im Erdöl enthalten.
Außerdem sind alle organischen Stoffe prinzipiell chemisch ähnlich aufgebaut. Es handelt sich um Molekülverbindungen. Das „Rückgrat" dieser Moleküle bilden immer Kohlenstoffatome, die mit weiteren Atomen verknüpft sind.
Durch die verschiedensten chemischen Reaktionen können die unterschiedlichen organischen Stoffe daher ineinander umgewandelt werden.

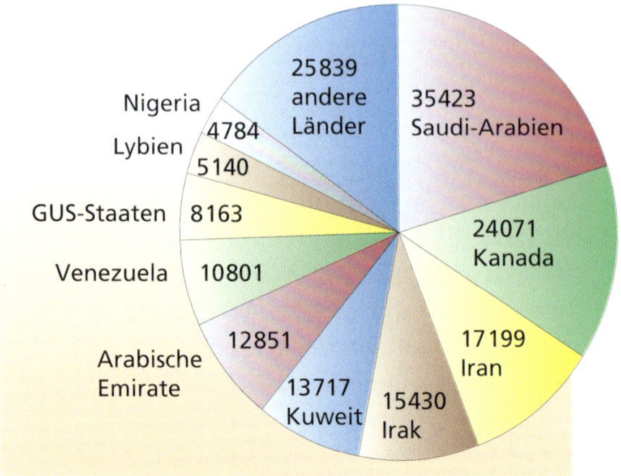

2 Förderfähige Reserven in Mio. t (Stand 2004) weltweite Reserven: 175 Mrd. t

Aufgaben

1. Diskutiere die Faktoren, die den aktuellen Ölpreis beeinflussen.

2. Führe Argumente an, die für die Nutzung von Erdöl als Ausgangsstoff der chemischen Industrie sprechen.

1 Vom Erdöl zum Alltagsprodukt

Chemie im Kontext

Von der Erdölfraktion zum Kraftstoff

Bei der fraktionierten Destillation von Erdöl erhält man **Benzine,** aus denen **Kraftstoffe** für Autos hergestellt werden. Dabei handelt es sich um hochwertige Produkte, die den Wirkungsgrad der Motoren entscheidend beeinflussen.
Gib an, wie die Fraktionen weiter aufbereitet werden, damit hochwertige Benzine in ausreichender Menge zur Verfügung gestellt werden können.

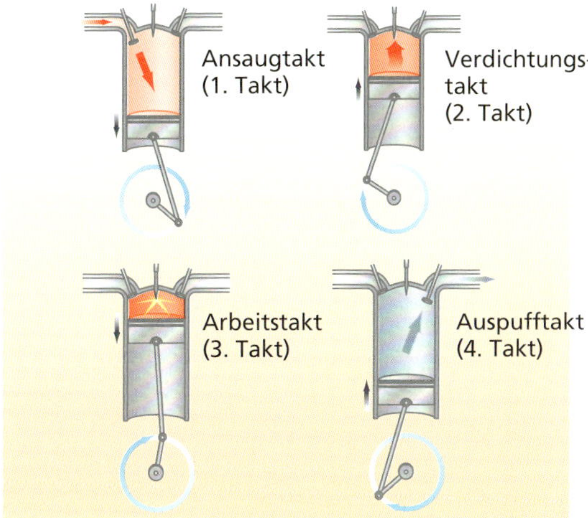

In einem ersten Bearbeitungsschritt werden durch Raffination unerwünschte Schwefelverbindungen aus den Stoffgemischen entfernt.
Die bei der fraktionierten Destillation des Erdöls gewonnenen Kohlenwasserstoffe mit relativ kleinen Molekülen werden zu Kraftstoff weiter verarbeitet. Diese auf destillativem Wege gewinnbare Menge Benzin ist jedoch nicht ausreichend, um den ständig steigenden Bedarf zu decken.
Andererseits fallen bei der Destillation des Rohöls weit mehr höher siedende Fraktionen an, in denen die Kohlenwasserstoffe mit besonders langkettigen Molekülen aufweisen. Der Bedarf an diesen Stoffen ist viel geringer. Der größte Teil der Destillationsprodukte des Erdöls wird daher durch verschiedene **Crackverfahren** (engl.: ***to crack*** = zerbrechen, spalten) weiterverarbeitet. Dabei werden die langen Molekülketten „zerbrochen".

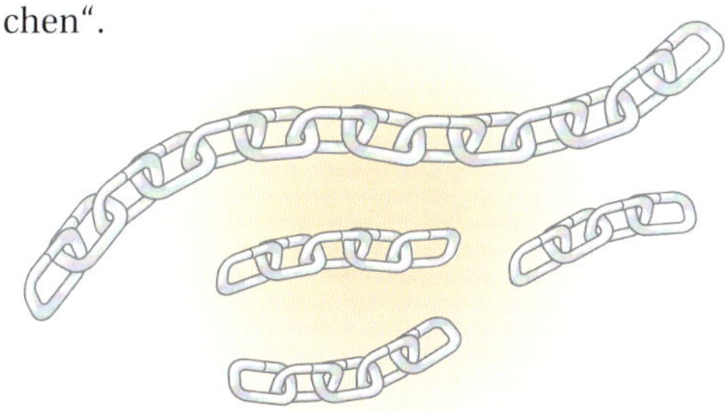

Die Spaltung der Molekülketten erfolgt beim Cracken entweder durch hohe Temperaturen (thermisches Cracken) oder unter dem Einfluss von Katalysatoren (katalytisches Cracken). Insbesondere das katalytische Cracken wird genutzt, um Ausgangsstoffe für die chemische Industrie gezielt herzustellen.
Ein Benzinmotor hat besonders dann einen hohen Wirkungsgrad, wenn das Verbrennungsgemisch im Motor erst entzündet wird, wenn die größtmögliche Kompression erreicht ist (s. Abb. oben). Es darf sich nicht schon vorher selbst entzünden. Sonst „klopft" der Motor. Das schadet dem Motor.
Man hat festgestellt, dass verzweigte oder ringförmige Kohlenwasserstoffe klopffester sind als unverzweigte. Der Anteil dieser Kohlenwasserstoffe ist im Rohbenzin aber sehr gering. Daher wird die Fraktion weiter bearbeitet. Beim **Reforming-Verfahren** wandelt man mithilfe von Katalysatoren kettenförmige, unverzweigte Kohlenwasserstoffe in verzweigte und ringförmige Kohlenwasserstoffe um.

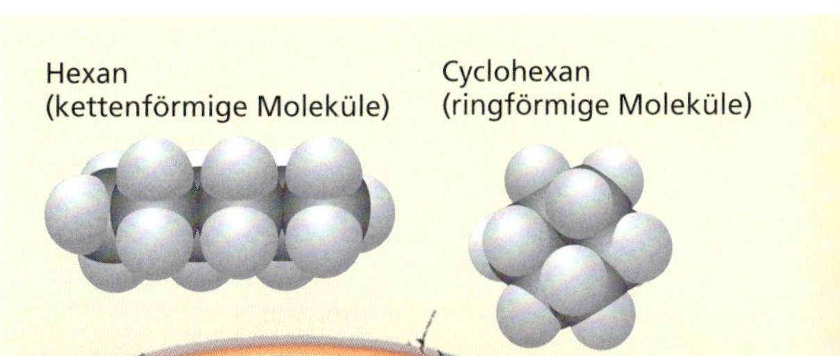

gewusst · gekonnt

1. Nimm die Begriffe in dein Glossar auf:

Glossar

Erdöl
Erdgas
fossile Energieträger
fraktionierte Destillation
Rohstoff

2. Informiere dich über Erdöllagerstätten auf dem Gebiet der Bundesrepublik Deutschland und die Eigenschaften dieses Erdöls. Bereite dich auf ein Rollenspiel zum Thema „Pro und Kontra zur Förderung von Erdöl aus eigenen Lagerstätten" vor.

3. Erdgas und Produkte der Erdölaufbereitung werden als Brennstoffe genutzt. Befrage Mitschüler, Nachbarn und Verwandte, wie ihre Wohnung geheizt wird. Stelle die Ergebnisse der Befragung in einem Diagramm dar.

4. Erläutere, warum an Tankstellen grundsätzlich Rauchverbot besteht.

5. Erläutere am Beispiel der Aufbereitung von Rohöl das Prinzip der fraktionierten Destillation.

6. Stelle unterschiedliche alternative Energieträger zusammen. Führe jeweils Gründe auf, die für ihren Einsatz sprechen. Gib an, welche Nachteile zu erwarten sind.

7. Erläutere, woher letztendlich die Energie stammt, die wir beim Heizen mit fossilen Brennstoffen freisetzen. Stelle den Weg der Energie am Beispiel der Kohle dar. Erstelle ein Schema.

8. Weder Erdöl noch Erdgas haben eine einheitliche chemische Formel. Begründe diesen Sachverhalt.

9. Gib an, welche Fraktionen aus dem Erdöl abgetrennt werden und welche Verwendung sie jeweils finden.

10. Obwohl die einzelnen Erdölfraktionen Gemische aus Kohlenwasserstoffen sind, unterscheiden sie sich teilweise erheblich in ihren Eigenschaften. Verwechslungen können fatale Folgen haben.

Wiesbaden - Durch einen tragischen Irrtum sind eine 17 Jahre und eine 26 Jahre alte Bewohnerin eines Mietshauses sowie das Kind der älteren Frau ums Leben gekommen. Die jüngere Hausbewohnerin hatte ihren Ölofen versehentlich mit Benzin statt mit Diesel gefüllt und damit eine Explosion ausgelöst. Die gewaltige Explosion überraschte die Hausbewohner am frühen Morgen.
Der Ort des fatalen Irrtums der 17-jährigen war eine Tankstelle. Eine Überwachungskamera zeichnete auf, wie die junge Frau die Zapfpistolen verwechselte und anstatt Diesel Superbenzin in eine Ölkanne füllte.

Quelle: www.abendblatt.de/daten/2003/11/03/225622.html

a) Informiere dich in geeigneten Quellen, über die Siede- und Zündtemperaturen von Benzin und Diesel.
b) Erkläre, wieso es zur Explosion des Ölofens gekommen ist.
c) Überlege, was geschieht, wenn man ein mit Benzin betriebenes Auto versehentlich mit Diesel betankt und den Wagen starten will.

11. Vergleiche die Heizwerte der fossilen Energieträger. Leite eine Schlussfolgerung ab.

Brennstoff	Heizwert
Braunkohle	20 000 kJ/kg
Steinkohle	32 000 kJ/kg
Anthrazit	35 000 kJ/kg
Heizöl	42 000 kJ/kg
Diesel	43 000 kJ/kg
Benzin	43 500 kJ/kg
Erdgas	32 000 kJ/kg

Wahlbereich: Die Brennstoffzelle – Autoantrieb der Zukunft

Primär-, Sekundär- und Nutzenergie

Der Energiebedarf der Menschheit ist in den letzten Jahrzehnten sprunghaft angestiegen und hat inzwischen einen Wert von über $4 \cdot 10^{20}$ J pro Jahr erreicht (Abb. 1). Nach allen Prognosen wird er weiter ansteigen.
Der Gesamtverbrauch an Energie in Deutschland beträgt etwa $1{,}45 \cdot 10^{19}$ J, wobei fossile Brennstoffe einen erheblichen Anteil an den Energieträgern stellen. Holz, Kohle, Erdöl, Erdgas, Uranerz, Wind, Wasser, Biomasse und Sonnenstrahlung sind **Primärenergieträger,** die in der Natur vorkommen.

1. *Der größte Teil der auf der Erde verbrauchten Energie stammt von der Sonne. Sie ist eine riesige Gaskugel, in deren Innerem gewaltige Energien freigesetzt und in den Weltraum abgestrahlt werden.*
   a) Steht diese Aussage nicht im Widerspruch zum obigen Text?
   b) Recherchiere, wie wichtig der Energielieferant Sonne für das Leben auf der Erde ist.

Brikett, Koks, Benzin, Heizöl, Wasserstoff und elektrischer Strom gehören zu den **Sekundärenergieträgern.**

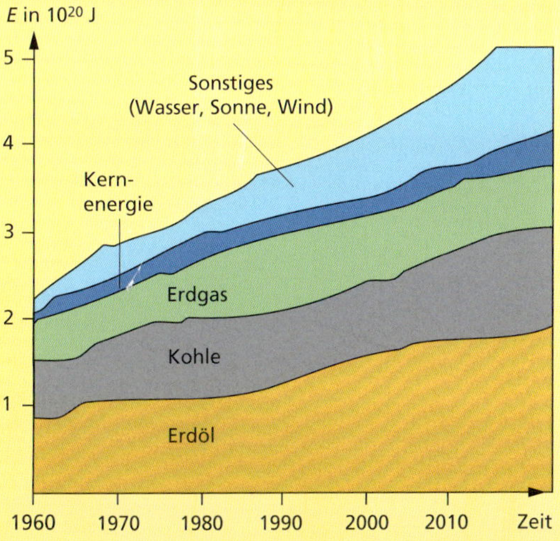

1 Entwicklung des Energiebedarfs der Menschheit

Energieverbrauch Deutschland 2006

Energieträger	E in 10^{18} J
Mineralöl	5,16
Erdgas	3,30
Steinkohle	1,88
Kernenergie	1,83
Braunkohle	1,58
Wasser- und Windkraft	0,19
Sonstiges	0,54

Die **Primärenergie** wird heute nur in begrenztem Umfang unmittelbar genutzt.
Häufig wird sie in vielfältigen Umwandlungsprozessen in andere Energieformen umgewandelt, die sich besser transportieren, verteilen und für den Nutzer bereitstellen lassen, wobei die elektrische Energie die wichtigste **Sekundärenergie** ist.

2. *Nenne Beispiele für die unmittelbare Nutzung von Primärenergie.*

Der Anteil verschiedener Energieträger an der Deckung des gesamten Energiebedarfs ist in einzelnen Ländern, aber auch von Region zu Region verschieden.

3. *a) Berechne den prozentualen Anteil der einzelnen Energieträger beim Primärenergieverbrauch (s. Tabelle oben) am Gesamtverbrauch in Deutschland. Erstelle mit dem grafikfähigen Taschenrechner ein Säulendiagramm und interpretiere dieses Diagramm.*
   b) Informiere dich über die Verteilung der Energieträger beim Primärenergieverbrauch in anderen Ländern. Wähle zweckmäßige Veranschaulichungen, die einen Vergleich ermöglichen.

4. *Begründe, warum die elektrische Energie die wichtigste Form der Sekundärenergie ist.*

Präsentieren von Informationen

Ergebnisse deiner Arbeit zu einem Thema oder Ergebnisse, die ihr in einer Gruppe erarbeitet habt, sollen allen Mitschülern vorgestellt werden. Das kann z. B. durch einen Vortrag, eine Wandzeitung oder eine Internetseite geschehen.

Vorbereiten und Halten eines Vortrags

Wenn du einen Vortrag halten oder als Teamsprecher die Ergebnisse der Gruppenarbeit vortragen sollst, sind folgende Tipps hilfreich:

1. Schritt

Vorbereiten eines Vortrags
- Überlege dir, was alles zum Thema gehört. Nutze dazu verschiedene Informationsquellen (s. unten).
- Gliedere den Vortrag in Abschnitte.
- Schreibe dir Schwerpunkte in Kurzform (in Stichwörtern) auf.
- Überlege dir, was du an die Tafel oder auf Folien schreibst.
- Bereite gegebenenfalls Versuchsaufbauten vor und stelle Geräte bereit.

2. Schritt

Halten eines Vortrags
- Nenne und zeige die Gliederung (Tafel, Folie).
- Wecke am Anfang des Vortrags Interesse und Neugier und nenne das Thema. (Beginne beispielsweise mit „Wusstet ihr überhaupt, dass …?“ oder „Hättet ihr gedacht, dass …?“.)
- Leite neue Absätze deutlich ein, z. B. mit „Ein weiterer Punkt ist …“ oder „Als Nächstes …“.
- Sprich in kurzen Sätzen.
- Verwende nur Fachbegriffe, die du auch selbst erklären kannst.
- Bemühe dich, laut, langsam und deutlich zu sprechen. Schaue deine Zuhörer an.
- Achte auf die Zeit. Schließe den Vortrag mit einer kurzen Zusammenfassung ab.

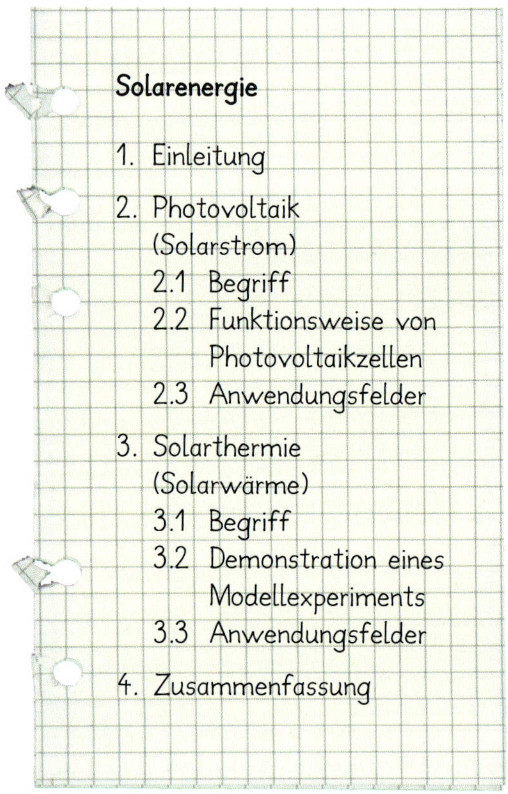
Solarenergie

1. Einleitung
2. Photovoltaik (Solarstrom)
   2.1 Begriff
   2.2 Funktionsweise von Photovoltaikzellen
   2.3 Anwendungsfelder
3. Solarthermie (Solarwärme)
   3.1 Begriff
   3.2 Demonstration eines Modellexperiments
   3.3 Anwendungsfelder
4. Zusammenfassung

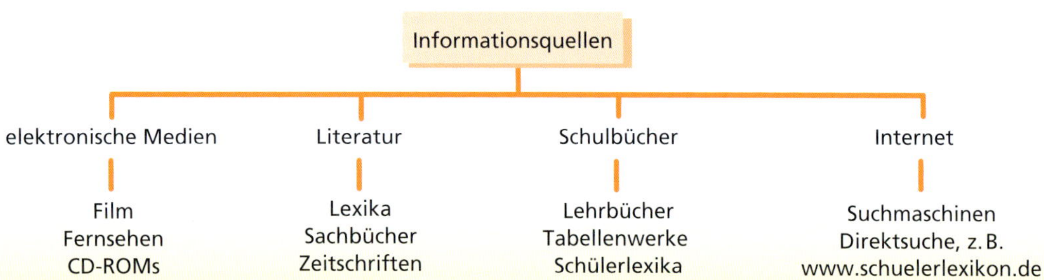

Anfertigen eines Posters

Wandzeitungen oder Poster fallen auf. Sie sind geeignet, um sachliche Informationen, Versuchsergebnisse oder den Verlauf und die Ergebnisse eines Projekts darzustellen. Meist wählt man dafür den Fachraum oder den Schulflur. Damit man sofort erkennt, worum es geht, hier ein paar Tipps:

- Jedes Poster hat eine Überschrift, die sofort über den Inhalt informieren und Neugier beim Betrachter wecken soll.
- Verwende viele Abbildungen, einfache grafische Darstellungen und Skizzen, aber nur so viel Text wie nötig.
- Ordne die Inhalte übersichtlich an.
- Kennzeichne, was inhaltlich zusammengehört, mit gleichen Schriftarten, Farben und Formen.
- Achte darauf, dass das Poster nicht überladen wirkt.
- Nenne deine Informationsquellen.
- Teste die Lesbarkeit aus einer größeren Entfernung.

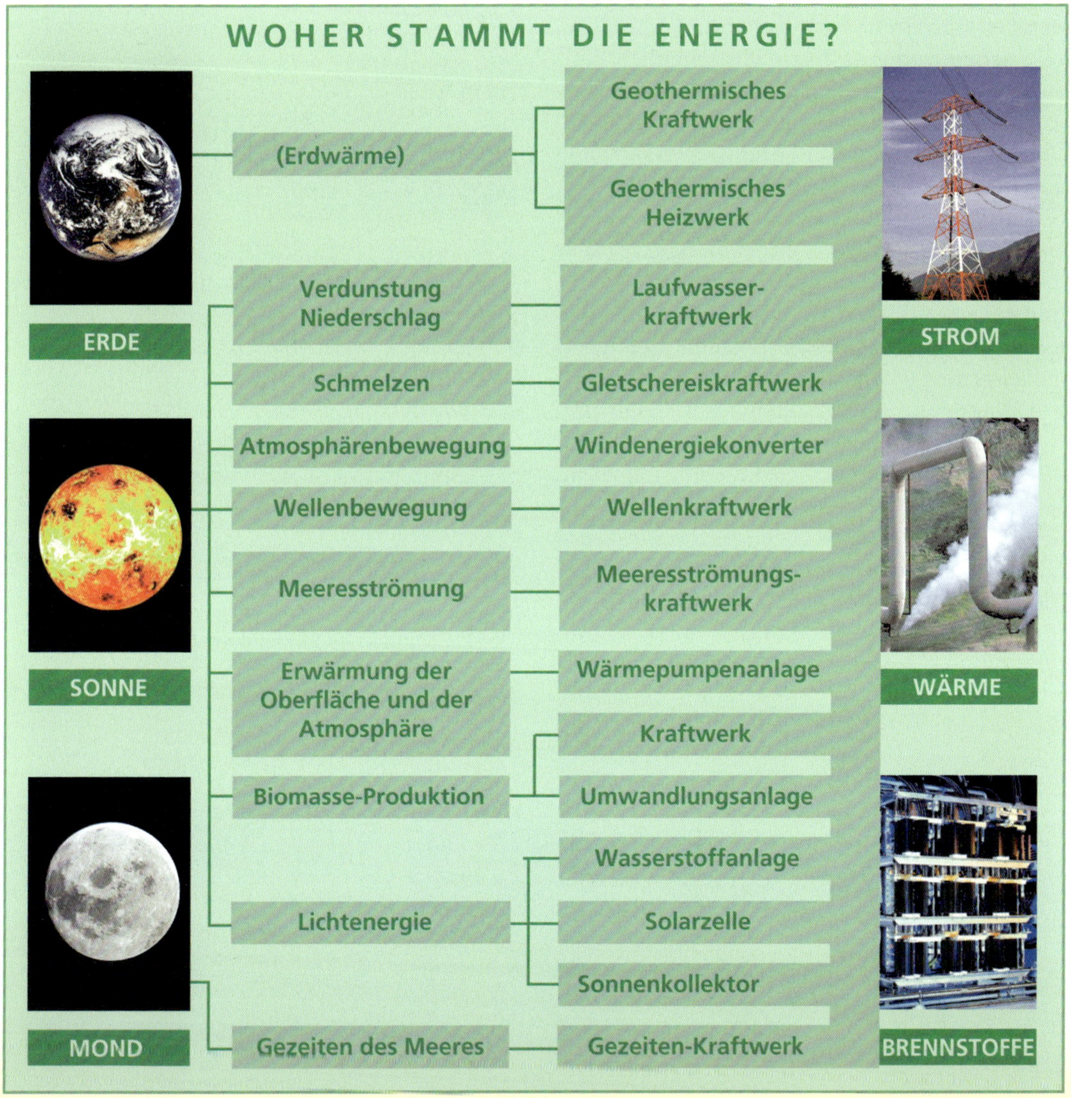

Wasserstoff – die „Kohle" von morgen?

Die Verbrennung von Kohle, Erdöl und Erdgas verstärkt den **Treibhauseffekt** (s. S. 130). Alternativen werden gesucht. Als ein Energieträger der Zukunft ist **Wasserstoff** im Gespräch.

1. *Stelle verschiedene mögliche alternative Energieträger zusammen. Erarbeite jeweils Vorteile und Nachteile. Gehe dabei besonders auf den Energieträger Wasserstoff ein.*

Soll ein Stoff als Energieträger genutzt werden, muss er mit vertretbarem technischem Aufwand gespeichert werden können. Wirtschaftlich sinnvoll ist die Speicherung von Wasserstoff in Druckgasbehältern oder als Flüssiggas in entsprechenden Tanks. In dieser Form kann Wasserstoff auch transportiert werden.

Die zukünftige **Wasserstofftechnologie** umfasst vielfältigere Anwendungsgebiete für den Energieträger Wasserstoff.
Dabei werden zwei Möglichkeiten der Energiefreisetzung unterschieden:
- Verbrennung von Wasserstoff z. B. in entsprechenden Verbrennungsmotoren,
- Umwandlung von Energie in Brennstoffzellen.

2. *Informiere dich über Einsatzmöglichkeiten von Verbrennungsmotoren auf Wasserstoffbasis und von Brennstoffzellen. Stelle einige Anwendungsgebiete zusammen.*

1 Bisher wurde Wasserstoff als Energieträger hauptsächlich als Raketentreibstoff verwendet.

3. *Ob die Wasserstofftechnologie wirklich umweltschonend ist, hängt davon ab, wie der Wasserstoff gewonnen wird.*
   Erläutere die Aussage. Interpretiere in diesem Zusammenhang das Fließschema zum Solar-Wasserstoff-Konzept.

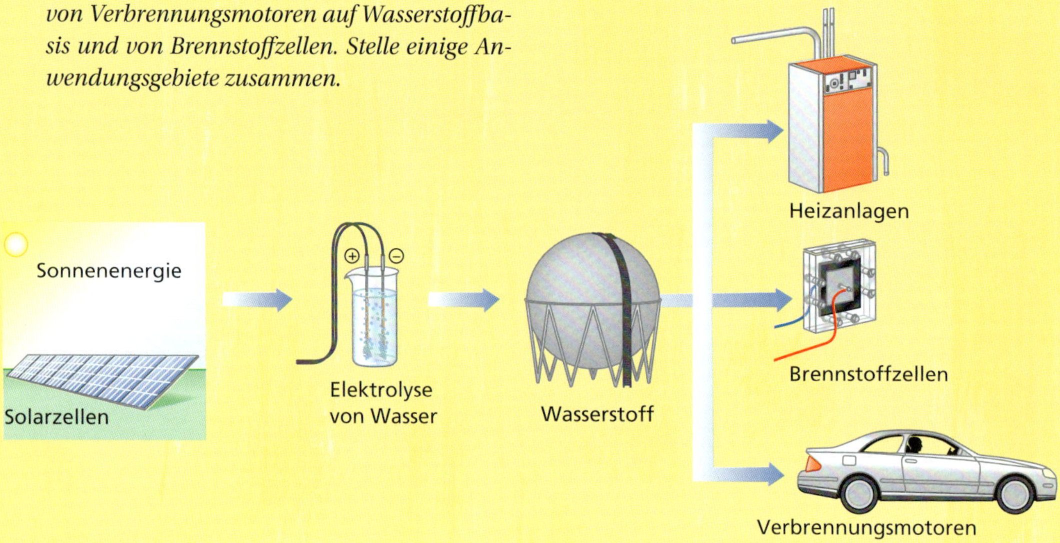

Brennstoffzellen

Bereits 1839 demonstrierte der englische Astronom und Physiker WILLIAM GROVE (1811 - 1896) im Labor die prinzipielle Wirkungsweise einer **Brennstoffzelle:** Wasserstoff und Sauerstoff wurden Elektroden aus Platin zugeführt. Dabei bildete sich zum einen Wasser, zum anderen entstand zwischen den Elektroden eine Spannung, die zu einem Strom führte.

Viele Brennstoffzellen arbeiten noch heute nach ähnlichem Prinzip. Dadurch wird chemische Energie in elektrische Energie umgewandelt. Die Anode wird mit dem Brennstoff Wasserstoff und Allerdings müssen die Teilreaktionen räumlich getrennt ablaufen, damit kein explosives Knallgasgemisch entstehen kann.
An der Anode (Minuspol) gibt Wasserstoff Elektronen ab. (Die Betriebstemperatur kann in Abhängigkeit vom Brennstoffzellentyp 80 °C bis 1 000 °C betragen).

$$2\,H_2 \longrightarrow 4\,H^+ + 4e^-$$

Die frei gewordenen Elektronen fließen über einen Verbraucher zur Katode und können dabei Arbeit verrichten.
An der Katode (Pluspol) nimmt Sauerstoff Elektronen auf. Sauerstoff-Ionen vereinigen sich mit Wasserstoff-Ionen zu Wasser.

$$O_2 + 4\,H^+ + 4e^- \longrightarrow 2\,H_2O$$

S Experiment

Aufgabe:
Baue eine Modellanlage, bei der die Energie durch eine Brennstoffzelle geliefert wird. Weise das gebildete Wasser nach. Überlege, welches Nachweismittel du einsetzen kannst.

1. *Stelle Gemeinsamkeiten und Unterschiede der chemischen Reaktionen bei der Knallgasreaktion und in der Brennstoffzelle in einer Tabelle zusammen.*

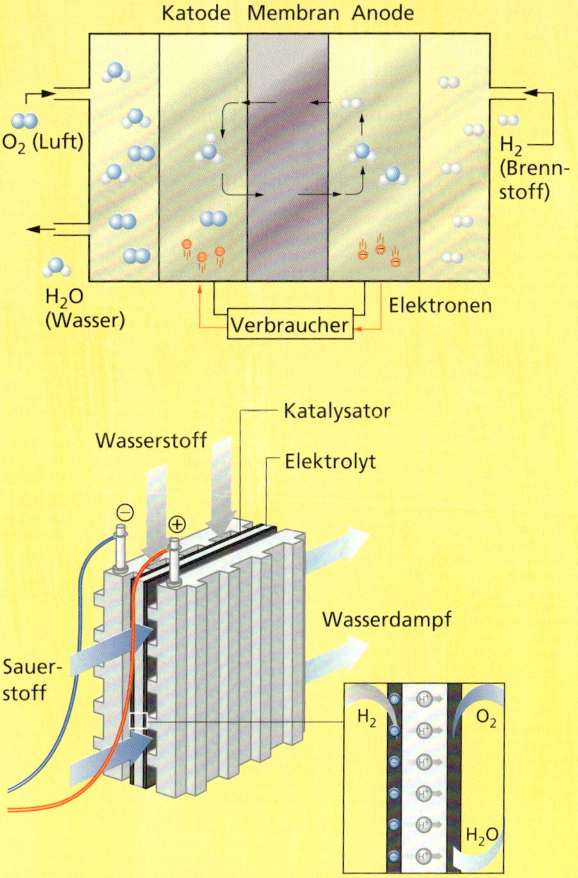

1 In Brennstoffzellen wird die chemische Energie von Wasserstoff und Sauerstoff teilweise in elektrische Energie umgewandelt.

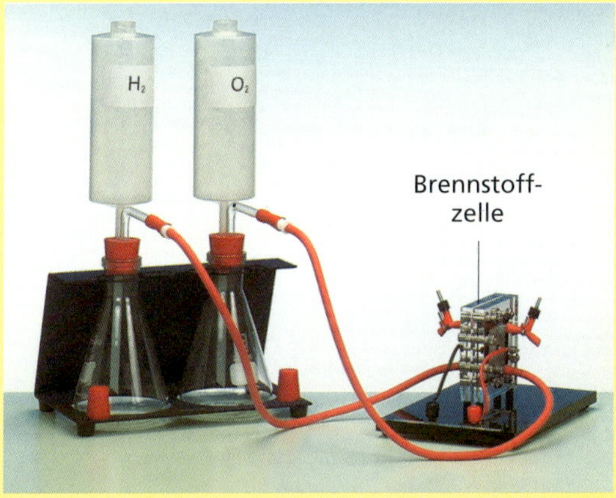

2 Experimenteller Aufbau einer Brennstoffzelle im Labor

Ein Wasserstoffprojekt in Berlin

In Berlin wird der Energieträger Wasserstoff auf seine Zukunftstauglichkeit u. a. in dem Projekt „Clean Energy Partnership (CEP)“ getestet. Dabei handelt es sich um einen internationalen Zusammenschluss verschiedener Unternehmen, dem auch die Berliner Verkehrsbetriebe (BVG) angehört. Ziel dieses Zusammenschlusses ist es, den Energieträger Wasserstoff auf Alltagstauglichkeit und Systemfähigkeit hin zu erproben. Die „Clean Energy Partnership“ ist zunächst bis Dezember 2007 angelegt.

1. *Wasserstoff kann in Verbrennungsmotoren genutzt, aber auch in Brennstoffzellen mit Sauerstoff umgesetzt werden. Welche Variante wird in Berlin getestet? Ermittelt die Gründe für die Auswahl der im Pilotprojekt bevorzugten Technologie. Welche Probleme müssen noch gelöst werden?*

2. *Erkundigt euch bei der BVG über Einzelheiten und bisherige Ergebnisse der „Clean Energy Partnership“.*
   - *Wie haben die Berliner Verkehrsbetriebe zum Gelingen des Projektes beigetragen?*
   - *Wird es eine Weiterführung des Projekts geben?*
   - *Ist Wasserstoff als Energieträger alltagstauglich?*

   Erarbeitet weitere Fragestellungen.

3. *Informiert Euch über die Grundprinzipien und Anwendungsmöglichkeiten der Wasserstofftechnologie. Diskutiert mithilfe der Expertenmethode Vor- und Nachteile der verschiedenen Verfahren.*

30. 04. 2004
Die Berliner Verkehrsbetriebe (BVG) haben jetzt den ersten mit Wasserstoff betriebenen Bus in Betrieb genommen.

30. 04. 2004
Bis zum Juni 2004 können die Fahrgäste den neuen Bus mit Wasserstoffverbrennungsmotor zum Null-Tarif benutzen, für die Mitfahrt wird kein Fahrgeld erhoben. So wird der Test-Charakter für alle erfahrbar gemacht.

12. 11. 2004
Am Berliner Messedamm hat die erste kommerzielle Straßentankstelle für Wasserstoff in Deutschland den Betrieb aufgenommen. Mit der Übergabe durch Bundesverkehrsminister Stolpe startete zugleich das Demonstrationsprojekt Clean Energy Partnership in seine Praxisphase.

17. 03. 2006
Neue Tankstelle stärkt Wasserstoff-Metropole Berlin
Total-Station als Basis für umweltfreundlichen öffentlichen Nahverkehr

3.2 Methan und seine Verwandten

Ungeheure Vielfalt
Die Moleküle der Kohlenwasserstoffe bestehen nur aus Atomen der Elemente Kohlenstoff und Wasserstoff. Trotzdem ist die Zahl der Kohlenwasserstoffe ungeheuer groß.
Wie ist es möglich, dass so unterschiedliche Verbindungen existieren? Wie sind deren Moleküle aufgebaut?

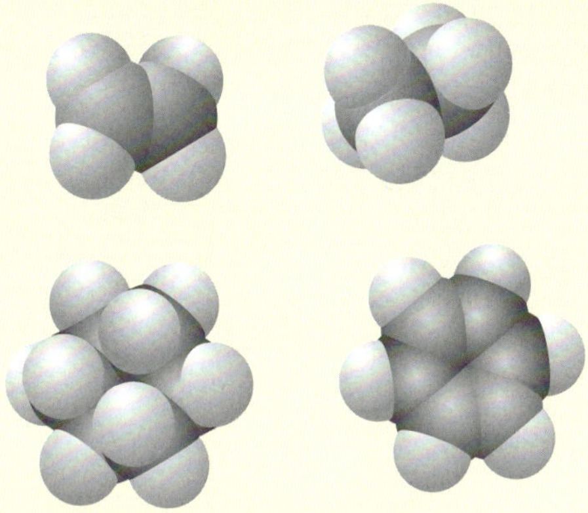

Das liebe Rindvieh
Rinder gehören zu unseren ältesten Nutztieren. Allerdings gibt es immer wieder Diskussionen um die Art ihrer Haltung. Dabei soll Massentierhaltung nicht nur ein ethisches Problem sein, sondern auch Auswirkungen auf unser Klima haben.
Was hat die Rinderhaltung mit dem Klima zu tun?

Reifen Tomaten im Dunkeln?
Die Tomaten bleiben bei zu wenig Sonne grün. Bei schlechtem Wetter nimmt man die gelblich gefärbten Früchte ab, legt sie in einen Tontopf und bewahrt sie an einer dunklen Stelle zusammen mit einem reifen Apfel auf. Nach wenigen Tagen haben sich die Tomaten rot gefärbt. *Wodurch wird der Reifungsprozess beschleunigt?*

Kohlenstoff – Grundlage der Vielfalt

Ob Eiweiß, Essigsäure, Ethanol oder Kunststoff – das Geheimnis der Vielfalt der organischen Verbindungen liegt im Kohlenstoff begründet. Kohlenstoffatome bilden „das Rückgrat" der Moleküle organischer Stoffe. Der Bau der Kohlenstoffatome ist dafür entscheidend.

Zusammenhalt zwischen Atomen

Kohlenstoffatome besitzen vier Außenelektronen. Ähnlich wie freie Wasserstoff- oder Stickstoffatome sind Kohlenstoffatome nicht stabil. Um eine Edelgaskonfiguration mit acht Außenelektronen zu erreichen, werden vier **Atombindungen,** also vier gemeinsame Elektronenpaare, mit anderen Atomen ausgebildet.
Dabei können Kohlenstoffatome Bindungen mit anderen Kohlenstoffatomen oder mit Atomen anderer Elemente (Wasserstoff, Sauerstoff, Schwefel, Stickstoff, Phosphor u. a.) eingehen.
So können ganz verschiedene Moleküle gebildet werden: kettenförmige, ringförmige und verzweigte, noch dazu mit einer unterschiedlichen Anzahl von Atomen.
Das Grundgerüst der verschiedenen Strukturen bilden jedoch immer Kohlenstoffatome. Weil die Zahl der möglichen Kombinationen so groß ist, existieren enorm viele organische Stoffe.

Die einfachsten organischen Stoffe sind nur aus Atomen der Elemente Kohlenstoff und Wasserstoff aufgebaut. Darum bezeichnet man sie als **Kohlenwasserstoffe.** Auch ihre Vielzahl ist enorm.

Kohlenwasserstoffe sind organische Verbindungen, die nur aus Atomen der Elemente Kohlenstoff und Wasserstoff zusammengesetzt sind. Die Atome in den Molekülen sind über Atombindungen verbunden.

Aufgaben

1. Was besagt die Oktettregel. Wiederhole.
2. Definiere den Begriff „Atombindung".
3. Das Wasserstoffatom, Sauerstoffatom, Stickstoffatom und das Chloratom weisen keine Edelgaskonfiguration auf.
   Welche Anzahl von gemeinsamen Elektronenpaaren müssten diese Atome ausbilden, um den stabilen Zustand zu erreichen?
   Nutze zur Beantwortung der Frage das Periodensystem der Elemente.
4. Ethanol hat die Formel C_2H_5OH. Handelt es sich um einen Kohlenwasserstoff? Begründe deine Antwort.

S Experiment

Prüfe es selbst

Aufgabe:
Konstruiere mithilfe des Molekülbaukastens mindestens drei verschiedene Kohlenwasserstoffe.

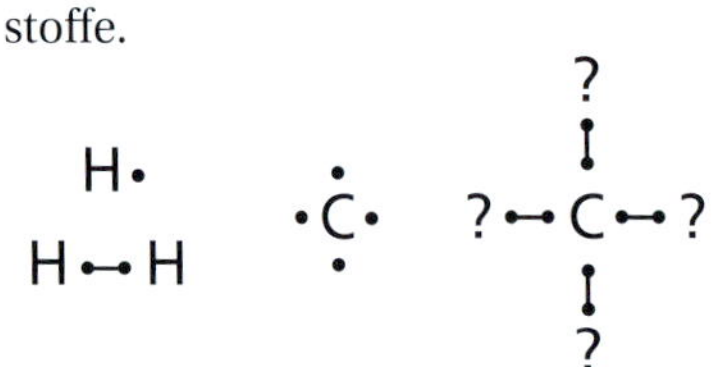

Auswertung:
Erläutere, wie die Vielfalt der Kohlenwasserstoffe möglich ist.

Vom Methan und anderen Alkanen

Methan ist der einfachste Kohlenwasserstoff, da die Moleküle nur ein Atom Kohlenstoff und vier Atome Wasserstoff enthalten. Im Methanmolekül sind die Wasserstoffatome durch je ein gemeinsames Elektronenpaar mit dem Kohlenstoffatom verbunden **(Atombindung).**
Die vier Elektronenpaare stoßen sich gegeneinander ab und nehmen den größtmöglichen Abstand zueinander ein. Das Kohlenstoffatom und die Wasserstoffatome sind dadurch nicht in einer Ebene angeordnet, wie man anhand der **Summenformel** CH_4 und der **Strukturformel** (s. Abb. 1) annehmen könnte.
Den größtmöglichen Abstand erreichen die Elektronenpaare durch Ausrichtung im dreidimensionalen Raum: Die Wasserstoffatome bilden ein regelmäßiges **Tetraeder** (griech.: Vierflächner), in dessen Zentrum sich das Kohlenstoffatom befindet. Die tetraedrische Struktur lässt sich in der Moleküldarstellung als **Kugel-Stab-Modell** und als **Kalottenmodell** erkennen (s. Abb. 1).

Methan ist Hauptbestandteil des Erdgases. Wird es als Brennstoff eingesetzt, nutzt man die Reaktion des Methans mit Sauerstoff aus, bei der Energie in Form von Wärme abgegeben wird.
Diese kann im Haushalt zum Heizen oder Kochen genutzt werden und dient der Strom- und Fernwärmeerzeugung.

$$CH_4 + 2\,O_2 \longrightarrow CO_2 + 2\,H_2O \qquad \Delta E = -\,888\,\text{kJ}\cdot\text{mol}^{-1}$$

Dabei dürfen keine explosiven Methan-Sauerstoff-Gemische entstehen. Im Bergbau haben solche Gemische als „schlagende Wetter" immer wieder zu Grubenunglücken geführt.
Im Pansen von Wiederkäuern produzieren Bakterien jährlich ca. 100 Mio. Tonnen des Gases. Da Methan ein Treibhausgas ist, trägt auch die Massentierhaltung in der Landwirtschaft zum Treibhauseffekt bei (s. S. 132).

In der chemischen Industrie ist Methan ein Ausgangsstoff für viele weitere organische Stoffe.

STECKBRIEF: Methan CH_4

Eigenschaften:
farbloses, geruchloses Gas, schwer wasserlöslich, gut löslich in organischen Lösemitteln, brennbar (blaue Flamme), bildet mit Luft explosive Gemische
Dichte: $0{,}72\ \text{g} \cdot \text{l}^{-1}$
(bei 25 °C und 101,3 kPa)
Schmelztemperatur: – 182,5 °C
Siedetemperatur: – 161,5 °C

Vorkommen: Hauptbestandteil des Erdgases, Grubengases und Sumpfgases; Bestandteil von Biogas; entsteht u. a. durch Mikroorganismen auf Reisfeldern und im Pansen von Wiederkäuern; am Meeresboden als Methanhydrat

a) Summenformel

CH_4

b) Strukturformel

```
     H
     |
H  – C –  H
     |
     H
```

c) Kugel-Stab-Modell

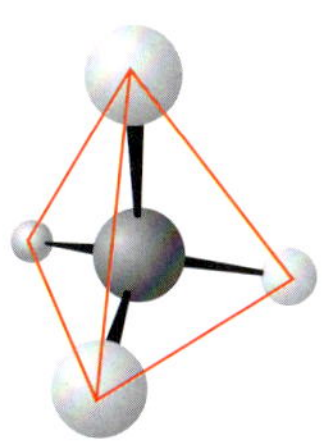

d) Kalottenmodell

1 Verschiedene Formeln und Modelle des Methanmoleküls

Methan ist die einfachste organische Verbindung und gehört zu den Kohlenwasserstoffen. Das Gas wird als Energielieferant und Ausgangsstoff für chemische Produkte genutzt.

Kohlenwasserstoffe mit einer dem Methan verwandten Struktur gibt es sehr viele. So ist neben Methan noch **Ethan** (C_2H_6) im Erdgas enthalten. **Propan** (C_3H_8) und **Butan** (C_4H_{10}) sind als Energieträger für Gaskocher bekannt. Langkettige Kohlenwasserstoffe wie **Heptadecan** ($C_{17}H_{36}$) haben eine feste wachsartige Konsistenz und dienen u. a. zur Herstellung von Kerzen.

Bei allen diesen Kohlenwasserstoffen sind mehrere Kohlenstoffatome jeweils durch ein gemeinsames Elektronenpaar kettenförmig miteinander verknüpft und alle restlichen Bindungsmöglichkeiten mit Wasserstoffatomen „abgesättigt". Man bezeichnet sie als **gesättigte Kohlenwasserstoffe.**

Methan, Ethan, Propan, Butan und viele weitere gesättigte Kohlenwasserstoffe sind kettenförmig. Man nennt sie **Alkane.**

Sind in einem Molekül zwei Kohlenstoffatome durch ein gemeinsames Elektronenpaar verbunden, nennt man dies Einfachbindung. Liegen im Molekül nur Einfachbindungen vor, bezeichnet man den Stoff als gesättigte Verbindung.

Die Anzahl der Kohlenstoffatome im Molekül wird durch einen Wortstamm angegeben. Die Namen der Alkane setzen sich aus diesen Wortstämmen und der **Endung -„an"** zusammen.

Bedeutung der Wortstämme:

Meth	Eth	Prop	But	Pent	Hex	Hept	Oct	Non	Dec
1	2	3	4	5	6	7	8	9	10

Pentan

fünf Kohlenstoffatome

nur Einfachbindungen zwischen den Kohlenstoffatomen

Alkane (C_nH_{2n+2}) sind kettenförmige Kohlenwasserstoffe, die zwischen den Kohlenstoffatomen der Moleküle nur Einfachbindungen aufweisen.

Aufgabe

Erstelle eine tabellarische Übersicht über die Verwendungsmöglichkeiten der Alkane.

Ausgewählte Alkane

Name	Strukturformel des Alkans	verkürzte Strukturformel	Summenformel	Schmelztemperatur	Siedetemperatur
Methan	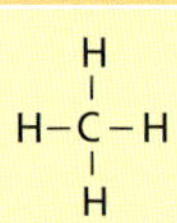	CH_4	CH_4	–182,5 °C	–161,5 °C
Ethan	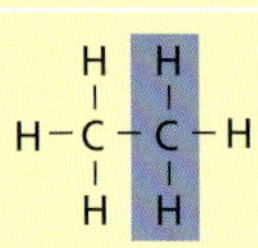	CH_3-CH_3	C_2H_6	–183,3 °C	– 88,6 °C
Propan	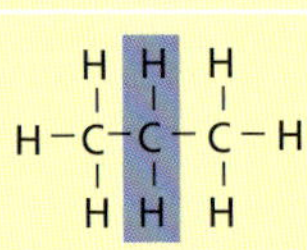	$CH_3-CH_2-CH_3$	C_3H_8	–187,7 °C	– 42,1 °C
Butan	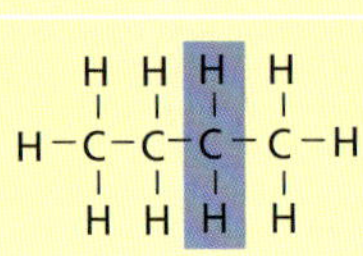	$CH_3-CH_2-CH_2-CH_3$	C_4H_{10}	–138,4 °C	– 0,5 °C

Mosaik

Die räumliche Struktur von Molekülen

Die räumliche Struktur von Molekülen lässt sich nur mit einem Modell erklären, das die dreidimensionale Anordnung der Elektronen an den Atomen berücksichtigt. Zu diesem Zweck entwickelte der Amerikaner H. R. KIMBALL aufbauend auf dem bohrschen Atommodell das sogenannte **Kugelwolkenmodell.**

KIMBALL ging davon aus, dass sich die Elektronen nur in bestimmten Bereichen um den Atomkern aufhalten. Diese **Aufenthaltsbereiche** stellte er sich als kugelähnliche Wolken vor. Jede **Kugelwolke** kann nur zwei Elektronen aufnehmen. Die Kugelwolken ordnen sich ähnlich wie Elektronenschalen um den Atomkern an und werden von innen nach außen mit Elektronen besetzt. Mit zunehmender Größe steigt die Zahl der Kugelwolken, die eine Schale maximal aufnehmen kann.

K-Schale: 1 Kugelwolke = 2 Elektronen
L-Schale: 4 Kugelwolken = 8 Elektronen

Die erste Schale besteht aus einer einzigen Kugelwolke, in deren Mittelpunkt der als kleiner Punkt dargestellte Atomkern liegt. Beim einfachsten Atom, dem Wasserstoffatom, befindet sich ein Elektron in dieser Kugelwolke. Beim Heliumatom kommt ein zweites Elektron hinzu, die innerste Kugelwolke und damit die erste Schale sind voll besetzt. Die unterschiedliche Besetzung wird im Modell durch die unterschiedliche Helligkeit der Kugelwolke wiedergegeben (s. Abb. 1).

Auf der zweiten Schalen ist mehr Platz. Sie enthält maximal vier Kugelwolken, in die jeweils zwei Elektronen passen. Mit insgesamt acht Elektronen ist die L-Schale voll und man fängt die nächste an. Die Besetzung der M-Schale ist komplizierter. Deshalb verwendet man das Modell meist nur zur Beschreibung der ersten 20 Elemente des Periodensystems.

Die Kugelwolken einer Schale werden immer zuerst einzeln von Elektronen besetzt. Erst wenn alle Kugelwolken einer Schale ein Elektron enthalten, kommt ein zweites hinzu.

Die Kugelwolken mit den negativ geladenen Elektronen stoßen sich gegenseitig ab und nehmen den **größtmöglichen Abstand** im Raum ein. Bei vier besetzten Kugelwolken des Kohlenstoffatoms ergibt sich daraus eine **tetraedrische Anordnung** (s. Abb. 1 und 2).

Atombindungen entstehen dadurch, dass zwei Kugelwolken miteinander eine gemeinsame, doppelt besetzte Kugelwolke bilden. Diese entsprechen den bindenden Elektronenpaaren und sind ebenfalls tetraedrisch um den Atomkern angeordnet.

Daraus ergibt sich nicht nur die tetraedrische Raumstruktur des Methanmoleküls. Die anderen Alkanmoleküle bilden Ketten von Tetraedern, in deren Zentrum sich jeweils Kohlenstoffatome befinden. Im Ergebnis erhält man Molekülketten, deren Gerüst zickzackförmig angeordnete Kohlenstoffatome bilden (s. Abb. 2 b).

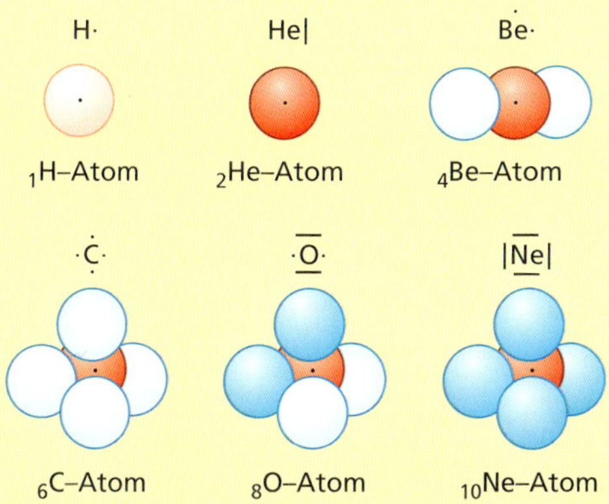

1 Unterschiedliche Schalen werden durch unterschiedliche Farben symbolisiert.

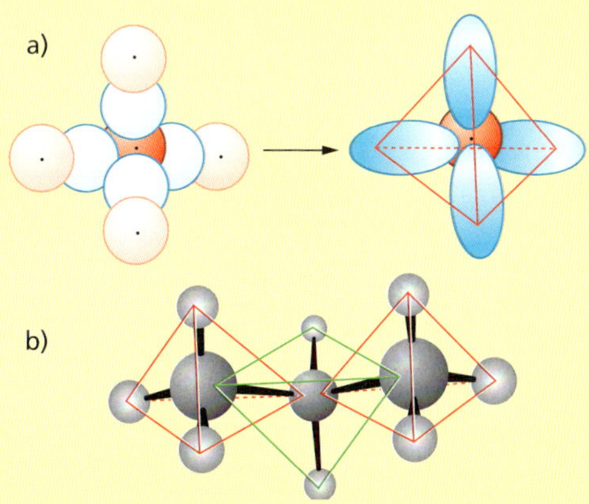

2 Die Tetraederstruktur (a) des Methanmoleküls findet sich in den Alkanmolekülen (b) wieder.

Homologe Reihe der Alkane

Die gemeinsamen **Strukturmerkmale der Alkane** bewirken Übereinstimmungen in bestimmten Eigenschaften. So verbrennen Alkane bei ausreichend Sauerstoffzufuhr vollständig:

$$C_3H_8 + 5\,O_2 \longrightarrow 3\,CO_2 + 4\,H_2O \qquad \Delta E = -2\,245\,kJ \cdot mol^{-1}$$

Die frei werdende Energie wird u. a. in Verbrennungsmotoren und zum Heizen genutzt. Bei Sauerstoffmangel verbrennen Alkane unvollständig. Es entstehen das giftige Kohlenstoffmonooxid und/oder reiner Kohlenstoff (Ruß) und Wasser.
Mit Halogenen wie Chlor gehen Alkane ebenfalls ähnliche chemische Reaktionen ein (s. S. 119).
Auch die physikalischen Eigenschaften ähneln sich aufgrund der ähnlichen Strukturmerkmale. Alkane mischen sich nicht mit Wasser und leiten den elektrischen Strom nicht. Sie lösen jedoch organische Stoffe gut. Daher werden beispielsweise Hexan und Heptan als Lösemittel eingesetzt.

Wegen dieser ähnlichen Eigenschaften bezeichnet man die Reihe der kettenförmigen, unverzweigten Alkane auch als **homologe Reihe.**
Die $-CH_2$-Differenz zwischen den einzelnen Gliedern bewirkt jedoch graduelle Unterschiede. So sind nur die ersten vier Alkane bei Normbedingungen gasförmig. Pentan ist das erste flüssige Alkan. Mit zunehmender Kettenlänge wird die Beschaffenheit ölig, ab $C_{17}H_{36}$ sind die Alkane fest.

Eigenschaften der Alkane

Übereinstimmungen (ähnlicher Molekülbau)	Unterschiede (unterschiedliche Kettenlänge)
– chemisches Reaktionsverhalten – brennbar – wasserunlöslich – gute Lösemittel für Öle, Fette – leiten elektrischen Strom nicht	– molare Masse – Dichte – Schmelztemperatur – Siedetemperatur – Aggregatzustand

Alkane bilden eine homologe Reihe. Aufeinander folgende Glieder der homologen Reihe unterscheiden sich durch eine $-CH_2$-Gruppe. Gleiche Strukturmerkmale führen zu ähnlichen Eigenschaften.
Aus der Zunahme der Molekülmasse resultieren aber auch graduelle Unterschiede der Eigenschaften.

Aufgaben

1. Vergleiche die Strukturen von Methan und Oktan miteinander. Leite daraus gemeinsame und unterschiedliche Eigenschaften der beiden Alkane ab.

2. Vergleiche die Siedetemperaturen der vier Alkane (s. Tab. S. 112). Kannst du einen Zusammenhang zum Bau der Stoffe formulieren?

S Experiment

Prüfe es selbst

Aufgabe:
Überprüfe die Löslichkeit einiger Alkane in Wasser und organischen Lösemitteln.

Vorbereitung:
Geräte: Reagenzgläser, Reagenzglashalter, Pipette
Chemikalien: Heptan, , , Kerzenwachsgranulat, Wasser, Aceton, Waschbenzin

Durchführung:
Versetze Proben von Heptan und Kerzenwachs jeweils mit den Lösemitteln.
Schüttle die Mischungen und lass sie dann eine Weile stehen.

Beobachtung und Auswertung:
Notiere die Beobachtungen und stelle eine Vermutung darüber auf, für welche Stoffe Heptan und Waschbenzin als Lösemittel geeignet sind. Überprüfe die Vermutung experimentell.

Physikalische Eigenschaften – auch ein „Strukturproblem"

Versucht man, Alkane mit Wasser zu mischen, erhält man keine einheitliche Lösung, sondern zwei getrennte Schichten (s. Abb. 1).
Wie bei allen Eigenschaften liegt auch die Ursache für die schlechte Wasserlöslichkeit der Alkane in der Struktur ihrer Moleküle. **Alkanmoleküle** bestehen aus aneinandergereihten Tetraedern, in deren Zentrum sich Kohlenstoffatome befinden. Diese räumliche Anordnung der Atome ist ein charakteristisches, immer wiederkehrendes Strukturmerkmal aller Alkane.
Die Bindungen zwischen den Atomen sind unpolar, sodass sich innerhalb der Moleküle keine Ladungsschwerpunkte bilden. Dadurch sind auch die kettenförmigen Moleküle unpolar, sodass zwischen ihnen nur schwache **zwischenmolekulare Kräfte (van-der-Waals-Kräfte)** herrschen.

Im **Wassermolekül** ist das Sauerstoffatom ebenfalls von vier Elektronenpaaren umgeben, davon sind jedoch nur zwei bindend, die anderen beiden nicht bindend. Aus dieser Tatsache ergibt sich die gewinkelte Struktur des Moleküls. Das Sauerstoffatom zieht die gemeinsamen Elektronenpaare stärker an als die die Wasserstoffatome (**polare Atombindung**). Dadurch entsteht am Sauerstoffatom ein negativer Ladungsschwerpunkt, der durch die nicht bindenden Elektronenpaare noch verstärkt wird. Zwischen den Wasserstoffatomen entsteht dagegen ein positiver Ladungsschwerpunkt. Wassermoleküle sind daher **Dipole.**
Zwischen den polaren Wassermolekülen besteht eine deutlich stärkere Anziehung als zwischen den unpolaren Alkanmolekülen. Zudem werden Wasserstoffbrückenbindungen (s. S. 141) ausgebildet. Diese unterschiedlichen Kräfte bedingen die schlechte **Löslichkeit** der Alkane im Wasser.
Die zwischenmolekularen Kräfte, die zwischen unpolaren Alkanmolekülen und polaren Wassermolekülen in einer Mischung wirken, sind extrem schwach. Deshalb ist es aus energetischer Sicht günstiger, wenn sich beide Molekülarten in getrennten Schichten befinden, wo sie von gleichartigen Molekülen umgeben sind. Deshalb gilt für Lösungen die Faustregel: **Ähnliches löst sich in Ähnlichem.**
Zudem beobachtet man, dass Benzin und Heizöl, genauso wie Heptan (Abb. 1) auf dem Wasser schwimmen, also die obere Schicht bilden. Da zwischen Alkanmolekülen nur schwache zwischenmolekulare Anziehungskräfte wirken, sind die Abstände zwischen den Molekülen relativ groß und die Dichte dieser Alkane ist geringer als die des Wassers. Die größere Dichte des Wassers resultiert u. a. aus den geringeren Abständen zwischen den Wassermolekülen. Ursache dafür sind die stärkeren zwischenmolekularen Kräfte und die Wasserstoffbrückenbindungen.

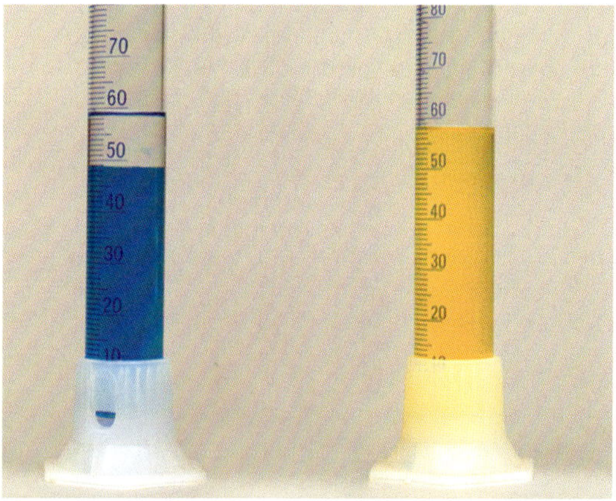

1 Heptan löst sich nicht in Wasser (links – Wasser blau angefärbt), aber gut in Öl (rechts).

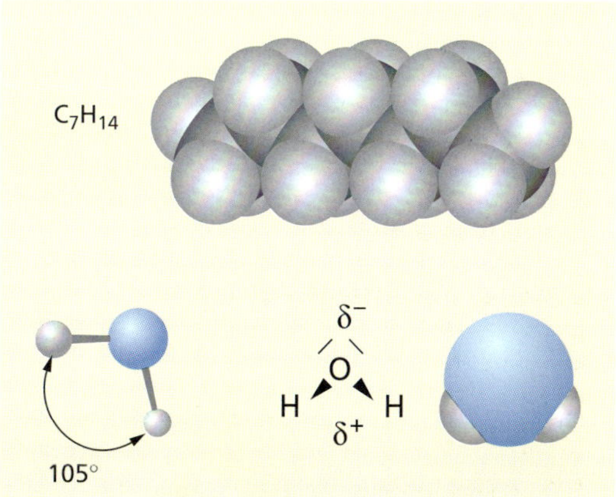

2 Kalottenmodell des unpolaren Heptanmoleküls und Modelle des polaren Wassermoleküls

Mosaik

Volumenberechnung bei der Verbrennung von Alkanen

Benzin und **Heizöl** werden aus dem fossilen Energieträger Erdöl gewonnen. Ähnlich wie beim Rohstoff handelt es sich bei den Brennstoffen um Stoffgemische, die hauptsächlich aus Kohlenwasserstoffen bestehen.
Bei ausreichender Sauerstoffzufuhr verbrennen die Kohlenwasserstoffe vollständig. Dabei entstehen immer Kohlenstoffdioxid und Wasser (s. Exp.).

$$2\,C_8H_{18} + 25\,O_2 \longrightarrow 16\,CO_2 + 18\,H_2O$$

Die Verbrennungsprozesse der Erdölprodukte lassen sich an jedem beliebigen Alkan quantitativ nachvollziehen. Für Benzin verwendet man dazu im Allgemeinen Octan, das ein Hauptbestandteil in Vergaserkraftstoffen ist.
Reicht der Sauerstoff nicht aus, erfolgt eine unvollständige Verbrennung. Dabei bilden sich auch Kohlenstoffmonooxid (CO) und Ruß (C).

$$C_8H_{18} + 8\,O_2 \longrightarrow 2\,CO_2 + 3\,CO + 3\,C + 9\,H_2O$$

Kohlenstoffmonooxid ist giftig. Wird das Gas eingeatmet, erstickt der Mensch. Um die Bildung dieses giftigen Gases zu verhindern, ist es u. a. wichtig zu wissen, wie viel Sauerstoff für die vollständige Verbrennung benötigt wird.
Bildet sich als Reaktionsprodukt Kohlenstoffdioxid, ist das Gas zwar nicht giftig, es handelt sich aber um ein Treibhausgas (s. S. 130).

Klimaforscher interessiert daher besonders die Menge an Kohlenstoffdioxid, die beispielsweise von Heizkraftwerken und Autos an die Atmosphäre abgegeben wird.
Da sich die EU verpflichtet hat, die Abgabe von Kohlenstoffdioxid an die Umwelt bis 2020 um mindestens 20 % zu senken, sind solche Volumenberechnungen von besonderer Bedeutung.

S Experiment

Prüfe es selbst

Aufgabe:
Verbrenne das Gas, mit dem der Brenner betrieben wird (Methan, Propan oder Butan), Octan und Kerzenwachs. Weise jeweils nach, dass Kohlenstoffdioxid entsteht.

Vorbereitung:
Informiere dich noch einmal über den Nachweis von Kohlenstoffdioxid.
Geräte: Brenner, Abdampfschale, Pipette, Geräte entsprechend der Zeichnung
Chemikalien: Kerze, Gas des Brenners, Octan, Calciumhydroxidlösung

Durchführung: siehe Abbildung

Beobachtung und Auswertung:
1. Notiere die Beobachtungen und werte aus.
2. Wie müsste das Experiment abgewandelt werden, um eine quantitative Messung des gebildeten Kohlenstoffdioxids zu ermöglichen?

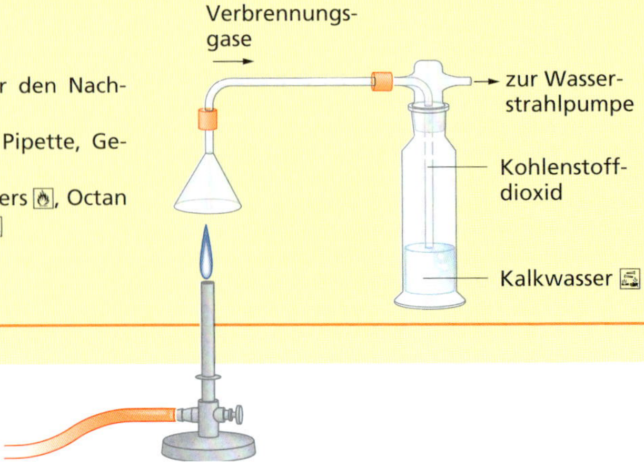

Substitution – eine typische Reaktion der Alkane

Alkane reagieren besonders gut mit Sauerstoff (s. S. 115 ff.) oder mit einigen Halogenen. Damit die Reaktion stattfinden kann, muss den Ausgangsstoffen zuerst Energie zugeführt werden (**Aktivierungsenergie E_A**).
Bei der Reaktion mit Halogenen werden Wasserstoffatome der Kohlenwasserstoffmoleküle durch Halogenatome ersetzt. Aus zwei Ausgangsstoffen entstehen zwei Reaktionsprodukte. Der **Bindungsgrad** der an der Reaktion beteiligten Bindung bleibt erhalten.

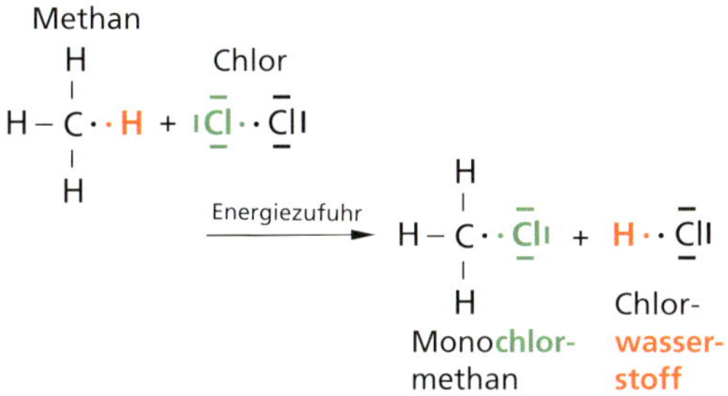

Diese chemische Reaktion nennt man **Substitution** (lat.: *substituere* = ersetzen). Sie ist die typische Reaktion der Alkane. Dabei entstehen **Derivate** (Abkömmlinge) der Kohlenwasserstoffe, die man als **Halogenalkane** bezeichnet. Als zweites Reaktionsprodukt erhält man immer einen Halogenwasserstoff.

> **Die Substitution ist eine chemische Reaktion, bei der Atome oder Atomgruppen in Molekülen organischer Verbindungen wechselseitig ausgetauscht werden.**

1 Reaktion von Heptan mit Brom

Der Verlauf der Substitution lässt sich an einem einfachen Lehrerexperiment gut verfolgen (s. Abb. 1). Dazu gibt man in eine dreigeteilte verschließbare Glasschale folgende Chemikalien:

erstes Drittel: Heptan mit Brom
zweites Drittel: Universalindikatorlösung
drittes Drittel: Sibernitratlösung

Wird das Reaktionsgefäß stark belichtet, läuft eine fotochemische Reaktion ab. Das Stoffgemisch aus dem ersten Drittel entfärbt sich und eine Gasentwicklung ist zu beobachten. Unitest verändert seine Farbe von Grün nach Rot und im Segment mit der Silbernitratlösung fällt ein hellgelber Niederschlag aus.
Die Entfärbung des ersten Drittels zeigt, dass Brom und Heptan reagiert haben. Im Ergebnis der Substitution entstehen farbloses Monobromheptan und Bromwasserstoff.

$$C_7H_{16} + Br_2 \longrightarrow C_7H_{15}Br + HBr$$

Bromwasserstoff ist gasförmig und gelangt deshalb in das zweite und dritte Segment. In Wasser reagiert Bromwasserstoff ähnlich wie Chlorwasserstoff und bildet eine saure Lösung. Die dabei entstandenen Wasserstoff-Ionen färben die Unitestlösung rot.

$$HBr \xrightarrow{H_2O} H^+_{(aq)} + Br^-_{(aq)}$$

Im dritten Segment reagieren die Silber-Ionen mit den Bromid-Ionen, die bei der Reaktion von Bromwasserstoff mit Wasser gebildet wurden. Dabei fällt hellgelbes Silberbromid als schwer löslicher Niederschlag aus.

$$Ag^+_{(aq)} + Br^-_{(aq)} \longrightarrow AgBr\downarrow$$

Aufgabe

Stelle die Reaktionsgleichungen für die schrittweise Chlorierung von Monochlormethan bis zum Tetrachlormethan auf. Erläutere an einer der Gleichungen die grundlegenden Merkmale der Substitution.

Mosaik

Wahlbereich: Halogenkohlenwasserstoffe – Wundermittel oder Ozonkiller

Kohlenwasserstoffe, bei denen Wasserstoffatome durch ein oder mehrere Halogenatome substituiert wurden, bezeichnet man als **Halogenkohlenwasserstoffe**. Dabei unterscheidet man u.a. zwischen Chlorkohlenwasserstoffen – CKW (besitzen Chloratome in den Molekülen), **Fluorchlorkohlenwasserstoffen** – FCKW (besitzen Chlor- und Fluoratome in den Molekülen) oder Halonen (besitzen Bromatome in den Molekülen).

Die Eigenschaften dieser sehr umfangreichen chemischen Gruppe niedermolekularer organischer Verbindungen sind ausgesprochen vielfältig.

Es handelt sich um chemisch beständige Flüssigkeiten mit hervorragenden Lösemitteleigenschaften. Aufgrund ihrer speziellen thermischen Eigenschaften wurden Halogenalkane früher in großem Umfang u.a. als Treibgase in Spraydosen und in der Kältetechnik eingesetzt. Sie sind chemisch reaktiver als Alkane und darum besser als Synthesebausteine für viele organische Verbindungen geeignet.

Da man die Verbindungen lange Zeit für ungiftig hielt, nutzte man Chloroform sogar als Narkosemittel in der Medizin. Heute weiß man, dass viele Halogenkohlenwasserstoffe giftig und einige krebserregend sind. Außerdem besitzen sie ein hohes **umweltschädigendes Potenzial.**

Ausgewählte Halogenalkane

Bezeichnung/Formel	Frühere Verwendung
Trichlormethan (Chloroform) $CHCl_3$	Lösemittel, früher Narkosemittel
Tetrachlormethan (Tetra) CCl_4	Lösemittel, chemische Reinigung von Textilien
Monochlorethan (Chlorethyl) C_2H_5Cl	Kältespray für örtliche Betäubung
Difluordichlormethan (Freon-12) CF_2Cl_2	Kältetechnik, Treibgas für Spraydosen
Dichlordiphenyltrichlorethan (DDT)	Insektizid

So wurde 1985 von Atmosphärenforschern eine alarmierende Entdeckung veröffentlicht. Von 1977 bis 1984 hatte die Ozonschicht über der Antarktis um 40 % abgenommen. Ursache sind CKW und FCKW. Durch Lichteinstrahlung bilden sich in der Ozonschicht Chlorradikale (Radikale sind reaktive Teilchen mit ungepaarten Elektronen), die wiederum mit Ozon reagieren und zur Zerstörung der Ozonschicht führen (s. Abb. 1, S. 121).

Im Gegensatz zum schädlichen bodennahen Ozon („Sommersmog") ist die Ozonschicht in der Stratosphäre für das Leben auf der Erde essenziell, denn sie absorbiert energiereiche UV-Strahlung!

Außerdem wirken Halogenkohlenwasserstoffe in der Atmosphäre als Treibhausgase und tragen somit zur Verstärkung des Treibhauseffekts bei.

Dazu kommt, dass die chlorhaltigen Syntheseprodukte bei der Entsorgung Probleme bereiten. So entstehen bei der Verbrennung chlorhaltiger organischer Abfälle hochgiftige **Dioxine.**

Wegen der vielen Probleme, die die Verwendung halogenierter Kohlenwasserstoffe mit sich bringt, versucht man weltweit geeignete Alternativen zu finden. Dabei setzt man u. a. auf teilhalogenierte und vor allem chlorfreie Kohlenwasserstoffe.

Aufgrund der schädigenden Wirkung der FCKW wurde in Deutschland 1991 die FCKW- und Halon-Verbotsordnung beschlossen, die den schrittweisen Ausstieg aus der Verwendung dieser Stoffe regelt.

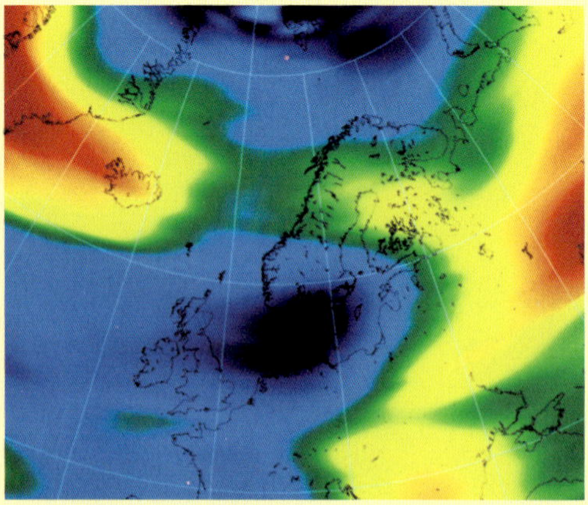

1 Ozonloch über Europa – eine Auswirkung der Reaktionen von FCKW mit Ozon

Auch das 1997 in Kyoto verabschiedete Protokoll (2005 in Kraft getreten) und Vereinbarungen der Montrealer Klimakonferenz (2005) sollen für eine weltweite Reduzierung der Emissionen von ozonschädigenden Substanzen und Treibhausgasen sorgen.
Obwohl sich mittlerweile in vielen Bereichen halogenfreie Alternativen für Industrie und Haushalt durchgesetzt haben, ist das Gefährdungspotenzial für die Ozonschicht durch FCKW nicht deutlich gemindert. Dies liegt zum einen daran, dass einige CKW unverzichtbar sind und daher weiter produziert werden (DDT zur Bekämpfung der Malariamücke).
Zum anderen sind viele der früher verwendeten CKW gefährliche Umweltgifte mit langer Verweildauer im Boden. Hier liegen sie zwar vorerst in gebundener oder inaktivierter Form vor, können aber jederzeit durch mikrobiologische Prozesse wieder freigesetzt werden. Zum Aufstieg in die Stratosphäre benötigen sie 20 bis 30 Jahre. Sie stellen damit ein schwer einschätzbares Risiko dar.
Waren die Ozonlöcher in der Vergangenheit ein scheinbar fernes Problem über den Polkappen, so

2 Ohne Sonnenschutz kann die UV-Strahlung zu Sonnenbrand und Hautkrebs führen.

ist die Abnahme der Ozonkonzentration heute auch über Europa messbar. Daher ist es wichtig, dass das Verbot der „Ozonkiller" FCKW weltweit eingehalten wird.

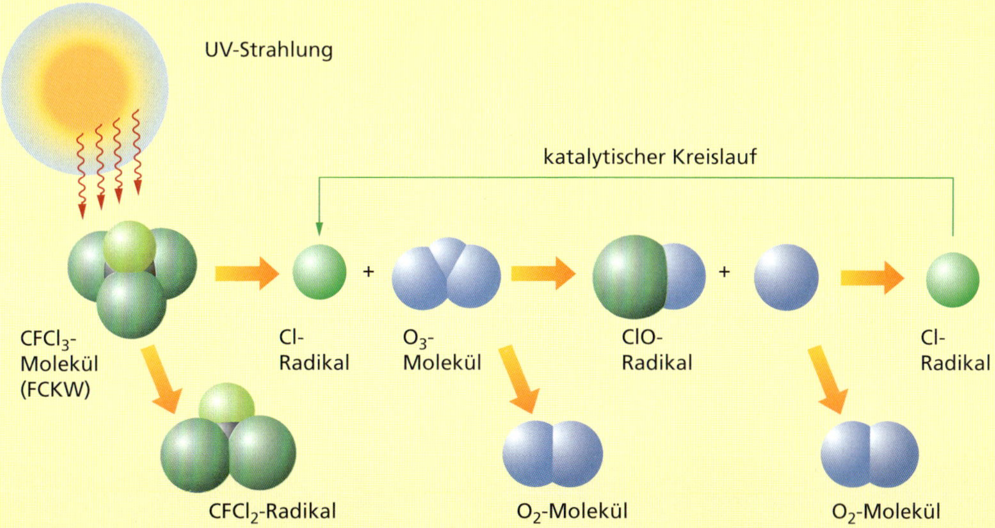

1 In der Stratosphäre spalten FCKW-Moleküle Chlorradikale ab. Diese katalysieren den Abbau von Ozon zu Sauerstoff und können den katalytischen Kreislauf viele Male durchlaufen.

Ethen – ein wichtiges Alken

Ethen (Ethylen) ist einer der wichtigsten Ausgangsstoffe in der Petrochemie. Viele Kunststoffe (z. B. Polyethylen, Styropor, Polyester s. S. 142 f.), Alkohole (s. S. 234 f.) und andere Stoffe werden aus Ethen synthetisiert.

Außerdem handelt es sich um ein pflanzliches Hormon, das in reifenden Früchten produziert wird und den Reifungsprozess beeinflusst. Diese Erkenntnis nutzt man beim Transport von Obst aus. Bananen werden z. B. in ihrem Herkunftsland noch in unreifem Zustand geerntet. Während des Transportes unterdrückt man die natürliche Produktion von Ethen. Erst bei uns werden die noch grünen Bananen mit Ethen begast und so zur Reifung angeregt.

Aus der Summenformel von Ethen (C_2H_4) ist erkennbar, dass in den Molekülen des Ethens nicht die maximal mögliche Anzahl von Wasserstoffatomen enthalten ist. Somit handelt es sich um eine **ungesättigte Verbindung.** Zwischen den Kohlenstoffatomen ist eine **Doppelbindung** (zwei gemeinsame Elektronenpaare) ausgebildet.

Ethen und ähnlich gebaute Verbindungen gehören zu den **Alkenen.**

Die Doppelbindung ist im Namen an der **Endung -en** erkennbar. Bei Alkenen mit mehr als drei Kohlenstoffatomen in den Molekülen kann sich die Mehrfachbindung an verschiedenen Stellen des Moleküls befinden. Das wird durch eine zusätzliche Angabe im Namen deutlich gemacht.

Beispiel:

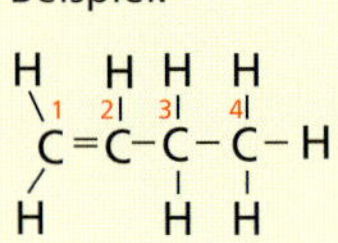

But-1-en

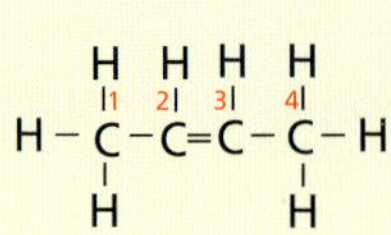

But-2-en

Ethen gehört zu den Alkenen.
Alkene (C_nH_{2n}) sind kettenförmige ungesättigte Kohlenwasserstoffe mit einer Doppelbindung zwischen zwei benachbarten Kohlenstoffatomen und Einfachbindungen zwischen den übrigen Kohlenstoffatomen im Molekül.

STECKBRIEF: Ethen C_2H_4

Eigenschaften:
farbloses, süßlich riechendes Gas, brennt mit leuchtender Flamme, sehr reaktionsfähig, bildet mit Sauerstoff explosive Gemische
Dichte: 1,260 g · l^{-1}
Schmelztemperatur: −160,2 °C
Siedetemperatur: −103,7 °C

Struktur:

Kugel-Stab-Modell

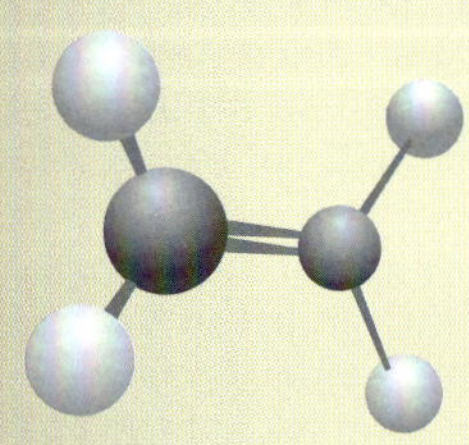

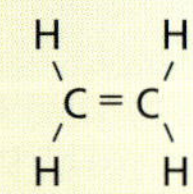

Strukturformel

$CH_2 = CH_2$
verkürzte Strukturformel

Kalottenmodell

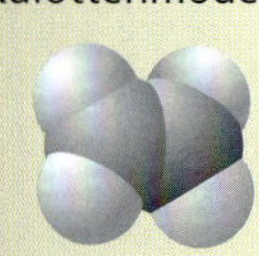

C_2H_4
Summenformel

Aufgaben

1. Baue das Ethenmolekül und das Propenmolekül mit dem Molekülbaukasten nach.
2. Begründe, warum Tomaten nachreifen, wenn sie in einem Topf mit reifen Äpfeln aufbewahrt werden.
3. Notiere die Strukturformeln für Ethen, Propen, But-1-en und Pent-1-en. Leite die Summenformeln ab.
4. Notiere alle möglichen Strukturformeln für einen kettenförmigen Kohlenwasserstoff mit der Summenformel C_5H_{10}.

Addition und Eliminierung

Man könnte annehmen, dass Mehrfachbindungen zwischen Kohlenstoffatomen im Molekül des Ethens eine hohe Stabilität der Verbindungen bewirken, diese also reaktionsträge sind.
Im Experiment wird Bromwasser jedoch ohne zusätzliche Energiezufuhr durch Ethen und andere ungesättigte Kohlenwasserstoffe entfärbt.
Reagiert z. B. Ethen mit Brom, wird die Doppelbindung gelöst und jeweils eine Bindung zu je einem Bromatom ausgebildet. Zwischen den Kohlenstoffatomen verbleibt eine Einfachbindung, d. h. der Bindungsgrad nimmt ab. Aus zwei Ausgangsstoffen entsteht ein Reaktionsprodukt. Diese Reaktion bezeichnet man als **Additionsreaktion bzw. Addition.** Man sagt: Brom wird an die Doppelbindung im Alken addiert.
Neben Brom kann auch Wasserstoff addiert werden (Hydrierung – s. u.). Diese Reaktion spielt beispielsweise bei der Fetthärtung eine Rolle.
Die Ursache für die höhere Reaktivität der Alkene liegt darin, dass bei der Addition nur die Doppelbindung gelöst werden muss und die Einfachbindung erhalten bleibt. Zum Aufbrechen der zweiten Bindung ist weniger Energie erforderlich als zum Lösen der Einfachbindung zwischen den Kohlenstoffatomen.
In der chemischen Industrie ist oft die umgekehrte Reaktion von Bedeutung. Unter der Wirkung von Katalysatoren und Energiezufuhr wird z. B. Wasserstoff aus Alkanen abgespalten (eliminiert). Damit entstehen z. B. Alkene. Die Abspaltung von Wasserstoff wird als Dehydrierung (s. u.) bezeichnet.
Bei der **Eliminierung** reagiert ein Ausgangsstoff zu zwei Reaktionsprodukten. Der Bindungsgrad der an der Reaktion beteiligten Bindung nimmt zu.

L Experiment

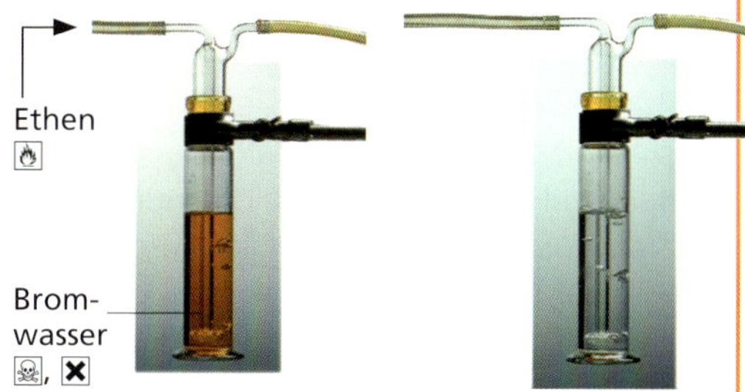

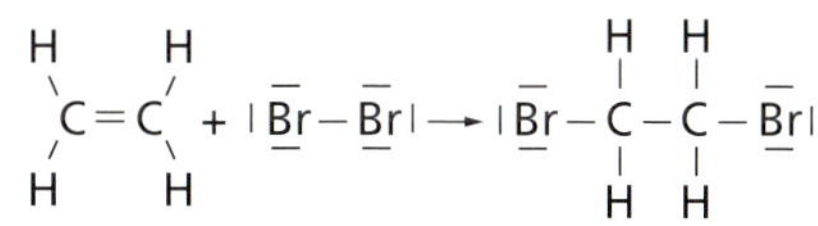

$$CH_2=CH_2 \;+\; Br_2 \;\rightarrow\; CH_2Br-CH_2Br$$

$$C_2H_4 \;+\; Br_2 \;\rightarrow\; C_2H_4Br_2$$

Ethen Brom 1,2-Dibromethan

1 Die Entfärbung von Bromwasser (ohne zusätzliche Energiezufuhr) dient auch als Nachweis der Mehrfachbindung im Molekül eines Stoffes.

Die Addition ist eine chemische Reaktion, bei der Atome oder Atomgruppen an Mehrfachbindungen in Molekülen ungesättigter Verbindungen angelagert werden.

Die Eliminierung ist eine chemische Reaktion, bei der aus Molekülen des Ausgangsstoffes Atome oder Atomgruppen unter Ausbildung von Mehrfachbindungen abgespalten werden.

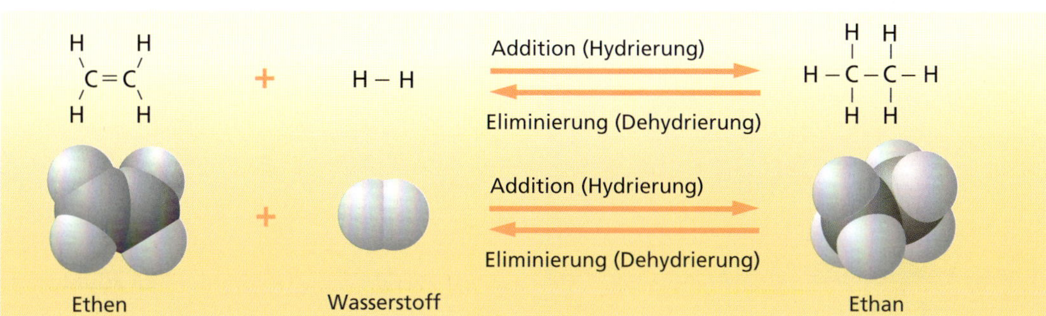

Chemie im Kontext

Methan – ein Gas voller Überraschungen

Methan ist als relativ umweltschonender Energieträger im Gespräch, weil bei seiner Verbrennung weniger Kohlenstoffdioxid freigesetzt wird als bei anderen fossilen Brennstoffen. In dem Zusammenhang ist neuerdings von großen Lagerstätten mit **Methanhydrat** die Rede.
Recherchiere, was Methanhydrat ist, und notiere Argumente, die für und gegen den Einsatz von Methanhydrat als Energiequelle sprechen.

Gibt man bei der Informationssuche im Internet das Suchwort „Methanhydrat" ein, erhält man vielfältige Informationen.
Methanhydrat wird auch als brennbares Eis bezeichnet (s. Abb. 1). Es besteht aus Methan, welches in gefrorenem Wasser eingelagert ist. Die Wassermoleküle umschließen das Methan vollständig. Es bildet sich bei tiefen Temperaturen und hohem Druck – Bedingungen, die am Boden der Ozeane herrschen. Besonders an den Kontinentalrändern, wo der Meeresboden zur Tiefsee abfällt, lagern große Mengen dieses Stoffes (schätzungsweise zwölf Trillionen Tonnen). Das bedeutet, dass die gebundene Kohlenstoffmenge in ihm mindestens doppelt so hoch ist wie die Menge an Kohlenstoff in Erdöl-, Erdgas- und Kohlevorkommen zusammen. In Anbetracht der sinkenden Vorräte an Erdöl und Erdgas könnte Methanhydrat eine Energiequelle der Zukunft sein.

1 Brennendes Methanhydrat

Allerdings gibt es beim Abbau Probleme. Bei steigender Temperatur und sinkendem Druck entweicht Methan. Der Zerfall erfolgt schon, während das Methanhydrat zur Meeresoberfläche transportiert wird. Abgesehen von den technischen Problemen sind die Folgen des Abbaus und der Nutzung des Methanhydrats noch nicht abzuschätzen.

Methan ist ein **Treibhausgas,** dessen Freisetzung das Klima dramatisch beeinflussen würde. Der Treibhauseffekt eines Methanmoleküls ist 20 mal so groß wie der eines Kohlenstoffdioxidmoleküls! Wenn beim Abbau des Methanhydrats größere Mengen Methan in die Atmosphäre gelangen, sind weitreichende Folgen zu befürchten.
Ein weiterer Fakt muss ebenso in Betracht gezogen werden: auch wenn – relativ gesehen – weniger Kohlenstoffdioxid als bei der Verbrennung anderer fossiler Brennstoffe frei wird, entsteht das Gas ebenso bei der Verbrennung von Methan. Somit wird ein weiteres Treibhausgas freigesetzt. Die riesige Menge an gebundenem Kohlenstoff würde bei der Verbrennung erheblichen Einfluss auf den Kohlenstoffdioxidgehalt der Atmosphäre haben und somit zur Verstärkung des Treibhauseffektes führen.
Klimaforscher warnen davor, dass es durch die globale Erwärmung zu einer Fließänderung des Golfstromes kommen und sich so gerade die Gebiete am Meeresboden erwärmen könnten, in denen sich die Lagerstätten des Methanhydrats befinden. So könnte es zur Instabilität und Freisetzung von Methan mit weiteren Folgen für das Klima kommen.

Durch unterseeische Beben an den Kontinentalrändern kann ebenfalls eine spontane Gasfreisetzung erfolgen. Dies wiederum kann dazu führen, dass das Gestein an den Kontinentalrändern instabil wird.
Neuerdings nimmt man übrigens an, dass solche Gasaustritte die Ursache für das Verschwinden von Schiffen und Flugzeugen im geheimnisvollen Bermudadreieck sein könnten. Die Dichteveränderung des Wassers oder der Luft könnte zum Sinken bzw. zum Absturz geführt haben.

Ethin – brennbarer „Geist" der Lampe

Anfang des 19. Jh. erfand Sir HUMPHRY DAVY (1778 - 1829) die nach ihm benannte **Sicherheitslampe** für Bergleute. Sie enthielt Calciumcarbid und Wasser und verhinderte die Explosion sowohl des entstehenden Gases als auch der Gase im Bergwerk.

a) Informiere dich über den Kohlenwasserstoff Ethin.

b) Erkläre die Funktionsweise der Carbidlampe.

STECKBRIEF: Ethin C_2H_2

Eigenschaften:
farbloses, fast geruchloses Gas; brennt an der Luft mit leuchtender, stark rußender Flamme; sehr reaktionsfähig, bildet hochexplosive Gemische mit Luft oder Sauerstoff

Dichte:	$1{,}170\ g \cdot l^{-1}$
Schmelztemperatur:	−80,8 °C
Siedetemperatur:	−84,0 °C

Struktur:

Kugel-Stab-Modell

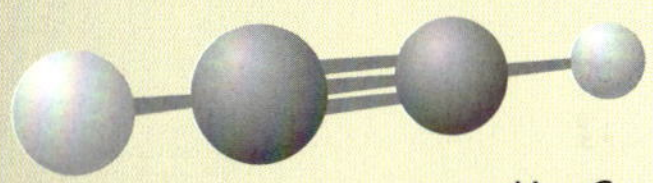

H − C ≡ C − H
Strukturformel

Kalottenmodell

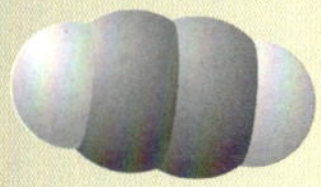

CH ≡ CH
verkürzte Strukturformel

C_2H_2
Summenformel

Ethin (Acetylen – C_2H_2) stellt, genauso wie Ethen, einen wesentlichen Ausgangsstoff für die Herstellung vielfältiger organischer Substanzen dar. Es dient u. a. als Synthesebaustein für Alkohole und Essigsäure (s. S. 165). Auch andere Synthesen sind möglich, mit Ethen als Ausgangsstoff aber derzeit noch billiger. Deswegen nutzt man Ethin hauptsächlich als Schweißgas.
Zum Schweißen wird das Gasgemisch so reguliert, dass mit einem Überschuss an Ethin gearbeitet werden kann. Dabei entsteht eine Flamme mit reduzierender Wirkung, damit das geschmolzene Metall nicht oxidiert wird.

Ethinmoleküle bestehen aus je zwei Kohlenstoffatomen und zwei Wasserstoffatomen. Es handelt sich wie beim Ethen um eine **ungesättigte Verbindung.** Zwischen den Kohlenstoffatomen existieren jedoch drei Atombindungen – **Dreifachbindung.** Ethin ist der einfachste Vertreter der **Alkine.**

Die Carbidlampe enthält einen Behälter mit Calciumcarbid (s. Abb. links) und einen Behälter mit Wasser. Lässt man Wasser auf das Calciumcarbid tropfen, erfolgt eine chemische Reaktion, bei der Ethin entsteht.

$$CaC_2 + 2\,H_2O \longrightarrow C_2H_2 + Ca(OH)_2$$

Die Reaktion von Ethin mit Sauerstoff verläuft exotherm. Sie setzt neben der Wärmeenergie auch die erforderliche Lichtenergie frei.

$$2\,C_2H_2 + 5\,O_2 \longrightarrow 4\,CO_2 + 2\,H_2O$$

Bei der Lampe umhüllt ein Drahtgitter die offene Flamme. Das Metall besitzt eine sehr gute Wärmeleitfähigkeit. Ein Teil der abgegebenen thermischen Energie wird von den Gasen weggeleitet. Dadurch reicht die verbleibende Energie nicht aus, um eine Explosion auszulösen.

gewusst · gekonnt

1. Nimm die Begriffe in dein Glossar auf:

Glossar

Alkane
Alkene
Alkine
Atombindung
gesättigte Verbindung
Kohlenwasserstoffe
ungesättigte Verbindung

2. Es gibt eine große Zahl von Kohlenwasserstoffen. Ihre Anzahl ist größer als die aller anorganischen Stoffe zusammengenommen. Wie ist diese ungeheure Vielfalt an Kohlenwasserstoffen zu erklären?

3. Von den folgenden sechs Formeln sind drei richtig und drei falsch.
CH_3Cl_2, CO_2, CCl_3, CH_2Cl_2, CH_4, CH_3O
Welche Formeln sind fehlerhaft? Begründe deine Entscheidung.

4. Immer wieder wird von Unfällen berichtet, die durch Grubengas ausgelöst wurden. Erkläre, wie es zu solchen Unfällen kommt.

Grubengas-Explosion in der Ukraine

Kiew (dpa) – Im ukrainischen Kohlenrevier Donbass hat sich erneut eine Tragödie ereignet: Nach einer schweren Grubengas-Explosion gaben die Behörden am Sonntagabend die Zahl von mindestens 27 getöteten Bergleuten bekannt. Das Schicksal von 18 vermissten Arbeitern bleibt zunächst ungewiss, teilte das Ministerium für Zivilschutz mit. Mindestens 17 Bergleute wurden nach Angaben der Argentur Itar-Tass mit zum Teil schwersten Verletzungen in Krankenhäuser gebracht.

(Meldung vom 29. 10. 2006)

5. Finde heraus, wie viele Isomere es gibt, die durch die Summenformel C_5H_{12} beschrieben werden können.
Kannst du die Stoffe benennen? Notiere die Strukturformeln.

6. Ordne zu:

a) $C_{13}H_{28}$	A) fest
b) Ethan	B) gasförmig
c) $C_{18}H_{38}$	C) dünnflüssig
d) $C_{20}H_{42}$	D) ölig
e) Hexan	E) salbenartig

7. Erläutere das Kugelwolkenmodell anhand des Kohlenstoffatoms. Zeichne jeweils ein Kugelwolkenmodell des Boratoms, des Stickstoffatoms und des Chloratoms.

8. Zeichne folgende Moleküle im Kugelwolkenmodell:
a) Wasserstoff,
b) Methan,
c) Wasser,
d) Kohlenstoffdioxid.

9. S Teste die elektrische Leitfähigkeit von Heptan.
Erkläre das Beobachtungsergebnis unter Nutzung der Struktur des Kohlenwasserstoffmoleküls.

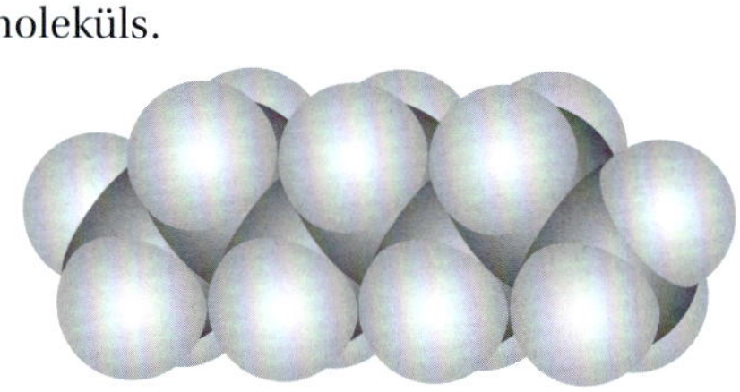

10. An einer Chemikalienflasche, die im Chemikalienschrank im Fach der Kohlenwasserstoffe und ihrer Substitutionsprodukte steht, ist das Etikett beschädigt. Man kann nur C_7H entziffern. Notiere die Formeln und die Namen von mindestens sechs möglichen Verbindungen, die in der Flasche enthalten sein können.

11. S ✱ Teste die Löslichkeit von Kochsalz, Ethanol, Öl und Waschbenzin in Heptan , , . Stelle einen Plan für das Experiment auf und lasse ihn vom Lehrer bestätigen.
Arbeite nach dem bestätigten Plan.
a) Notiere die Beobachtungen und versuche, sie zu erklären. (Tipp: Sieh dir die Strukturen der Stoffe an. Was stellst du fest?)
b) Ein Fettfleck ließe sich mit Heptan entfernen, aber nicht mit reinem Wasser. Kannst du erklären, warum das so ist?

12. Ethan, Ethen und Ethin sind Kohlenwasserstoffe. Stimmt dieser Satz? Begründe deine Antwort.

13. Benzinbrände dürfen nicht mit Wasser gelöscht werden.
Weißt du, weshalb?

14. a) Konstruiere mithilfe des Molekülbaukastens ein Alkin mit drei Kohlenstoffatomen.
b) Begründe, warum es kein Alken mit dem Namen Methen geben kann.

15. Stelle die Summenformeln und verkürzten Strukturformeln aller dir bekannten Kohlenwasserstoffe mit vier Kohlenstoffatomen auf. Benenne die Stoffe. Versuche, fünf Verbindungen zu finden.

16. Vergleiche Ethan, Ethen und Ethin hinsichtlich struktureller Merkmale und ihrer Eigenschaften.

17. ✱ Stelle für die folgenden Reaktionen die Wortgleichungen und die chemische Gleichung auf. Entscheide, um welche Reaktionsart es sich handelt. Begründe deine Entscheidung jeweils.
a) Propen entfärbt Bromwasser.
b) Ethen reagiert mit Wasserstoff zu Ethan.
c) Ethan wird in Ethen umgewandelt.
d) Ein Reaktionsprodukt der Reaktion von Butan mit Chlor bildet mit Wasser eine saure Lösung.

18. Bei welcher der folgenden Reaktionen kann kein Monochlorethan entstehen? Begründe.
a) Reaktion von Ethan mit Chlor,
b) Reaktion von Ethen mit Chlor,
c) Reaktion von Ethen mit Chlorwasserstoff.

19. Der Umgang mit dem Schweißgerät ist nur geschulten Fachleuten gestattet. Begründe.

20. Ergänze die Formeln C_4H_X, C_2H_Y, C_5H_Z, wenn es sich
a) um ein Alkan,
b) um ein Alken bzw.
c) um ein Alkin
handeln soll.

21. Unreife Bananen werden mit Ethen begast, ehe sie in den Handel kommen.
Erkläre, welches Ziel damit erreicht werden soll.

22. Warum wird Stadtgas mit Stoffen versetzt, die den uns bekannten Geruch hervorrufen?

Kohlenwasserstoffe – organische Kohlenstoffverbindungen

Kohlenwasserstoffe (Elemente: C, H)

- kettenförmig
  - gesättigt (nur Einfachbindungen zwischen C-Atomen)
    - **Alkane** (Einfachbindung)
  - ungesättigt (mindestens eine Mehrfachbindung zwischen C-Atomen)
    - **Alkene** (Doppelbindung)
    - **Alkine** (Dreifachbindung)
    - ...
- ringförmig
  - Cycloalkane
  - Aromaten

Kohlenwasserstoffe sind Molekülverbindungen. Die Struktur der Moleküle bestimmt die chemischen und physikalischen Eigenschaften der Stoffe.

Kettenförmige Kohlenwasserstoffe

Stoffgruppe	**Alkane**	**Alkene**	**Alkine**
Strukturmerkmal	nur Einfachbindungen	eine Doppelbindung	eine Dreifachbindung
typische Reaktion	Oxidation, Substitution, Eliminierung	Oxidation, Addition, Eliminierung	Oxidation, Addition
Beispiel	Ethan C_2H_6 	Ethen C_2H_4 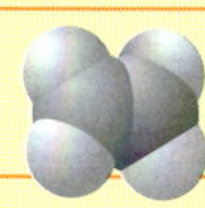	Ethin C_2H_2 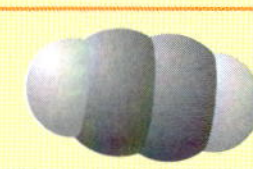

Benennung von Alkanen, Alkenen und Alkinen										
Stoff	Meth	Eth	Prop	But	Pent	Hex	Hept	Oct	Non	Dec
C-Atome im Molekül	1	2	3	4	5	6	7	8	9	10

Endungen:
-an: nur Einfachbindungen zwischen benachbarten C-Atomen
-en: eine Doppelbindung zwischen benachbarten C-Atomen
-in: eine Dreifachbindung zwischen benachbarten C-Atomen

Reaktionsarten organischer Verbindungen
Die **Substitution** ist eine chemische Reaktion, bei der Atome oder Atomgruppen in Molekülen durch andere Atome oder Atomgruppen ausgetauscht werden.
Die **Addition** ist eine chemische Reaktion, bei der Atome oder Atomgruppen an Moleküle mit Mehrfachbindungen angelagert werden.
Die **Eliminierung** ist eine chemische Reaktion, bei der aus Molekülen der Ausgangsstoffe Atome oder Atomgruppen unter Ausbildung von Mehrfachbindungen abgespalten werden.

Wahlbereich: Treibhausgase – Methan, Kohlenstoffdioxid und Wasser

Fossile Brennstoffe

Zu den **fossilen Brennstoffen** gehören die Kohlearten, Erdöl und Erdgas, aber auch Brennstoffe, die aus ihnen hergestellt worden sind, wie z.B. Benzin, Diesel, Heizöl und Heizgas.

1. *Informiere dich über die Entstehung von Kohle und Erdöl.*
   Stelle in einer Übersicht die fossilen Brennstoffe und ihre Herkunft zusammen.

Alle fossilen Brennstoffe enthalten einen hohen Kohlenstoffanteil. Bei der vollständigen Verbrennung entsteht daher Kohlenstoffdioxid und meist auch Wasser.

S Experiment 1

Aufgabe:
Verbrenne ein Stück Kohle, eine Petroleumprobe und etwas Kerzenwachs. Weise jeweils Kohlenstoffdioxid nach.

Vorbereitung und Durchführung:
Entwickle eine Experimentieranordnung und fordere die nötigen Geräte und Chemikalien beim Lehrer an. Arbeite nach deinem Plan.

Beobachtung und Auswertung:
Führe Protokoll.

Experimente, bei denen Stoffe verbrannt wurden, haben viele Chemiker in der Vergangenheit vorgenommen.
Beispielsweise ist im Protokoll von JOHAN BAPTISTA VAN HELMONT (1579 - 1644) zu lesen:

> *„Kohle und ganz allgemein Körper, welche sich nicht unmittelbar in Wasser verwandeln (schmelzen?), stoßen einen ‚wilden Geist' ... aus. Aus 62 Pfund Eichenholzkohlen wird ein Pfund Asche erhalten. Also sind die verbliebenen 61 Pfund jener ‚wilde Geist'."*
>
> *Zitiert nach Engels, Novak: Auf der Spur der Elemente, S. 69.*

Bei dem erwähnten „wilden Geist" muss es sich um Kohlenstoffdioxid handeln.

2. *Schätze den Kohlenstoffanteil der Eichenholzkohle ab.*

3. *Bei der Verbrennung von Kohle entstand Asche. Ermittle, was Asche ist.*

Zur quantitativen Bestimmung der Masse des entstandenen Kohlenstoffdioxids wird die Analysenprobe oxidiert und das Kohlenstoffdioxid von Natronkalk (Gemisch aus Natrium- und Calciumhydroxid) absorbiert.
Aus der Massendifferenz des Natronkalks vor und nach der Reaktion kann die Masse des Kohlenstoffdioxids und somit der Kohlenstoffanteil berechnet werden.

S Experiment 2

Aufgabe:
Bestimme den Kohlenstoffanteil in Petroleum. Gehe dabei von einem Gramm Analysenprobe aus.

Vorbereitung:
Baue die Apparatur nach unten stehender Abbildung auf.

Durchführung:
Bestimme die Masse des Natronkalks und der Analysenprobe.
Führe die Oxidation durch und bestimme die Masse des Natronkalks erneut.

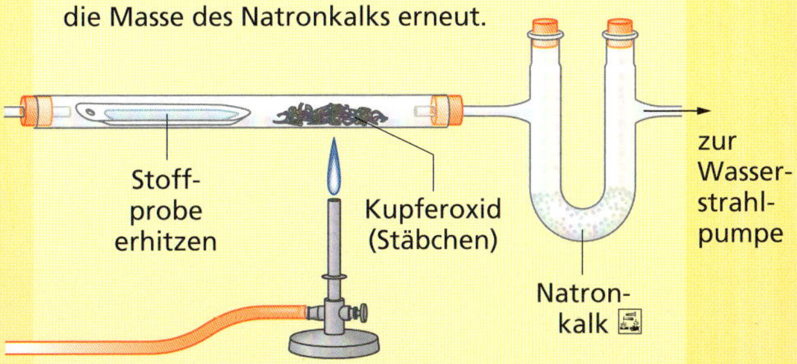

Beobachtung und Auswertung:
Notiere die Ergebnisse und führe die Berechnungen durch.

Kohlenstoffdioxid heizt uns ein

Beim Treibhauseffekt in der Atmosphäre muss man zwischen dem **natürlichen** und dem **anthropogenen Treibhauseffekt** unterscheiden.

1. *Erläutere, wie der natürliche Treibhauseffekt zustande kommt, und belege seine Bedeutung für das Leben auf der Erde.*

Der im Februar 2007 vorgestellte UN-Klimabericht warnt vor den Folgen der Freisetzung von Treibhausgasen durch menschliche Aktivitäten (s. Abb. unten).

2. *Informiere dich über die neuesten Erkenntnisse zu den Ursachen und Folgen des anthropogenen Treibhauseffekts.*
   a) *Interpretiere das unten stehende Diagramm.*
   b) *Fertige ein Poster zu den Ursachen und Folgen des anthropogenen Treibhauseffekts an.*
   c) *Erstelle eine Übersicht über die Möglichkeiten zur Reduzierung der Freisetzung von Kohlenstoffdioxid. Diskutiere, welche Maßnahmen sinnvoll und schnell realisierbar sind.*
   d) *Informiere dich über die internationalen Vereinbarungen, den Kohlenstoffdioxidausstoß zu senken. Bewerte die Rolle Deutschlands und der USA im Rahmen diese Bestrebungen.*

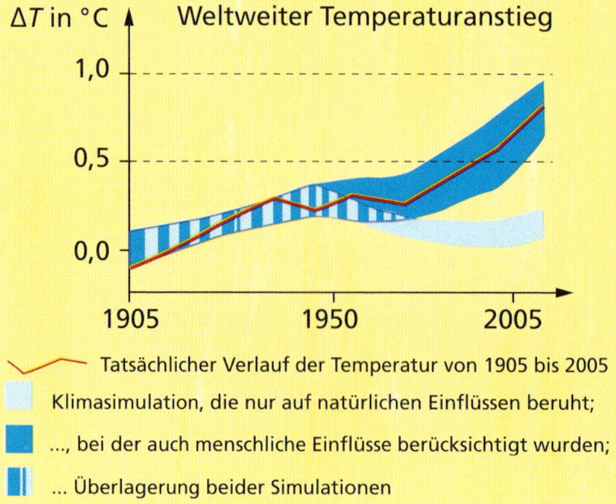

S Experiment 1

Aufgabe:
Weise in einem Modellexperiment die Wirkung von Kohlenstoffdioxid als Treibhausgas nach.

Vorbereitung und Durchführung:
Baue die Apparatur auf. Befülle einen der Behälter mit Kohlenstoffdioxid (z. B. aus einer Druckflasche).

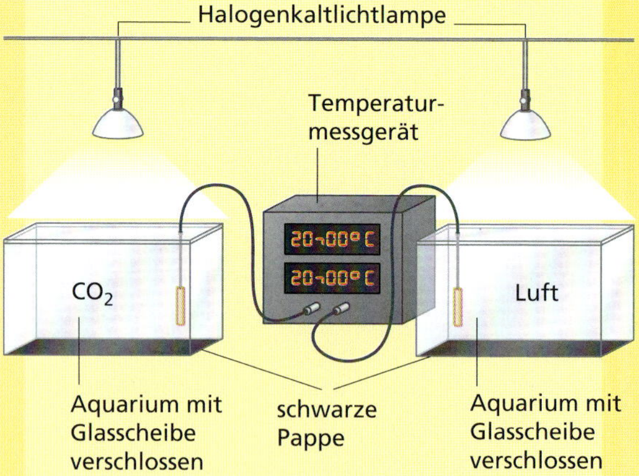

(Hinweis: Wird keine Halogenkaltlichtlampe verwendet, muss zum Absorbieren der Wärmestrahlung jeweils ein Glasgefäß mit etwas Wasser unter die Lampen gestellt werden.)

Beobachtung und Auswertung:
Lies die Temperaturen in beiden Behältern alle fünf Minuten ab. Stelle die Messwerte in einer Grafik dar.

Mosaik

Wohin mit dem Kohlenstoffdioxid?

Große Mengen an Kohlenstoffdioxid werden bei der Nutzung fossiler Energieträger freigesetzt. Mit ihrer Verbrennung greifen wir in den **Kohlenstoffkreislauf** (s. Abb. 1) ein. Vor Millionen von Jahren wurde der Atmosphäre durch die damaligen Pflanzen Kohlenstoffdioxid entzogen und in organischem Material festgelegt. Dieses Material bildete letztendlich die Grundlage für die Entstehung fossiler Brennstoffe. Heute kehren wir den Prozess um.

Neuerdings gibt es Überlegungen, ob es möglich ist, Kraftwerke zu entwickeln, die kaum Kohlenstoffdioxid abgeben.

Um dies zu erreichen, müssen drei Probleme gelöst werden: Das Gas muss aus dem Abgas abgetrennt werden, danach muss eine Verwertung bzw. ein Transport erfolgen und eine risikoarme Entsorgung oder Lagerung ist zu realisieren.

Für die Abscheidung von Kohlenstoffdioxid sind mehrere Verfahren im Gespräch. So wird eine Verbrennung von Kohle in reinem Sauerstoff und die nachfolgende Absorption des entstehenden Gases mithilfe flüssiger Chemikalien oder die Abtrennung mithilfe von Spezialmembranen diskutiert. Denkbar, allerdings sehr energieaufwendig, ist auch eine Trennung der Abgase durch Kondensation des Kohlenstoffdioxids.

Damit das Kohlenstoffdioxid wirklich dauerhaft dem Kohlenstoffkreislauf entzogen wird, muss das Treibhausgas sicher gelagert werden. Als eine Möglichkeit wird die Speicherung in Erdöl- und Erdgasfeldern angenommen, da diese Lagerstätten auch über einen erdgeschichtlich langen Zeitraum durch gasdichte Schichten gesichert waren. Jedoch existieren hier noch keine langfristigen Erfahrungen, sodass bei der Lagerung bzw. Speicherung von Kohlenstoffdioxid noch Forschungsbedarf besteht.

Ein Pilotprojekt für ein „Null-Emissions-Kraftwerk" auf Kohlebasis wird vom Vattenfall-Konzern im Industriepark Schwarze Pumpe errichtet. Die Anlage könnte im Jahr 2008 in Betrieb gehen. Hier soll Kohlenstaub in reinem Sauerstoff verbrannt werden. Geplant ist, das verflüssigte Kohlenstoffdioxid über eine Pipeline in eine Erdgaslagerstätte bei Potsdam zu pumpen. Ob eines der genannten Verfahren geeignet ist, Kohlenstoffdioxid effektiv aus dem Kohlenstoffkreislauf zu entfernen, müssen langfristige Forschungs- und Erprobungsarbeiten zeigen.

Genauso wichtig ist es jedoch, durch sparsamen Energieverbrauch oder Nutzung alternativer Energieträger die Freisetzung von Kohlenstoffdioxid zu minimieren.

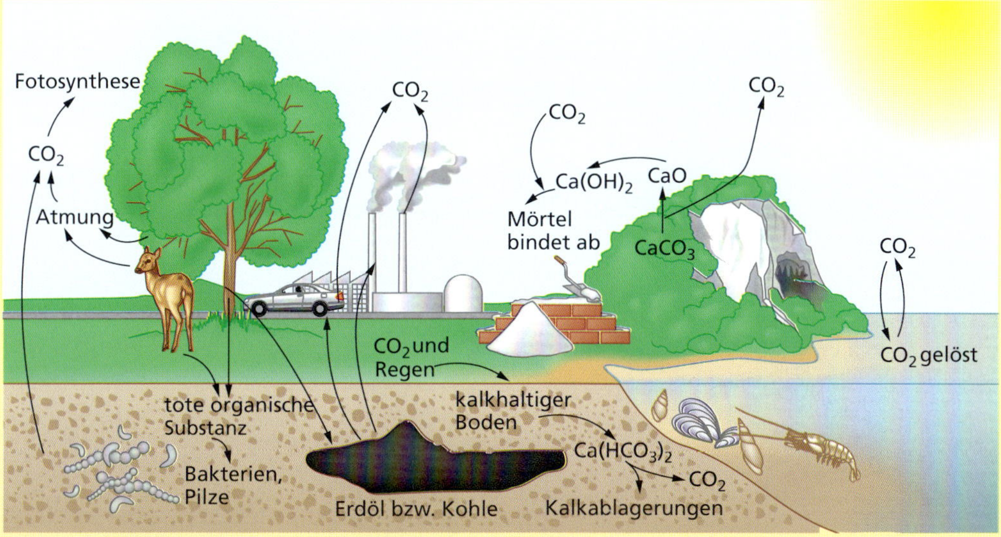

1 Kohlenstoff und seine Verbindungen sind in viele Teilkreisläufe eingebunden.

Was haben Wasserdampf und Methan mit unserem Klima zu tun?

Außer Kohlenstoffdioxid wirken noch andere Gase in unserer Atmosphäre als Treibhausgase. Dazu gehören alle Gase, deren Moleküle aus drei oder mehr Atomen bestehen. Durch ihre Struktur bedingt, können diese Moleküle Energie absorbieren. Ihre Atome werden durch die aufgenommene Energie zum Schwingen angeregt. Dies trifft auf Sauerstoff- und Stickstoffmoleküle nicht zu, jedoch auf die Moleküle von Kohlenstoffdioxid, Wasser (Dampf), Methan, verschiedene FCKW, Distickstoffmonooxid u. a.

Erstaunlicherweise trägt der **Wasserdampf** in der Atmosphäre (Luftfeuchtigkeit) schätzungsweise 50 bis 60 % zum natürlichen Treibhauseffekt bei, Kohlenstoffdioxid ca. 20 %.
Nicht zuletzt beeinflusst Wasser als Energiespeicher und Energietransportsystem in entscheidendem Maße die Klimabildung auf unserem Planeten.

1. *Interpretiere folgendes Schema unter energetischen Gesichtspunkten. Stelle einen Zusammenhang zu der obigen Aussage her.*

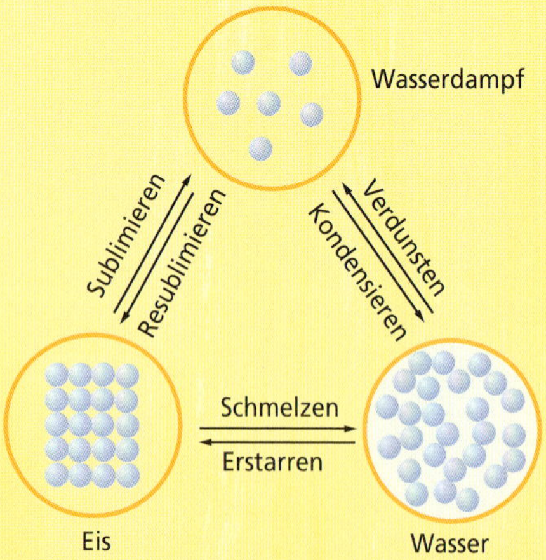

2. *Recherchiere, ob Wasser auch eine Rolle bei der anthropogen bedingten Verstärkung des Treibhauseffektes spielt und stelle deine Resultate zusammen.*

Die jährliche Kohlenwasserstoffemission beträgt ca. $10 \cdot 10^8$ Tonnen. 95 % davon sind **Methanemissionen.** Nur ca. ein Drittel dieser Methanemissionen stammt aus natürlichen Quellen. Zwei Drittel dieser Emissionen sind mittelbar oder unmittelbar vom Menschen verursacht. Der Beitrag des Methans am anthropogenen Treibhauseffekt beträgt schätzungsweise 15 %.

3. a) *Stelle folgende Daten in einer Grafik dar und interpretiere sie:*

Globale Methanemission 2003 (außer fossile Brennstoffe)

Quelle	Emission in Mio. Tonnen
natürliche Feuchtgebiete	115
Wiederkäuer	80
Reisfelder	60
Deponien	30
Gülle	25
Kläranlagen	25
Termiten	20
Ozeane	10
Süßwasser	5

(Quelle: Geo-Max 06: Schornsteine für Methan – Wie Reisanbau das Klima killt.)

b) *„Die Methankonzentration in der Atmosphäre hat mit der Bevölkerungsexplosion stark zugenommen." Setze diesen Satz in Beziehung mit deiner Grafik und bewerte seine Richtigkeit. Welche Konsequenzen ergeben sich daraus deiner Meinung nach?*

1 Eine Milchkuh setzt im Jahr ca. 100 kg und ein Jungrind 50 kg CH_4 beim Wiederkäuen frei.

Alternative Energien

In naher Zukunft wird es kaum möglich sein, die Abgabe der bei Verbrennungsprozessen frei werdenden Treibhausgase an die Atmosphäre zu verhindern. Dehalb ist es unabdingbar, die Energie so sparsam und effektiv wie möglich zu nutzen. Zur Senkung des Kohlenstoffdioxidausstoßes wird sich in Zukunft jedoch auch der Einsatz alternativer Energien erhöhen müssen.

1. *Informiert Euch über mögliche alternative Energiequellen, ihren derzeitigen Anteil an der Energiererzeugung in Deutschland und ihre Perspektiven. Diskutiert die Vor- und Nachteile mithilfe der Expertenmethode und erstellt zu jedem Energieträger ein Poster.*

Die **Sonnenenergie** ist die natürliche Energiequelle der Erde. Während der Fotosynthese wandeln die Pflanzen diese Energie in chemische Energie um. Letztendlich nutzen wir demnach beim Verbrennen von Kohle, Erdöl und Erdgas umgewandelte Sonnenenergie. Sinnvoller erscheint es jedoch, diese Energie direkt zu verwenden. Dafür gibt es heute zwei Möglichkeiten. Im Rahmen der **Fotovoltaik** wandeln die Kollektoren die Sonnenenergie in elektrische Energie um. Diese elektrische Energie kann ins Stromnetz eingespeist werden. In einer anderen Variante dienen die Sonnenkollektoren zur Gewinnung von thermischer Energie.

2. *Stelle in einer Präsentation verschiedene Möglichkeiten der Nutzung von Solarenergie vor.*

S Experiment 1:

Erläutere anhand eines Modellexperimentes die Funktionsweise von Solarkollektoren.
Fülle dazu zwei Bechergläser (250 ml) mit Wasser, umwickle eines mit schwarzem Papier und stelle die Gefäße in die Sonne bzw. vor eine Halogenkaltlichtlampe. Miss die Wassertemperaturen jeweils alle 15 Minuten.

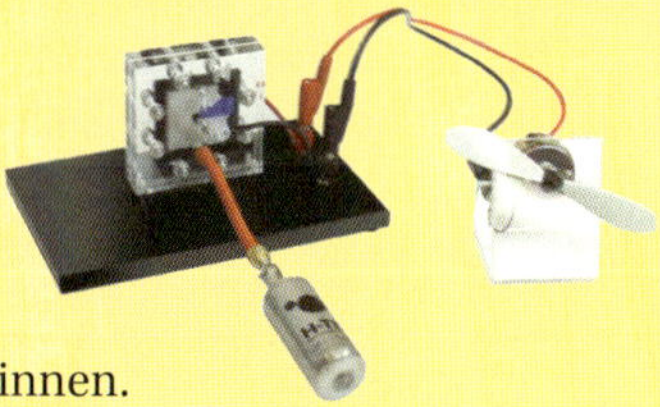

Wasserstoff ist als **Energieträger** der Zukunft im Gespräch. Mithilfe von Brennstoffzellen kann man elektrische Energie gewinnen.

3. *Fertige eine Übersicht zu Vorteilen und Nachteilen des Energieträgers Wasserstoff an. Baue eine Modellanlage, die der Herstellung von Wasserstoff und seiner anschließenden Verwertung in einer Brennstoffzelle dient. Der Wasserstoff soll unter Ausschluss fossiler Brennstoffe gewonnen werden.*

Biogas entsteht, wenn organische Stoffe durch Fäulnisprozesse abgebaut werden. Man gewinnt es u.a. aus Klärschlamm und tierischen Exkrementen.

S Experiment 2:

Stelle Biogas her und überprüfe die Brennbarkeit.

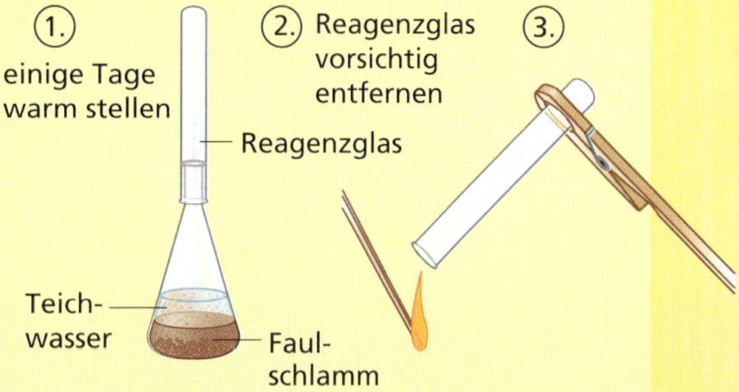

Vergleiche die Entstehung von fossilen Brennstoffen und von Biogas. Ordne die Energieträger in den Kohlenstoffkreislauf ein.

Lernen mit der Lernkartei

Manchmal ist es scheinbar schwierig, sich Lernstoff einzuprägen. Dabei kann man sein Gehirn mit entsprechenden Techniken, sogenannten Mnemotechniken trainieren. Man kann also das Lernen lernen! Eine geeignete Technik ist das Lernen mit einer Lernkartei. Für die Bewältigung schwieriger Stoffgebiete oder zur Vorbereitung von langfristig angekündigten Arbeiten kannst du diese Technik einsetzen.

1. Schritt

Anlegen der Lernkartei

Kaufe oder fertige einen Kasten oder eine Schachtel mit fünf Fächern, welche jeweils etwa 1 cm, 2 cm, 4 cm, 8 cm und 16 cm breit sind (s. Abb. 1).

2. Schritt

Erstellen der Lernkarten

Zerlege den Lernstoff in kleine, sinnvolle Einheiten und formuliere Fragen dazu.
Notiere jeweils eine Frage oder einen Begriff auf der Vorderseite einer Karteikarte und schreibe die richtige Lösung auf die Rückseite.
Beispielsweise könnte auf der Vorderseite der Karteikarten der Begriff Treibhausgase und auf der Rückseite entsprechende Beispiele und die Begriffserklärung stehen (s. Beispiel rechts).

Diese neuen Lernkarten werden in Fach 1 der Lernkartei einsortiert.

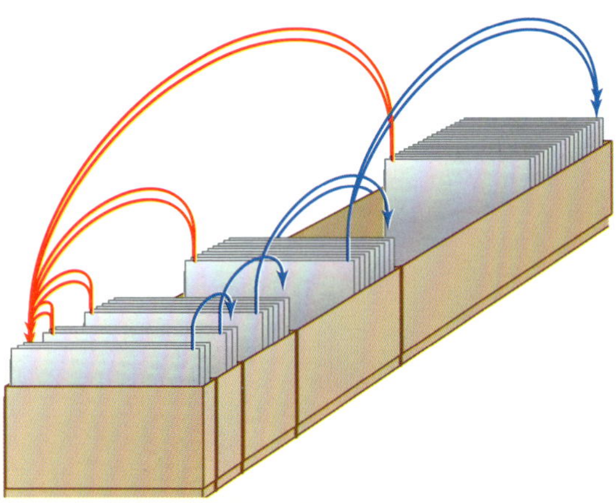

1 Lernkarten im Kasten

3. Schritt

Üben mit der Lernkartei

Mit den Karten aus Fach 1 prüfst du *jeden Tag* dein Wissen. War die Antwort richtig, kommt die Karte in Fach 2, war sie falsch, muss sie in Fach 1 verbleiben. Ist das Fach fast leer, kannst du neue Karten erstellen. Alle anderen Fächer werden stets bearbeitet, wenn sie fast voll sind, sodass die Zeitabstände immer größer werden. Richtig beantwortete Karten werden jeweils in das nächsthöhere Fach einsortiert, falsch beantwortete Lernkarten wandern *immer* in das Fach 1.

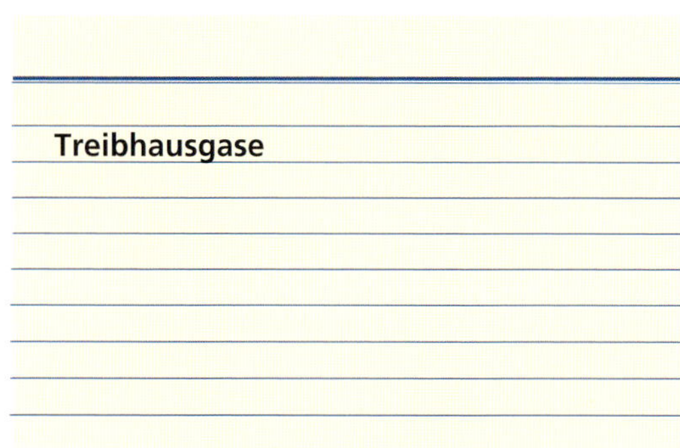

2 Beispiel Lernkarte/Vorderseite

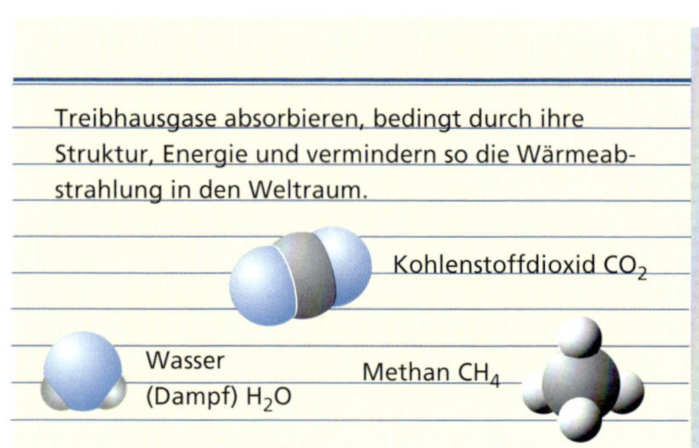

3 Beispiel Lernkarte/Rückseite

4 Alkohole – Lust und Last

Vorsicht mit Spirituosen!

Wenn man den Begriff Alkohol hört, dann denkt man an alkoholische Getränke in den Regalen von Einkaufsläden und Supermärkten.
Warum dürfen diese Produkte nicht oder nur sehr eingeschränkt an Jugendliche abgegeben werden?
Welche Bedeutung haben die alkoholischen Getränke für den Menschen?

Ist Hopfen und Malz verloren?

Das geflügelte Wort hängt eng mit der Herstellung von Bier zusammen.
Wie wird Bier hergestellt? Welche Funktion hat Hopfen und was ist eigentlich Malz?

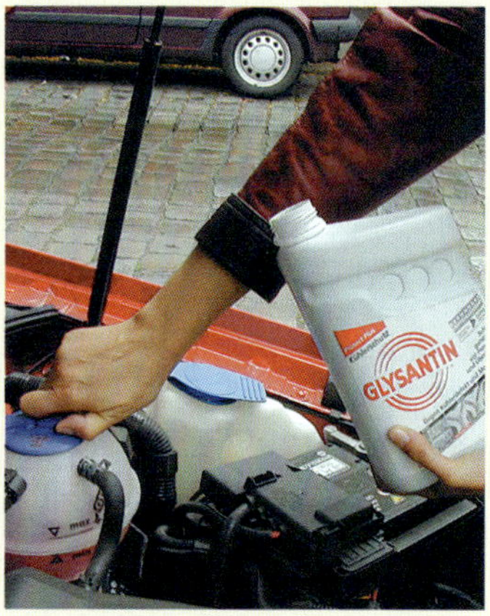

Ein Alkohol als Frostschutzmittel

Im Winter setzt man Flüssigkeiten z. B. Glykol zu, das ein Gefrieren verhindert. Diesen Effekt nutzt man u. a. in Scheibenwaschanlagen und Motorkühlkreisläufen von Autos.
Was ist Glykol für ein Stoff? Welcher Zusammenhang besteht zum „Trinkalkohol"?

Ethanol – ein berauschender Alkohol

Produkt der alkoholischen Gärung

Den Begriff „Alkohol“ verwendet man im Alltag häufig. Oft ist **Ethanol (C_2H_5OH)** gemeint, der Stoff, der die berauschende Wirkung von alkoholischen Getränken hervorruft.
Ethanol ist ein Produkt der **alkoholischen Gärung.** Bei der Gärung handelt es sich um einen Stoffwechselprozess von bestimmten Mikroorganismen (Hefen). Bei uns ist gesetzlich geregelt, dass Alkohol (Ethanol), der zu Genusszwecken, zur Herstellung von Arzneimitteln und von Kosmetik sowie zur Herstellung von Speiseessig verwendet wird, aus landwirtschaftlichen Rohstoffen hergestellt sein muss.
Während der alkoholischen Gärung wird eine Zuckerlösung (meist Traubenzucker) durch Einwirkung der Enzyme von Hefen unter Luftabschluss zu Ethanol und Kohlenstoffdioxid umgesetzt (vergoren).

$$C_6H_{12}O_6 \xrightarrow{\text{Hefe}} 2\,C_2H_5OH + 2\,CO_2$$

Diese Gärung erfolgt immer dann, wenn die entsprechenden Mikroorganismen geeignete Bedingungen vorfinden (z. B. eine Temperatur von 20 bis 30 °C).
Leitet man das entstehende Kohlenstoffdioxid in Kalkwasser, zeigt sich eine Trübung, die auf die Bildung von schwer löslichem Calciumcarbonat zurückzuführen ist (Kohlenstoffdioxidnachweis).

$$CO_2 + Ca^{2+}{}_{(aq)} + 2\,OH^-{}_{(aq)} \longrightarrow CaCO_3\downarrow + H_2O$$

Durch die alkoholische Gärung ist es nicht möglich, hoch konzentrierten Alkohol (Ethanol) zu produzieren, da die notwendigen Mikroorganismen spätestens bei einem Ethanolanteil von 15 % absterben und damit die Gärung beendet ist.
Höhere Konzentrationen können nur durch die Destillation erreicht werden.

Ethanol bildet sich, wenn Traubenzuckerlösung unter Luftabschluss durch Hefen vergoren wird.

Aufgabe

Die Enzyme der Hefen dienen bei der alkoholischen Gärung als Biokatalysatoren. Erkläre ihre Funktionsweise.

S Experiment

Prüfe es selbst

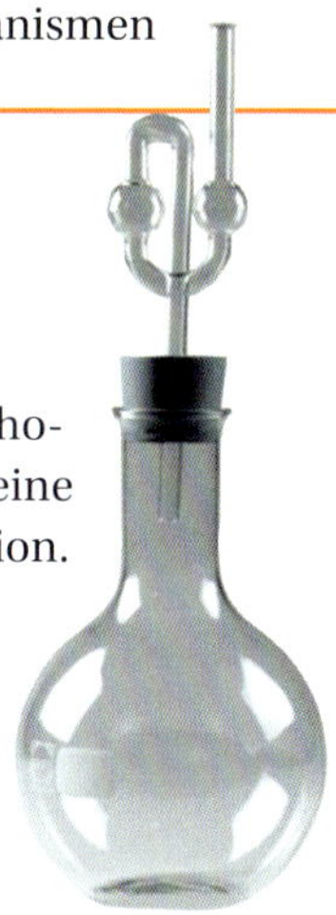

Aufgabe:
Stelle Ethanol durch alkoholische Gärung her. Erhöhe seine Konzentration durch Destillation.

Vorbereitung:
Geräte: Erlenmeyerkolben, durchbohrter Stopfen, Gärröhrchen, Destillationskolben, Heizhaube, Thermometer, Liebigkühler bzw. langes Glasrohr mit feuchtem Tuch, Vorlage
Chemikalien: Traubenzuckerlösung, Gärhefe, verdünnte Calciumhydroxidlösung

Durchführung:
a) Mische den Gäransatz. Fülle in das Gärröhrchen Kalkwasser und verschließe den Ansatz. Stelle ihn ein paar Tage an einen warmen Ort.
b) Destilliere die Lösung. Bestimme die Siedetemperatur des Gemischs und prüfe die Brennbarkeit des Destillats.

Beobachtung und Auswertung:
a) Überprüfe den Geruch des Gäransatzes zu Beginn des Experiments und nach dessen Beendigung.
b) Welche Veränderungen im Gärröhrchen konntest du registrieren? Leite eine Schlussfolgerung ab.

Genussmittel oder Droge?

Ethanol gehört ohne Zweifel zu den Stoffen mit einer langen Geschichte, und zwar haupsächlich als **Genussmittel.** Allerdings sind entsprechende Getränke nicht unproblematisch. Das in den alkoholischen Getränken enthaltene Ethanol wird im Körper sehr schnell verteilt und wirkt u. a. auf das Zentralnervensystem und auf innere Organe. Der Abbau des Ethanols erfolgt in der Leber unter Einwirkung von Enzymen. Dabei entsteht ein giftiges Zwischenprodukt (Ethanal).

Wegen der Wirkung alkoholischer Getränke existieren Gesetze, die die Herstellung und den Verkauf dieser Getränke regeln. Insbesondere der Ausschank an Jugendliche ist beschränkt. Entsprechende Paragrafen sind u. a. im Jugendschutzgesetz und im Gaststättengesetz enthalten. Außerdem sollte es selbstverständlich sein, auf Alkohol zu verzichten, wenn man am Straßenverkehr teilnimmt. Doch die Statistik zeigt ein anderes Bild. 2005 wurden in Berlin 1 847 Unfälle registriert, bei denen der Fahrzeugführer unter Alkoholeinfluss stand.

Die Folgen von erhöhtem und regelmäßigem Alkoholgenuss

Gehirn und Nerven

Gehirnzellen werden zerstört, die Leistungsfähigkeit des Gehirns sinkt, Nervenentzündungen sind möglich.

Blutalkoholgehalt	Wirkung
0,1 bis 0,5 ‰	Fröhlichkeit, Enthemmung, verminderte Kritikfähigkeit
0,5 bis 2 ‰	zunehmende Einschränkung des Wahrnehmungsvermögens und der Reaktionszeit, zunehmende Sprach- und Bewegungsstörungen
2 bis 3 ‰	Bewusstseinstrübungen, Erbrechen, narkotischer Schlaf
ab 3 ‰	Koma und Tod durch Atemlähmung möglich

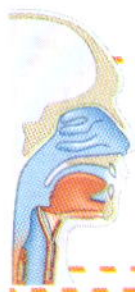

Mund-, Rachenraum und Speiseröhre

Risiko für Krebs im Mund, Rachen und Kehlkopf

Magen

Gesteigerte Säureproduktion im Magen führt zu Entzündungen der Magenschleimhaut und erhöht das Krebsrisiko.

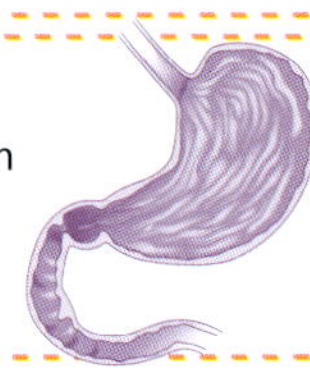

Bauchspeicheldrüse

Schädigung der Drüsenzellen mit den Folgen von Verdauungsstörungen

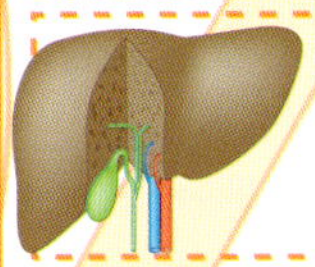

Leber

Bei Alkoholmissbrauch kann es zu Leberschäden (Verfettung, Verhärtung, Schrumpfung) kommen.

Nieren

werden geschädigt.

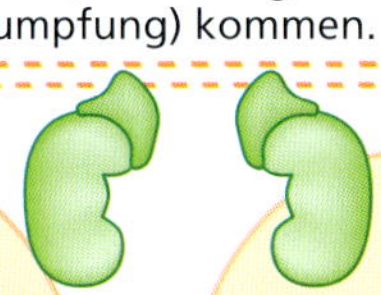

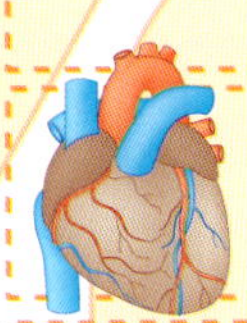

Herz-Kreislauf-System

Erhöhung des Blutdrucks, damit steigt die Gefahr eines Schlaganfalls oder Herzinfarkts, Arterienverkalkung

Genitalien

Impotenz des Mannes

Zellstoffwechsel

Es erfolgen eine allgemeine Störung des Zellstoffwechsels und des Natrium-Kalium-Haushaltes, aufgenommene Vitamine werden zerstört.

1 l Bier (5 Vol.-%) = 39,25 g Ethanol

1 l Wein (10,5 Vol.-%) = 82,4 g Ethanol

1 l Korn (38 Vol.-%) = 298,3 g Ethanol

1 l Likör (20,6 Vol.-%) = 161,7 g Ethanol

Alkohol – nein danke!?

Zum Thema alkoholische Getränke gibt es immer wieder Diskussionen. Auch im Jugendalter ist es in einigen Gruppen selbstverständlich, dass bei Zusammenkünften eine Menge Alkohol getrunken wird. Manchmal wird damit geprahlt, wie viel jeder verträgt, oder es wird ein Wetttrinken veranstaltet.
Ist jemand wirklich stark und erwachsen, wenn er an einem Abend den höchsten Blutalkoholgehalt erreicht? Handelt er oder sie aufgrund der eigenen Meinung? Dieses Thema eignet sich sehr gut als Projekt. Sicher fallen euch noch mehr interessante Fragen und Aufgaben ein. Wie ihr die Probleme bearbeitet oder an Informationen kommt, solltet ihr gemeinsam besprechen.

1. *Notiert einen Abend lang den Inhalt von Werbespots für Alkohol. Beschreibt, in welchen Situationen die agierenden Personen jeweils gezeigt werden. Überlegt, was dem Betrachter vermittelt werden soll. Diskutiert in der Gruppe, ob der Zusammenhang zwischen Alkoholgenuss und dem im Spot dargestellten Lebensgefühl existiert.*

2. *Befragt Schüler und Schülerinnen der Schule zu ihrem Umgang mit Alkohol:*
   - *Hat der Interviewte schon Erfahrungen im Umgang mit alkoholischen Getränken?*
   - *Wann nimmt er alkoholische Getränke zu sich, welche Getränke werden konsumiert und in welchen Mengen?*
   - *Warum werden alkoholische Drinks getrunken oder abgelehnt?*

   a) *Stellt die Ergebnisse in einer Tabelle oder grafisch zusammen.*
   b) *Berechnet bei einigen der genannten Trinkmengen, welcher Promillegehalt sich bei der jeweiligen Person ergeben hat. Nutzt dazu, dass interaktive Rechenbeispiel auf Seite 145.*

3. *Informiert euch in geeigneten Quellen über Alkoholmissbrauch und Alkoholsucht.*

4. *Stellt die Ergebnisse der Untersuchungen in einer Präsentation (z.B. Wandzeitung) zusammen. Bewertet die Rolle von alkoholischen Getränken als Droge bzw. als Suchtmittel. Diskutiert in der Gruppe eure verschiedenen Standpunkte.*

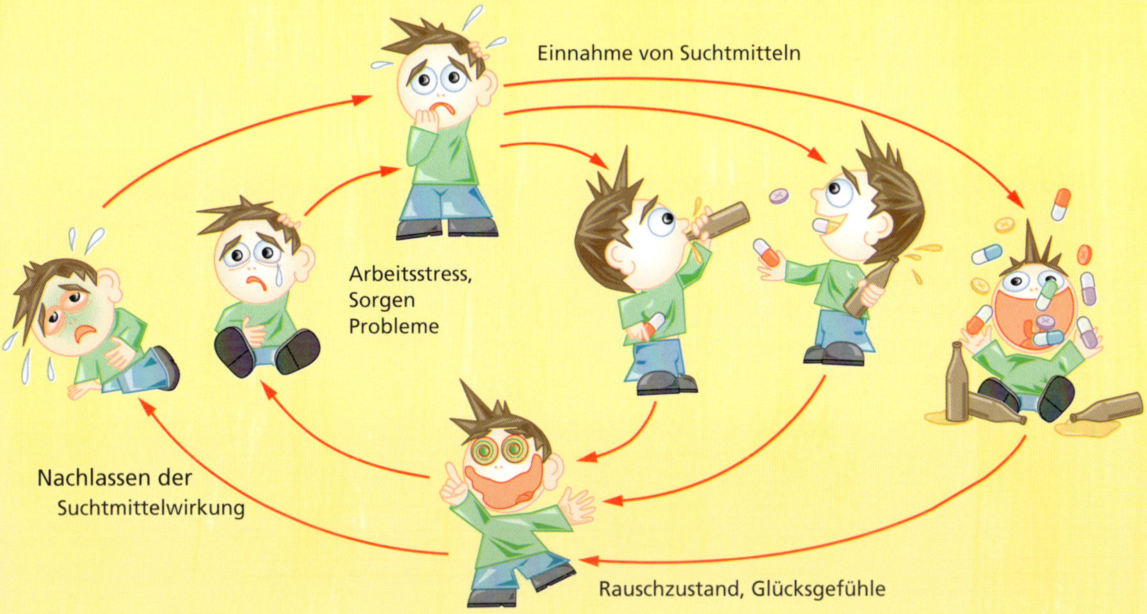

Ethanol als chemische Verbindung

Ethanol wird aufgrund seiner Eigenschaften u. a. als Lösemittel eingesetzt, z. B. zum Lösen von fetthaltigen Gemischen, Farben, Lacken und Aromen. Letzteres nutzt man bei der Herstellung von kosmetischen Präparaten (Parfüm) oder von Arzneimitteltinkturen. Die kühlende Wirkung von äußerlich anzuwendenden ethanolhaltigen Präparaten beruht auf der relativ niedrigen Siedetemperatur und der Tatsache, dass der Stoff auch schon bei wesentlich geringeren Temperaturen leicht verdunstet. Bei der Verdunstung wird der Haut Wärme entzogen. Ethanol wirkt in hoher Konzentration zerstörend auf Eiweiße und daher auch auf Mikroorganismen. Deshalb kann es als Desinfektionsmittel verwendet werden.

Die farblose Flüssigkeit ist wasseranziehend (hygroskopisch), sodass es schwierig ist, wasserfreies Ethanol zu erhalten. Der handelsübliche „reine Alkohol" ist daher 95,6 Vol.-%ig.

Die Eigenschaften des Ethanols beruhen auf seinem chemischen Bau. Die Moleküle bestehen aus den Elementen Kohlenstoff, Wasserstoff und Sauerstoff. Als strukturelle Besonderheit fällt die **Hydroxylgruppe (Hydroxy-Gruppe)** auf.

Sie darf nicht mit dem Hydroxid-Ion der Metallhydroxide verwechselt werden, denn die Ethanollösung ist weder elektrisch leitfähig noch reagiert sie alkalisch. Da die Hydroxylgruppe maßgeblich die Eigenschaften des Stoffes mitbestimmt (s. auch S. 142/143), bezeichnet man sie als **funktionelle Gruppe.** Im Namen erkennt man die Hydroxylgruppe an der **Endung -ol,** die an den Wortstamm angefügt wird.

Eine oder mehrere Hydroxylgruppen sind das kennzeichnende Merkmal von Stoffen, die der Chemiker unter der Bezeichnung **Alkohole** zusammenfasst.

Funktionelle Gruppen, wie die Hydroxylgruppe, sind strukturelle Besonderheiten, die maßgeblich die Eigenschaften der Stoffe mitbestimmen.

STECKBRIEF: Ethanol C_2H_5OH

Eigenschaften:
farblose, charakteristisch riechende Flüssigkeit, giftig (wirkt zerstörend auf Eiweiße), leicht entzündlich, hygroskopisch, in jedem Verhältnis mit Wasser mischbar, verbrennt mit schwach blauer Flamme

Dichte: $0{,}785\ g \cdot cm^{-3}$ (25 °C)
Schmelztemperatur: −114,1 °C
Siedetemperatur: 78,3 °C

Struktur:

Kugel-Stab-Modell

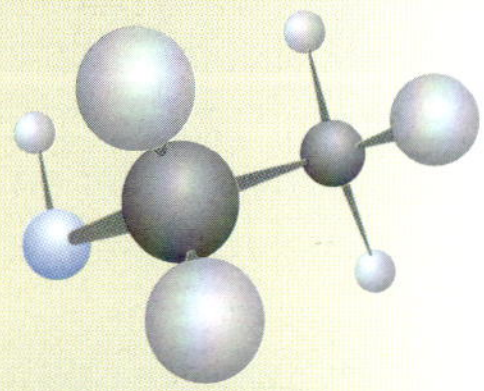

Kalottenmodell

Strukturformel mit Hydroxylgruppe

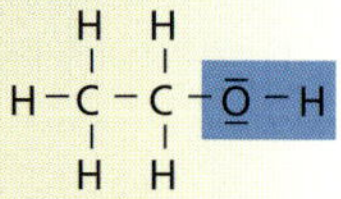

vereinfachte Strukturformel $CH_3 - CH_2OH$

Alkohole sind Derivate der kettenförmigen und gesättigten ringförmigen Kohlenwasserstoffe, die im Molekül eine oder mehrere Hydroxylgruppen aufweisen.

Aufgaben

1. S Prüfe eine Ethanollösung und eine verdünnte Natriumhydroxidlösung mit Unitest. Erkläre die Beobachtungen.

2. Erläutere am Beispiel des Ethanols den Zusammenhang zwischen Eigenschaften und Verwendung eines Stoffes.

Thema

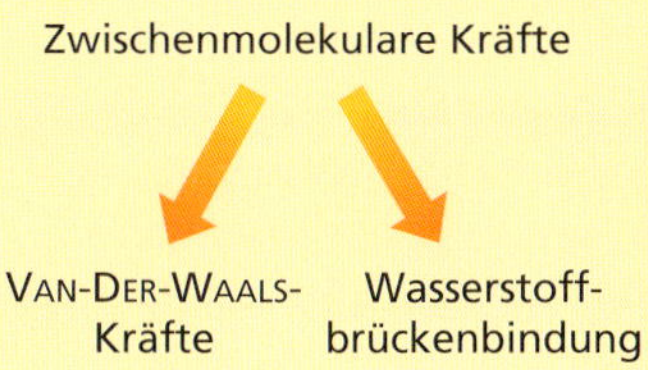

1 Unterteilung der zwischenmolekularen Kräfte

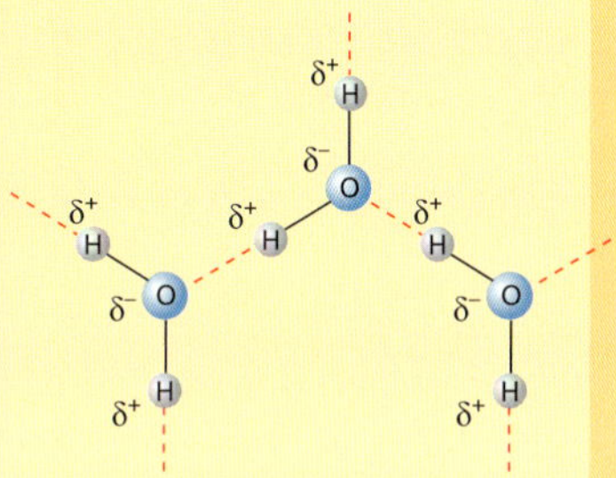

2 Wassermoleküle mit Wasserstoffbrückenbindungen

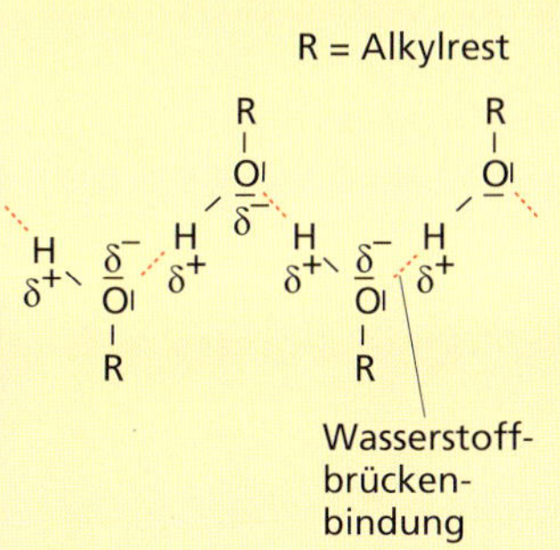

3 Alkoholmoleküle mit Wasserstoffbrückenbindungen

Recherchiere, z. B. unter www.schuelerlexikon.de, welchen Einfluss „Wasserstoffbrückenbindungen" auf die Eigenschaften der Alkohole haben.

Die Eigenschaften aller Stoffe werden durch ihren chemischen Bau bestimmt. Dazu gehört in erster Linie die Struktur der Moleküle oder des Gitters, in dem Feststoffe kristallisieren. Bei Molekülverbindungen – also Verbindungen wie Wasser, Kohlenwasserstoffe und Alkohole usw. – spielen darüber hinaus noch die **zwischenmolekularen Wechselwirkungen** eine wichtige Rolle. Diese unterteilt man in **van-der-Waals-Kräfte** und **Wasserstoffbrückenbindungen** (s. Abb. 1).

Wasserstoffbrückenbindungen

Wasserstoffbrückenbindungen entstehen zwischen Molekülen, in denen Wasserstoffatome an besonders stark elektronegative Atome (z. B. Fluor, Sauerstoff oder Stickstoff) gebunden sind.

Die Atombindungen zwischen stark elektronegativen Atomen und Wasserstoffatomen sind stark polarisiert, da z. B. das Fluor- oder das Sauerstoffatom das bindende Elektronenpaar besonders stark anziehen. An den Wasserstoffatomen herrscht dadurch Elektronenmangel, sodass die Wasserstoffatome partiell positiv geladen sind und mit den freien Elektronenpaaren von anderen, elektronegativeren Atomen in Wechselwirkung treten (s. Abb. 2).

Die Wasserstoffbrückenbindungen sind zwar schwächer als Atombindungen, beeinflussen aber die Eigenschaften des Stoffes gravierend. So wäre **Wasser** mit einer molaren Masse von $18\ g \cdot mol^{-1}$ nicht flüssig, wenn nicht viele Wassermoleküle untereinander durch Wasserstoffbrückenbindungen verknüpft wären.

Auch **Alkohole** weisen deutlich höhere Siedepunkte als die vergleichbaren Alkane auf. Ursache ist hier ebenfalls die Ausbildung von Wasserstoffbrückenbindungen zwischen den Alkoholmolekülen (s. Abb. 3).

Darauf beruhen größtenteils die ähnlichen Lösemitteleigenschaften von Wasser und Ethanol. Sie lösen Salze und andere polare Verbindungen. Besonders gut mischbar sind sie mit Stoffen wie Ammoniak, deren Teilchen ebenfalls Wasserstoffbrücken zu den Lösemittelmolekülen ausbilden können.

... und mehr

Informiere dich auch unter: *Eigenschaften und Verwendung von Ethanol, Anomalie des Wassers*

STECKBRIEF: Methanol CH_3OH

Eigenschaften:
farblose, leicht bewegliche Flüssigkeit, giftig, leicht entzündlich, in jedem Verhältnis mit Wasser und schlecht mit unpolaren Lösemitteln mischbar, verbrennt mit bläulicher Flamme

Dichte: $0{,}79\ g \cdot cm^{-3}$
Schmelztemperatur: −97,7 °C
Siedetemperatur: 64,5 °C

Struktur:
Kugel-Stab-Modell

Kalottenmodell

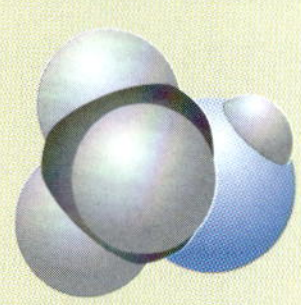

Strukturformel

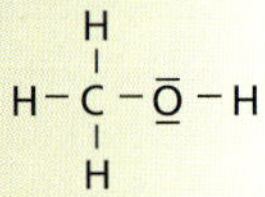

vereinfachte Strukturformel CH_3-OH

1 Methanol (links) kann mithilfe von Borax (Natriumtetraborat) von Ethanol (rechts) unterschieden werden. Dazu werden die Proben mit Borax und einigen Tropfen Schwefelsäure versetzt und entzündet.

Verwandte des Ethanols

Vom Methanol und anderen Alkanolen

Im Zusammenhang mit selbst gebrannten alkoholischen Getränken kommt es immer wieder zu tödlichen Unfällen. Als unerwünschtes Nebenprodukt ist das giftige **Methanol (CH_3OH)** entstanden. Nur 5 ml können zur Erblindung führen und 20 ml tödlich wirken.
Trotz seiner Giftigkeit wird Methanol vielfältig genutzt, z. B. als Ausgangsstoff für die Herstellung von Kunststoffen und als Lösemittel. Ähnlich wie Ethanol lässt sich Methanol als Kraftstoff für Verbrennungsmotoren oder für spezielle Brennstoffzellen einsetzen.
Großtechnisch wird Methanol aus Kohlenstoffmonooxid und Wasserstoff synthetisiert.

$$CO + 2\ H_2 \longrightarrow CH_3OH$$

Die Stoffe **Propanol (C_3H_7OH)** und **Butanol (C_4H_9OH)** sind nicht ganz so bekannt wie Methanol und Ethanol. Trotzdem besitzen sie in der Technik Bedeutung, da es sich um wichtige Lösemittel handelt. Sie entstehen ebenfalls bei Gärungsprozessen. In alkoholischen Getränken sind sie jedoch nicht erwünscht, da es sich um Bestandteile des Fuselöls handelt.
Diese ähnlich gebauten Stoffe gehören zur Gruppe der **Alkanole.** Sie sind Sauerstoffabkömmlinge der jeweiligen Alkane und besitzen eine Hydroxylgruppe im Molekül. Nachfolgende Glieder unterscheiden sich um eine -CH_2-Gruppe und bilden eine **homologe Reihe.**

Die chemischen Eigenschaften der Alkanole ähneln sich aufgrund der gleichen strukturellen Merkmale. Sie lassen sich leicht zu Alkansäuren (s. S. 165) oxidieren. Wenn genügend Sauerstoff verfügbar ist, verbrennen sie vollständig zu Kohlenstoffdioxid und Wasser.

$$2\,CH_3OH + 3\,O_2 \longrightarrow 2\,CO_2 + 4\,H_2O$$

Aufgrund der Hydroxylgruppe können Alkanole mit Säuren zu Estern (s. S. 194 ff.) reagieren.

Die Hydroxylgruppe beeinflusst auch die physikalischen Eigenschaften. Sie ist die Ursache für die bessere Wasserlöslichkeit dieser Verbindungen im Vergleich zu den Alkanen.
Allerdings sinkt die Löslichkeit in Wasser innerhalb der homologen Reihe mit zunehmender Kettenlänge, da der Einfluss des unpolaren Alkylrestes auf die Eigenschaften zunimmt. Deshalb sind die höheren Alkanole ab Butan-1-ol nur noch schlecht mit Wasser mischbar.

Innerhalb der homologen Reihe steigen die Siedetemperaturen an. Bei den Alkanolen liegen die Siedetemperaturen jedoch deutlich höher als bei Alkanen mit vergleichbarer Anzahl an Kohlenstoffatomen.
Diese Erscheinung ist auf die Ausbildung von Wasserstoffbrückenbindungen (s. S. 141) zwischen den Alkanolmolekülen infolge der Hydroxylgruppen zurückzuführen.

Alkanole ($C_nH_{2n+1}OH$) sind Derivate der Alkane, die eine Hydroxylgruppe in den Molekülen aufweisen. Nachfolgende Glieder unterscheiden sich um eine -CH_2-Gruppe und bilden eine homologe Reihe.

Kalottenmodell	Formel	Siedetemperatur in °C
	CH_3OH	Methanol 64,5
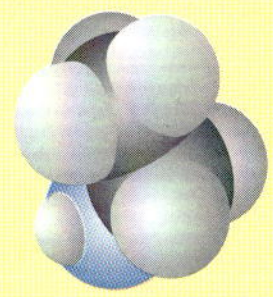	C_2H_5OH	Ethanol 78,3
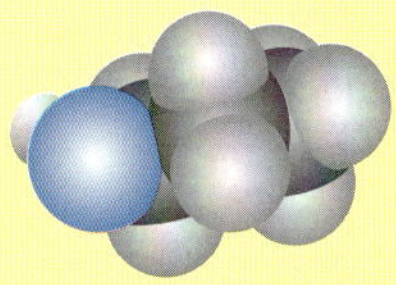	C_3H_7OH	Propan-1-ol 97,2
	C_4H_9OH	Butan-1-ol 117,7

S Experiment

Prüfe es selbst

Experiment 1

Aufgabe:
Überprüfe die Löslichkeit von Ethanol, Propanol, Butanol und Pentanol in Wasser und Heptan.
Führe Protokoll. Stelle einen Zusammenhang zwischen den Ergebnissen des Experimentes und dem Bau der jeweiligen Moleküle her.

Experiment 2

Aufgabe:
Überprüfe die Reaktion von Propanol mit Lithium.

Vorbereitung:
Geräte: Gasentwickler, Pinzette, Pipette, pneumatische Wanne, Reagenzglas mit Stopfen

Durchführung:
1. Versetze Lithium mit Propanol und fange das entstehende Gas auf.
2. Führe die Knallgasprobe durch.
3. Überprüfe die Lösung im Gasentwickler mit Universalindikator.

Beobachtung und Auswertung:
1. Notiere die Beobachtungen und stelle die entsprechenden Reaktionsgleichungen auf.
2. Vermute, wie die Reaktion mit Methanol bzw. Heptanol verlaufen würde. Begründe deine Vermutung.

Nicht nur Zucker schmecken süß!

Alkohole, die nur eine Hydroxylgruppe im Molekül besitzen, nennt man **einwertige Alkohole.** Hier sind die Alkanole einzuordnen. Neben den einwertigen Alkoholen gibt es auch entsprechende Verbindungen, die zwei oder mehrere Hydroxylgruppen tragen **(mehrwertige Alkohole).** Wichtige Vertreter der mehrwertigen Alkohole sind Glykol (Ethan-1,2-diol) und Glycerol (Propan-1,2,3-triol; Glycerin).

An der Zahlwortsilbe „di" im Namen **Ethan-1,2-diol** erkennt man, dass dieser Stoff zwei Hydroxylgruppen im Molekül enthält (s. Abb. 1). Ethan-1,2-diol (Glykol) ist eine ölige, giftige Flüssigkeit. Sie weist eine relativ hohe Siedetemperatur von 197,8 °C auf. Die Schmelztemperatur von Glykol beträgt -15,6 °C.
Außerdem kann man diesen Stoff in jedem Verhältnis mit Wasser mischen. Ethan-1,2-diol dient als Frostschutzmittel sowie als Ausgangsstoff für die Kunststoffherstellung. Das süßlich schmeckende Glykol (griech.: *glykos* = süß) wurde in der Vergangenheit manchen Weinen zugesetzt. Auf unerlaubte Weise wollten die Winzer damit den Geschmack und das Aroma verbessern.

Propan-1,2,3-triol ist im Handel unter dem Namen Glycerol oder Glycerin bekannt und gehört ebenfalls zu den Alkoholen. Die Moleküle enthalten drei Kohlenstoffatome. Im Gegensatz zum Propanol sind aber jeweils drei Hydroxylgruppen im Molekül vorhanden. An jedem der Kohlenstoffatome befindet sich eine funktionelle Gruppe (s. Abb. 2).
Glycerol besitzt aufgrund der Hydroxylgruppen einen süßlichen Geschmack. Der Stoff hat eine zähflüssige Konsistenz. Seine Siedetemperatur beträgt 290 °C, die Schmelztemperatur liegt bei ca. -18 °C.
Aufgrund seiner Zähflüssigkeit (Viskosität) wird Propan-1,2,3-triol in der Technik oft als Gleitmittel eingesetzt. Da dieser Stoff in jedem Verhältnis mit Wasser mischbar und hygroskopisch ist, eignet er sich als Zusatz zu Hautpflegemitteln, Zahnpasta und Seifen. In Cremes sorgt er für ausreichend Feuchtigkeit und erhält die Konsistenz. Glycerol hat in der Natur große Bedeutung, da der Stoff am Aufbau der Fette (s. Kap. 8.2) beteiligt ist. Nicht zuletzt stellt Glycerol einen wichtigen Grundstoff in der Sprengstoffindustrie (Ausgangsstoff für die Produktion von Nitroglycerin) dar.

Den süßen Geschmack der Polyalkohole nutzt man beim Xylit (CH_2OH - $(CHOH)_3$ - CH_2OH, Xylitol) aus. Xylit (E 967) setzt man als Zuckerersatzstoff Lebensmitteln zu. Allerdings wird von einem Verzehr von über 50 g pro Tag abgeraten. Sorbit (CH_2OH - $(CHOH)_4$ - CH_2OH, Sorbitol) wird besonders von Diabetikern als Zuckeraustauschstoff genutzt (E 420).

1 Bei einigen Flugzeugen werden die Tragflächen mithilfe von Ethan-1,2-diol eisfrei gehalten.

2 Durch seinen Bau bedingt ist Propan-1,2,3-triol ein wichtiger Ausgangsstoff der Fette.

Chemie im Kontext

Freie Fahrt oder „Restalkohol"?

Die Teilnahme am Straßenverkehr unter Alkoholeinfluss führt immer wieder zu Unfällen mit tragischen Folgen. Daher ist es wichtig, vor Antritt der Fahrt keinen Alkohol zu sich zu nehmen bzw. so lange zu warten, bis der Alkohol wieder abgebaut ist.
Allerdings wird der „Restalkohol" häufig unterschätzt. Bei einer Alkoholkontrolle kann das unangenehme Folgen für den Betroffenen haben.
Eine Frau (65 kg) und ein Mann (78 kg) haben beide drei Schoppen (600 ml) Weißwein (10,5 Vol. %) getrunken.
Berechne, wie hoch ihr Blutalkoholgehalt jeweils ist und wann sie wieder fahrtüchtig sind.

Der jeweilige **Blutalkoholgehalt** lässt sich mithilfe der unten stehenden Formel berechnen. Man kann allerdings zur Berechnung auch das interaktive Rechenbeispiel unter www.tafelwerk.de zum Suchwort Blutalkoholgehalt nutzen.

Man erhält für die Frau einen Blutalkoholgehalt von 1,28 Promille.

Für den Mann ergibt sich bei der Berechnung trotz gleicher Alkoholmenge ein niedrigerer Blutalkoholgehalt von 0,91 Promille.

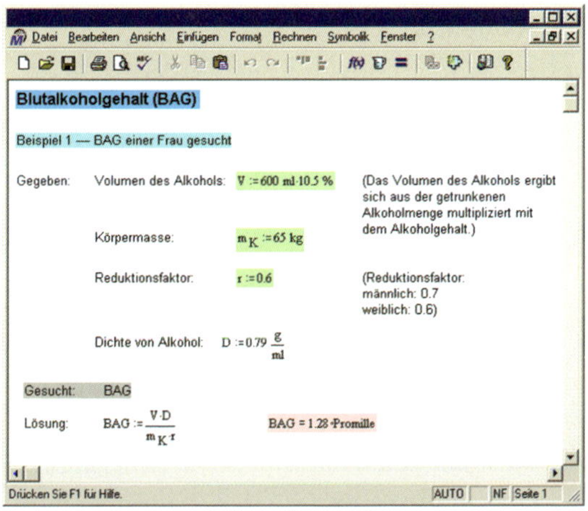

Der Blutalkoholgehalt des Mannes ist aufgrund der höheren Körpermasse niedriger. Zudem wird in der Leber von Frauen weniger des alkoholabbauenden Enzyms (ADH) produziert als in der Leber von Männern. Dies wird mit dem Reduktionsfaktor in der Berechnungsformel berücksichtigt. Trotzdem stellen die berechneten Werte nur Richtwerte dar, denn der Abbau erfolgt individuell unterschiedlich. Auch die körperliche Konstitution spielt eine Rolle und ob der Magen leer oder gefüllt ist.
Als Richtwert wird oft angegeben, dass pro Stunde 0,1 ‰ abgebaut werden. Legt man diesen Wert zugrunde, hat der Mann nach etwas mehr als vier Stunden die 0,5-‰-Grenze unterschritten. Er kann davon ausgehen, dass sein Körper nach ca. 9 Stunden den Alkohol völlig abgebaut hat.
Der Blutalkoholgehalt der Frau wird schätzungsweise erst nach 7,8 Stunden die 0,5-‰-Grenze unterschreiten und erst nach 12,8 Stunden wird der Alkohol vollständig abgebaut sein.

Berechnung des Blutalkoholgehalts

$$BAG = \frac{m_{Alkohol}}{m_K \cdot r} = \frac{V_{Alkohol} \cdot \varrho}{m_K \cdot r}$$

BAG	Blutalkoholgehalt in ‰ (pro mille)
r	Reduktionsfaktor (männlich: 0,7; weiblich: 0,6)
ϱ	Dichte von Alkohol (0,79 g · ml^{-1})
$m_{Alkohol}$	aufgenommene Alkoholmenge in g
$V_{Alkohol}$	Volumen des Alkohols

gewusst · gekonnt

1. Erweitere dein Glossar:

Glossar

Alkanole
Alkohole
alkoholische Gärung
funktionelle Gruppe
Hydroxylgruppe

2. Sieh dich in eurem Haushalt um. Finde heraus, welche Präparate und Lebensmittel Ethanol enthalten. Notiere, welche Funktion der Stoff in diesen Gemischen erfüllt.

3. Informiere dich über die Wein- und Bierherstellung. Beschreibe die Verfahren. Nutze u. a. www.schuelerlexikon.de.

4. Stelle dar, welche Wirkung Ethanol auf unseren Körper hat. Gehe dabei unter Nutzung geeigneter Medien auch auf Faktoren ein, von denen der Blutalkoholgehalt abhängt.

5. Oft ist zu lesen, dass Frauen weniger Alkohol (Ethanol) vertragen als Männer. Diskutiere, ob diese Aussage korrekt ist. Informiere dich dazu auch über den Abbau von Ethanol im menschlichen Körper.

6. Wer mit einem Blutalkoholwert von über 0,5 Promille Auto fährt und ertappt wird, verliert seinen Führerschein. Werte.

7. Bei der alkoholischen Gärung entsteht Ethanol. Nutzt man diesen Stoffwechselprozess, um alkoholische Getränke herzustellen, erreicht man maximal einen Ethanolgehalt von 15 %. Erkläre dieses Phänomen.

8. Das im Handel erhältliche Ethanol ist maximal 96%ig. Warum kann man kein 100%iges Ethanol erwerben? Erkläre.

9. Um Unfälle zu vermeiden, sollen Weinkeller während der Gärphase erst nach ausreichender Lüftung und nicht allein betreten werden. Kommt es doch zu einem Unfall, darf der Retter nur mit einem Atemschutzgerät zum Opfer vordringen. Begründe.

10. Erläutere, warum Ethanol als Droge bezeichnet wird. Informiere dich z. B. unter www.schuelerlexikon.de über Drogen.

11. Erkläre folgende Beobachtung:

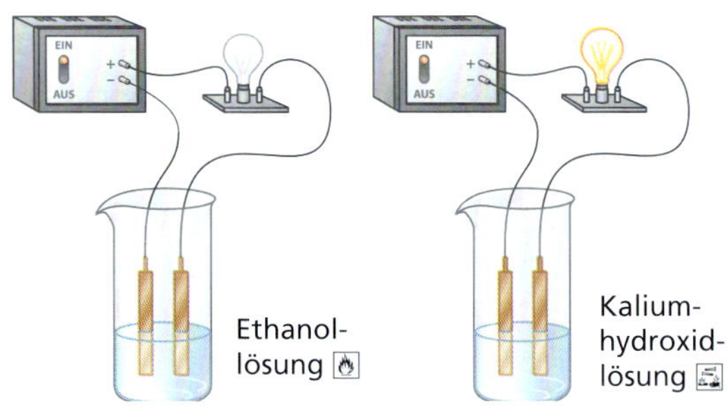

12. Trage Informationen über die Bedeutung des Ethanols in der Geschichte und in der Gegenwart zusammen.

13. Beim Umgang mit Methanol müssen besondere Sicherheitsbestimmungen beachtet werden, denn der Stoff ist sehr giftig.

Er kann nicht nur über das Verdauungssystem aufgenommen werden. Dämpfe dieses Stoffes gelangen mit der Atmung in unseren Körper. Außerdem gelangt Methanol über die Haut in den Körper. Erkläre, warum diese Aufnahme möglich ist.

14. Konstruiere mithilfe des Molekülbaukastens die Moleküle eines Alkohols mit drei Kohlenstoffatomen und einer Hydroxylgruppe bzw. mit zwei und drei Hydroxylgruppen.

15. Benenne nachfolgenden Alkohol unter Nutzung der Nomenklaturregeln.

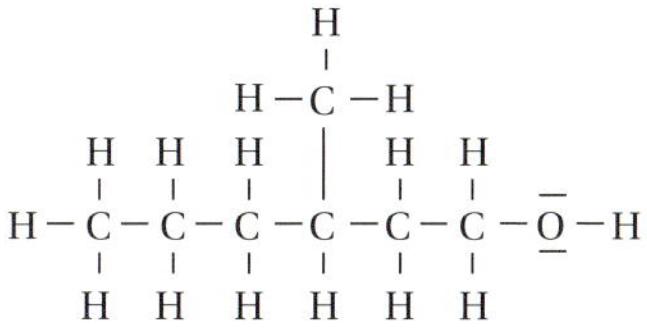

16. Zeichne die Strukturformeln der isomeren Pentanole auf ein Blatt.
Versuche, die Verbindungen zu benennen. Wie viele sind es ?

17. Wie viel Liter Kohlenstoffdioxid werden gebildet, wenn 15 g Glucose vollständig vergoren werden?

18. Glycerol (Propan-1,2,3-triol) muss immer in einem geschlossenen Gefäß aufbewahrt werden. Überprüfe experimentell, warum diese Aufbewahrungsart sinnvoll ist. Wäge dazu 2 g Glycerol auf einem Uhrglasschälchen aus. Lasse dieses Schälchen 30 Minuten offen stehen und wäge dann erneut. Erkläre deine Beobachtung. Leite Nutzungsmöglichkeiten dieses Stoffes ab.

19. Erkläre die unterschiedlichen physikalischen Eigenschaften von Ethanol und Ethandiol. Gehe dabei besonders auf die Siedetemperaturen ein.

Eigenschaften	Ethanol	Ethan-1,2-diol
Schmelztemperatur	– 114,1 °C	– 15,6 °C
Siedetemperatur	78,3 °C	197,8 °C
Dichte (bei 25 °C)	0,785 $g \cdot cm^{-3}$	1,109 $g \cdot cm^{-3}$
Struktur	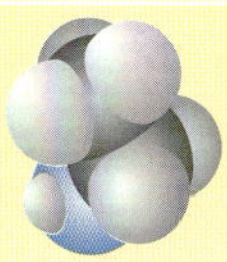	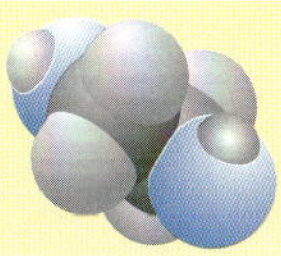

20. Alkohole reagieren mit Natrium. Gleiche Mengen wasserfreies Methanol, Propanol und Butanol werden mit jeweils der gleichen Masse Natrium zur Reaktion gebracht. Die Zeitdauer bis zur Beendigung der Reaktion wird gemessen (s. Skizze). Interpretiere die Grafik. Leite eine Schlussfolgerung aus den Versuchsergebnissen ab.

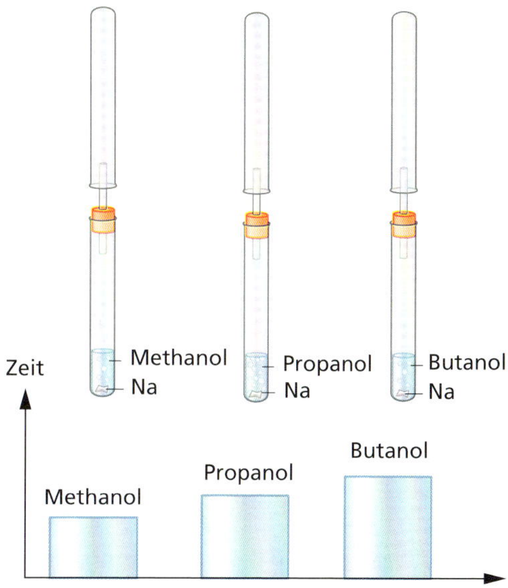

21. Fertige z. B. mithilfe eines geeigneten Kalkulationsprogramms eine grafische Darstellung an, aus welcher der Zusammenhang zwischen den Siedetemperaturen der Alkane bzw. der Alkanole und der Anzahl der Kohlenstoffatome in ihrem Molekül deutlich wird. Entnimm die notwendigen Werte entsprechenden Tabellen. Nutze die Verbindungen mit ein bis fünf Kohlenstoffatomen.

22. Mische in einer Vertiefung der Tüpfelplatte zehn Tropfen Ethanol mit einem Tropfen Wasser, in der nächsten zehn Tropfen Ethanol mit zwei Tropfen Wasser, in der dritten zehn Tropfen Ethanol mit drei Tropfen Wasser usw.
Versuche, die Gemische zu entzünden. (Vorsicht, Schutzbrille!)
Ab welchem Mischungsverhältnis wird die Ethanol-Wasser-Mischung unbrennbar?

Alkohole

Alkohole sind organische Verbindungen, die eine oder mehrere Hydroxylgruppen im Molekül aufweisen. Bei der Hydroxylgruppe handelt es sich um eine funktionelle Gruppe, die wesentlich die Eigenschaften der Stoffe mitbestimmt.

Alkohole

- einwertige Alkohole (nur eine Hydroxylgruppe)
  - Alkanole
    Beispiel: Ethanol
    ($CH_3 - CH_2 - OH$)
- mehrwertige Alkohole (mehrere Hydroxylgruppen)
  Beispiel: Propan-1,2,3-triol
  ($CH_2OH - CHOH - CH_2OH$)

Alkanole

Alkanole sind Sauerstoffabkömmlinge der Alkane, die eine Hydroxylgruppe im Molekül enthalten. Die allgemeine Summenformel der Alkanole lautet $C_nH_{2n+1}OH$. Alkanole mit einer endständigen Hydroxylgruppe bilden eine homologe Reihe. Nachfolgende Glieder unterscheiden sich durch eine -CH_2-Gruppe. Mit zunehmender Kettenlänge ändern sich die physikalischen Eigenschaften. Aufgrund der Hydroxylgruppe weisen die Alkanole ähnliche chemische Eigenschaften auf.

Kalottenmodell	**Vereinfachte Strukturformel**	**Löslichkeit in Wasser**	**Typische chemische Reaktion**
Ethanol 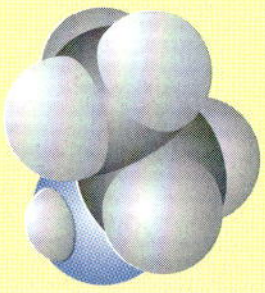	$CH_3 - CH_2 - OH$	in jedem Verhältnis mit Wasser mischbar	– Oxidation z. B. zur Essigsäure – Verbrennung zu Kohlenstoffdioxid und Wasser – Veresterung
Butanol 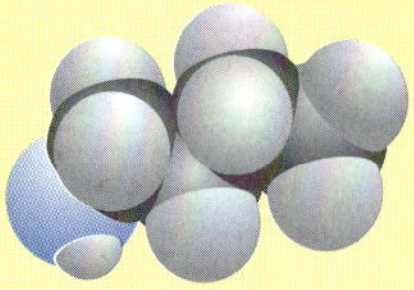	$CH_3 - CH_2 - CH_2 - CH_2 - OH$	schlechte Löslichkeit in Wasser (Schlierenbildung)	– Oxidation z. B. zur Buttersäure – Verbrennung zu Kohlenstoffdioxid und Wasser – Veresterung

Alkoholische Gärung

Die alkoholische Gärung dient bestimmten Hefen in der Natur zur Gewinnung nutzbarer Energie. Der Mensch setzt diesen Prozess u. a. zur Herstellung von Ethanol ein.

$$C_6H_{12}O_6 \xrightarrow{\text{Enzyme der Hefen}} 2\ C_2H_5OH + 2\ CO_2$$

5 Kohlenhydrate – Energielieferanten und Baustoffe von Lebensformen

Kartoffeln und Getreideprodukte als Grundnahrungsmittel

Getreideprodukte aus Weizen, Roggen, Hafer und Mais gehören zu unseren Grundnahrungsmitteln. Seit der ersten Hälfte des 18. Jh. zählt auch die Kartoffel dazu. Heute verzehren wir häufig Kartoffeln bzw. Kartoffelprodukte. Alle diese Produkte enthalten Stärke.
Warum ist Stärke für den Menschen so wichtig?

Die Stütze der Bäume

Der Baum besteht zu einem großen Teil aus Kohlenhydraten. Holz enthält 40 bis 60 % Cellulose. Cellulose bildet die Gerüstsubstanz des Baumstamms und ist in allen Pflanzen enthalten. Zusammen mit anderen Substanzen wird dadurch die Festigkeit z. B. von Bäumen erreicht.
Wie ist die Cellulose gebaut?

Luxusartikel Zucker

Reiner Zucker war lange eine kostbare Süßigkeit, die aus Zuckerrohr gewonnen wurde und importiert werden musste. Erst im 18. Jh. entdeckte man, dass auch eine einheimische Pflanze, eine Rübensorte, genutzt werden kann.
Was ist eigentlich Zucker? Wie erfolgt die Bildung von Zucker?

Kohlenhydrate und ihre Bedeutung

Für die menschliche Ernährung spielen die **Kohlenhydrate** eine große Rolle. Etwa 14 000 kg Kohlenhydrate nimmt ein Mensch durchschnittlich in 70 Lebensjahren zu sich.
Kohlenhydrate bestehen aus den Elementen Kohlenstoff, Wasserstoff und Sauerstoff. Die Elemente Wasserstoff und Sauerstoff sind oft im Verhältnis 2 : 1 vorhanden. Die allgemeine Summenformel für ihre Zusammensetzung lautet $C_x(H_2O)_y$.
Die Vielzahl der verschiedenen Kohlenhydrate lässt sich **nach** ihrer **Molekülgröße** in Gruppen einteilen: in **Monosaccharide** (Einfachzucker), **Disaccharide** (Zweifachzucker) und **Vielfachzucker** (Polysaccharide). Disaccaride und Polysaccharide können durch Hydrolyse (Spaltung durch Reaktion mit Wasser) zu Monosacchariden reagieren.
Als Nährstoffe sind für uns besonders Traubenzucker (Glucose), Fruchtzucker (Fructose), Malzzucker (Maltose), Rohr- bzw. Rübenzucker (Saccharose) und Stärke wichtig. Sie sind die **Energielieferanten** für unsere Lebensprozesse.

Ein Teil der Kohlenhydrate wird in körpereigene Stärke (Glykogen) umgewandelt und als **Energiereserve** in der Leber und der Muskulatur gespeichert.
Nimmt man mehr Kohlenhydrate zu sich, als der Körper benötigt, werden sie in Fett umgewandelt und gespeichert. Das kann zu Übergewicht führen.

Kohlenhydrate dienen unserem Körper als Energielieferanten. Körpereigene Stärke (Glykogen) bildet eine Energiereserve.

Aufgaben

1. Erstelle einen Vortrag über Vorkommen und Bedeutung von Kohlenhydraten in der Natur.

2. Erkläre, warum Radsportler vor einer langen und anstrengenden Etappe meist größere Mengen Nudeln zu sich nehmen.

S Experiment

Prüfe es selbst

Aufgabe:
Prüfe, ob Traubenzucker als „Brennstoff" unseres Körpers dienen kann. Verbrenne dazu Traubenzucker in Anwesenheit von Asche.

Vorbereitung:
Notiere notwendige Geräte und Chemikalien.

Durchführung:
Vermische 5 g Traubenzucker mit etwas Zigarettenasche und entzünde die Mischung in einem feuerfesten Gefäß mit der Brennerflamme.

Beobachtung und Auswertung:
Schlussfolgere aus deinen Beobachtungen, ob es sich um eine endotherme oder exotherme Reaktion handelt.
Beantworte die Aufgabenstellung. Erläutere, welche Unterschiede zwischen der Verbrennung von Zucker im Experiment und der biologischen Oxidation im Organismus bestehen.

Glucose – das Multitalent

Monosaccharide (**Einfachzucker**) sind die einfachsten Vertreter der Kohlenhydrate. Zu ihnen gehören u. a. die **Glucose** (Traubenzucker) und die **Fructose** (Fruchtzucker).
Im Ablauf von Stoffwechselprozessen bei Pflanzen, Tieren und Menschen hat der Traubenzucker - die Glucose - eine zentrale Bedeutung.

Glucose ($C_6H_{12}O_6$) wird im Rahmen der **Fotosynthese** in den grünen Blättern gebildet (s. Abb. 1). Sie entsteht unter dem Einfluss von Sonnenlicht aus Kohlenstoffdioxid und Wasser.

Mensch und Tier nehmen Glucose mit der Nahrung auf. Zudem stellt die Glucose bei Stoff- und Energieumwandlungen oft ein Zwischenprodukt dar.
Vom menschlichen Blut kann Glucose gut aufgenommen und zu jeder Zelle transportiert werden. Es enthält etwa 0,08 bis 0,1 % Glucose (s. Abb. 2).

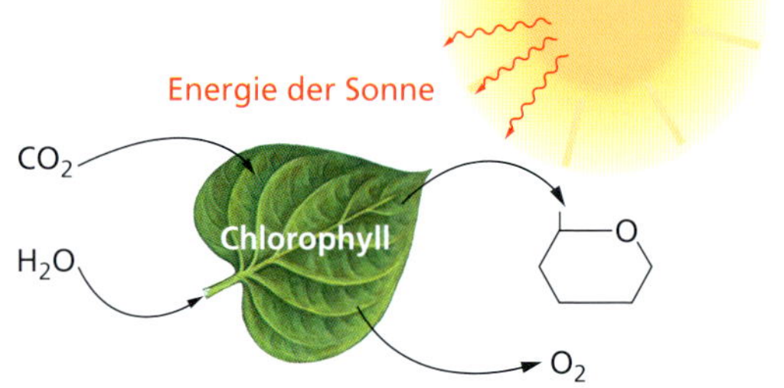

$$6\,CO_2 + 6\,H_2O \xrightarrow{h \cdot \upsilon} C_6H_{12}O_6 + 6\,O_2 \qquad \Delta E = +n \text{ kJ} \cdot \text{mol}^{-1}$$

1 Prinzip der Fotosynthese

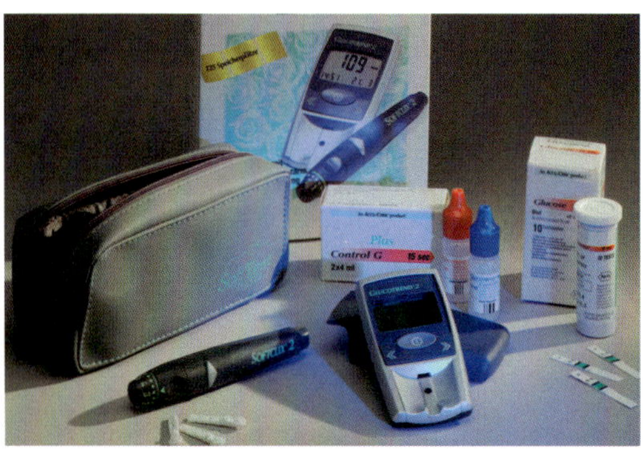

2 Gerät zur Bestimmung des Blutzuckergehalts

Dieser Blutzuckergehalt ist lebensnotwendig, denn Glucose dient bei der **Atmung (biologische Oxidation)** als Ausgangsstoff. In den Mitochondrien wird Glucose unter Sauerstoffverbrauch und Freisetzung von Energie zu Kohlenstoffdioxid und Wasser abgebaut.

$$C_6H_{12}O_6 + 6\,O_2 \longrightarrow 6\,CO_2 + 6\,H_2O \qquad \Delta E = -n \text{ kJ} \cdot \text{mol}^{-1}$$

Wird zu viel Glucose aufgenommen, wandelt der Körper diese in Stärke, dann in Fette um. Bei Diabetikern (Diabetes = Zuckerkrankheit) ist der Umwandlungsprozess gestört. Sie müssen daher eine besondere Diät einhalten.
Glucose ist eine Molekülsubstanz, von der verschiedene **Isomere** existieren. Sowohl das kettenförmige Glucosemolekül als auch die Ringform (s. Steckbrief S. 152) weisen die Summenformel $C_6H_{12}O_6$ auf. In wässrigen Lösungen liegen beide Formen nebeneinander vor.

STECKBRIEF: Glucose $C_6H_{12}O_6$

Eigenschaften:
fest, farblos, kristallin, sehr gut in Wasser löslich, süß schmeckend, wirkt reduzierend
Dichte: $1{,}54 \text{ g} \cdot \text{cm}^{-3}$
Schmelztemperatur: 200 °C
Siedetemperatur: 164 °C

Struktur:
Kettenform   Ringform

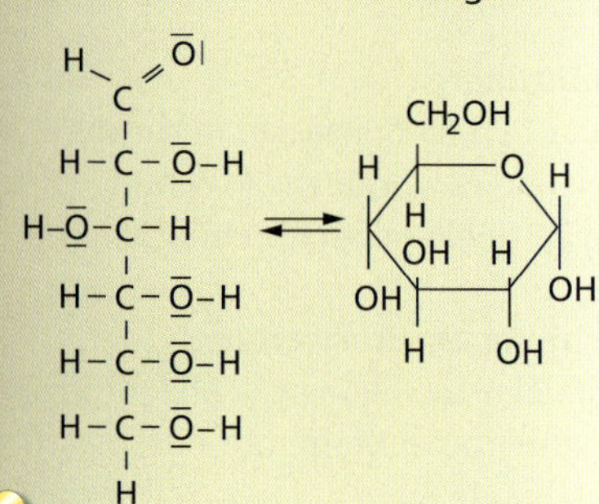

Die chemischen Eigenschaften der Glucose werden in hohem Maße von den funktionellen Gruppen in den Molekülen bestimmt. Aufgrund der vielen **Hydroxylgruppen** ist Glucose sehr gut wasserlöslich, schmeckt süß und ist brennbar.
Außerdem enthält das kettenförmige Molekül eine Aldehydgruppe (-CHO-Gruppe) als funktionelle Gruppe. Deshalb verhält sich Glucose in chemischen Reaktionen ähnlich wie die Stoffklasse der Aldehyde (s. S. 203). Diese sind für ihre reduzierende Wirkung bekannt.
Glucose wirkt ebenfalls reduzierend und wird bei Redoxreaktionen selbst oxidiert. Die reduzierende Wirkung nutzt man zum Nachweis von Glucose durch die **Fehling-Probe** (s. Exp.) mit Kupfer(II)-sulfatlösung und alkalischer Natriumtartratlösung.

Auch der Nachweis mit ammoniakalischer Silbernitratlösung (Tollens-Probe, s. S. 171) beruht auf der reduzierenden Wirkung von Glucose.

S Experiment

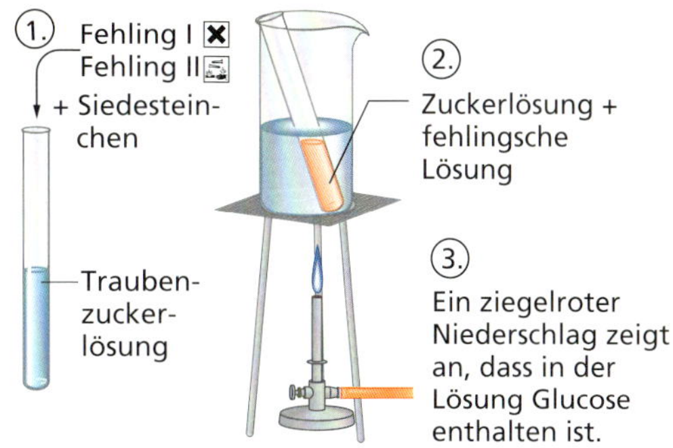

$$R\text{–}CHO_{(aq)} + 2\,Cu^{2+}{}_{(aq)} + 5\,OH^{-}{}_{(aq)} \longrightarrow R\text{–}COO^{-}{}_{(aq)} + Cu_2O\downarrow + 3\,H_2O$$

Glucose ist ein Monosaccharid, dessen Moleküle als kettenförmige oder ringförmige Isomere auftreten können. Ihre Eigenschaften werden von den verschiedenen funktionellen Gruppen in den Molekülen bestimmt.

Mosaik

Fructose (Fruchtzucker)

Fructose ($C_6H_{12}O_6$) kommt in Früchten (z. B. in Äpfeln, Pflaumen) und in Honig vor.
Dieser Zucker hat eine höhere Süßkraft als Glucose. Außerdem wird der menschliche Blutzuckerspiegel durch Fructose nur unwesentlich beeinflusst. Daher ist Fructose für Diabetiker als Zuckeraustauschstoff geeignet.
Fructose weist die gleiche Summenformel wie Glucose auf, jedoch unterscheiden sich die Isomere in der Struktur ihrer Moleküle. Das Grundgerüst der Fructosemoleküle bilden Fünferringe aus vier Kohlenstoffatomen und einem Sauerstoffatom.

Kettenform mit Ketogruppe   Ringform

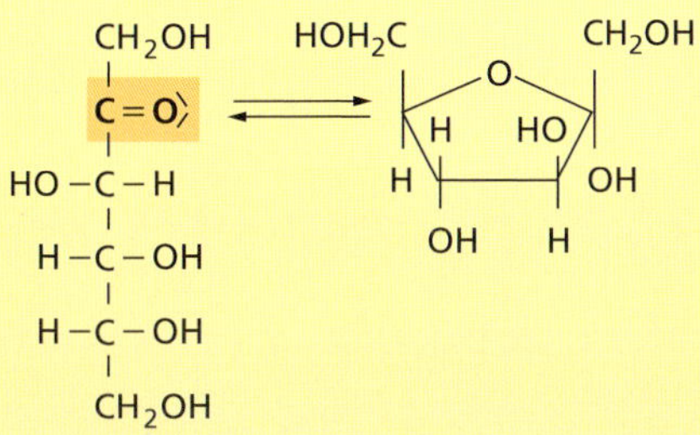

Die Kettenform besitzt eine **Ketogruppe** im Molekül. Auch Fructose bildet mit fehlingscher Lösung, ähnlich wie Glucose, einen ziegelroten Niederschlag. Fructose wird in der alkalischen Lösung z. T. in Glucose umgewandelt, sodass **Aldehydgruppen** vorhanden sind, die reduzierend auf die Kupfer(II)-Ionen wirken. So ist dieser Nachweis von Monosacchariden nicht spezifisch.

Eine Unterscheidung von Glucose und Fructose ist durch die Seliwanow-Reaktion möglich. Dazu wird die Lösung mit konzentrierter Salzsäure versetzt und mit Resorcin [1,2-Dihydroxybenzen, $C_6H_4(OH)_2$] erhitzt.

Energiekonzept: Biochemische Reaktionen

Der Energieinhalt der an biochemischen Reaktionen beteiligten Stoffe ändert sich durch Energieaustausch mit der Umgebung. Dabei nehmen Organismen Energie aus der Umwelt auf (z. B. grüne Pflanzen in Form von Lichtenergie bzw. heterotrophe Organismen in Form chemischer Energie der Stoffe) und geben Energie an die Umwelt ab (z. B. Wärme, chemische Energie der Stoffe).

1. Organische Stoffe (z. B. Fette, Eiweiße, Kohlenhydrate wie Traubenzucker und Stärke) beinhalten eine hohe chemische Energie.

2. Damit organische Stoffe abgebaut oder aufgebaut werden können, müssen sie durch Energiezufuhr in den aktivierten Zustand überführt werden. Enzyme wirken als Biokatalysatoren. Sie setzen die Aktivierungsenergie herab.

3. Auch bei biochemischen Reaktionen sind Stoffumwandlungen stets mit Energieumwandlungen verbunden.

4. Der Aufbau körpereigener energiereicher Stoffe verläuft prinzipiell endotherm. Beim Abbau organischer energiereicher Stoffe wird Energie freigesetzt, von der ein Teil nutzbare Energie ist. Der Abbau der Stoffe verläuft prinzipiell exotherm.

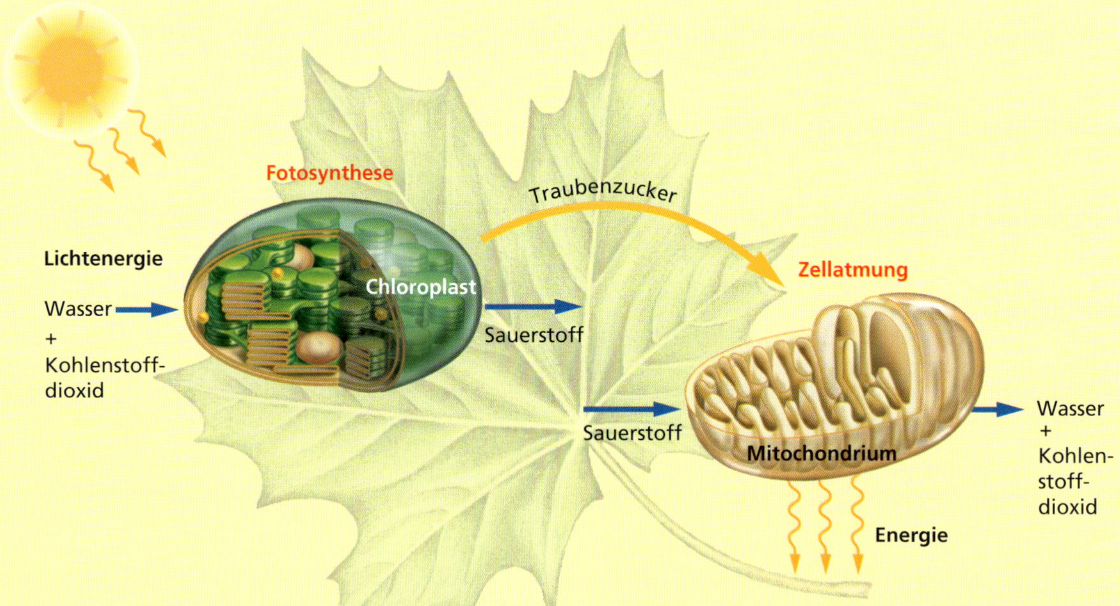

$$\text{Kohlenstoffdioxid} + \text{Wasser} + \text{Energie} \underset{\text{Zellatmung}}{\overset{\text{Fotosynthese}}{\rightleftharpoons}} \text{Traubenzucker} + \text{Sauerstoff}$$

Vergleiche die Stoff- und Energieumwandlung in den Pflanzen mit der Stoff- und Energieumwandlung im menschlichen Organismus.

Disaccharide – in jedem Haus zu Hause

Die in den grünen Blättern produzierte Glucose wird häufig sofort umgewandelt. Ein Reaktionsprodukt dieser Umwandlung ist die **Saccharose.** Saccharosemoleküle entstehen, wenn ein Molekül der Glucose und ein Molekül der Fructose miteinander unter Wasserabspaltung reagieren.

Saccharose ist etwas süßer als Glucose, aber weniger süß als Fructose. Sie ist aus unserem heutigen Leben nicht mehr wegzudenken und wird daher auch als **Haushaltszucker** bezeichnet. Sie wird vielfältig eingesetzt, nicht nur zum Süßen von Speisen und Getränken, sondern auch zur Herstellung von Kuchen und Gebäck, Schokolade und Bonbons. Sogar im Ketchup ist Saccharose enthalten.
Für unsere Gesundheit ist ein zu hoher Verbrauch eher schädlich. So wandeln Bakterien den Zucker im Mund zu Säuren um, die den Zahnschmelz angreifen und Karies auslösen.

Die Nutzung von Haushaltszucker war nicht immer selbstverständlich. Saccharose (Rohrzucker) wurde ursprünglich aus dem Zuckerrohr gewonnen und war sehr teuer.
Erst 1747 entdeckte der Apotheker und Chemiker ANDREAS SIGISMUND MARGGRAF (1709 – 1782) die Saccharose in der weißen Runkelrübe. Durch Züchtung wurde seitdem der Anteil an Saccharose in der Rübe erhöht (Zuckerrübe). Außerdem entwickelte man geeignete Verfahren, um den **Rübenzucker** zu extrahieren. Heute wird die Zuckerrübe auf vielen Ackerflächen angebaut und im Herbst in Zuckerfabriken großtechnisch verarbeitet (s. auch S. 161).

Ein anderes Disaccharid ist **Maltose (Malzzucker)**. In der Natur ist Maltose in keimendem Getreide zu finden. Sie ist Bestandteil von Nährböden für Bakterienkulturen und wird als Süßungsmittel verwendet. Bei der Herstellung von Bier aus Gerste entsteht Maltose als Zwischenprodukt. Maltosemoleküle bilden sich, wenn je zwei Glucosemoleküle unter Wasserabspaltung miteinander reagieren.

STECKBRIEF: Saccharose $C_{12}H_{22}O_{11}$

Eigenschaften:
farblose, süß schmeckende Kristalle, leicht löslich in Wasser, wirkt nicht reduzierend auf fehlingsche Lösung
Dichte: $1{,}588\ g \cdot cm^{-3}$
Schmelztemperatur: 185 °C zersetzlich

Struktur:

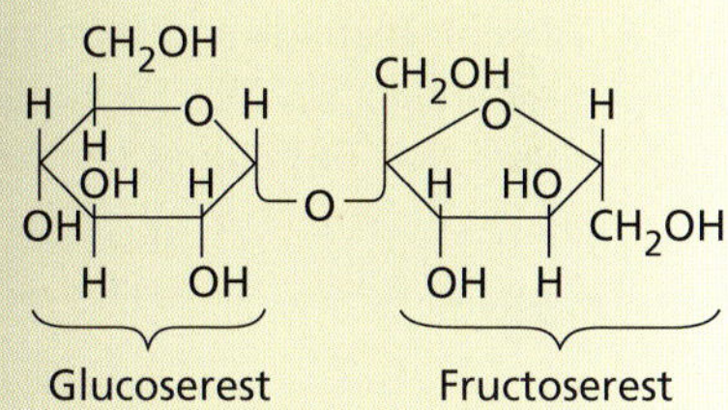

Glucose- und Fructoserest sind über eine Sauerstoffbrücke (glykosidische Bindung) verknüpft.

Aufgaben

1. Vergleiche die Strukturen von Saccharose und Maltose.
2. Erläutere die Bildung eines Disachharidmoleküls aus zwei Monosaccharidmolekülen am Beispiel der Maltose..

Polysaccharide

Stärke

Stärke wird als Reservestoff von Pflanzen und Tieren gespeichert. Sie wird in pflanzlichen Speicherorganen (z. B. Knollen, Samen, Früchten) in Form von Stärkekörnern eingelagert (s. S. 157, Abb. 1). Tierische Stärke (Glykogen) ist als Reservekohlenhydrat der Tiere insbesondere im Leber- und Muskelgewebe enthalten.
Das **Polysaccharid** Stärke enthält zwei Komponenten: **Amylose** und **Amylopektin.** Beide Komponenten bestehen aus riesigen Molekülketten, die jeweils aus vielen Glucoseresten gebildet werden. Die kettenförmigen **Makromoleküle** (s. S. 233) der Amylose sind unverzweigt und spiralförmig gewunden (s. Steckbrief). Amylose ist kolloid in Wasser löslich und zu 25 % in der Stärke enthalten. Der größere Anteil in der Stärke ist das Amylopektin, das nahezu unlöslich ist. Amylopektin besteht überwiegend aus verzweigten Ketten.
Stärke lässt sich mit Iod-Kaliumiodidlösung nachweisen. Bei Zugabe des **Nachweismittels** färbt sich die Mischung blau bis blauschwarz, wenn Stärke vorhanden ist. Die Färbung wird durch den Einschluss von Iodmolekülen hervorgerufen.

STECKBRIEF: Stärke $(C_6H_{10}O_5)_n$

Eigenschaften:
natürliche Stärke ist fest, farblos, schwer in kaltem Wasser löslich, bildet in siedendem Wasser kolloide Lösungen (Teilchengröße 10^{-7} bis 10^{-6} cm), die zu Kleister erstarren
Dichte: 1,5 g · cm^{-3}

Struktur: Glucosereste über Sauerstoffbrücken verknüpft; zwei Komponenten:

Amylose (unverzweigte Ketten) – Substanz im Innern der Stärkekörner

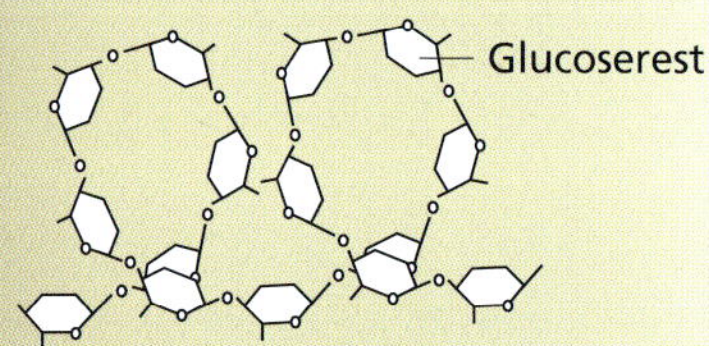

Amylopektin (verzweigte Ketten) – Hüllsubstanz der Stärkekörner

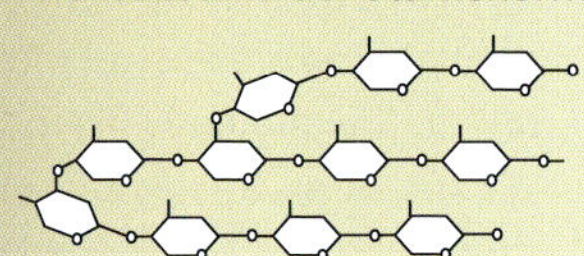

S Experiment

Prüfe es selbst

Aufgabe:
Überprüfe die Löslichkeit von Stärke und Traubenzucker in Wasser.

Vorbereitung:
Geräte und Chemikalien: 2 Reagenzgläser, Stopfen, Wasserflasche, Spatel, Stärke, Traubenzucker

Durchführung:
Gib eine Spatelspitze Stärke und eine Spatelspitze Traubenzucker in je ein Reagenzglas. Füge 5 ml Wasser hinzu und schüttle kräftig.

Beobachtung:
Betrachte die Gemische in den Reagenzgläsern vor und nach dem Schütteln. Treten Veränderungen in beiden Reagenzgläsern auf? Notiere deine Beobachtungsergebnisse.

Auswertung:
1. Vergleiche die Löslichkeit von Stärke und Traubenzucker in Wasser.
2. Erkläre, warum Stärke nicht im Blut transportiert werden kann.

Abbau der Stärke

Die mit der Nahrung aufgenommene Stärke wird bei der Verdauung durch Enzyme (s. S. 90) zu Glucose abgebaut. Enzyme katalysieren die Hydrolyse, indem sie die Aktivierungsenergie herabsetzen. So wird der Prozess bei Körpertemperatur ermöglicht. Die Glucose kann direkt als Energieträger genutzt oder in Glykogen umgewandelt werden.
Den Abbau der Stärke kann man nachweisen, da er schon im Mund beginnt.
Im Modellexperiment kann man den Stärkeabbau auch durch Zugabe von verdünnter Salzsäure und anschließendem Erhitzen auslösen.
Die Salzsäure vertritt im Experiment die kohlenhydratspaltenden Enzyme (Abb. 1).

$$(C_6H_{10}O_5)_n + (n-1)\,H_2O \xrightarrow[\text{bzw. verdünnte Salzsäure}]{\text{Enzyme}} n\,C_6H_{12}O_6$$

Durch diese Spaltung bleibt die Blaufärbung mit Iod-Kaliumiodidlösung aus, es liegt demnach keine Stärke mehr vor.
Die positive Reaktion mit fehlingscher Lösung weist dagegen auf das Vorhandensein von Glucose hin. Folglich wurde die Stärke gespalten.

Stärke ist ein Polysaccharid. Sie besteht aus Makromolekülen, die aus vielen Glucosemolekülresten gebildet werden.
Der Nachweis erfolgt mit Iod-Kaliumiodidlösung.

S Experiment

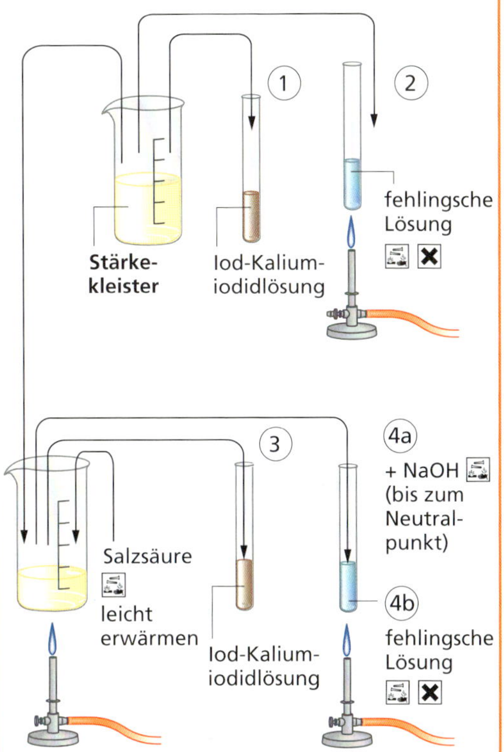

2 Experimenteller Nachweis des Stärkeabbaus

Aufgaben

Erläutere, warum Glucose sich gut im Wasser lösen lässt, Stärke jedoch zum großen Teil schlecht wasserlöslich ist.

1 Getreidekörner und Kartoffeln enthalten Speicherstärke. Die Stärkekörner sind unterschiedlich aufgebaut. Sie enthalten trotzdem jeweils Amylose und Amylopektin.

Cellulose

Cellulose ist ein **Polysaccharid,** das anders aufgebaut ist als Stärke und deshalb andere Eigenschaften und Funktionen aufweist. Cellulosemoleküle bestehen zwar ebenfalls aus vielen Glucoseresten, die aber linear miteinander verknüpft sind und lang gestreckte Ketten bilden (s. Steckbrief).

Durch **Wasserstoffbrücken** (s. S. 141) zwischen benachbarten Makromolekülen entsteht ein festes, faseriges Material.

In der Zellwand pflanzlicher Zellen ist Cellulose eingelagert, sie ist **Bau- und Stützsubstanz.** Reich an Cellulose sind z. B. Halme des Getreides (Stroh), Holz und Baumwolle. Holz besteht bis zu 40 % aus Cellulose, der Gehalt an Cellulose in Baumwollfasern beträgt bis zu 95 %.

Cellulose lässt sich hydrolytisch spalten. Jedoch nur Lebewesen (Mikroorganismen), die cellulosespaltende Enzyme besitzen, können das Polysaccharid zu Glucose abbauen. Derartige Bakterien leben im Verdauungssystem der Wiederkäuer, sodass diese als einzige Säugetiere Cellulose als **Nährstoff** nutzen.

Für den Menschen ist Cellulose als Nährstoff ungeeignet. Trotzdem sind Cellulosemoleküle als **Ballaststoff** ein wichtiger Bestandteil der Nahrung.

Zunehmend wird Cellulose als **nachwachsender Rohstoff** interessant. Pro Jahr werden immerhin zehn Mrd. Tonnen Cellulose durch Pflanzen auf natürliche Weise synthetisiert.

STECKBRIEF: Cellulose $(C_6H_{10}O_5)_n$

Eigenschaften:
fest, faserig, farblos, nicht in Wasser löslich, nicht quellend
Dichte: 1,5 $g \cdot cm^{-3}$

Struktur: Makromoleküle, kleinste Baueinheiten – Glucosereste – linear miteinander über Sauerstoffbrücken verknüpft. Wasserstoffbrücken verbinden benachbarte Makromoleküle.

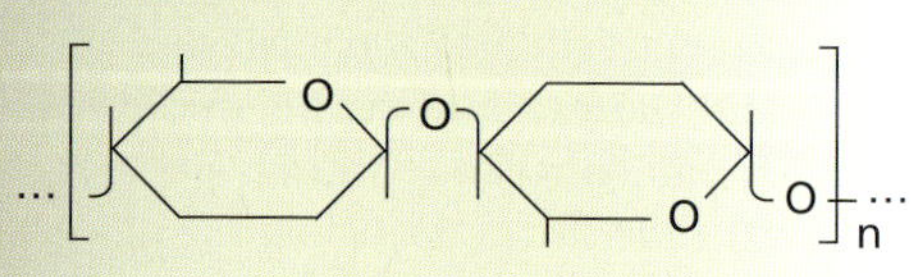

Ein großer Teil dient als Ausgangsstoff für die Zellstoff- und Papierherstellung. Natürliche Textilfasern wie Baumwolle, Leinen u. a. bestehen hauptsächlich aus Cellulose.

Holz wird zunehmend wieder als „nachwachsender Brennstoff“ genutzt. Als Brennstoff hat es den Vorteil, dass es den Treibhauseffekt nicht verstärkt. Zwar wird bei der Holzverbrennung Kohlenstoffdioxid freigesetzt. Diese Menge entspricht aber der Menge Kohlenstoffdioxid, die bei der Fotosynthese zuvor aus der Luft aufgenommen wurde.

1 Etwa 40 % der von lebenden Organismen gebildeten Kohlenhydrate entfallen auf Cellulose.

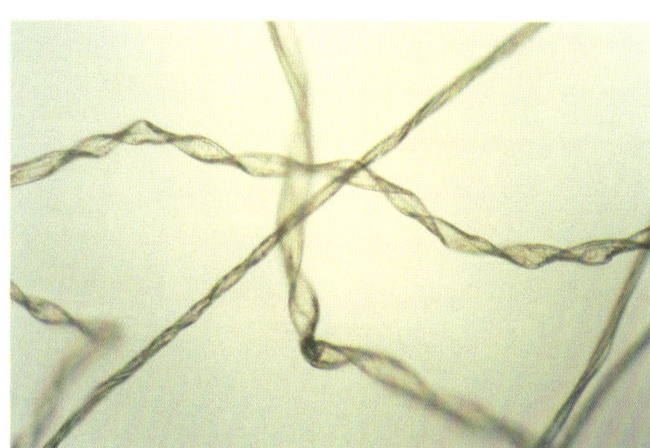

2 Baumwollfasern (mikroskopische Aufnahme) erreichen eine hohe Reißfestigkeit.

Chemie im Kontext

Von der Rübe zum Zucker

Im 16. Jahrhundert entdeckte man, dass nicht nur das Zuckerrohr, sondern auch eine Rübenart zur **Zuckergewinnung** genutzt werden kann.
Beschreibe, wie der Zucker aus der Zuckerrübe gewonnen wird.

Die Zuckerrüben enthalten heute ungefähr einen Anteil von 16 bis 18 % Zucker. Da der Zucker auch für Stoffwechselvorgänge in der Rübe selbst den Ausgangsstoff bildet (Atmung), müssen die Rüben möglichst schnell verarbeitet werden.
Dazu werden die Rüben entkrautet und in einer Waschtrommel gewaschen. In Klär- und Biogasanlagen wird das Abwasser gereinigt und in die Waschanlage zurückgeführt.
Die sauberen Rüben gelangen auf Transportbändern in die Schneidestation.
Die Rübenschnitzel werden zusammen mit Wasser auf 70 °C erhitzt. Dies erfolgt in Extraktionsapparaturen. Der gebildete Rohsaft enthält nicht nur Zucker. Auch andere Stoffe liegen gelöst vor.
Aus dem Rohsaft werden mit Kalk Phosphate und andere unerwünschte Begleitstoffe ausgefällt. Mit Kohlensäure reguliert man anschließend den pH-Wert und filtriert danach alle festen Bestandteile ab.
Im nächsten Arbeitsgang wird der zuckerhaltige Saft eingedickt (s. Abb. 2). Es entsteht ein brauner Zucker. Damit das Produkt zu unserem weißen Kristallzucker wird, muss der Rohzucker noch einmal von Sirupresten gereinigt werden. Dies erfolgt mithilfe von Zentrifugen.
Der Rückstand (Melasse) ist noch zuckerhaltig und wird als Viehfutter bzw. zur Herstellung von Backhefe genutzt.

2 Zuckergewinnung (historische Anlage)

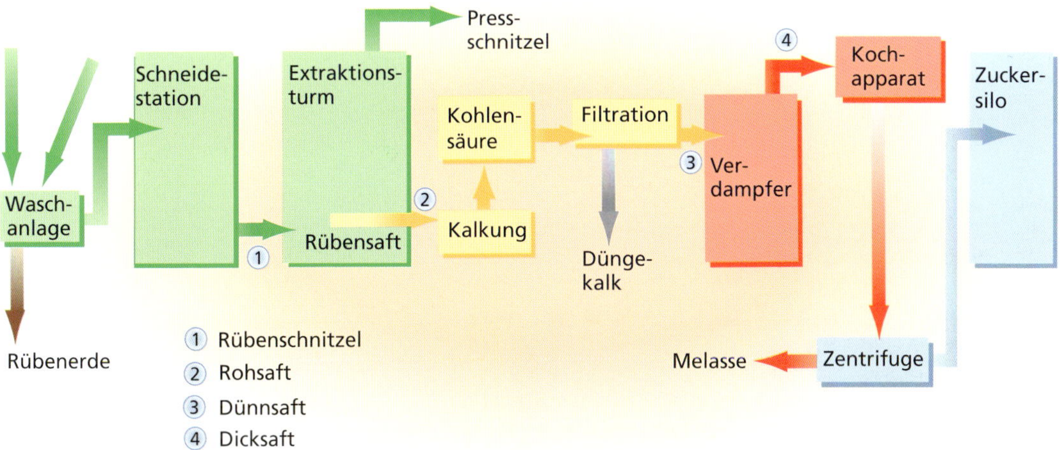

1 Herstellung von Haushaltszucker (Schema)

Der Kohlenstoffkreislauf in biologischen Systemen

Beschreibe den Kohlenstoffkreislauf in einem Ökosystem.

Betrachtet man Stoffumwandlungen in biologischen Systemen (z. B. in einem Ökosystem) auf ein Element bezogen, so stellt man Stoffkreisläufe fest. Eine besondere Rolle kommt den **Verbindungen des Kohlenstoffs** zu.

Grüne Pflanzen und andere Organismen, die Chlorophyll besitzen, wandeln **Kohlenstoffdioxid** aus der Atmosphäre und Wasser unter Nutzung der Energie des Sonnenlichts in Glucose (organische Kohlenstoffverbindung) und Sauerstoff um. Die **Glucose** dient als Grundlage für den Aufbau aller anderen **organischen Substanzen** der autotrophen Organismen.

Außerdem bilden diese Organismen (Produzenten) häufig die Basis von Nahrungsketten und somit die Grundlage für die Ernährung der Konsumenten (Pflanzenfresser und Fleischfresser).

Tote organische Substanz wiederum bildet die Nahrungsgrundlage für Destruenten (Zersetzer). Diese bauen organische Substanz letztendlich zu anorganischen Stoffen (u. a. Kohlenstoffdioxid) ab. Der Kreislauf kann erneut beginnen.

Mit den Stoffumwandlungen sind jeweils Energieumwandlungen verbunden. Ausgangspunkt ist die Energie des Sonnenlichts, die bei der Photosynthese in die chemische Energie der Glucose und nachfolgend in chemische Energie aller weiteren organischen Stoffe umgewandelt wird. Beim Abbau der organischen Stoffe wird Energie freigesetzt. Jedoch ist nur ein Teil der Energie nutzbar und kann als Energie für alle Lebensprozesse dienen. Ein großer Teil wird in Wärme umgewandelt und an die Umgebung abgegeben. Somit geht dem Ökosystem Energie verloren. Daher spricht man hier von einem Energiefluss.

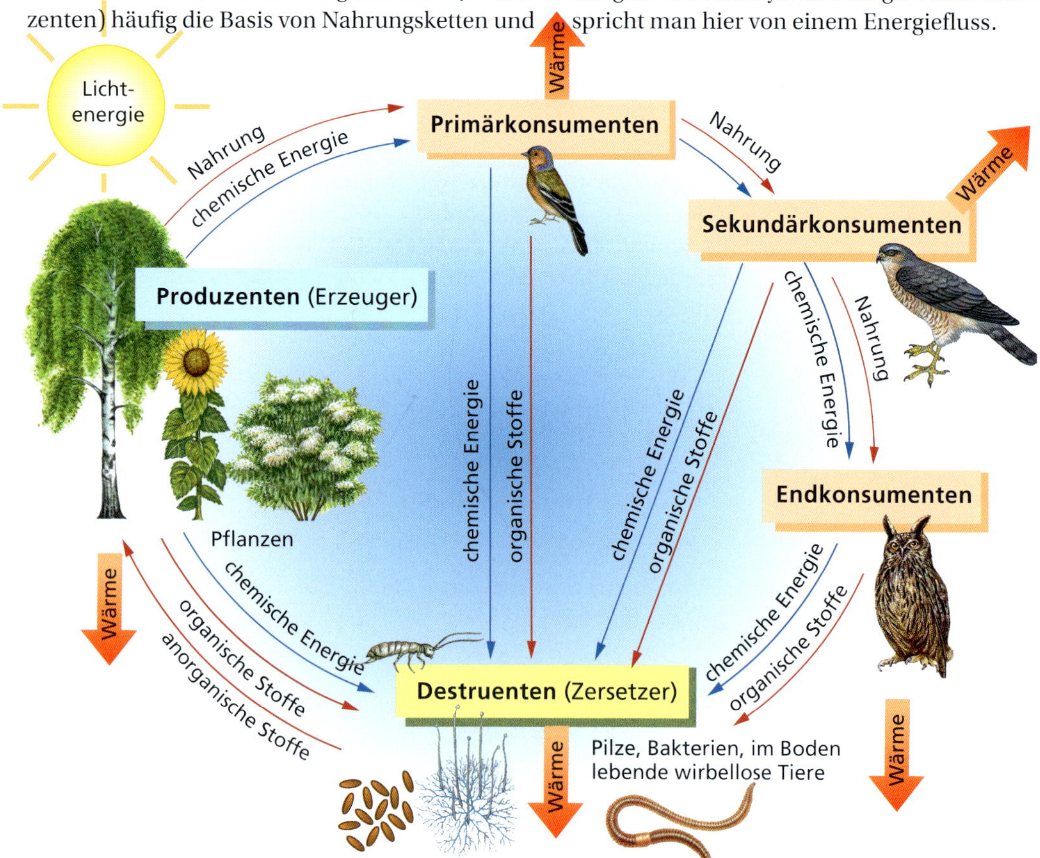

Stoffkreislauf (→) und Energiefluss (➡ →) in einem Ökosystem – ein Überblick

gewusst · gekonnt

1. Ergänze dein Glossar um folgende Begriffe.

Glossar

Disaccharide
Kohlenhydrate
Monosaccharide
Polysaccharide

2. Erläutere, welche Auswirkungen falsche Ernährungsweisen für den Körper haben können.

3. Einige Menschen nehmen mit den Nahrungsmitteln mehr Energie zu sich, als sie für die Aufrechterhaltung der Lebensfunktionen und der von ihnen durchgeführten Tätigkeiten benötigen.

Alter	Richtwert in kJ/Tag	
	männlich	weiblich
10–12	9650	9250
13–14	11350	10500
15–18	12600	10100
19–35	10900	9250

a) Erläutere, was mit dieser überschüssigen Energie geschieht.
b) Wie müsste die Energiebilanz bei einer Person aussehen, die abnehmen will? Begründe deine Antwort.

4. Erkläre, warum Glucose und Stärke wichtige Bestandteile der menschlichen Ernährung sind.

5. Die Pflanze stellt während der Fotosynthese Glucose her, die meist sofort in Stärke umgewandelt und in dieser Form gespeichert wird. Erläutere, warum der Vorgang für die pflanzlichen Zellen lebensnotwendig ist.

6. Sieh dich zu Hause in der Küche um. Welche Kohlenhydrate werden verwendet? Wozu dienen sie?

7. Cellulose ist ein wichtiges Polysaccharid.
a) Informiere dich über die Struktur der Cellulose und vergleiche sie mit der Stärke.
b) Ermittle, welche Bedeutung die Cellulose in der Natur und für die menschliche Ernährung hat.

8. Die Summenformel für Glucose lautet $C_6H_{12}O_6$.
S
a) Versetze eine Stoffprobe Glucose mit konzentrierter Schwefelsäure.
b) Erhitze eine Stoffprobe Glucose eine Weile sehr stark. (Achtung! Abzug!)
c) Vergleiche beide Beobachtungsergebnisse und erläutere die jeweilige Ursache der beobachteten Veränderungen.

9. Erkläre, warum es günstig ist, Kartoffeln kühl zu lagern.

10. Informiere dich über die Geschichte des Haushaltszuckers (Saccharose). Stelle die ermittelten Fakten in einem Kurzvortrag zusammen.

11. Beschreibe den Abbau von Stärke, die mit der Nahrung aufgenommen wurde. Nutze dazu Symbole.

12. Begründe, warum im Rahmen des Kohlenhydratstoffwechsels im menschlichen Organismus ein ständiger Aufbau von langkettigen Kohlenhydraten bzw. ein Abbau zu kurzkettigen Kohlenhydraten erfolgt.

13. Als eine Ursache von Karies wird häufig zuckerhaltige Nahrung genannt. Besteht wirklich ein Zusammenhang?

Kohlenhydrate – Energielieferanten und Baustoffe

Kohlenhydrate sind aus den Elementen Kohlenstoff, Wasserstoff und Sauerstoff aufgebaut. Es handelt sich um Molekülsubstanzen. Für viele lautet die allgemeine Summenformel $C_x(H_2O)_y$. Einige Kohlenhydrate haben im menschlichen Stoffwechsel große Bedeutung.

Monosaccharide
(Einfachzucker)

Glucose (Traubenzucker)

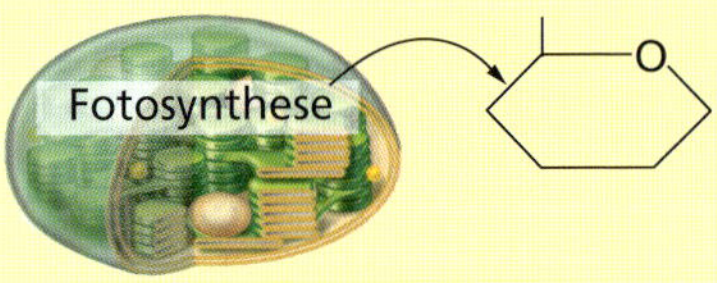

- Energielieferant

Fructose (Fruchtzucker)

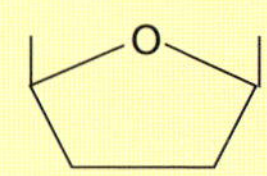

- Zwischenprodukt im Stoffwechsel

Disaccharide
(Zweifachzucker)

Saccharose (Haushaltszucker)

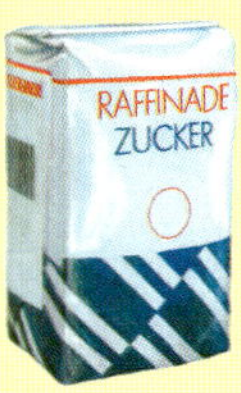

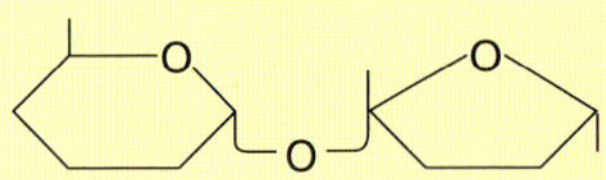

- Süßungsmittel für viele Lebensmittel/ Energielieferant

Maltose (Malzzucker)

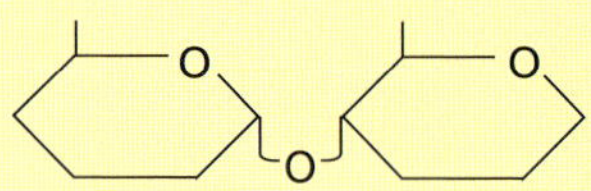

- Zwischenprodukt beim Abbau von Stärke

Polysaccharide
(Vielfachzucker)

Stärke

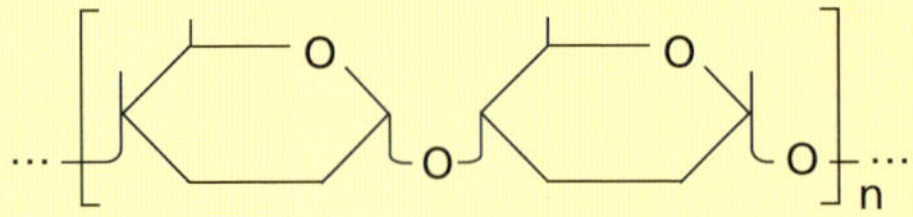

- Energiespeicher

Cellulose

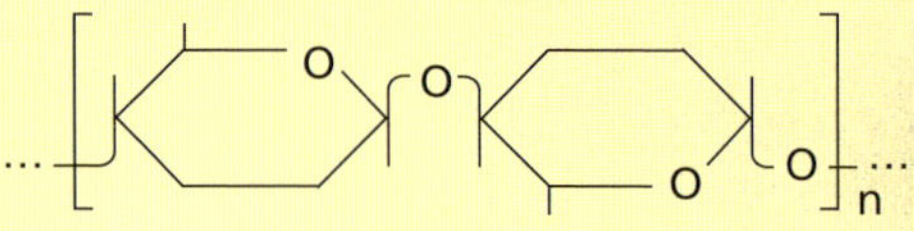

- Ballaststoff

6

Alkansäuren – richtige Säuren

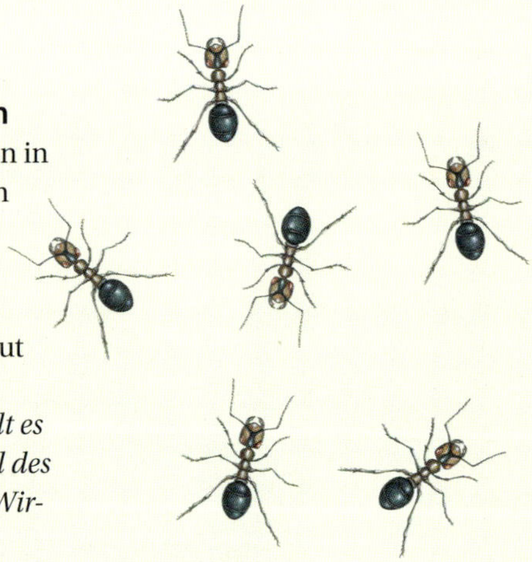

Säure zum Abwehren

Kommt man mit Ameisen in Berührung, geben sie ein Gift ab, das stechend riecht und ätzend wirkt. Es ist sehr wirksam und ruft auch auf unserer Haut Reaktionen hervor.
Um welchen Stoff handelt es sich? Welcher Bestandteil des Giftes hat diese ätzende Wirkung?

Eine anrüchige Säure

Turnschuhe, die häufig gebraucht und selten gelüftet werden, verströmen einen charakteristischen Geruch. Er entsteht u. a. durch einen Stoff, der bei der Zersetzung von abgestorbenen Hautzellen und Talg durch Bakterien gebildet wird. Der Stoff heißt Butansäure bzw. Buttersäure.
Wie ist Butansäure aufgebaut?

Aus Wein kann Essig werden

In Supermärkten und Verkaufsstellen findet man verschiedene Würzmittel mit der Aufschrift „Weinessig“. Wein bildet tatsächlich das Ausgangsmaterial für Essig.
Wodurch werden die Veränderungen bewirkt?
Welche Beziehungen bestehen zwischen Wein und Essig?

Ethansäure – eine Alkansäure

Bei der Herstellung von Wein muss der Weinballon mit einem Gärröhrchen verschlossen werden, damit kein Luftzutritt möglich ist. Ansonsten passiert es leicht, dass der Wein sauer wird. Bei der sauer schmeckenden Verbindung handelt es sich um Ethansäure **(Essigsäure - CH_3COOH).**
Im Weinballon würde unter Sauerstoffeinfluss eine biochemische Reaktion ablaufen. Sie dient zur Freisetzung der Energie, die die Essigsäurebakterien zum Leben benötigen. Es handelt sich um einen zweischrittigen Prozess. Zuerst wird Ethanol zu Ethanal oxidiert und dann in einer zweiten Reaktion zu Ethansäure umgewandelt. Der Prozess lässt sich durch eine zusammenfassende Reaktionsgleichung beschreiben:

$$CH_3CH_2OH + O_2 \longrightarrow CH_3COOH + H_2O$$

Bei diesem **biotechnologischen Prozess** entsteht sogenannter Gärungsessig (Die Bezeichnung ist nicht ganz korrekt, weil Gärungsprozesse eigentlich unter Sauerstoffausschluss erfolgen.).
Großtechnisch wird Ethansäure in der chemischen Industrie durch unterschiedliche chemische Reaktionen hergestellt.

Oxidation von Ethanal:
$$2\,CH_3CHO + O_2 \longrightarrow 2\,CH_3COOH$$

Katalytische Reaktion von Methanol mit Kohlenstoffmonooxid (Monsanto-Prozess):
$$CH_3OH + CO \longrightarrow CH_3COOH$$

Ethansäurelösungen sind in jedem Haushalt zu finden. Sei es, dass sie als Würzmittel für Salate verwendet werden oder als Konservierungsmittel, z. B. für saure Heringe, eine Rolle spielen.

Ethansäure besteht aus Molekülen. Es handelt sich um ein Derivat des Ethans. Sie enthält eine **Carboxylgruppe (Carboxy-Gruppe, -COOH)** im Molekül und gehört damit zu den **Carbonsäuren.** Die funktionelle Gruppe beeinflusst entscheidend die Eigenschaften der Stoffklasse der Carbonsäuren.

STECKBRIEF: Ethansäure (CH_3COOH)

Eigenschaften:
wasserfreie Ethansäure ist eine farblose, brennbare, stechend riechende Flüssigkeit, wirkt auf Augen, Haut und Schleimhäute stark ätzend, erstarrt bei 16,7 °C zu eisartigen Kristallen („Eisessig"), wässrige Lösungen (Essig) färben Indikatoren charakteristisch und bilden Salze mit unedlen Metallen, Metalloxiden und Hydroxiden
Dichte: 1,044 g · cm^{-3}
Schmelztemperatur: 16,7 °C
Siedetemperatur: 117,9 °C

Struktur:

Kugel-Stab-Modell

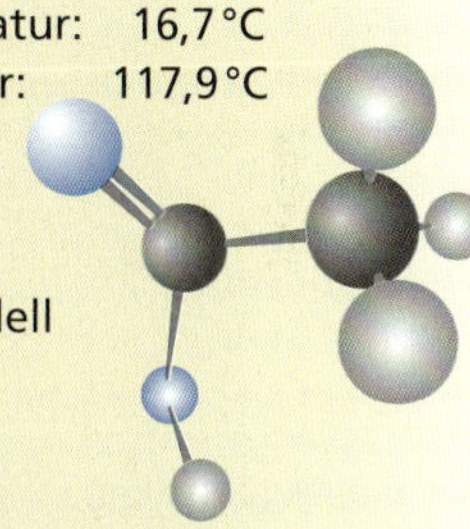

Kalottenmodell

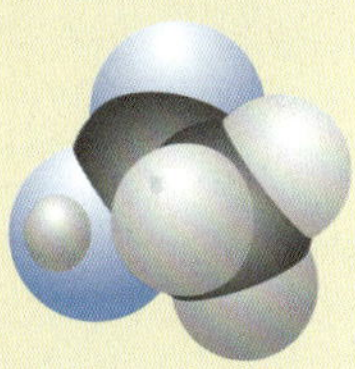

Strukturformel mit Carboxylgruppe

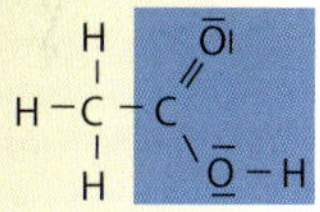

verkürzte Strukturformel $CH_3 - COOH$

Die Ethansäure ist eine Carbonsäure. Carbonsäuren sind organische Stoffe, die im Molekül mindestens eine Carboxylgruppe enthalten.

Aufgaben

Informiere dich über die Verwendungsmöglichkeiten von Ethansäure in Haushalt und Technik. Begründe, warum man verschiedene Verfahren zur Herstellung von Ethansäure entwickelt hat.

Auch wenn es sich bei der Ethansäure um eine organische Verbindung handelt, zeigt sie alle Eigenschaften einer Säure.

Wasserfreie Ethansäure (Eisessig) leitet den elektrischen Strom nicht und färbt Unitest nicht rot. Lässt man Eisessig mit Wasser reagieren, zeigen sich die typischen Reaktionen einer sauren Lösung. Die frei beweglichen Wasserstoff-Ionen färben Unitestlösung rot.

$$CH_3COOH \xrightarrow{H_2O} CH_3COO^-_{(aq)} + H^+_{(aq)}$$

Acetat-Ion (Ethanat-Ion)

Typisch für Säuren sind Salzbildungsreaktionen. Auch die Ethansäure bildet Salze. Ihre Salze heißen **Acetate** (s. Tab.). Wie fast alle Säurelösungen zersetzt auch die Ethansäurelösung Carbonate. Dies nutzt man aus, wenn man Essig einsetzt, um Kalk von Armaturen zu beseitigen.

Außerdem bildet Ethansäure mit Alkoholen Ester (s. S. 194). Ursache für alle diese Eigenschaften ist die Carboxylgruppe.

Die Carboxylgruppe bestimmt die Eigenschaften der Ethansäure entscheidend.

Salzbildungsreaktionen der Ethansäure

Reaktion	Reaktionsgleichung für ein Beispiel
Reaktion mit unedlen Metallen	$2\ CH_3COO^- + 2\ H^+ + Zn \longrightarrow 2\ CH_3COO^- + Zn^{2+} + H_2\uparrow$ Ethansäurelösung + Zink ⟶ Zinkacetatlösung + Wasserstoff
Reaktion mit Metalloxiden	$2\ CH_3COO^- + 2\ H^+ + MgO \longrightarrow 2\ CH_3COO^- + Mg^{2+} + H_2O$ Ethansäurelösung + Magnesiumoxid ⟶ Magnesiumacetatlösung + Wasser
Reaktion mit basischen Lösungen (Neutralisationsreaktion)	$CH_3COO^- + H^+ + Na^+ + OH^- \longrightarrow CH_3COO^- + Na^+ + H_2O$ Ethansäurelösung + Natriumhydroxidlösung ⟶ Natriumacetatlösung + Wasser

S Experiment

Prüfe es selbst

Aufgabe:
Weise experimentell nach, dass Ethansäure die typischen Eigenschaften von Säuren aufweist.

Vorbereitung:
Fordere *Geräte* und *Chemikalien* beim Lehrer an. Informiere dich über die Gefahrstoffe.

Durchführung:

a) Teste eine Essigsäurelösung (5%ig) mit einem pH-Meter oder mit Unitestpapier.
b) Versetze die Testlösung mit Unitestlösung. Gib dann tropfenweise Natriumhydroxidlösung hinzu.
c) Versetze jeweils einen Magnesiumspan und ein Zinkstückchen mit Essigsäure (5%ig). Wenn sich ein Gas bildet, fange es auf und führe die Knallgasprobe durch.
d) Tropfe jeweils die Essigsäurelösung (5%ig) auf ein Marmorstückchen (Calciumcarbonat) und auf eine Probe Natron. Weise das entstehende Gas mit Calciumhydroxidlösung nach.

Beobachtung und Auswertung:
Stelle deine Beobachtungen in einer Tabelle zusammen.
Leite eine Schlussfolgerung hinsichtlich der Aufgabenstellung ab. Belege deine Ansicht mit der jeweiligen Wortgleichung.

Mosaik

Vom Wein zum Essig

Essig (Ethansäurelösung unterschiedlicher Konzentration) ist schon seit 5000 v. Chr. bekannt. Essig war damals wie heute ein wichtiges **Konservierungsmittel** und **Gewürz.** In alten Schriften wird der Stoff als Erfrischungsgetränk auf Reisen, auf der Jagd, auf Eroberungszügen und bei der Arbeit erwähnt.
HIPPOKRATES (um 460 v. Chr.) beschrieb die Anwendung des Essigs als innerliches und äußerliches Heilmittel. Über viele Jahrhunderte benutzte man die Säure als Desinfektionsmittel. So wurden zum Beispiel die Pestmasken während der todbringenden Epidemien in Essig getränkt.

Schon im Altertum ließ man Wein in nur teilweise gefüllten Ziegenschläuchen oder Tonkrügen so lange an warmer Luft stehen, bis der Inhalt sauer schmeckte. Spezielle Bakterien, die **Essigsäurebakterien,** vermehren sich in den offenen Gefäßen und wandeln das Ethanol im Wein in den begehrten sauren Stoff um.
Ende des 14. Jh. stand die Zunft des Essigsiedens in voller Blüte. In Essigstuben, welche sich an den Südseiten der Häuser befanden, wurde das kostbare Nass hergestellt. Die Wände dieser Stuben bestanden aus Gips, denn nur dieser Baustoff konnte den aggressiven Essigdämpfen längere Zeit standhalten.

Heute werden verschiedene biotechnologische Verfahren zur **Essigherstellung** eingesetzt. Bei dem modernsten Verfahren befindet sich die alkoholische Flüssigkeit in einem Tank. Der nötige Sauerstoff wird in die Flüssigkeit geblasen. Dadurch werden die Essigsäurebakterien in der Schwebe gehalten (s. Abb. 1).
In neuen Anlagen ist so eine Tagesproduktion von bis zu 30 000 Litern möglich.

Essigsäure entsteht im biotechnologischen Prozess aus Ethanol unter Einwirkung von Essigsäurebakterien und Sauerstoffzufuhr.

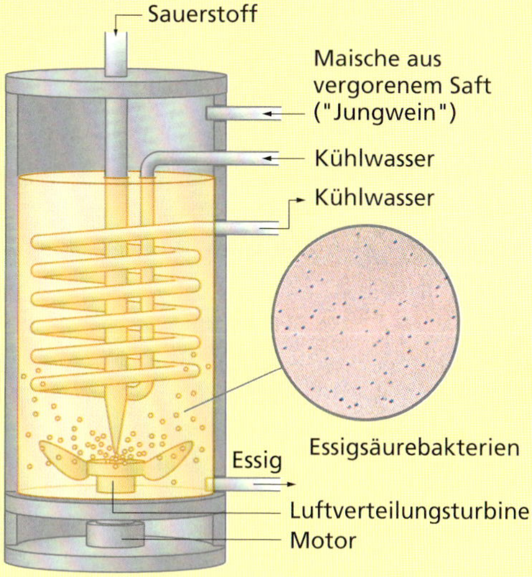

1 Herstellung von Essig in modernen Reaktionsgefäßen (Acetatoren)

Ausgewählte Essigsorten

Weinessig	aus Rot- und Weißwein hergestellt
Branntweinessig (Tafelessig, Speiseessig)	aus Branntwein hergestellt, den man aus Zuckerrüben, Getreide und Kartoffeln durch alkoholische Gärung und anschließende Destillation gewinnt, Massenanteil der Ethansäure 6 %
Kräuteressig	Weinessig oder Branntweinessig mit dem Zusatz von Kräutern oder deren Auszügen
Obstessig	wird überwiegend aus Apfelmost gewonnen, Massenanteil der Ethansäure 5 %
Aceto Balsamico di Modena	Essig aus Traubenmost, reift und lagert traditionell in alten Holzfässern in Modena (Italien)

Homologe der Ethansäure

Die in der Tabelle aufgeführten Stoffe sind durch gleiche Strukturmerkmale gekennzeichnet. Alle diese Substanzen besitzen eine Carboxylgruppe im Molekül. Deshalb sind sie den **Monocarbonsäuren,** und da sie sich von Alkanen ableiten, den **Alkansäuren** zuzuordnen.

Aufeinanderfolgende Alkansäuren unterscheiden sich durch eine $-CH_2-$Gruppe.
Ihre chemischen Eigenschaften ähneln sich aufgrund ihrer gleichen Strukturmerkmale. So zeigen alle Alkansäurelösungen eine saure Reaktion und sind elektrisch leitfähig. Mit unedlen Metallen, Metalloxiden und Hydroxiden werden Salze gebildet. Mit Alkoholen reagieren die Alkansäuren unter Bildung von Estern (s. Kap. 8.1).

Auch die physikalischen Eigenschaften der Alkansäuren werden entscheidend durch die Carboxylgruppe bestimmt. Aufgrund der Polarität der Carboxylgruppe bilden zwei Alkansäuremoleküle über Wasserstoffbrückenbindungen häufig relativ stabile **Doppelmoleküle** (Dimere, s. Abb. oben).

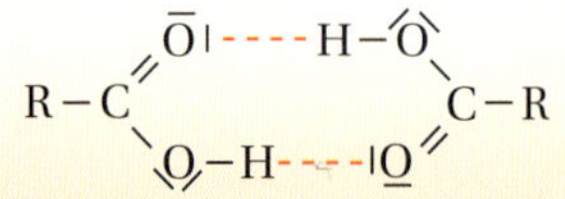

Die wirkenden Kräfte beeinflussen die Schmelz- und Siedetemperaturen. Im Vergleich zu den Alkanen liegen diese relativ hoch. Methansäure, Ethansäure sowie einige weitere Alkansäuren sind zwar flüssig, ab der Decansäure liegen die Stoffe aber im festen Aggregatzustand vor.
Die Kettenlänge des Alkylrestes hat auch Einfluss auf die Löslichkeit der Monocarbonsäuren. Bis zur Butansäure überwiegt der Einfluss der polaren Carboxylgruppe. Diese Monocarbonsäuren sind somit sehr gut in Wasser löslich.
Mit zunehmender Kettenlänge steigt der Einfluss des unpolaren, wasserabstoßenden Molekülteils. Die Wasserlöslichkeit nimmt stark ab.

Alkansäuren ($C_nH_{2n+1}COOH$) sind Derivate der Alkane mit einer Carboxylgruppe im Molekül. Sie bilden eine homologe Reihe.

Alkansäuren – Verwandte der Ethansäure

Bezeichnung	Formel	Vorkommen/Verwendung
Methansäure (Ameisensäure)	$HCOOH$	im Gift der Ameisen und in Brennnesselblättern enthalten, Konservierungsstoff (E 236)
Ethansäure (Essigsäure)	CH_3COOH	Würzmittel, Konservierungsmittel (E 260), Grundchemikalie
Propansäure (Propionsäure)	C_2H_5COOH	Grundchemikalie, (umstrittenes) Konservierungsmittel (E 280)
Butansäure (Buttersäure)	C_3H_7COOH	entsteht bei Fettalterung und bei bakterieller Zersetzung von Talg und Schweiß
⋮		
Hexadecansäure (Palmitinsäure)	$C_{15}H_{31}COOH$	Fettsäure (s. S. 206), chemisch gebunden in Bienenwachs, zur Herstellung kosmetischer Präparate
Octadecansäure (Stearinsäure)	$C_{17}H_{35}COOH$	Fettsäure (s. S. 206), zur Herstellung kosmetischer Präparate und von Kerzenwachs

Mosaik

Säuren als Lebensmittelzusatzstoffe

Getränken und einigen Nahrungsmitteln werden oft Säuerungsmittel wie Essigsäure, Apfelsäure, Citronensäure u.a. zugesetzt. Dies hat oft nicht nur eine Geschmacksverbesserung zur Folge.

Hefen, Bakterien und Schimmelpilze wandeln durch ihre Stoffwechselprozesse die in den Nahrungsmitteln enthaltenen Nährstoffe um und scheiden giftige Produkte aus. So werden Speisen und Getränke ungenießbar. Soll das Wachstum der Mikroorganismen verlangsamt oder verhindert werden, kommen unterschiedliche **Konservierungsmethoden** infrage (s. Tab.).

Eine Möglichkeit ist das Säuern von Lebensmitteln. Die zugesetzten organischen Säuren haben konservierende Eigenschaften. Ihre saure Wirkung, das heißt der geringe pH-Wert, macht verschiedensten Mikroorganismen das Überleben unmöglich. Oft wirken auch die Salze der Säuren konservierend.

Der Einsatz solcher und anderer Lebensmittelzusatzstoffe ist durch strenge gesetzliche Richtlinien geregelt. Die Art des verwendeten Zusatzstoffes muss stets auf Etiketten ausgewiesen werden. Bei manchen Stoffen genügt der Klassenname (z.B. Emulgatoren). Andere werden durch festgelegte Nummern – sogenannte **E-Nummern** – oder ihre chemischen Bezeichnungen gekennzeichnet. Auch Konservierungsmittel bzw. Säuerungsmittel sind davon betroffen (E-Nummern 200–299). Durch Laborversuche wird der ADI-Wert (Acceptable Daily Intake) ermittelt. Aus dieser für Menschen tolerierbaren Tagesdosis ergeben sich die zulässigen Höchstmengen an Zusatzstoffen, die Lebensmittel enthalten dürfen.

Als Konservierungs- bzw. Säuerungsmittel sind z.B. Essigsäure, Milchsäure, Ameisensäure, Benzolesäure und Sorbinsäure in entsprechenden Listen aufgeführt. **Essigsäure und Milchsäure** gelten als unbedenklich.

Benzoesäure ist nicht ganz so unbedenklich, denn sie steht in Verdacht, Allergien auszulösen. Die überwiegende Anzahl der Konservierungsstoffe wie **Sorbinsäure,** Benzoesäure und **Ameisensäure** (s. S. 171) wirken in den zugelassenen Konzentrationen vorwiegend gegen Schimmelpilze und Hefen. Bakterien werden nur teilweise gehemmt. Das ist manchmal auch von Vorteil, denn so kann z.B. Sorbinsäure zur Konservierung von Sauergemüse eingesetzt werden, ohne dass die für die Sauerkrautherstellung wichtigen Milchsäurebakterien abgetötet werden.

Konservierungsmethoden

physikalisch	**chemisch**
Kühlen Gefriertrocknen Tiefgefrieren Pasteurisieren Sterilisieren Einkochen Trocknen	Räuchern Pökeln Zuckern Zusatz von Konservierungsmittel, Antioxidationsmittel Salzen Säuern

Konservierungsmittel/Säuerungsmittel

Name	**E-Nummer**
Sorbinsäure und ihre Salze	E 200 E 201–E 203
Benzoesäure und ihre Salze	E 210 E 211–E 214
Ameisensäure und ihre Salze	E 236 E 237–E 238
Essigsäure und ihe Salze	E 260 E 261–E 263
Milchsäure	E 270

Chemie im Kontext

Essig – das natürliche Reinigungsmittel

Sieht man sich die Inhaltsstoffe verschiedener Badreiniger an, bemerkt man, dass viele von ihnen Säuren enthalten. Deshalb wird auch auf der Packungsaufschrift besondere Vorsicht im Umgang mit diesen **Reinigungsmitteln** angeraten.
Ist es auch möglich, Speiseessig zur Reinigung der Badarmaturen von Kalkbelägen zu verwenden? Begründe deine Ansicht. Nutze dazu auch die chemische Zeichensprache.

Speiseessig enthält Ethansäure, die in Wasser gelöst ist.
Die Ethansäurelösung reagiert mit den Kalkrückständen.
Bei diesen Kalkrückständen handelt es sich hauptsächlich um Carbonate (z.B. Calciumcarbonat). Durch die Reaktion der Ethansäure mit dem Kalk werden die Carbonate zersetzt. Es bilden sich Salze der Ethansäure. Daneben werden kleine Bläschen von Kohlenstoffdioxid sichtbar.

$$2\ CH_3COO^-_{(aq)} + 2\ H^+_{(aq)} + CaCO_3 \longrightarrow 2\ CH_3COO^-_{(aq)} + Ca^{2+}_{(aq)} + H_2O + CO_2\uparrow$$

Die entstehenden Salze sind wasserlöslich und können leicht entfernt werden. Bedingt durch diese Reaktion kann man Essig als Reinigungsmittel einsetzen. Hinzu kommt, dass durch die ätzende Wirkung des Essigs der Gegenstand auch gleichzeitig desinfiziert wird.
Allerdings hat Essig auch Nachteile. So darf nur Speiseessig und keine Essigessenz Verwendung finden, da es ansonsten zu Verätzungen der Schleimhäute kommen kann. Insbesondere beim Erhitzen bilden sich stark reizende Dämpfe. Zudem können Armaturen korrodieren. Eine schonendere Alternative sind Citronensäurelösungen. Sie wird außerdem in Abwasseranlagen leichter abgebaut als die Essigsäure.

Sauerkraut – Essigsäure oder was?

Sauerkraut gibt es in jedem Gemüseladen oder Lebensmittelmarkt zu kaufen.
Man kann es aber auch selbst herstellen. Dazu wird ein Weißkohlkopf gut gewaschen und geputzt, in feine Streifen geschnitten und diese in einem Steinguttopf geschichtet. Jede Schicht muss dabei so fest gestampft werden, bis der Zellsaft austritt. Das Kraut wird mit Salz, Haushaltszucker und einigen Wacholderbeeren gewürzt (pro 1 kg Kohl 13 g Salz, 4 g Zucker). Zum Schluss deckt man den Topf mit einem ausgekochten Geschirrtuch zu und beschwert das Ganze mit einem sterilen Stein oder Brett.
Man lässt das Gefäß vier bis fünf Tage bei etwa 20 °C ruhen und anschließend das Sauerkraut noch weitere zwei Wochen bei ca. 15 °C reifen.
Beschreibe, was im Sauerkrauttopf geschieht.

Die Weißkohlstreifen verändern sich. Das wird am sauren Geschmack des Produkts erkennbar. Irrtümlich wird häufig angenommen, dass eine Essigsäuregärung abläuft. Aber Sauerkraut schmeckt doch etwas milder als ein Essigdressing. Im Topf finden allerdings wirklich Gärprozesse statt. Ausgelöst werden sie durch spezielle Mikroorganismen, durch **Milchsäurebakterien.**
In den Zellen der Kohlblätter ist eine bestimmte Menge an Zucker enthalten. Die überall vorhandenen Milchsäurebakterien wandeln den Zucker in Milchsäure um.
Der saure Geschmack des Lebensmittels resultiert also aus der gebildeten Milchsäure.

$$C_6H_{12}O_6 \longrightarrow 2\ CH_3\text{-}CHOH\text{-}COOH$$

Die Energiefreisetzung bei diesem **Stoffwechselprozess** ist jedoch geringer als bei der Atmung, weil das Reaktionsprodukt, die Milchsäure, noch recht energiereich ist.

Ameisensäure – Kampfstoff der Natur

Methansäure (Ameisensäure) ist die einfachste Carbonsäure. Sie kommt häufig in der Natur vor, beispielsweise als Bestandteil von Giftcocktails, die einige Tiere (Ameisen, Wespen) und Pflanzen (Brennnesseln) zu Angriffs- und Verteidigungszwecken nutzen.
Beschreibe die Molekülstruktur von Methansäure. Begründe, warum Methansäure eine Sonderstellung in der homologen Reihe der Alkansäuren einnimmt. Leite aus der Struktur Eigenschaften und Verwendungsmöglichkeiten ab.

Das Methansäuremolekül besteht aus einem Kohlenstoffatom, zwei Sauerstoff- und zwei Wasserstoffatomen. Vier dieser Atome bilden die **Carboxylgruppe (-COOH)**. An das zentrale Kohlenstoffatom ist noch ein Wasserstoffatom gebunden. Dadurch verfügt das Molekül gleichzeitig über eine **Aldehydgruppe (-CHO)**.

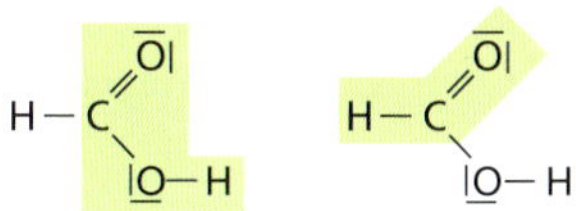

Aufgrund der Carboxylgruppe im Molekül weist Methansäure die typischen Eigenschaften der Carbonsäuren auf. Sie dissoziiert in wässriger Lösung und bildet mit Metalloxiden, unedlen Metallen und Metallhydroxiden Salze, die Methanate (Formiate) genannt werden.
Außerdem geht die Ameisensäure auch die typischen Reaktionen von **Aldehyden** (s. S. 203) ein. Dies zeigt sich insbesondere daran, dass sie reduzierend wirkt und deshalb z. B. durch die **Tollens-Probe** nachweisbar ist (s. Exp.).

Die gleichzeitige Existenz von zwei funktionellen Gruppen im Molekül wird auch als **Bifunktionalität** bezeichnet. Sie ist die Ursache für die Sonderstellung der Methansäure in der homologen Reihe der Alkansäuren.

Die reduzierende Wirkung verstärkt den **antibakteriellen Effekt** der Methansäure. Deshalb wurde sie bis 1998 auch in Deutschland als wirksames Konservierungsmittel (E236) eingesetzt. Heute verwendet man die reduzierende Säure als Bestandteil saurer Reinigungs- und Desinfektionsmittel, zum Beizen von Leder und zum Imprägnieren von Textilien.

In der Elektronikindustrie nutzt man die reduzierende Wirkung vor allem beim Löten von Metallen.

Eine Lösung von Methansäure in Ethanol (**Ameisenspiritus**) verschreiben manche Ärzte zur Linderung rheumatischer Beschwerden.

Methansäure ist ein wichtiger Synthesebaustein in der organischen Chemie. Sie wird zur Neutralisation alkalischer Lösungen eingesetzt und dient als Ausgangsstoff für die Synthese von Kunststoffen.

S Experiment

① ammoniakalische Silbernitratlösung ☒ + Methansäurelösung

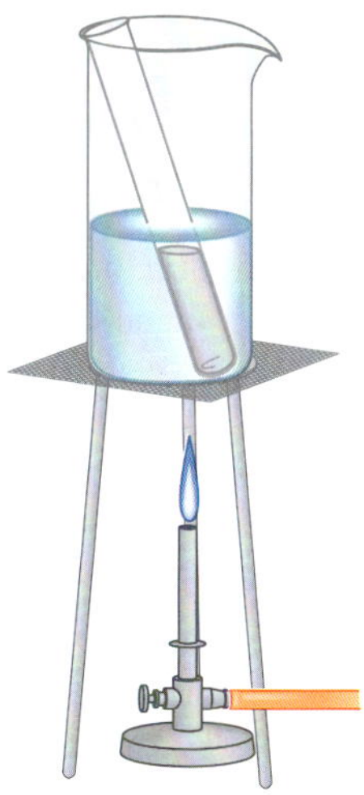

② Ein schwarzer Silberspiegel zeigt die reduzierende Wirkung an.

$$R-CHO_{(aq)} + 2Ag^{+}_{(aq)} + 3OH^{-}_{(aq)} \longrightarrow R-COO^{-}_{(aq)} + 2Ag\downarrow + 2H_2O$$

gewusst · gekonnt

1. Ergänze dein Glossar bzw. wiederhole die Begriffe:

Glossar

Alkansäuren
Carbonsäuren
funktionelle Gruppe
homologe Reihe
Säure

2. Will man das Platzen von Eiern verhindern, gibt man einen Teelöffel Speiseessig ins Kochwasser. Erkläre.

3. S Stelle Essig aus Wein her und weise die Bildung von Essigsäure durch Messung des pH-Werts nach.
   a) Informiere dich, welche Geräte und Chemikalien du für das Experiment benötigst und welche Zeit du für den Versuch veranschlagen musst.
   b) Stelle einen Plan auf und lasse ihn vom Lehrer bestätigen.
   c) Führe das Experiment nach deinem Plan durch. Erkläre deine Beobachtungen anhand von Reaktionsgleichungen.
   d) Begründe, warum die alkoholische Gärung unter Luftabschluss erfolgen muss.

4. In manchen Regionen weist das Wasser eine große Wasserhärte auf. Kaffeemaschinen bekommen schnell Beläge aus Kesselstein.
   a) Was ist Kesselstein? Erkläre.
   b) Behandelt man die Beläge mit verdünnter Essigsäure, verschwinden sie. Gib die chemische Gleichung für die ablaufende Reaktion an.

5. Hausfrauen geben gern etwas Essig ins Fensterputzwasser.
   Erkläre, was der Trick bewirken soll.

6. Warum bewahrt man essigsaure Konserven in Gläsern, nicht in Metallgefäßen auf?

7. Die Carboxylgruppe als funktionelle Gruppe der Monocarbonsäuren bestimmt deren chemisches Verhalten.
   Gib für drei mögliche chemische Reaktionen der Essigsäure die Wort- und Reaktionsgleichungen an. Wähle den jeweiligen Reaktionspartner selbst.
   Benenne, soweit möglich, die Reaktionsprodukte.

8. Eisessig wird auf Stromleitfähigkeit und auf das Vorhandensein einer sauren Reaktion geprüft. Gib an, welche Beobachtungsergebnisse zu erwarten sind und begründe deine Antwort.

9. Aluminiumacetat ist ein Bestandteil der in Apotheken erhältlichen „essigsauren Tonerde".
   a) Informiere dich darüber, welche Erkrankungen mit essigsaurer Tonerde gelindert werden können.
   b) Stelle eine mögliche Gleichung zur Herstellung von Aluminiumacetat auf.

10. S Überprüfe die Löslichkeit von Essigsäure, Ameisensäure, und Palmitinsäure. Löse dazu je 3 ml der Stoffprobe in 5 ml Wasser bzw. 3 ml Heptan. Notiere deine Beobachtungen und erkläre die Versuchsergebnisse unter Einbeziehung des Molekülbaus der verwendeten Monocarbonsäuren.

11. S Untersuche die Wirkung verschiedener Konservierungsmittel.
    Löse dazu je eine Messerspitze Sorbinsäure und Benzoesäure in wenig heißem Wasser. Teile eine Brotscheibe in drei Teile und bestreiche dann zwei von ihnen mit den vorbereiteten Lösungen, das dritte Stück mit Wasser. Lass die jeweiligen Gefäße abgedeckt einige Tage stehen und beobachte nach einigen Tagen. Notiere deine Beobachtungen und erkläre sie.

12. Vergleiche die Siedetemperaturen von Ethan, Ethanol und Ethansäure. Wie lassen sich die unterschiedlichen Werte erklären?

13. Erläutere den Begriff „homologe Reihe" am Beispiel der Alkansäuren.

14. Grünspan [basisches Kupfer(II)-acetat] ist giftig. Informiere dich darüber, wie Grünspan entsteht. Wo könnte diese Reaktion eine Rolle spielen?

15. Angefeuchtetes Unitestpapier wird auf einen Ameisenhaufen gelegt. Welche Beobachtung erwartest du? Begründe.

16. Natriumformiat (E 237) und Calciumformiat (E 238), Salze der Methansäure, haben hemmende Wirkung auf Mikroorganismen. Deshalb werden sie als Konservierungsmittel eingesetzt. Stelle Reaktionsgleichungen für die Prozesse auf, bei denen sie gebildet werden.

17. Im Labor kann Ethansäure durch katalytische Oxidation aus Ethanal hergestellt werden. Stelle die entsprechende Reaktionsgleichung auf.

18. Untersuche die Lebensmittel in eurem Kühlschrank, indem du die Zutaten auf den Etiketten studierst.
Notiere, welche Carbonsäuren enthalten sind. Gib an, welchen Zweck sie erfüllen.

19. Viele Lebensmittel enthalten den Aufdruck „ohne Konservierungsstoffe". Trotzdem ist in der Zutatenliste Citronensäure aufgeführt. Ist der Aufdruck falsch? Begründe deine Antwort.

20. Informiere dich anhand der Verpackungsangaben, welche Konservierungsstoffe in Cola und Ketchup enthalten.

21. Manchmal findet man in Weinflaschen einen bernsteinfarbenen Bodensatz, sogenannten Weinstein.
Gib an, worum es sich dabei handelt. Informiere dich z. B. auf der Seite 178.

22. Essig kannten schon die alten Römer und Ägypter. Diese alte Überlieferung von Plinius dem Jüngeren zeigt jedoch, dass sie damit auch allerhand Unfug veranstalteten.

„Die beiden größten Perlen, die es jemals gab, besaß Cleopatra, die letzte Königin von Ägypten. Als Antonius fragte, wie ihr Lebensstil noch großartiger gestaltet werden könne, antwortete sie, dass sie bei einem einzigen Essen 10 Millionen Sesterzen verbrauchen werde. Antonius wollte dies sehen, glaubte aber nicht, dass es machbar sei. Also schlossen sie eine Wette ab, und am nächsten Tag setzte sie Antonius ein sonst großartiges, aber alltägliches Essen vor, weswegen er sie auslachte und die Rechnung forderte. Aber sie versicherte, dass dies Essen nur eine schmückende Beigabe sei und dass sie alleine 10 Millionen verspeisen werde, und befahl, den letzten Gang aufzutischen. Auf ihre Anordnung hin stellten die Diener ein einziges Gefäß vor sie, das Essig enthielt, dessen Schärfe und Stärke Perlen zu Schleim auflöst. Sie trug an den Ohren jenes wahrhaft einzigartige Werk der Natur. Und so nahm sie, während Antonius darauf wartete, was sie tun werde, die eine Perle, gab sie in das Gefäß und trank sie, nachdem sie sich aufgelöst hatte. Sie hatte schon die Hand an der anderen Perle, als Lucius Plancus, der Schiedsrichter dieser Wette, Antonius für besiegt erklärte."

Quelle: Übersetzung nach C. Plinii Secundi: Naturalis historias, Lib. IX

a) Finde heraus, woraus Perlen bestehen.
b) Erkläre anhand einer Reaktionsgleichung, wieso sich die Perle in Essig gelöst hat.
c) In einer anderen Variante der Geschichte löst Kleopatra ihre Perle in Wein auf. Begründe, warum dies wahrscheinlich nicht funktioniert hätte.

Carbonsäuren

Carbonsäuren sind organische Stoffe, die im Molekül mindestens eine Carboxylgruppe enthalten. Die Carboxylgruppe ist eine funktionelle Gruppe, die die Eigenschaften der Stoffe wesentlich mitbestimmt.

Alkansäuren

Alkansäuren sind Carbonsäuren und Sauerstoffabkömmlinge der Alkane. Sie besitzen eine Carboxylgruppe im Molekül. Die allgemeine Summenformel der Alkansäuren lautet $C_nH_{2n+1}COOH$. Alkansäuren mit einer endständigen Carboxylgruppe bilden eine homologe Reihe.

Funktionelle Gruppe	Methansäure	Ethansäure	Propansäure
Carboxylgruppe 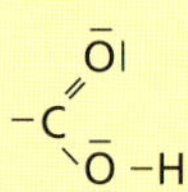	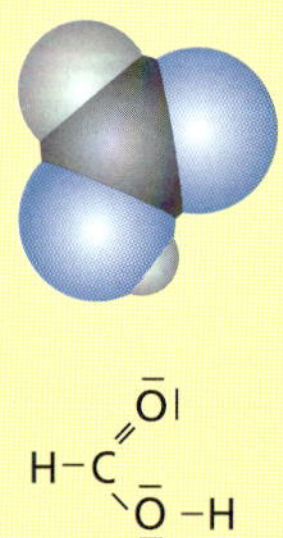	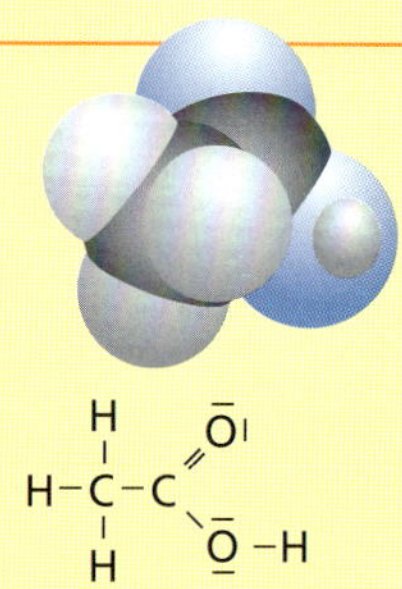	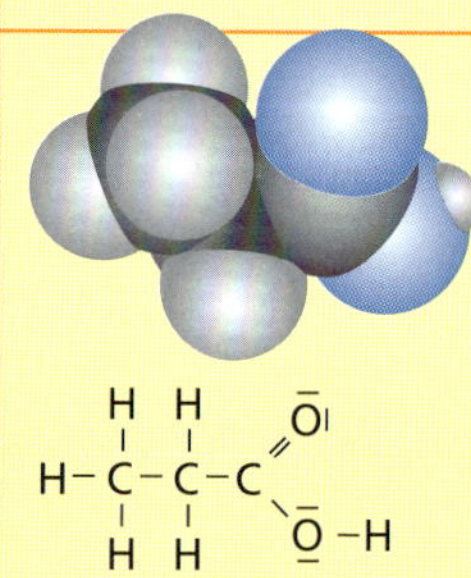

Typische chemische Reaktionen der Alkansäure (Beispiel Ethansäure)

- Saure Reaktion in wässriger Lösung

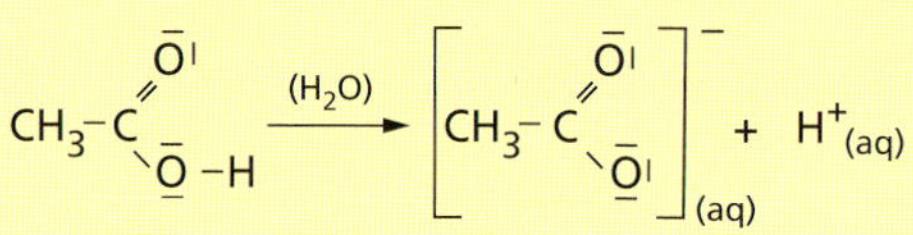

- Salzbildungsreaktion (Beispiel Neutralisationsreaktion)

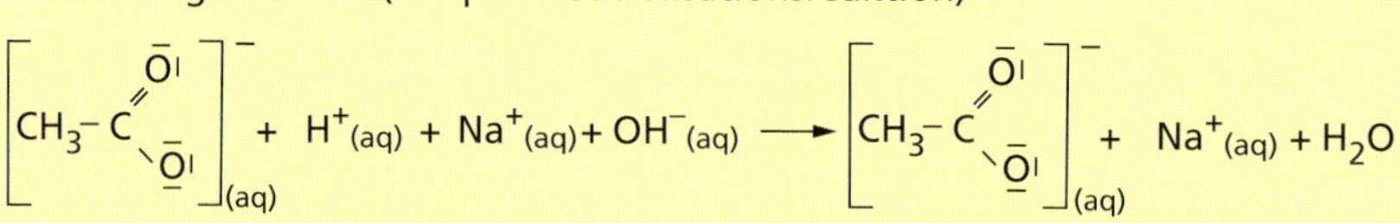

- Zersetzung von Carbonaten

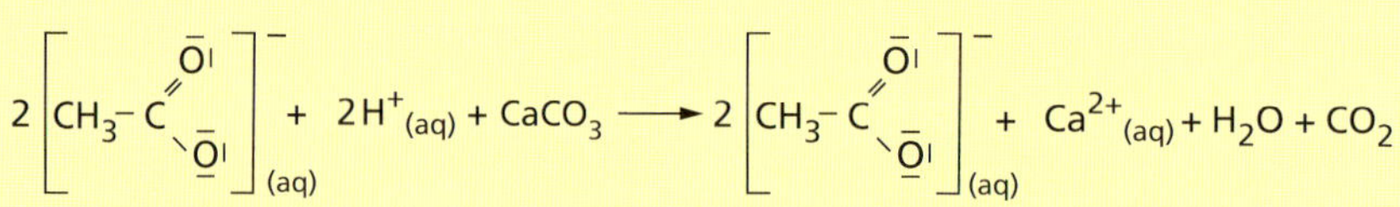

Herstellung der Ethansäure (Essigsäure)

- biotechnologisch unter Nutzung von Essigsäurebakterien (s. Abb.)

$$CH_3CH_2OH + O_2 \longrightarrow CH_3COOH + H_2O$$

- großtechnisch, z. B. durch die Reaktion von Methanol mit Kohlenstoffmonooxid

$$CH_3OH + CO \longrightarrow CH_3COOH$$

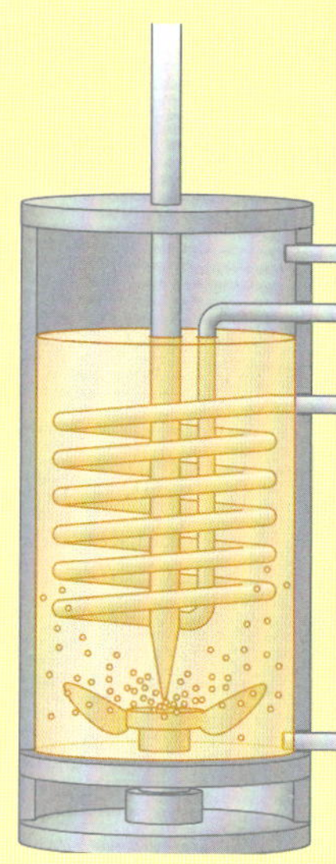

Wahlbereich: Muskelkater und saure Früchte

Neben den Monocarbonsäuren, d. h. organischen Säuren mit einer Carboxylgruppe in den Molekülen (z. B. Ethansäure), gibt es eine Reihe von **organischen Säuren, die mehrere Carboxylgruppen und weitere funktionelle Gruppen in den Molekülen** aufweisen.

Milchsäure - vom Muskelkater bis zum Quark

Die **Milchsäure (2-Hydroxypropansäure)** wird durch Abbau von Glucose unter Sauerstoffmangel im Stoffwechsel mehrzelliger Organismen oder von bestimmten Bakterien *(Lactobacillus)* durch Abbau von Milchzucker gebildet.

1. *Leite die Strukturformel für Milchsäure aus dem systematischen Namen ab.*

2. *Gib an, wozu Organismen Energie benötigen. Was meinst du, warum man den Abbau von Glucose zu Milchsäure auch als „Notfallreaktion" bezeichnet?*

3. *Laut langjähriger Meinung soll Milchsäure Ursache für den Muskelkater sein. Die Milchsäure wird in der Muskulatur allerdings nach ca. 20 Minuten abgebaut. Der oft schmerzhafte Muskelkater tritt aber erst nach etwa 18 bis 36 Stunden auf.*
   a) *Kläre diesen Widerspruch, indem du dich bei deinem Sportlehrer und in der Literatur über die heutigen Erkenntnisse zu den Ursachen des Muskelkaters informierst.*
   b) *Leite aus deinen Rechercheergebnissen Regeln für ein sinnvolles und effektives Training der Muskulatur ab.*

Den Abbau des Milchzuckers zur Milchsäure durch Bakterien kann man zur Quarkherstellung nutzen.

S Experiment

Aufgabe:
Stelle Quark her. Führe das Experiment zu Hause in der Küche durch.

Vorbereitung:
Geräte und Materialien:
1 Liter Frischmilch (3,5% Fett), 3 flache Schalen, 1 Sieb, 1 sauberes Tuch (z. B. Baumwollhandtuch), 1 großer Topf

Durchführung:
a) Lass die Milch in einem Gefäß bei etwa 25 °C für zwei bis drei Tage offen stehen, damit sie sauer und dick wird. (Der Prozess kann beschleunigt werden, indem man etwas Dickmilch zugibt.)
b) Erwärme die Dickmilch für etwa 30 Minuten auf 37 °C, bis sich die festen (der „Bruch") und die flüssigen Bestandteile (Molke) trennen. (Nicht stärker erwärmen, sonst gerät der Quark zum Kochkäse.)
c) Lege ein feines Sieb mit dem Tuch aus. Filtriere jetzt das Gemisch und fange die Molke auf.
Nachdem die Molke vollständig abgelaufen ist, binde das Tuch zusammen und beschwere es ca. drei Stunden mit einem Gegenstand. So wird die Quarkmasse fest.

Die Molke enthält wertvolle Vitamine und kann mit Fruchtsaft und etwas Zucker vermengt getrunken werden.
Der Quark hat nun einen Fettgehalt von etwa 24 %. Mit Kräutern oder Früchten verfeinert und abgeschmeckt kann er als vollwertiges Lebensmittel verzehrt werden. Der hohe Calciumgehalt wirkt sich positiv auf die Zahn- und Knochenhärtung aus.

Säuren in Zitronen, Äpfeln und anderen Früchten

Citronensäure kommt zu etwa 5 bis 7 % in Zitronensaft vor, ist aber auch in Äpfeln, Birnen, Himbeeren, Johannisbeeren, Nadelhölzern, Pilzen und Tabakblättern in unterschiedlichen Mengen enthalten.
In Organismen wird sie als Stoffwechselprodukt beim Abbau von Glucose gebildet (Citratzyklus). Citronensäure (3-Carboxy-3-hydroxypentan-1,5-disäure) ist ein farbloser, wasserlöslicher Feststoff. Ihre Salze nennt man Citrate.

S Experiment 1

Aufgabe:
Untersuche die sauren Eigenschaften der Citronensäure.

Vorbereitung und Durchführung:
Geräte und Materialien: 1 bis 2 Zitronen, Reagenzgläser, Reagenzglasständer, Zitronenpresse, Bechergläser, pH-Papier, Geräte zur Prüfung der elektrischen Leitfähigkeit, Magnesium, Magnesiumoxid, verdünnte Natronlauge

Durchführung:
a) Schneide die Zitronen auf und gewinne den Saft durch Auspressen.
b) Verteile den Saft auf vier Reagenzgläser und ein Becherglas.
c) Belege durch fünf Experimente, dass Citronensäure wie eine typische Säure reagiert.

Beobachtung und Auswertung:
Erfasse deine Beobachtungen in einer Tabelle. Leite aus dem systematischen Namen die Strukturformel für Citronensäure ab und erläutere die registrierten Beobachtungen.

S Experiment 2

Tipp:
Die folgenden Versuche können sowohl im Labor als auch zu Hause durchgeführt werden. Trotzdem muss auf die Einhaltung der Sicherheitsregeln geachtet werden. Citronensäure ist reizend und darf nicht in offene Wunden und auf Schleimhäute gelangen.

Aufgabe:
Untersuche die Wirkung von Citronensäure im Alltag.

Vorbereitung:
Geräte und Materialien: Zitronensaft, feste Citronensäure, Gips, Wasser, Geschirrspülmittel, 1 Apfel, Messer, Untertassen, Einwegbecher, Rührstab

Durchführung:
a) Kratze vorsichtig etwas Kalk z. B. von der Heizspindel des Wasserkochers ab und versetze ihn mit ein paar Tropfen Zitronensaft.
b) Schneide einen Apfel auf und beträufle die eine Hälfte mit Zitronensaft, die andere nicht. Lass beide Hälften etwa 30 Minuten an der Luft stehen und betrachte sie danach.
c) Gib zu etwa 100 g Gips 5 g Citronensäure und vermische beide Bestandteile in einem großen Einwegbecher. Füge anschließend 60 ml Wasser und einen Tropfen Geschirrspülmittel hinzu.
d) Brühe eine Tasse schwarzen Tee auf und lasse diese etwa 5 bis 6 Minuten ziehen. Entferne den Teebeutel und tropfe anschließend etwas Zitronensaft dazu. Prüfe den Geschmack und die Farbe des Tees.

Beobachtung:
Notiere jeweils die registrierten Beobachtungen.

Auswertung:
Beschreibe die jeweilige Wirkung der Citronensäure. Stelle anhand der Experimente Verwendungsmöglichkeiten von Citronensäure im Haushalt zusammen und diskutiere Vor- und Nachteile des Einsatzes.

Die **Apfelsäure** (2-Hydroxybutan-1,4-disäure) kommt natürlich in Äpfeln, Quitten, Weintrauben, Vogelbeeren und Stachelbeeren vor. Im Organismus ist sie Zwischenprodukt im Citratzyklus, d. h. beim Abbau von Glucose zur Gewinnung von Energie.

Die Apfelsäure gewinnt man auf chemischem Weg aus Fumarsäure (E 297) oder aus dem Stoffwechsel von Bakterien und Pilzen.
Als Lebensmittelzusatzstoff (E 296) findet die Apfelsäure aufgrund des hohen Herstellungspreises nur selten Verwendung, gelegentlich setzt man sie als Konservierungsmittel mit antioxidativer Wirkung in Obst- und Gemüsesäften, Konfitüren, bei geschälten Kartoffeln und Ananassaft ein. Häufiger verwendet man jedoch die preisgünstigere Citronensäure.
Die Salze der Apfelsäure werden Malate genannt. Kaliummalat (E 351) und Natriummalat (E 350) sind häufig Zusatzstoffe in Kartoffelchips.

Mehr als 300 Zusatzstoffe in Lebensmitteln bestimmen, welche Farbe Nudeln, Bonbons und Limonaden haben, wie lange sich Wurst hält und warum wir einen angefangenen Beutel Kartoffelchips zu Ende knabbern müssen (s. Tab.). Besonders bei Konservierungsmitteln, Säuerungsmitteln und Antioxidanzien (Oxidationshemmern) handelt es sich oft um Säuren und ihre Salze.

Lebensmittelzusatzstoffe

Art der Stoffe	E-Nr.
Farbstoffe	100– 180
Konservierungsmittel	200– 252
Säuerungsmittel	260– 297
Antioxidanzien	300– 385
Verdickungsmittel	400– 422
Emulgatoren	432– 495
andere Zusatzstoffe	500– 585
Geschmacksverstärker	620– 948
Süßstoffe	950–1518

1. *Informiere dich über die Wirkung von solchen Lebensmittelzusatzstoffen. Diskutiere und bewerte ihren Einsatz bei der Herstellung von Lebensmitteln.*

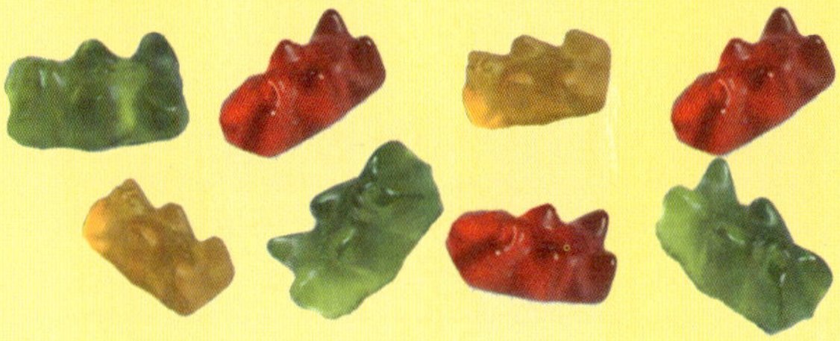

Gummibärchen selbst gemacht

Du benötigst folgende Zutaten (z. B. aus einem Reformhaus): Maisstärke, Gelatine, Haushaltszucker, Invertzucker, Apfelsäure, Fruchtaroma, evtl. Lebensmittelfarbe.

1. Trockne Maisstärke.
2. Bereite die Formen vor, indem du die getrocknete Maisstärke auf einem Backblech dick ausstreust und mit einem Gummibärchen Vertiefungen in die Stärke drückst.
3. Verrühre 30 g Gelatine mit 50 ml Wasser und lasse die Mischung 15 min quellen.
4. Löse in der Zeit 80 g Haushaltszucker (Saccharose) in 25 ml Wasser und koche die Lösung so lange, bis die Temperatur der Lösung 115 °C beträgt. Nimm den Topf dann sofort von der Herdplatte.
5. Bringe die Gelatine im Wasserbad (75 °C) zum Schmelzen. Mische nun 100 g Invertzucker und die vorbereitete Zuckerlösung unter und rühre gut um.
6. Aromatisiere deine Mischung, indem du sie portionsweise mit Aroma und Apfelsäure versetzt und jeweils kostest. Um die richtige Mischung zu erhalten, solltest du immer erst fünf Tropfen Aroma und dann nacheinander zwei Portionen Apfelsäure von 0,5 g hinzu geben. (Abschließend kannst du Farbstoff untermischen.)
7. Gieße die fertige Masse an einem Glasstab entlang in die vorbereiteten Formen.

Sauer macht lustig?

Weinsäure (2,3-Dihydroxybutandisäure) kommt in Weintraubensaft, Weißdorn, Huflattich, Löwenzahn und Rainfarn vor.

1. *Ermittle, wo Weinsäure Verwendung findet.*
2. *Notiere, ausgehend vom systematischen Namen der Weinsäure, die Strukturformel für Weinsäure.*
3. S *Weinsäurelösung wird zu Natron gegeben. Welche Beobachtung ist zu erwarten? Überprüfe deine Vermutung experimentell.*

Im Wein ist Weinsäure neben der Apfelsäure für den sauren, „trockenen" Geschmack verantwortlich und je nach Jahrgang mit unterschiedlichem Gehalt zu finden.

4. *Die Apfelsäure überdeckt in sehr trockenen Weinen den Geschmack der Weinsäure. Begründe durch Vergleich der beiden Strukturen von Apfelsäure und Weinsäure den unterschiedlich sauren Geschmack beider Verbindungen.*

Die Salze der Weinsäure nennt man Tartrate. (Kalium-Natriumtartrat, auch als Seignettesalz bekannt, ist ein Bestandteil von Fehling II).

5. *Lässt man Rotwein längere Zeit stehen, bilden sich am Boden feine Kristalle. Vermute, worum es sich dabei handeln könnte.*

Die **Oxalsäure (Ethandisäure)** ist zu einem hohen Anteil in Rhabarber, Sauerklee und Sauerampfer zu finden. Der Waldsauerklee erhielt seinen Namen sogar nach dieser Säure *(Oxalis acetosella)*. In den Zellen dieser Pflanzen sind Kristalle der unlöslichen Calciumoxalate abgelagert.

6. *Stelle ein Frischpräparat von Blättern des Sauerklees oder Blättern des Rhabarbers her und betrachte die Kristalle unter dem Mikroskop.*
7. *Notiere die Strukturformel von Oxalsäure.*

S Experiment

Aufgabe:
Untersuche Eigenschaften der Oxalsäure.

Vorbereitung und Durchführung:
Geräte und Materialien: Oxalsäurelösung ☒, Calciumchloridlösung ☒, rostiger Eisennagel, Reagenzglas, Brenner

Durchführung:
a) Tropfe zur Säurelösung etwas Calciumchloridlösung.
b) Lege den rostigen Eisennagel in ein Reagenzglas, gib konzentrierte Oxalsäurelösung hinzu und erhitze vorsichtig. Spüle dann den Nagel mit etwas Wasser ab.

Beobachtung und Auswertung:
a) Notiere deine Beobachtungen und erkläre sie mithilfe der Wort- und Reaktionsgleichungen.
b) Erläutere, warum die Aufnahme von stark oxalsäurehaltigen Pflanzenteilen als gesundheitsschädigend gilt. Informiere dich dazu auch über die Wirkung der Säure im Organismus.
c) Leite aus der Beobachtung eine Verwendungsmöglichkeit für Oxalsäure ab.

7 Aminosäuren und Eiweiße – Bausteine des Lebens

Eiweiß ist nicht gleich Eiweiß

Eiweiße sind ein wichtiger Bestandteil unserer Nahrung. Eiweißmangel führt zu körperlichen Schäden.
Die mit den Nahrungsmitteln aufgenommenen Eiweiße sind jedoch nicht gleichwertig.
Warum müssen wir Eiweiße aufnehmen? Wie lässt sich die unterschiedliche Wertigkeit der Eiweiße erklären?

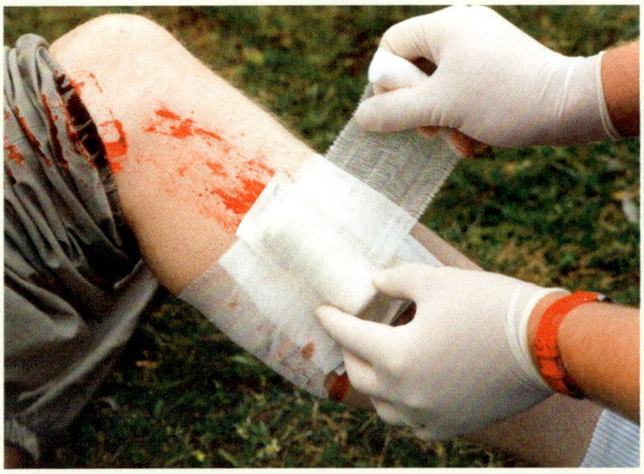

Eiweiße sind Bausteine des Körpers

Eiweiße bilden die Grundsubstanz des Protoplasmas aller Zellen. Unterschiedliche Eiweiße sind u. a. am Aufbau des Muskelgewebes, Bindegewebes und des Gelenkknorpels beteiligt.
Welche gemeinsame chemische Struktur weisen all diese unterschiedlichen Eiweiße auf? Wie lässt sich diese ungeheure Vielfalt erklären?

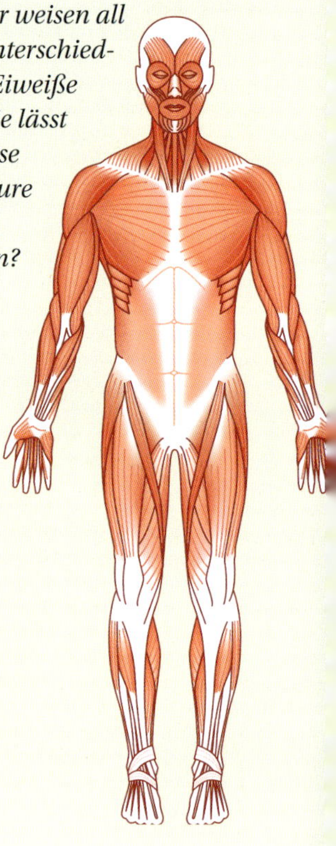

Blut ist ein ganz besonderer Saft

Blut besteht aus Blutplasma und Blutzellen. Sie enthalten unterschiedliche Eiweiße. Kommt es zu hohem Blutverlust, wird das Blut durch Blutkonserven ersetzt. Dabei muss man darauf achten, geeignete Konserven zu verwenden.
Warum ist das so und warum kann es bei einigen Operationen (z. B. Transplantationen) Komplikationen geben?

Moleküle des Lebens

Ohne unser aktives Zutun und ohne unser Wissen verrichten täglich etwa 100 000 verschiedene **Eiweiße (Proteine)** in unserem Körper ihre Arbeit. Fast alle **Enzyme** sind Eiweiße und beschleunigen chemische Reaktionen im Körper als Biokatalysatoren (s. S. 90). Unser Speichel enthält u. a. das Enzym Amylase. Dieses Enzym katalysiert die Hydrolyse von Stärke zu Maltoseeinheiten und setzt somit die Verdauung der Kohlenhydrate in Gang.
Auch an vielen anderen Regulations- und Steuermechanismen sind Eiweiße beteiligt. So sorgt das Hormon **Insulin** für eine Absenkung des Blutzuckerspiegels. Nicht zuletzt bilden Eiweiße die Grundstruktur des Muskelgewebes sowie der Haare und der Nägel (s. Tab.).
Eiweiße sollen ungefähr 12 % unserer täglichen Nahrung ausmachen. Sie werden während des Verdauungsvorganges in wasserlösliche Bestandteile aufgespalten und über die Darmzotten ins Blut aufgenommen. Aus diesen Bestandteilen - den Aminosäuren - synthetisiert der Organismus körpereigene Eiweiße (s. S. 182 f.).
Eiweißreiche Nahrungsmittel sind Fisch, Fleisch, Sojabohnen, Eier, Milch und Käse. Aber nicht alle Proteine sind für die Ernährung geeignet! Beispielsweise enthalten manche Pilze giftige Eiweiße. Auch die giftigste bekannte Substanz, das Botulinumtoxin ist ein Eiweiß: Schon 0,002 µg können für einen Menschen tödlich sein!
Bei der Verdauung werden Eiweiße ähnlich wie Polysaccharide hydrolysiert und dabei in Aminosäuren zerlegt. In umgekehrter Weise entstehen körpereigene Eiweiße durch Kondensation von **Aminosäuren** (s. S. 183), die deshalb auch häufig als die Bausteine des Lebens bezeichnet werden.
Die **Proteinbiosynthese** ist eng mit der DNA verbunden. Die DNA kodiert den Bauplan unserer körpereigenen Eiweiße durch die Verschlüsselung von **22 biogenen Aminosäuren.** Acht dieser Aminosäuren sind für erwachsene Menschen essenziell. Sie müssen mit der Nahrung aufgenommen werden.

Einige Gruppen der Eiweiße

Bezeichnung	Funktion/Vorkommen
Kollagene	Hauptbestandteil des Stützgewebes, Gerüstproteine (in Knochen, im Knorpel und Bindegewebe) 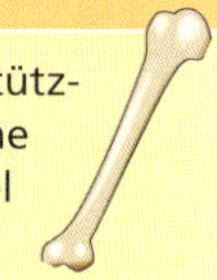
Keratine	 Bestandteil von Haaren, Wolle, Nägeln, Federn, Horn, Hufen
Globuline 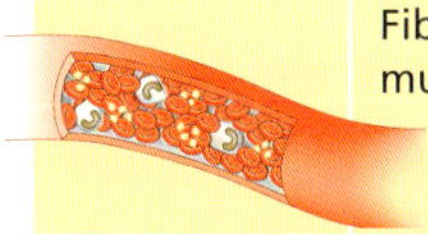	Bestandteil des Blutplasmas (z. B. Fibrinogen) , Bedeutung im Immunsystem (z. B. Antikörper)
Albumine 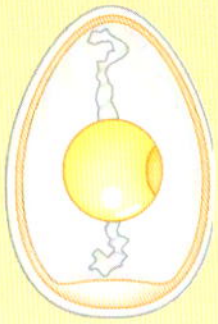	Ovalbumin (Hauptbestandteil des Eiklars), Albumine in Getreide, Albumin ist das am häufigsten vorkommende Eiweiß im Blutplasma.

S Experiment

Aufgabe:
Weise Eiweiße in Lebensmitteln mithilfe der Xanthoproteinreaktion nach.

Vorbereitung und Durchführung:
Fordere die benötigten Geräte und Chemikalien an. Führe das Experiment entsprechend der Abb. durch.

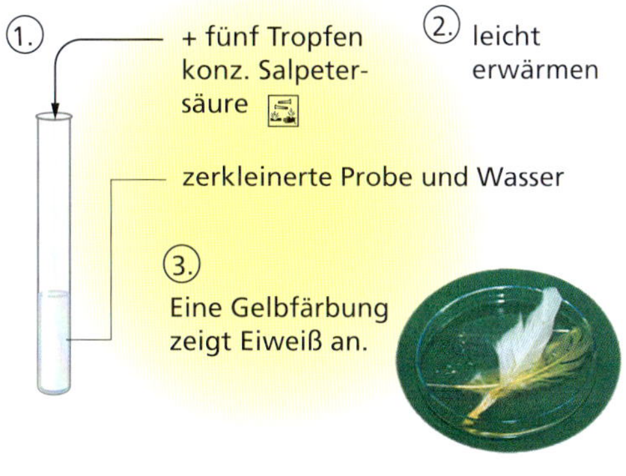

Auswertung:
Erstelle eine Übersicht, welche Lebensmittel Eiweiße enthalten und welche nicht.

Von der Aminosäure zum Peptid

Der Name Aminosäure ist eine Verkürzung von **Aminocarbonsäure**. Aminosäuremoleküle enthalten mindestens zwei funktionelle Gruppen, die **Carboxylgruppe (-COOH)** und die **Aminogruppe (-NH_2)**, die sich vom Ammoniak ableitet. Die am Aufbau der menschlichen Eiweiße beteiligten biogenen Aminosäuren sind 2-Aminocarbonsäuren, da die Aminogruppe am zur Carboxylgruppe benachbarten Kohlenstoffatom, dem C_α-Atom, gebunden ist. Man bezeichnet sie auch als α-Aminosäuren.

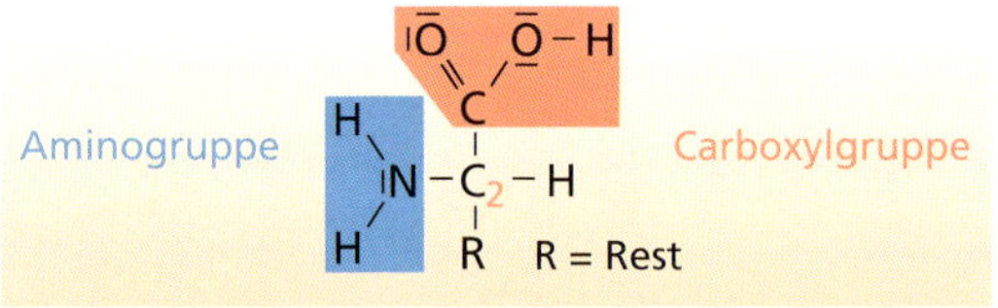

In der Molekülstruktur unterscheiden sich die 22 biogenen Aminosäuren nur in dem **Rest (R)**. Dieser kann einfach eine Kohlenstoffkette sein wie im Alanin. Im Rest können aber auch weitere funktionelle Gruppen enthalten sein (s. Tab.).
Aufgrund des Restes (R) unterscheiden sich die Eigenschaften der Aminosäuren. Ist der Rest nur eine Kohlenstoffkette, ist die Aminosäure relativ unpolar. Befindet sich dagegen eine weitere funktionelle Gruppe im Rest, steigt u. a. die Polarität des Aminosäuremoleküls.
Die wesentlichen gemeinsamen Eigenschaften der Aminosäuren werden durch die Aminogruppe und die Carboxylgruppe bestimmt. Sie können aufgrund dieser funktionellen Gruppen sowohl als Säuren als auch als Basen reagieren. Die Carboxylgruppe kann ein Wasserstoff-Ion abgeben, während die Aminogruppe ein Wasserstoff-Ion anlagern kann. Auf diesee Weise können Aminosäuren sogenannte **Zwitter-Ionen** bilden, die eine positive und eine negative Ladung aufweisen.

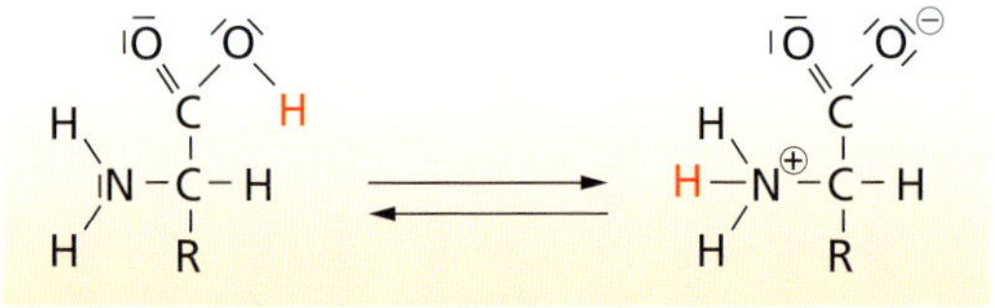

Ausgewählte Aminosäuren

Rest R	Trivialname
$-H$	Glycin
$-CH_3$	Alanin
$-CH_2-CH_2-COOH$	Glutaminsäure
$-CH_2-OH$	Serin
$-CH_2-SH$	Cystein
$-CH_2-CH_2-CH_2-CH_2-NH_2$	Lysin

Aufgaben

Stelle die Reaktionsgleichungen von Essigsäure in Wasser und von Ammoniak mit Wasser auf. Zeige die ähnlichen Reaktionen der Carboxylgruppe und der Aminogruppe des Glycinmoleküls. Leite daraus Schlussfolgerungen zum Reaktionsverhalten der Aminosäuren ab.

S Experiment

Prüfe es selbst

Baue mithilfe des Molekülbaukastens die Moleküle von Alanin und Glycin nach.
Konstruiere daraus dann ein Dipeptid.

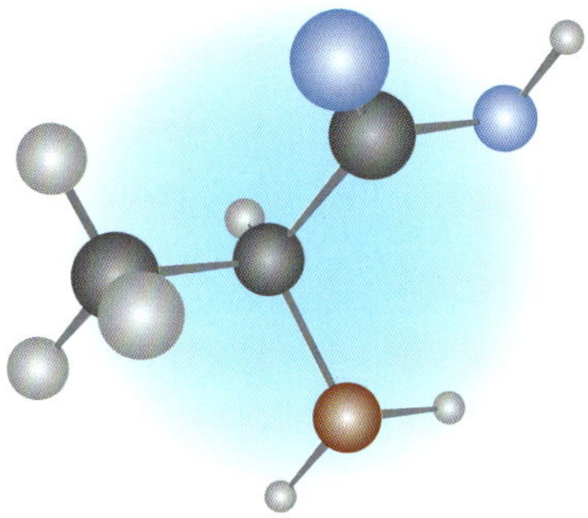

Aminosäuren sind organische Stoffe, die mindestens eine Carboxylgruppe und mindestens eine Aminogruppe im Molekül besitzen.

Aufgrund der entgegengesetzten chemischen Eigenschaften der Aminogruppe und der Carboxylgruppe können alle Aminosäuren miteinander reagieren. Bei einer solchen **Kondensation** zweier Aminosäuren entsteht unter Abspaltung von Wasser ein **Dipeptid.** Das Dipeptid besteht aus zwei Aminosäureresten, die über eine **Peptidbindung** verbunden sind.

Die -CO-NH-Gruppe nennt man die **Peptidgruppe.** Sie ist ein besonderes Strukturmerkmal der Peptide. Es können sich sowohl gleiche als auch unterschiedliche Aminosäuren zu Peptiden verbinden.

Da Peptidmoleküle ebenfalls über mindestens eine Carboxylgruppe und eine Aminogruppe verfügen, können weitere Aminosäuren angelagert werden. Durch mehrfache Kondensation entstehen kettenförmige oder ringförmige Strukturen. Kleinere Peptidmoleküle spielen im menschlichen Organismus eine Rolle als Signalüberträger (Neurotransmitter).

Durch Kondensation vieler Aminosäuren bilden sich makromolekulare **Polypeptide.** Diese stellen die Grundlage der Eiweiße (Proteine) dar, die aus einer oder mehreren Polypeptidketten aufgebaut sind. Aufgrund ihrer räumlichen Struktur (s. S. 184) üben diese **Makromoleküle** bestimmte Funktionen im Organismus aus.

Von über 500 bekannten natürlichen Aminosäuren sind nur die 22 biogenen Aminosäuren an der Synthese der menschlichen Eiweiße beteiligt. Trotzdem ergeben sich daraus vielfältige Kombinationsmöglichkeiten, zumal die Kettenlänge der Polypeptide sehr variabel ist.

Polypeptide sind makromolekulare Verbindungen, die durch die Kondensation vieler Aminosäuren entstehen. Sie stellen die Grundlage der Eiweiße dar.

Peptid	Beispiel
Dipeptid 2 Aminosäurereste im Molekül	– Der Süßstoff Aspartam ist aus den Aminosäureresten der Asparaginsäure und des Phenylalanins aufgebaut.
Oligopeptid 2–10 Aminosäurereste im Molekül	– Je nach Anzahl der Aminosäurereste heißen sie Di-, Tri-, Tetrapeptide usw. – Das Gift des grünen Knollenblätterpilzes α-Amanitin ist ein Octapeptid.
Polypeptid 11–100 Aminosäurereste	– Das Hormon Insulin ist ein Polypeptid mit 51 Aminosäureresten im Molekül.
Eiweiß (Protein) mehr als 100 Aminosäurereste im Molekül	– Das Bewegungsprotein Myosin ermöglicht die Kontraktion der Muskeln. Es besteht aus zwei Peptidketten mit je 2000 Aminosäureresten.

Schon wenn sich zwei verschiedene Aminosäuren zu einem Peptid aus vier Bausteinen verbinden, dann sind sechs verschiedene Kombinationsmöglichkeiten gegeben:

Cystein – Cystein – Glycin – Glycin
Glycin – Glycin – Cystein – Cystein
Glycin – Cystein – Cystein – Glycin
Cystein – Glycin – Glycin – Cystein
Glycin – Cystein – Glycin – Cystein
Cystein – Glycin – Cystein – Glycin

Aufgaben

Beschreibe die Struktur eines Dipeptidmoleküls. Weise nach, dass sich theoretisch Polypeptidketten beliebiger Länge bilden können.

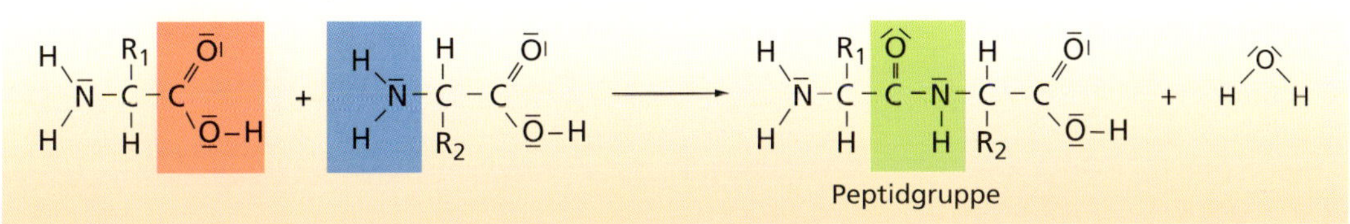

1 Aminosäuren reagieren unter Wasserabspaltung zu Dipeptiden.

Von den Polypeptiden zum Eiweiß

Die Vielfalt der **Eiweiße** wird durch ihre komplexe Struktur möglich. Zur besseren Übersicht unterteilt man diese modellhaft in vier Ebenen.

Wird von einer durchschnittlichen Länge einer Polypeptidkette von 100 Aminosäuremolekülresten und 22 verschiedenen Aminosäuren ausgegangen, die sich variabel miteinander verknüpfen, entstehen theoretisch 22^{100} verschiedene Polypeptidketten. Die Polypeptidketten unterscheiden sich durch ihre **Primärstruktur.** Diese wird durch die **Art, Anzahl und Reihenfolge ihrer Aminosäuren** (Aminosäuresequenz) bestimmt.

An verschiedenen Stellen des Proteinmoleküls bilden sich Wasserstoffbrückenbindungen zwischen den -CO- und -NH-Gruppen der Peptidgruppen. Dadurch entsteht die **Sekundärstruktur**. Bei der Helixstruktur sind die Polypeptidketten spiralförmig angeordnet. Eine Faltblattstruktur bildet sich durch die Zusammenlagerung gestreckter Peptidketten.

Außerdem ordnen sich die Moleküle räumlich. Die **Tertiärstruktur** beschreibt den vollständig räumlichen Aufbau des Proteinmoleküls und wird u. a. durch Disulfidbindungen (Schwefelbrücken) stabilisiert.

In einigen Fällen lagern sich mehrere Untereinheiten zusammen und bilden die **Quartärstruktur**, wie beim Hämoglobin.

Erst in der endgültigen Form erlangt das Eiweiß seine volle Wirksamkeit im Organismus.

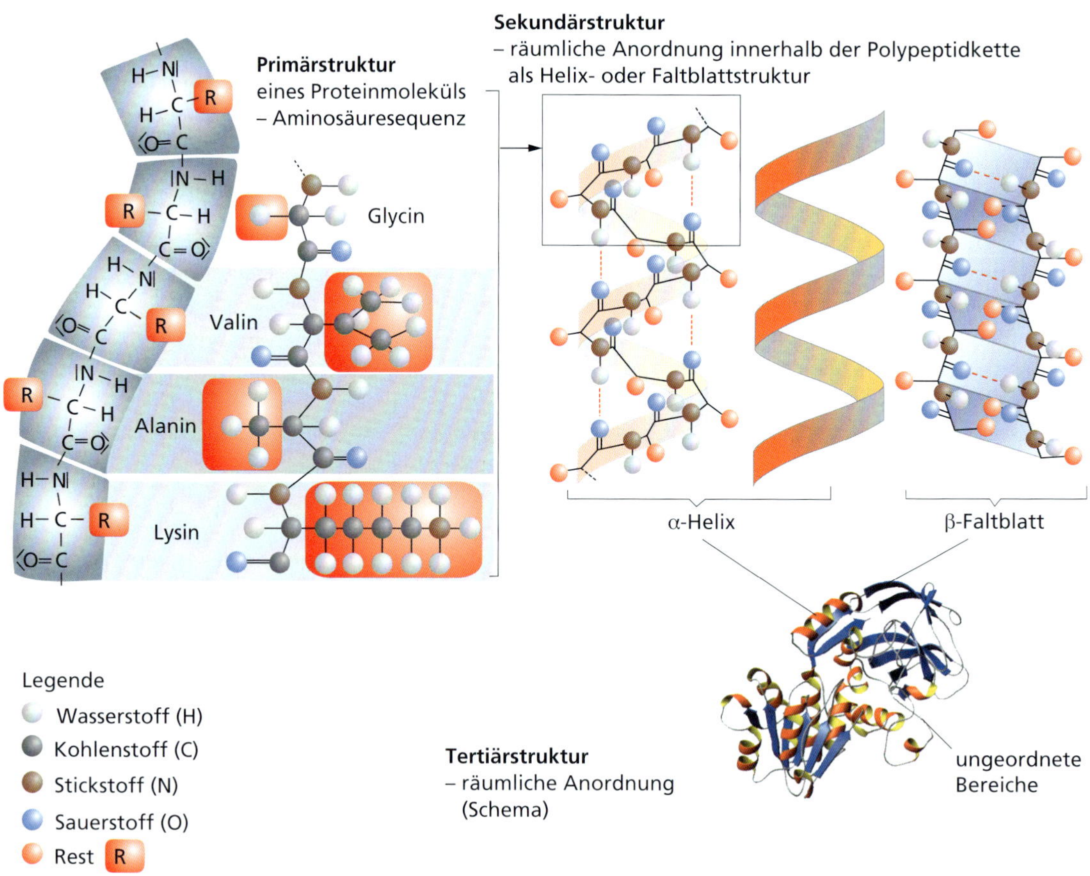

Eigenschaften der Eiweiße

Unter physiologischen Bedingungen (37 °C, pH ≈ 7) ist die Struktur der Eiweiße sehr stabil. Sie ist aber gegenüber einigen Umwelteinflüssen sehr empfindlich und wird durch Erhitzen, durch Kontakt mit Säuren, Schwermetallsalzen oder organischen Lösemitteln angegriffen.
Dabei werden speziell Wasserstoffbrücken- und andere Bindungen im Makromolekül aufgebrochen. Dadurch wird die räumliche Anordnung der Polypeptidketten zerstört und das Eiweiß biologisch inaktiv. Man bezeichnet diese unumkehrbaren (irreversiblen) Vorgänge als **Denaturierung.**
Die Denaturierung von Eiweißen durch Hitzeeinwirkung hat jeder schon beobachtet, wenn er sich verbrannt hat. Beim Braten eines Spiegeleis nutzen wir die Denaturierung, um das Essen in eine appetitliche Form zu bringen.
Durch die Magensäure werden mit der Nahrung aufgenommene Eiweiße ebenfalls denaturiert. Auf diese Weise wird die Eiweißverdauung überhaupt ermöglicht. Zusätzlich werden die Eiweißstrukturen eindringender Mikroorganismen zerstört und diese abgetötet.
Beim Eiweißnachweis durch die **Xanthoproteinreaktion** (s. S. 181) erfolgt ebenfalls eine Denaturierung.

Eine weitere Nachweisreaktion für Peptidbindungen ist die **Biuretreaktion** (s. Abb. 1). Hier reagieren die Eiweiße mit dem Schwermetallsalz Kupfersulfat. Dadurch wird die Sekundärstruktur zerstört und in basischen Lösungen eine intensive Violettfärbung beobachtet. Die Denaturierung von Eiweißen ist auch eine Ursache der Giftwirkung von Schwermetall-Ionen im Organismus.

Beim **Dauerwellen** von Haaren laufen dagegen umkehrbare chemische Reaktionen ab: Am Aufbau der Haare sind Eiweiße beteiligt, die man Keratine nennt. Keratine enthalten viele Cysteinreste, die Schwefelbrücken (Disulfidbindungen) zu anderen Polypeptidketten ausbilden können. Durch reduzierende Chemikalien löst der Frisör die Disulfidbindungen und bringt das Haar in die gewünschte lockige Form.
Anschließend fixiert er die Dauerwelle, indem er die Haare mit einem Oxidationsmittel behandelt, sodass sich neue Disulfidbindungen bilden und die Locken formen.

Eiweiße (Proteine) sind aus Aminosäureresten aufgebaute makromolekulare Verbindungen. Die jeweiligen Polypeptidketten sind charakteristisch strukturiert. Durch Hitze, Schwermetallsalze und organische Lösemittel kommt es zur Denaturierung.

S Experiment

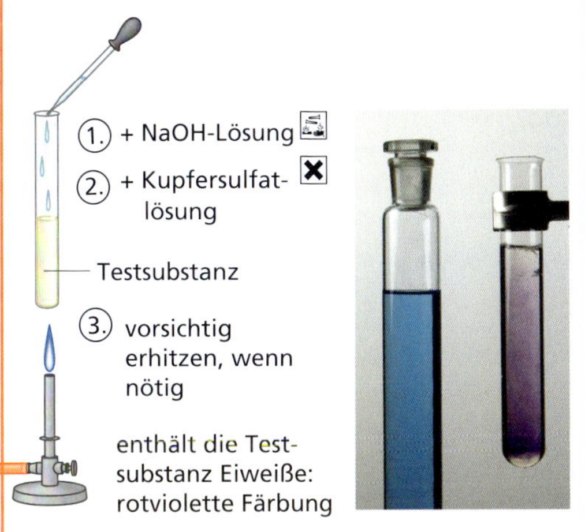

1 Eiweißnachweis durch die Biuretreaktion

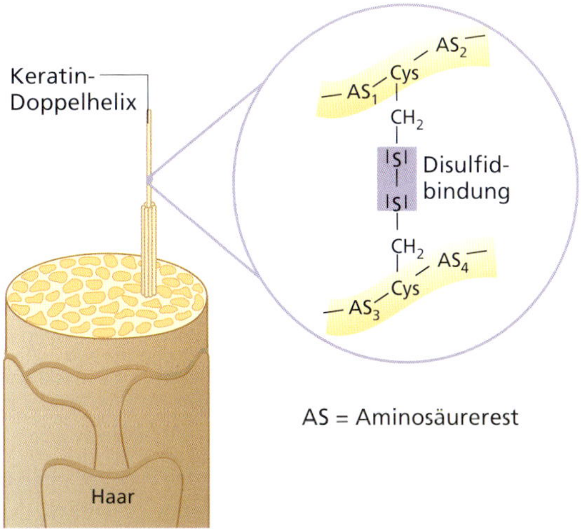

2 Ausschnitt aus der Struktur des Keratins (Schema)

Mosaik

Amylase – ein Enzym bei der Arbeit

Der erste Schritt bei der Verdauung von Stärke ist die hydrolytische Spaltung in Maltose, die bereits in unserem Mund beginnt. Anders als im Labor (s. S. 157) kann unser Organismus die Stärke natürlich nicht mit Salzsäure kochen.
In der Mundhöhle findet die Hydrolyse bei einer Temperatur von 37 °C und einem fast neutralen pH-Wert statt. Unter diesen Bedingungen ist ein besonderer Katalysator erforderlich, um die Reaktion zu beschleunigen. Als **Biokatalysator** für die Spaltung der glykosidischen Bindung zwischen den Maltoseeinheiten im Stärkemolekül wirkt das Enzym **Amylase.**
Dabei ist es wichtig, dass das Enzym ausschließlich mit Stärkemolekülen als **Substrat** reagiert. Diese sogenannte **substratspezifische Wirkung** der Amylase ist durch die spezielle Eiweißstruktur des Enzyms gewährleistet. Das Eiweißmolekül ist so geformt, dass es ein **aktives Zentrum** besitzt, das wie ein Schloss wirkt. Zu diesem „Schloss" passen nur Stärkemoleküle als „Schlüssel".

Dieses **Schlüssel-Schloss-Prinzip** ist das Geheimnis für die spezifische Wirkung aller Enzyme (s. S. 90). Es wurde zu Beginn des 20. Jh. von EMIL FISCHER (1852–1919) erkannt, der dafür 1902 den Nobelpreis erhielt.

Bei der Amylase funktioniert das aktive Zentrum folgendermaßen: Es ist räumlich so geformt, dass genau eine Maltoseeinheit des Stärkemoleküls hineinpasst (s. Abb. unten). Dadurch befindet sich die zu spaltende glykosidische Bindung in unmittelbarer Nähe einer Carboxylgruppe des Eiweißmoleküls.

Die funktionelle Gruppe, die sich in der Seitenkette eines Aminosäurerests befindet, fungiert quasi als „Schneidwerkzeug". Sie überträgt ein Wasserstoff-Ion auf die glykosidische Bindung, die so destabilisiert wird.
Unter Beteiligung eines Wassermoleküls wird die Bindung gespalten und ein Maltosemolekül als stabiles Reaktionsprodukt gebildet. Mit dem verbliebenen Rest des Stärkemoleküls kann der Vorgang von Neuem beginnen.

Durch die unmittelbare Nähe der beteiligten Gruppen und Moleküle erfolgen Bindungsspaltung und -neubildung fast gleichzeitig. Dadurch entstehen keine reaktiven Zwischenprodukte und die Aktivierungsenergie wird so stark abgesenkt, dass die Reaktion bei 37 °C stattfinden kann. Die Vermeidung reaktiver Zwischenstufen ist wichtig für die Gesunderhaltung unseres Organismus.

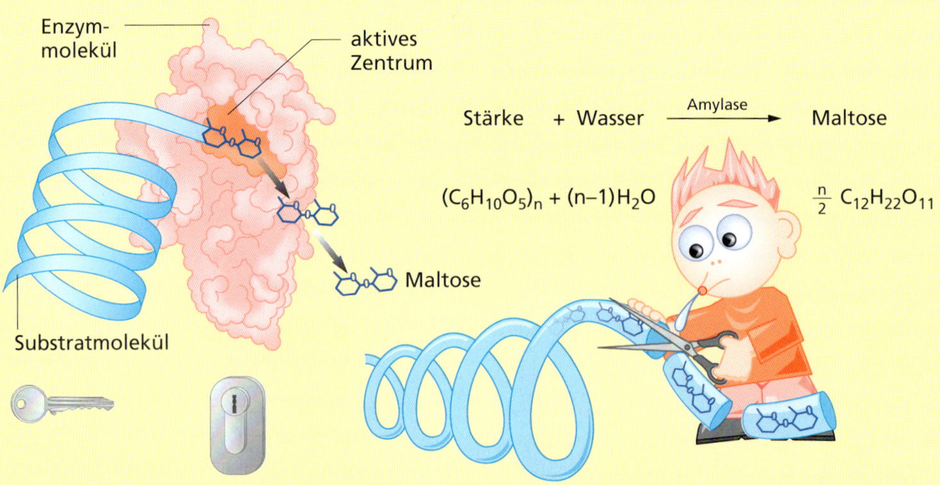

1 Enzyme katalysieren aufgrund ihrer speziellen Eiweißstruktur nach dem Schlüssel-Schloss-Prinzip nur ganz bestimmte biochemische Reaktionen.

Aminosäuren und Eiweiße

S Experiment 1

Aufgabe:
Identifiziere einzelne Aminosäuren in einem Aminosäuregemisch mithilfe der Papierchromatografie.

Vorbereitung:
Geräte: Chromatografiekammer, Föhn, Kapillaren, Chromatografiepapier, Bleistift
Chemikalien: Probelösung mit unterschiedlichen Aminosäuren, reine Aminosäuren als Vergleichssubstanz, Laufmittelgemisch (Butanol, Eisessig und Wasser im Volumenverhältnis 4 : 1 : 1), Spühreagenz Ninhydrin

Durchführung:
Befülle die Chromatografiekammer so, dass das Laufmittelgemisch ca. 1 cm über dem Boden steht. Schließe die Kammer.
Du erhältst eine Probelösung, in der sich bis zu vier unterschiedliche Aminosäuren befinden und vier Lösungen der reinen Aminosäuren als Referenzsubstanzen. Markiere auf dem Papier schwach die Startlinie mit Bleistift ca. 2 cm vom Rand. Trage mit je einer neuen Kapillare zwei Referenzsubstanzen, deine Probe und die zwei weiteren Referenzen mit ca. 1 cm Abstand als kleine Flecken auf (s. Abb.).

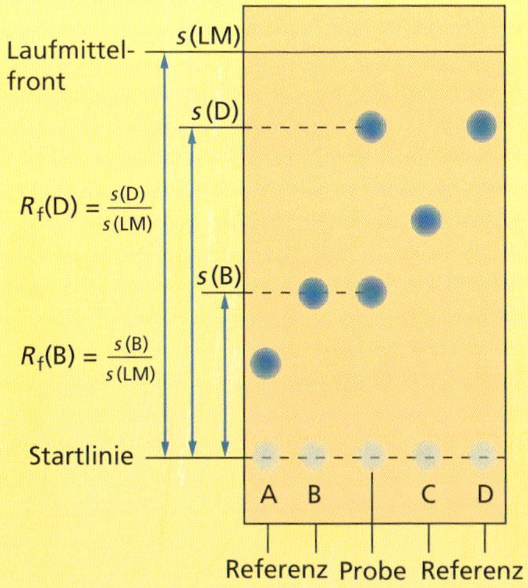

Trockne das Papier, stelle es danach in die Chromatografiekammer und verschließe die Kammer wieder mit dem dazugehörigen Deckel.
Wenn die Laufmittelfront ca. 8 bis 10 cm von der Startlinie entfernt ist, nimm das Papier aus der Kammer und trockne es mit dem Föhn. Jetzt wird Sprühreagenz aufgetragen und erneut mit dem Föhn getrocknet, bis die blauen Substanzflecken deutlich sichtbar sind.

Beobachtung und Auswertung:
Notiere deine Beobachtungen.
Leite daraus ab, welche Aminosäuren sich in deiner Probe befinden und welche nicht.
Begründe, warum zur Kennzeichnung der Startlinie kein Kugelschreiber oder Faserschreiber verwendet werden darf.

S Experiment 2

Aufgabe:
Stelle die Erzeugung einer Dauerwelle beim Friseur im Reagenzglas nach.

Vorbereitung:
Geräte: Reagenzgläser, Föhn, Gummi
Chemikalien: 3 %ige Wasserstoffperoxidlösung, 10 %ige Thioessigsäurelösung, Haarsträhne

Durchführung:
Wickle eine glatte Haarsträhne um einen Glasstab und fixiere sie oben und unten mit Klebeband oder Gummi. Gib die Haare für 10 min in ein Reagenzglas mit Thioessigsäurelösung. Spüle die Haare danach mit Wasser. Jetzt werden die Haare für 5 min in ein Reagenzglas mit 3%iger Wasserstoffperoxidlösung gegeben. Spüle die Haare erneut mit Wasser aus und trockne abschließend mit dem Föhn.

Auswertung:
Löse die Haare vom Glasstab und beschreibe die Struktur. Erkläre die beobachteten Veränderungen.
Informiere dich , welche chemischen Reaktionen bei der Dauerwelle ablaufen.

Chemie im Kontext

Gekochte Eier

Eier sind beliebte Nahrungsmittel. Sie werden gekocht, gebraten oder als Rührei gegessen, aber auch zur Zubereitung vieler Speisen verwendet. Während des Erhitzens verändert sich das Ei.

a) Was passiert eigentlich beim Kochen von Eiern? Warum werden Eier hart? Erkläre.

b) Erläutere am Beispiel der Proteine des Hühnereies, was man unter „biologischer Wertigkeit" von Eiweißen versteht.

Zu a) Eier enthalten viele Nährstoffe. Neben Fetten, Mineralstoffen und Vitaminen hat ein durchschnittliches Ei ungefähr einen Anteil von 7 g an Proteinen.

Dabei ist der Proteingehalt (Eiweißgehalt) im Eidotter (Eigelb) höher als im Eiklar (Eiweiß).

Eiweiße werden unter Einfluss von Hitze denaturiert. Das Eiweiß des Hühnereis gerinnt bei 60 °C.

Die **Sekundär-, Tertiär- und Quartärstruktur** werden irreversibel zerstört. Dadurch werden die Eiweiße fest.

Die in den Peptidketten verbundenen Aminosäuren werden aber bei diesem Prozess nicht angegriffen und können im Verdauungstrakt freigesetzt werden.

Zu b) Die **biologische Wertigkeit** gibt an, wie viel Gramm körpereigenes Eiweiß aus 100 g des Nahrungseiweißes gebildet werden können. Entscheidend ist der Anteil an essenziellen Aminosäuren. Weil die Eiweiße im Eiklar und Eidotter alle für den Menschen essenziellen Aminosäuren und diese auch im richtigen Verhältnis enthalten, ist die biologische Wertigkeit dieser Eiweiße höher als die der Eiweiße aus Fleisch.

BSE – Strukturveränderungen von Eiweißen machen krank

1985 wurde in England erstmals bei Rindern die Krankheit **BSE *(Bovine Spongiforme Enzephalopathie)*** – umgangssprachlich **„Rinderwahn"** genannt – festgestellt. Es handelt sich dabei um eine Erkrankung, die zu schwammartigen Hirnveränderungen führt und die in ähnlicher Form auch beim Menschen (**Creutzfeldt-Jacob-Syndrom**) auftreten kann.

Informiere dich über den Zusammenhang zwischen der Struktur von Eiweißmolekülen und BSE-Erkrankungen bei Rindern.

Der Biochemiker STANLEY PRUSINER (geb. 1942) erkannte, dass die Ursache der Krankheit ein verändertes Protein im Nervensystem der Rinder ist. Das natürliche Prion-Protein PrP^{C}, besteht aus 230 Aminosäureresten und ist im Bereich der Aminosäuren 121 bis 230 kompliziert gefaltet.
Durch eine Strukturänderung in der Faltung entsteht daraus das krankheitserregende PrP^{SC} (Prion Protein Scrapie). Die Anzahl und die Reihenfolge der Aminosäurereste bleiben in beiden Eiweißen gleich. Die Veränderung erfolgt ausschließlich in der **Sekundärstruktur.** Das gebildete Eiweiß ist dadurch sehr schlecht wasserlöslich.
Durch die Strukturänderung wird das Protein biologisch unbrauchbar. Das Enzym Proteinase ist nicht mehr in der Lage, das Eiweiß PrP^{SC} zu einzelnen Aminosäuren abzubauen. Die veränderten Eiweißmoleküle lagern sich zu fadenförmigen Fibrillen zusammen. Die gebildeten Fibrillen bleiben im Gehirn liegen und führen so zum Ausbruch der Krankheit. Außerdem regen die veränderten Moleküle „gesunde" Eiweißmoleküle zur Strukturveränderung an.

gewusst · gekonnt

1. Vervollständige dein Glossar:

Glossar

α-Aminosäuren
Aminosäuresequenz
biologische Wertigkeit
Peptidgruppe
Polypeptid

2. Gib die funktionellen Gruppen von Aminosäuren an und beschreibe die Ausbildung der Peptidbindung.

3. Erläutere, wie Eiweiße aufgebaut sind. Erkläre, wie es möglich ist, dass Stoffe mit ähnlichem Aufbau viele verschiedene Funktionen erfüllen können.

4. Beschreibe, wie bei heterotrophen Organismen körpereigene Eiweiße aufgebaut werden.

5. Erkläre, warum Eiweiße wichtige Bestandteile unserer Nahrung sind. Welche Nahrungsmittel sind für eine gesunde Ernährung geeignet? Begründe die Auswahl.
Nutze dazu geeignete Nachschlagewerke oder das Internet.

6. Strukturbetrachtungen eines Proteins sind heute mit den Programmen RasMol oder Chime an einem einfachen PC möglich. Die Strukturdaten sind in einer Datenbank http://www.pdb.org für jeden abrufbar. Veranschauliche grafisch die Struktur des Insulins und erläutere anhand der Darstellungen die verschiedenen Strukturebenen der Eiweißmoleküle.

7. Hohes Fieber ist für den Menschen gefährlich. Welche Erklärung kann man für diese Tatsache finden?

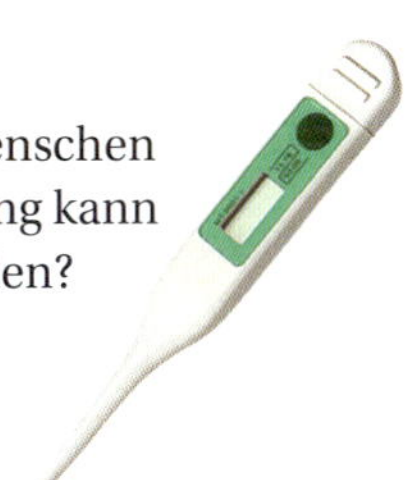

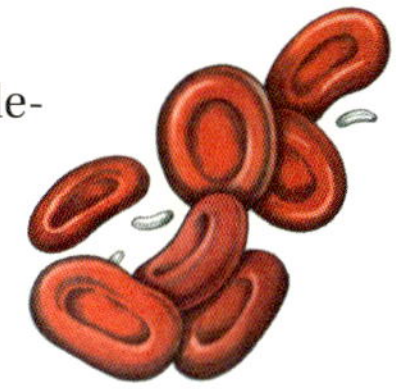

8. Für die Entfernung alter Blutflecken benötigt man meistens spezielle Fleckenentferner. Welche Stoffe bewirken die Auflösung der Flecken?

9. Wenn man Kartoffeln kocht, bildet sich **S** manchmal ein weißlicher Schaum.
   a) Stelle eine begründete Vermutung auf, woraus dieser Schaum bestehen könnte.
   b) Beschreibe eine Möglichkeit, diese Vermutung experimentell zu bestätigen und führe den Versuch durch.

10. Beschreibe die Wirkung von hochprozen- **S** tigem Alkohol (Ethanol) auf Eiweiße.

11. Der Lehrer versetzt eine Eiweißlösung mit **L** Salzsäure.
   a) Erkläre deine Beobachtung.
   b) Die Magensäure unterstützt den Verdauungsprozess. Außerdem werden mit der Nahrung aufgenommene Krankheitskeime abgetötet.
   Erläutere das Prinzip, auf dem diese Schutzfunktion beruht.

12. a) Informiere dich, warum bei Bluttransfusionen darauf geachtet werden muss, die Blutkonserve mit der richtigen Blutgruppe auszuwählen.
   b) Erläutere, worauf die Abstoßungsreaktionen bei Transplantationen beruhen.

13. Begründe, warum Schlankheitsdiäten, die auf einseitiger Ernährung beruhen, für den Menschen gefährlich werden können.

Aminosäuren und Eiweiße – Bausteine des Lebens

Aminosäuren

Aminosäuren sind organische Stoffe, die in ihren Molekülen neben der Carboxylgruppe $-COOH$ mindestens eine Aminogruppe $-NH_2$ besitzen.

Biogene Aminosäuren:

allgemeine Struktur:

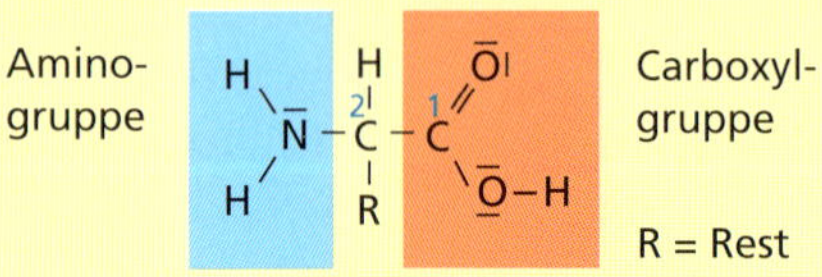

α-Aminosäure

Beispiel: Alanin

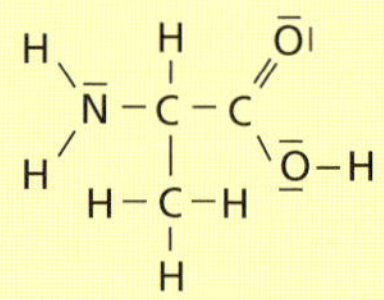

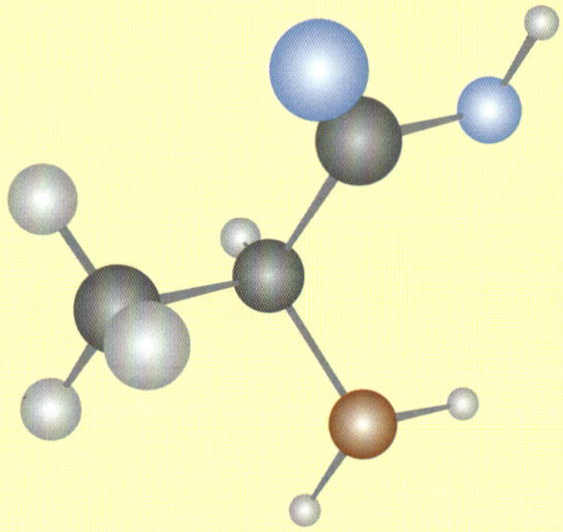

Eiweiße

Proteine (Eiweiße) sind makromolekulare Stoffe, die aus vielen Aminosäureresten bestehen. Diese sind über Peptidbindungen verknüpft.

Polypeptid

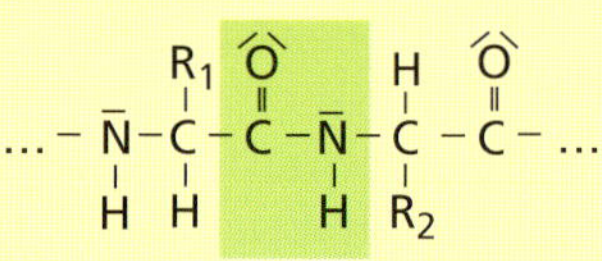

Peptidgruppe

Die Polypeptidketten sind in besonderer Form räumlich strukturiert. Erst in dieser Form erlangen Eiweiße die volle biologische Wirksamkeit.

Grundbausteine	Bedeutung	Vorkommen	Nachweis
Aminosäurereste	Gerüstsubstanz, Enzyme, Hormone, Antikörper der Immunabwehr	Käse, Ei, Milch, Fleisch, Sojabohnen, Hülsenfrüchte	Xanthoproteinreaktion – Gelbfärbung (Eiweißnachweis) Biuretreaktion – Violettfärbung (Nachweis der Peptidgruppe)

8 Ester – Fette – Seifen

8.1 Ester

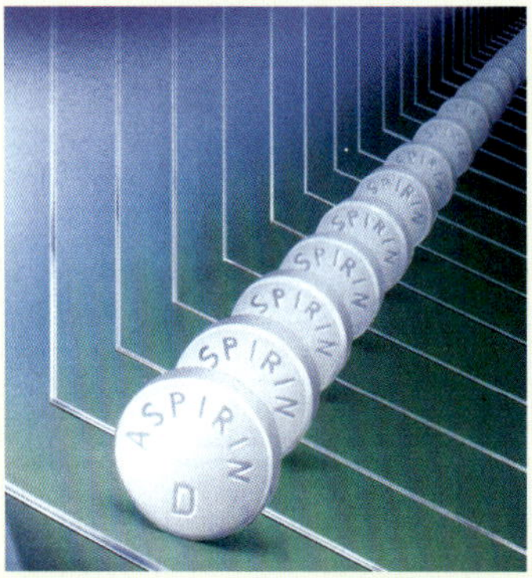

Ein hilfreiches Mittel
Schmerzlindernde Medikamente hat sicher jeder schon einmal eingenommen. Viele enthalten als wirksame Substanz Acetylsalicylsäure (ASS).
Durch welche Reaktion kann der schmerzlindernde Inhaltsstoff hergestellt werden?

Geschmackvolle Naschereien
Um einen möglichst natürlichen und aromatischen Geschmack zu erzeugen, wird meist eine große Anzahl verschiedener Aromastoffe eingesetzt.
Mit welchen chemischen Methoden lassen sich Aromastoffe synthetisch herstellen?

Aromen von Früchten
Für Verbraucher kommt es auf den Geschmack der Früchte an. Verantwortlich für den typischen Geschmack der verschiedenen Obstsorten sind natürliche Aromastoffe. Viele Aromastoffe gehören zur Gruppe der Ester.
Um was für Stoffe handelt es sich bei den Estern?

Wozu braucht man Ester?

Wir sind uns dessen zwar nicht bewusst, aber **Ester** begegnen uns im täglichen Leben ständig. Die Palette ihrer Einsatzmöglichkeiten ist sehr vielfältig (s. Abb. 1).
Viele **Duft- und Aromastoffe** gehören zu dieser Stoffklasse. Einige kommen beispielsweise in Früchten natürlich vor, andere stellt man künstlich her und setzt sie z.B. Nahrungsmitteln zu. Ethansäureethylester findet Verwendung als **Lösemittel** und riecht klebstoffartig.
Einige Bestandteile moderner Waschmittel gehören ebenfalls in die Gruppe der Ester.
In der Natur sind die Ester langkettiger Carbonsäuren und langkettiger Alkohole von Bedeutung, die als Wachse bezeichnet werden und den Verdunstungsschutz auf Pflanzenblättern, -nadeln und Früchten bilden.
Besonders wichtig und bekannt sind Ester des Glycerols – sie bilden die **Fette** (s. S. 205).
Bedeutsam sind auch recht kompliziert gebaute Ester der Phosphorsäure: ATP und ADP sind im Organismus für den Energiestoffwechsel unverzichtbar. In Form von ATP wird die in den Zellen benötigte Energie bereitgestellt.

S Experiment

Aufgabe:
Stelle aus Ethansäure und Butan-2-ol einen Fruchtester her. Führe das Experiment entsprechend der Abbildung durch. Finde weitere Kombinationen von Carbonsäuren und Alkoholen, die zu Fruchtestern reagieren.

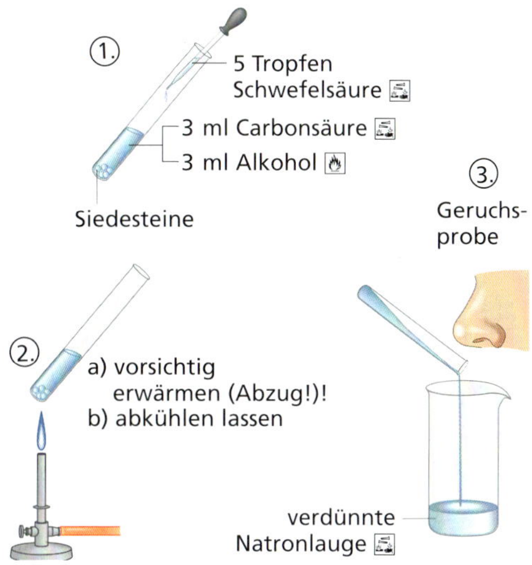

Verwendung von Estern

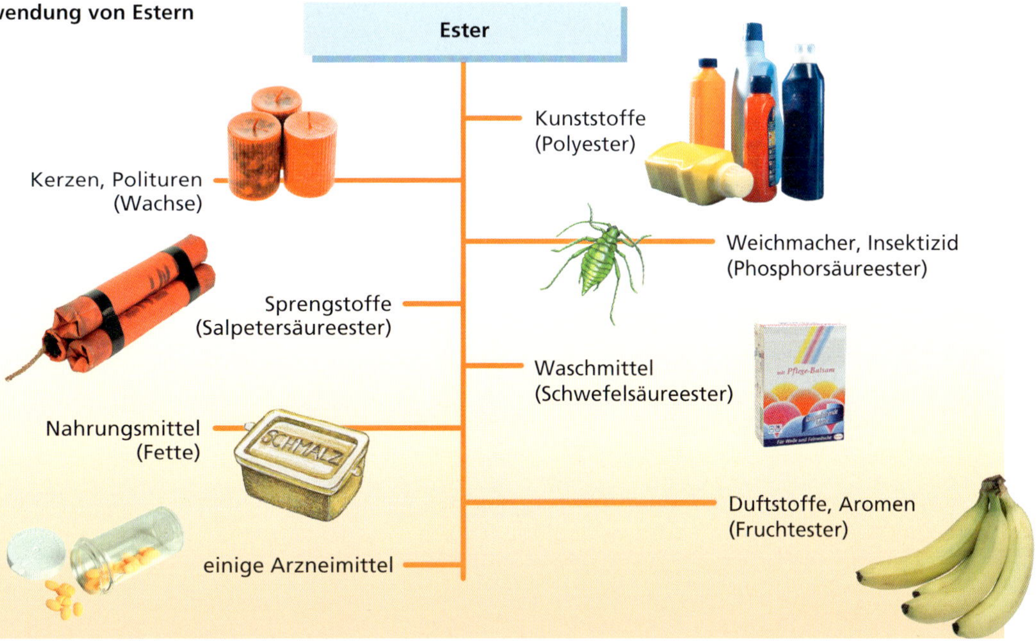

Bildung und Spaltung von Estern

Ester gehören zu einer großen, vielfältigen Stoffklasse. Trotz der Vielfalt weisen die Stoffe eine Gemeinsamkeit auf. Sie gehen aus speziellen Reaktionen von Säuren mit Alkoholen hervor.
Carbonsäureester bilden eine Gruppe von Estern, die entstehen, wenn Carbonsäuren mit Alkoholen reagieren. Wie bei allen anderen Estern sind auch diese Stoffe durch eine besondere funktionelle Gruppe gekennzeichnet, durch die **Estergruppe.** Die allgemeine Formel der Carbonsäureester lautet R_1COOR_2.
Die entscheidende strukturelle Voraussetzung für Reaktionen von Carbonsäuren mit Alkoholen bilden die **Carboxylgruppe,** z. B. der Alkansäuren, und die **Hydroxylgruppe** der Alkohole. Bei dem chemischen Prozess werden aus den funktionellen Gruppen der Carbonsäuren und der Alkohole Atome und Atomgruppen abgespalten und lagern sich zu Wassermolekülen zusammen.
Zwischen den Molekülresten der Carbonsäure und des Alkohols bildet sich die Estergruppe heraus (Abb. 1).

Diese chemische Reaktion nennt man **Veresterung.**

Säure + Alkohol ⟶ Ester + Wasser

Es handelt sich um eine **Substitutionsreaktion.** Diese besondere Form, bei der zwei Moleküle unter Abspaltung eines kleinen Moleküls zu einem größeren zusammentreten, nennt man **Kondensation.**
Der Name der sich bildenden Ester wird aus dem Namen der Säure, gefolgt vom Alkylrest des Alkohols und der Bezeichnung **-ester** gebildet.

Ester entstehen durch Reaktion von Säuren mit Alkoholen. Die Veresterung ist eine spezielle Form der Substitution, die man Kondensation nennt.

Aufgabe

Erläutere folgenden Satz: Die Veresterung ist eine Sonderform der Substitution.

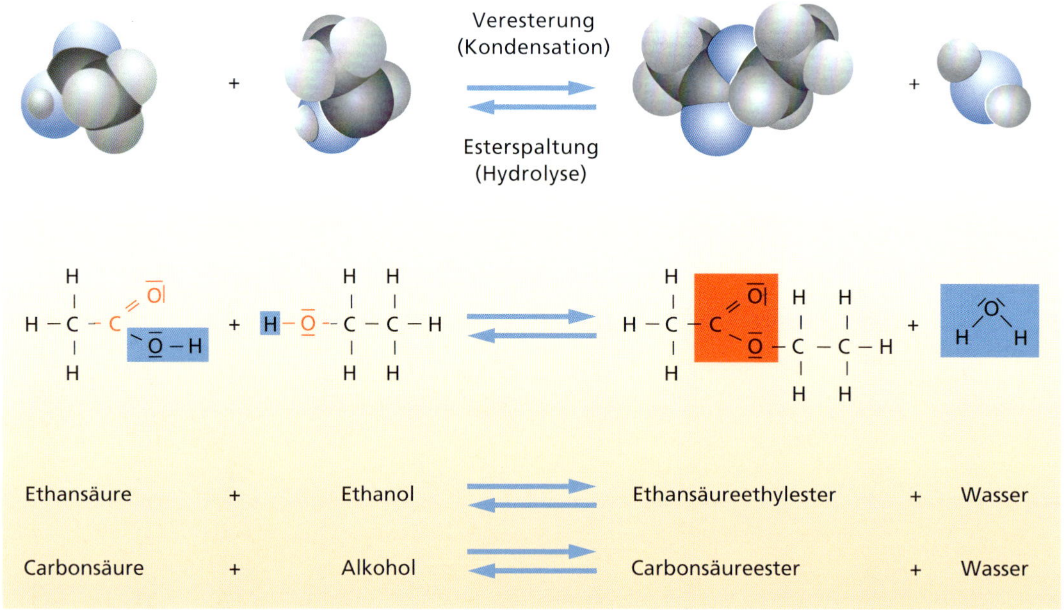

1 Aus Ethansäure und Ethanol werden Ethansäureethylester und Wasser gebildet. Die Reaktion ist umkehrbar.

Auch bei den Estern bestimmt die Struktur die Eigenschaften. Die Estergruppe ist zwar schwach polar, aber die Alkylgruppen im Estermolekül sind unpolar. Dadurch lösen sich Ester schlecht in Wasser. Da in den Molekülen der Ester, anders als in den Molekülen der Ausgangsstoffe, keine stark polaren Gruppen vorliegen, können Estermoleküle untereinander keine Wasserstoffbrückenbindungen ausbilden.
Zwischen den Molekülen wirken nur schwache zwischenmolekulare Kräfte. Daraus ergibt sich die hohe Flüchtigkeit insbesondere der Ester der kurzkettigen Alkansäuren und Alkohole.
Die Siedetemperatur der Ester ist teilweise sogar niedriger als die des entsprechenden Alkohols, obwohl die Molekülmasse des Esters viel größer ist (s. Tab.).
Unabhängig davon nimmt die Siedetemperatur der Carbonsäureester im Allgemeinen mit steigender Molekülmasse zu.
Unter Einwirkung von Wasser werden Ester wieder in Säure und Alkohol gespalten. Die Reaktion wird **Hydrolyse** genannt und ist die **Umkehrung** der Esterbildung (s. Abb. 1, S. 194).

Siedetemperaturen im Vergleich

Stoff	Siedetemperatur
Methanol	4,5 °C
Methansäure	101 °C
Methansäuremethylester	31,5 °C
Ethanol	78,3 °C
Ethansäure	117,9 °C
Ethansäureethylester	77,1 °C
Propan-1-ol	97,2 °C
Propansäure	140,8 °C
Propansäureethylester	99,3 °C
Butan-1-ol	117,7 °C
Butansäure	163,3 °C
Butansäureethylester	120 °C

Man betrachtet die Bildung als **Hinreaktion** und die Spaltung als **Rückreaktion** und kennzeichnet dies durch einen Doppelpfeil in der Reaktionsgleichung (s. Abb. 1 S. 194).

Säure + Alkohol $\rightleftharpoons$ Ester + Wasser

Die Hydrolyse von Estern lässt sich sowohl durch Säuren als auch durch Basen beschleunigen. Wenn man die Esterspaltung in Natronlauge durchführt, dann entstehen die Natriumsalze der Carbonsäuren als Reaktionsprodukte (s. Exp.). Die Reaktion nutzt man zur Herstellung von Seifen (s. S. 219).

Die Esterbildung ist eine umkehrbare Reaktion. Die Esterspaltung ist eine Hydrolyse.

Aufgabe

Vergleiche die Struktur von Methanol, Methansäure und Methansäuremethylester. Stelle einen Zusammenhang zu den jeweiligen Siedetemperaturen her.

L Experiment

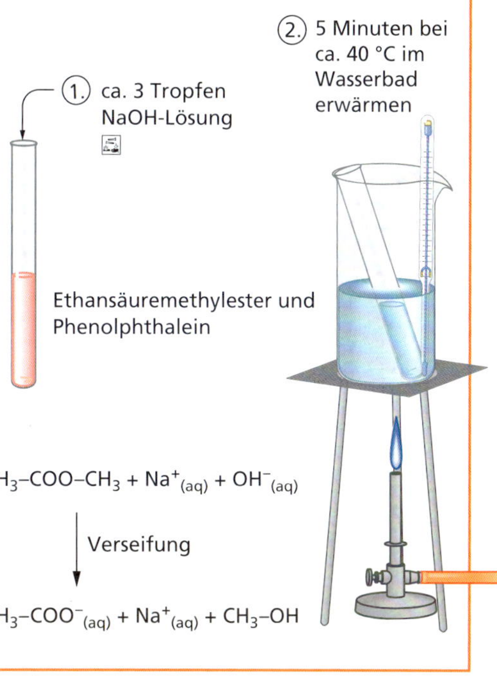

$CH_3{-}COO{-}CH_3 + Na^+_{(aq)} + OH^-_{(aq)}$

↓ Verseifung

$CH_3{-}COO^-_{(aq)} + Na^+_{(aq)} + CH_3{-}OH$

Mosaik

Ester anorganischer Säuren

Nicht nur Carbonsäuren, sondern auch viele anorganische Säuren wie Salpetersäure können mit Alkoholen verestert werden. Die **Ester anorganischer Säuren** begegnen uns im Alltag häufiger, als man denkt.

Weitverbreitet sind **Schwefelsäureester** (Alkylsulfate) als Bestandteile von Reinigungsmitteln. Umweltfreundliche Waschmittel enthalten Ester spezieller Alkohole, die biologisch abbaubar sind. Dadurch wird die Umwelt weniger belastet als durch andere Reinigungsmittel.

Auch im menschlichen Organismus findet man Schwefelsäureester. Sie werden im Stoffwechsel gebildet und z. T. mit dem Harn ausgeschieden. Der Arzneistoff **Heparin,** den man zur Behandlung von Sportverletzungen oder Vorbeugung gegen Thrombosen benötigt, gehört ebenfalls zur Gruppe der Schwefelsäureester.

Dagegen sind die **Ester der Salpetersäure** (organische Nitrate) fast ausschließlich als Sprengstoffe bekannt (s. Abb. unten). Nitroglycerin (Glyceroltrinitrat) ist ein Salpetersäureester des Glycerols. Die ölige Flüssigkeit explodiert bereits, wenn ein Tropfen auf eine harte Unterlage fällt oder wenn sie geringfügig erhitzt wird.

Deswegen saugt man Nitroglycerin mit Kieselgur auf. Das erhaltene Gemisch lässt sich weitaus gefahrloser handhaben und ist unter dem Namen **Dynamit** bekannt. Dynamit wurde vom schwedischen Chemiker ALFRED NOBEL (1833 – 1896) entdeckt.

Außerordentlich vielfältig sind die **Ester der Phosphorsäure** (organische Phosphate). Einige dieser Ester wie **Adenosintriphosphat (ATP)** oder **Lecithin** sind wichtige Verbindungen in fast allen lebenden Organismen und an vielen biologischen Prozessen beteiligt.

In der Technik dienen Phosphorsäureester z. B. als Putz- und Reinigungsmittel oder als Weichmacher für Kunststoffe (s. S. 237). Auch als flammen- oder korrosionshemmende Grundierung für Lackierungen von Metallen werden diese Ester anorganischer Säuren eingesetzt.

Besonders traurigen Ruhm erreichten extrem giftige Phosphorsäureester, die deutsche Chemiker während des 2. Weltkrieges entwickelten. Eingesetzt wurden diese chemischen Kampfstoffe (z. B. Sarin, Tabun) vom irakischen Diktator SADDAM HUSSEIN (1937–2006) gegen aufständische Kurden und im Krieg gegen den benachbarten Iran.

1 Nitroglycerin – ein Ester der Salpetersäure – ist auch heute häufig wichtiger Bestandteil von Sprengstoffen.

Chemie im Kontext

Aspirin®– ein hilfreicher organischer Stoff

Aspirin® ist wohl jedem bekannt. Der enthaltene Wirkstoff – die **Acetylsalicylsäure** (ASS) – wurde 1897 von FELIX HOFFMANN (1868–1946) als Schmerz- und Rheumamittel synthetisiert.

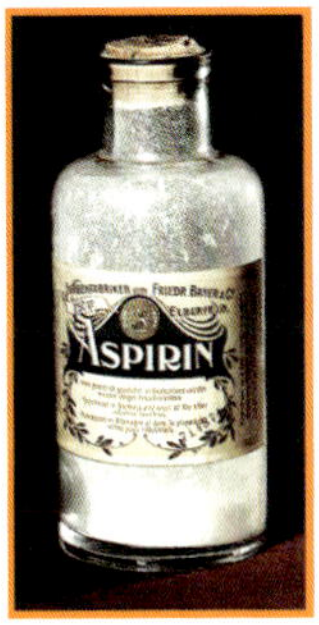

Informiere dich über die Struktur und entwickle einen Vorschlag zur Herstellung von Acetylsalicylsäure. Erkläre, warum Aspirintabletten nach Essig riechen, wenn man sie lange Zeit feucht lagert.

Acetylsalicylsäure ist eine Verbindung aus Salicylsäure und Ethansäure (Essigsäure). Bei der möglichen Umsetzung beider Stoffe reagiert die Salicylsäure aufgrund ihrer Hydroxylgruppe wie ein Alkohol.
Ihre Carboxylgruppe bleibt unverändert. Das Molekül der Acetylsalicylsäure enthält deshalb neben der Estergruppe eine Carboxylgruppe. Der Synthesevorschlag entspricht einer gewöhnlichen Esterkondensation, die Rückreaktion der Esterhydrolyse.
(*Hinweis:* In der Technik verwendet man anstelle von Essigsäure das Essigsäureanhydrid. Dieser Stoff ist reaktiver und liefert bessere Ausbeuten bei der Veresterung.)

2 Salicylsäure ist Bestandteil der Weidenrinde.

Durch die Veresterung ergeben sich viele komplizierte Wirkmechanismen im Körper, auf denen die hohe Wirksamkeit des Medikaments beruht. Man nimmt heute an, dass das Medikament u. a. in hormonelle Steuerungsprozesse, die bei Verletzungen und Entzündungen ablaufen, eingreift.
Lagert man Aspirin®-Tabletten falsch, kann Feuchtigkeit auf sie einwirken. Der enthaltene Wirkstoff beginnt, mit dem Wasser zu reagieren. Dabei wird der Ester hydrolisiert. Es entstehen wieder die Ausgangsstoffe Salicylsäure und Ethansäure. Die Ethansäure ruft den Essiggeruch hervor.

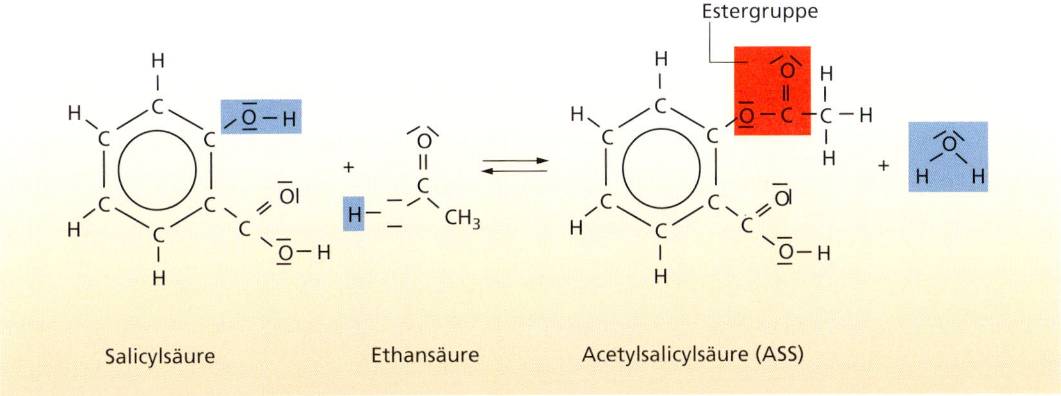

1 Die Umsetzung von Salicylsäure mit Ethansäure ist nur eine Variante zur Herstellung von Acetylsalicylsäure, die industriell kaum genutzt wird.

gewusst · gekonnt

1. Wiederhole die Begriffe und vervollständige dein Glossar.

Glossar

- Ester
- Hydrolyse
- Kondensation
- Substitutionsreaktion

2. Die Gruppe der Ester ist sehr vielfältig. Führe einige Formelbeispiele an, die diese Aussage belegen. Gib jeweils an, wo der genannte Stoff Verwendung findet bzw. vorkommt.

3. Erläutere die Veresterung an einem selbst gewählten Beispiel.

4. Übertrage die Tabelle und fülle sie aus.

Name der Carbonsäure	Name des Alkanols	Name des Esters
Ethansäure	Propanol	Ethansäure-propylester
Methansäure		-ethyl-
	Methanol	Propan-
		Butansäure-propyl
Pentansäure		-methyl-

5. In einer Chemiestunde stöhnen die Schüler über den Geruch der Buttersäure, die der Lehrer in einem Erlenmeyerkolben mit einer weiteren Flüssigkeit zusammenbringt. Als Katalysator tropft er Schwefelsäure hinzu. Einige Zeit später riecht es vom Lehrertisch her deutlich nach Ananas. Erkläre diese Beobachtungen. Stelle eine Wortgleichung auf.

6. In einer Chemiearbeit eines Schülers findet sich der Satz: „Der Ester ist das Ergebnis aus der Reaktion funktioneller Gruppen." Erläutere diesen Satz.

7. Wie bei der Neutralisation bildet sich auch bei der Veresterung Wasser. Sind Neutralisation und Veresterung gleichartige chemische Reaktionen? Begründe deine Antwort.

8. * Obwohl die Ausgangsstoffe des Ethansäureethylesters gut wasserlöslich sind, löst sich der Ester kaum in Wasser. Erkläre.

9. Benenne folgende Ester.

a) $CH_3 - CH_2 - COO - CH_2 - CH_3$

b) 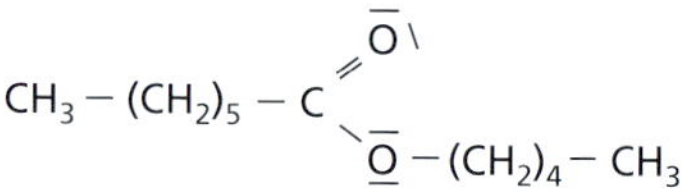

c) $HCOOCH_3$

10. Das Kaugummiaroma, ein Ester, hat die Formel (1). Ein Ausgangsstoff ist Salicylsäure (2). Wie heißt der zweite Ausgangsstoff für die Synthese von (1) und wie lautet seine Formel?

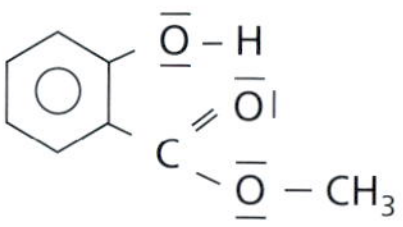

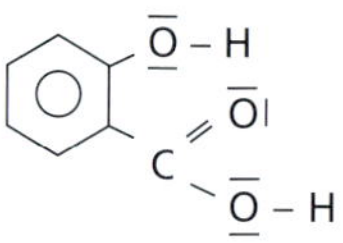

11. Nenne einige Beispiele für Ester, die im täglichen Leben eine Rolle spielen. Setze für die Recherche auch neue Medien ein.

12. Vergleiche die Bildung eines Dipeptids aus zwei Aminosäuren mit der Bildung eines Esters aus Carbonsäure und Alkohol.

13. Informiere dich darüber, was man unter natürlichen, naturidentischen und künstlichen Aromastoffen versteht.

Wahlbereich: Duftende Stoffe – Aldehyde und Ester

Düfte und Aromen – ein sinnliches Erlebnis

Unter einem **Aromastoff** (lat.: *aroma* = Wohlgeruch) versteht man eine Substanz, die angenehme Geruchs- und Geschmackswahrnehmungen hervorruft.

1. *Finde heraus, worin sich Duft- und Aromastoffe unterscheiden, und nimm beide Begriffe in dein Glossar auf.*

Duftstoffe bzw. Aromastoffe sind in vielen Pflanzen enthalten. Manchmal entstehen die Stoffe erst beim Erhitzen aus Vorläufersubstanzen, z. B. beim Kochen und Backen. Einige Duft- und Aromastoffe werden Lebensmitteln, Kosmetika, Haushalts- und Reinigungsprodukten gezielt zugesetzt.

2. *Recherchiere, was man unter natürlichen, naturidentischen und künstlichen Aromastoffen versteht. Erläutere die Begriffe anhand selbst gewählter Beispiele.*

Viele Naturmaterialien geben unter geeigneten Bedingungen Duftstoffe ab. In der Frühzeit der Menschheit wurden derartige Wohlgerüche ausschließlich zu religiösen Zwecken (z. B. Rauchopfer) erzeugt. Später verwendeten Ägypter und Perser duftende Harze und Öle zur Einbalsamierung der Toten.
Die ersten duftenden Salben und Parfüme kreierten die Ägypter um 2 000 v. Christus. Von Babylon aus verbreiteten sich die kosmetischen Düfte unaufhaltsam über die ganze Welt. Trotzdem begann man in Europa erst im 13. Jh., der Kunst der Parfümerie nachzugehen.

3. *Informiere dich über die historische Entwicklung der Duftstoffe von der Frühzeit bis in die Gegenwart. Erstelle einen Zeitstrahl und präsentiere deine Ergebnisse in einem Vortrag.*

S Experiment

Aufgabe:
Erkennt Gewürze, Lebensmittel und Kosmetika am Geruch.

Vorbereitung:
Geräte und Chemikalien: Uhrglas, Tuch, verschiedene Gewürze, verschiedene Obstsorten, Tee, Kaffee, Vanillezucker, verschiedene Kosmetika

Durchführung:
Verbindet jeweils einer Versuchsperson die Augen und veranstaltet einen Geruchswettbewerb.

Beobachtung und Auswertung:
Notiert die Ergebnisse in einer Tabelle. Beschreibt die wahrgenommenen Gerüche. Erstellt eine Präsentation über Materialien aus dem Alltag, die Duft- und Aromastoffe enthalten.

Vom Duftstoff zum Parfüm

Die aus pflanzlichen Rohstoffen gewonnenen, angenehm duftenden Stoffe nennt man auch **etherische Öle.** Dabei handelt es sich um Gemische leicht flüchtiger Verbindungen, die verschiedenen Stoffklassen angehören können. Diese natürlichen Duftstoffe gewinnt man durch verschiedene Verfahren.

Verfahren	Auspressen	Wasserdampfdestillation	Extraktion	Enfleurage
Stoff	Citrusöl	Nelkenöl	Lavendelöl	Rosenöl

1. *Informiere dich über die Verfahren und beschreibe jeweils das Prinzip.*

S Experiment 1

Aufgabe:
Untersuche die Wirkungsdauer von Fenchelöl, Nelkenöl, Pfefferminzöl, Rosenöl, Zimtöl, Zitronenöl und anderen etherischen Ölen.

Durchführung und Auswertung:
a) Entwickle einen Plan für das Experiment und lass ihn vom Lehrer bestätigen.
b) Fordere Geräte und Chemikalien beim Lehrer an und führe den Versuch durch. Notiere deine Beobachtungen.
c) Vermute, warum die einzelnen Duftstoffe unterschiedlich lange wirken.

1 Etherische Öle wie Rosenöl oder Lavendelöl werden aus Pflanzenteilen gewonnen.

S Experiment 2

Aufgabe:
Es soll überprüft werden, ob sich mithilfe der Wasserdampfdestillation aus Fenchelsamen Duftstoffe isolieren lassen.

Vorbereitung:
Geräte: Mörser mit Pistill, Apparatur siehe Skizze
Materialien: Fenchelsamen, Wasser

Durchführung:
Es werden in einem Mörser etwa drei Esslöffel Fenchelsamen zerrieben und dann in einen Kolben gegeben, der zur Hälfte mit Wasser gefüllt ist. In einem zweiten Kolben befinden sich Siedesteinchen und etwa ein Viertel hoch Wasser. Die Kolben werden zur Apparatur (s. Skizze) zusammengesetzt und mit einem Liebigkühler versehen. Beide Kolben werden zur Destillation erhitzt, wobei die Aufschlämmung der Fenchelsamen nur mäßig, das Wasser im anderen Kolben aber kräftig sieden soll. Nach etwa 30 min kann das Produkt auf Aussehen und Geruch überprüft werden.

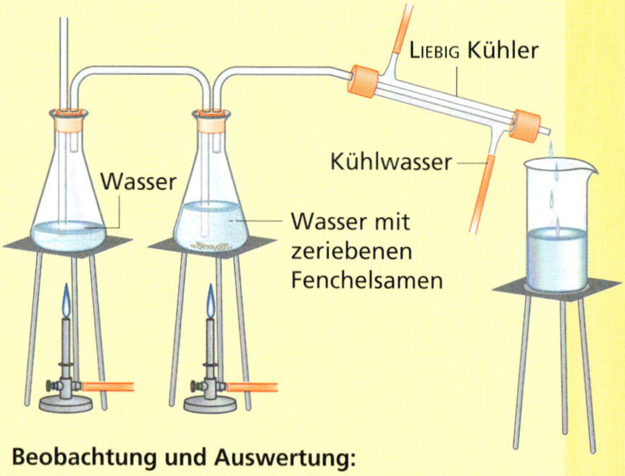

Beobachtung und Auswertung:
Beobachte die Wasseroberfläche im Auffanggefäß. Beschreibe die Eigenschaften des gewonnenen Duftstoffes.

2. *Erkunde, wie man etherische Öle von fetten Ölen mithilfe der Fettfleckprobe unterscheiden kann. Führe das Experiment mit dem Fenchelöl aus Experiment 2, etwas Speiseöl und einem Tropfen Wasser als Vergleichssubstanz durch. Protokolliere und erkläre deine Beobachtungen.*

Duftstoffe können auch künstlich hergestellt werden. Beispielsweise wird der Aromastoff Vanillin u. a. aus Eugenol gewonnen. Dazu wird Eugenol aus Gewürznelken extrahiert und durch Oxidation umgewandelt.

Löst man Duftstoffe in Ethanol, erhält man ein **Parfüm.** Das Wort hat seinen Ursprung im Lateinischen (lat.: *per fumum* = durch Rauch). Parfüm enthält 10 bis 25 % Parfümöle. **Eau de Parfum** hingegen weist nur noch einen Anteil von 8 bis 10 %, **Eau de Toilette** einen Anteil von 5 bis 8 % und **Eau de Cologne** (Kölnischwasser) einen Gehalt von 2 bis 5 % Parfümölen auf.
Zur Herstellung dieser Kosmetika finden etherische Öle aus Pflanzenteilen (z. B. Lavendelblüten, Minzblätter, Orangenschalen) und Extrakte aus tierischen Produkten (z. B. Moschus, Ambra) Verwendung. Mitunter werden sie chemisch verändert (halbsynthetisch). Es werden aber auch künstliche Duftstoffe zugesetzt.

3. *Stelle in einer Tabelle Materialien und die Duftstoffe, die aus ihnen gewonnen werden, zusammen.*

4. *Erkunde, welche Arbeitsschritte ein Parfümeur ausführen muss, um ein neues Parfüm zu entwickeln.*

Zur Einteilung der Geruchsrichtungen hat man **„Duftfamilien“** mit bestimmten „Noten“ festgelegt. So gibt es u. a. Citrus-, Lavendel-, blumige, Gewürz-, orientalische, Holz-, Tabak- und Ledernoten. Aus einem Vorrat an entsprechenden Grundstoffen wäre es möglich, sich selbst Parfüms zusammenzustellen.

5. *Erkläre den Begriff „reifen“ bei der Parfümherstellung. Stelle Vermutungen an, welche grundsätzlichen Vorgänge dabei eine Rolle spielen, und überprüfe sie in geeigneten Medien.*

1 Zur Komposition eines Parfüms bedarf es einer guten Nase, Kreativität und jahrelanger Erfahrung – DUSTIN HOFFMANN als Parfumeur Baldini im Film „Das Parfüm“.

Chemie der Duft- und Aromastoffe

Duftstoffe sind leicht flüchtig und gelangen so über die Luft an die Riechzellen. Die Moleküle besitzen einen hydrophoben Teil, sodass sie in unpolaren Stoffen löslich sind.
Zusätzlich muss eine polare Gruppe vorhanden sein, denn durch sie wirken die Duftstoffe auf die Rezeptoren. Diese Komponenten nennt man **osmophore Gruppen** (griech.: *osme* = Geruch, *phora* = Tragen). Einige Ester gehören zu den Aromastoffen.

S Experiment 1

Aufgabe:
Stelle ein Fruchtaroma her.

Vorbereitung:
Geräte: Reagenzgläser, Siedesteinchen, Bunsenbrenner, Becherglas, Reagenzglashalter, Pipette, Schutzbrille
Chemikalien: Hexanol, Ethansäure, konzentrierte Schwefelsäure, verdünnte Natronlauge

Durchführung:
Gib in ein Reagenzglas Siedesteinchen und je 3 ml Hexanol und Ethansäure. Tropfe sehr vorsichtig fünf Tropfen konzentrierte Schwefelsäure hinzu (wirkt als Katalysator) und schüttle die Mischung.
Erwärme die Lösung in der leuchtenden Flamme des Bunsenbrenners, sodass sie etwa eine Minute lang siedet. (Vorsicht: Abzug!)
Nimm das Reagenzglas aus der Flamme, verschließe es mit einem Stopfen. Gieße die Lösung nach dem Abkühlen in verdünnte Natronlauge.

Beobachtung und Auswertung:
1. Beobachte die Oberfläche der Flüssigkeit. Prüfe den Geruch. Notiere die Beobachtungen.
2. Vergleiche die Eigenschaften des neuen Stoffes mit den Eigenschaften der Ausgangsstoffe. Was kannst du schlussfolgern?

1. *Analysiere die Molekülstruktur eines Fruchtesters, z. B. von Ethansäure-2-butylester, und benenne die osmophoren Gruppen.*

Bei Weitem nicht alle wohlriechenden Stoffe gehören zur Gruppe der Ester. Das typische Butteraroma wird von **Ketonen** hervorgerufen (s. Abb. 1). Auch unter **Alkoholen** und **Terpenen,** einer besonderen Gruppe von Kohlenwasserstoffen, findet man eine Reihe von Duftstoffen (s. Abb. 2).
Vanillin ist ein **Aldehyd,** das im Molekül noch weitere funktionelle Gruppen enthält.
Verbindungen mit ähnlicher Molekülstruktur können sehr unterschiedlich riechen. So duftet Vanillin intensiv nach Vanille, während das Isomer Isovanillin fast geruchlos ist.

Vanillin (charakteristischer Geruch)

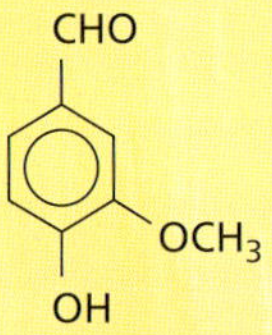

Isovanillin (geruchlos)

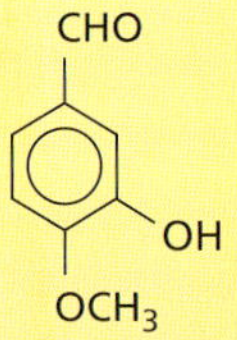

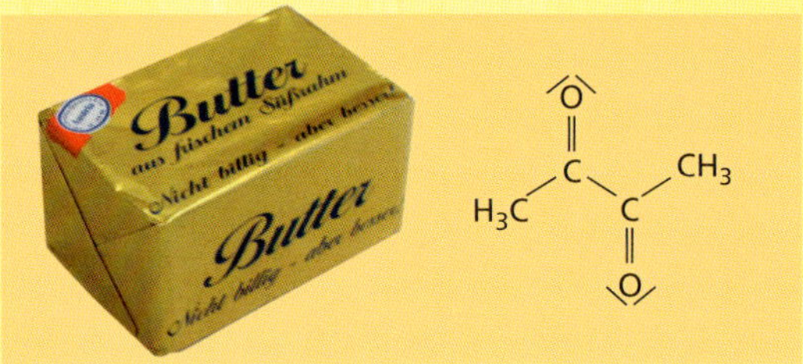

1 Butan-2,3-dion – ein Keton

2 Limonen – ein Terpen

3 Ethansäure-2-butylester – ein Ester

Die Moleküle des Vanillins zeichnen sich in der Struktur durch eine ganz besondere funktionelle Gruppe aus. Dabei handelt es sich um die **Aldehydgruppe (-CHO).**
Stoffe mit einer oder mehreren Aldehydgruppen im Molekül heißen **Aldehyde.** Abgesehen von der funktionellen Gruppe, ist die Struktur des Vanillins recht kompliziert.

Die einfachsten Vertreter der Aldehyde weisen nur eine Aldehydgruppe im Molekül auf und lassen sich von den Alkanen ableiten. Diese Stoffgruppe bezeichnet man als **Alkanale**. Diese Aldehydgruppe ist im Namen durch die **Endung -al** gekennzeichnet.
Der einfachste Vertreter ist Methanal (Formaldehyd - HCHO).
Insbesondere längerkettige Alkanale zeichnen sich oft durch einen besonderen Geruch aus und gehören zu den Duft- und Aromastoffen. So sind beispielsweise im Erdbeeraroma Hexanal und Heptanal enthalten.

1. *Informiere dich über Eigenschaften, Verwendung und Struktur der Moleküle von Methanal. Erarbeite einen Steckbrief.*

2. *Konstruiere die Moleküle von Alkanalen mit einem bis sechs Kohlenstoffatomen unter Nutzung des Molekülbaukastens. Benenne die Stoffe jeweils.*

3. *Taucht man ein warmes, oberflächlich oxidiertes Kupferblech in Ethanol, wird es wieder blank (s. Abb.) und ein stechender Geruch ist wahrnehmbar. Formuliere eine Reaktionsgleichung für diesen Versuch.*

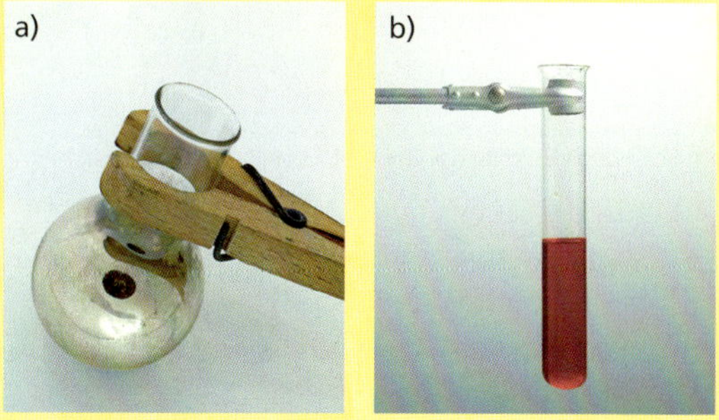

$Ag^{+} + e^{-} \longrightarrow Ag$

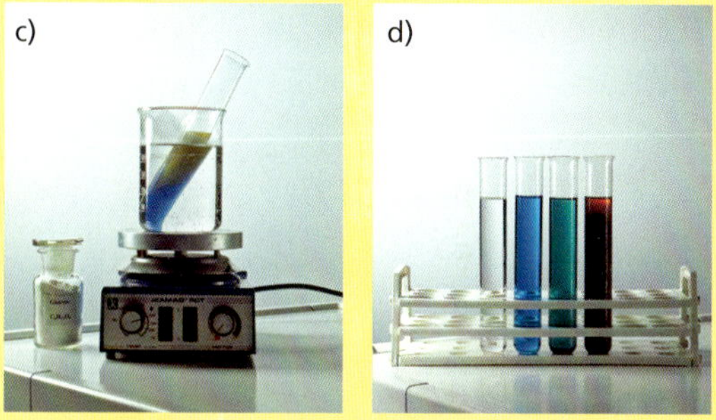

$Cu^{2+} + e^{-} \longrightarrow Cu^{+}$

1 Nachweis der Aldehydgruppe
a) Tollens-Probe: Silberspiegel entsteht
b) Nachweis mit Schiffs Reagenz: Farbumschlag nach Rot
c + d) Fehling-Probe: ziegelroter Niederschlag

Alkanale wirken aufgrund der Aldehydgruppe in ihren Molekülen reduzierend. Die reduzierende Wirkung ist das Verhalten von Teilchen, in chemischen Reaktionen Elektronen abzugeben, wodurch sich die Struktur des Moleküls verändert. Diese reduzierende Wirkung dient als Nachweis der Aldehydgruppe (s. Abb. 1).

4. *Beschreibe, welche Reaktionen bei der positiven Tollens-Probe und Fehling-Probe ablaufen.*

S Experiment 2

Aufgabe:
Gib fehlingsche Lösung zu einer Glucoselösung und erwärme das Gemisch leicht.
Führe Protokoll.
Erläutere, wie die ziegelrote Färbung zustande kommt. Nutze dazu auch den Steckbrief der Glucose auf der Seite 152.

8.2 Fette

Nährstoff Fett

Richtig essen bedeutet, Nahrungsmittel so auszuwählen, dass dem Körper alle nötigen Stoffe in ausreichender Menge zugeführt werden. Sie stellen eine wichtige Energiereserve dar, denn bei ihrem Abbau wird Energie freigesetzt.

Wie sind Fette aufgebaut?

Pflanzliche und tierische Fette

Fett ist nicht gleich Fett. Von Experten werden besonders pflanzliche Fette bzw. Öle empfohlen. Tierische Fette sollen nur in geringerem Maße verzehrt werden.

Wodurch unterscheiden sich unterschiedliche Fettsorten?

Gesund ernähren, aber wie?

Oft locken besonders Nahrungsmittel, die einen hohen Fettanteil aufweisen. Ein Zuviel an Fett erweist sich jedoch als ungesund und führt häufig zu Gewichtsproblemen, die gesundheitliche Auswirkungen nach sich ziehen können. Das im Übermaß gespeicherte Fett soll abgebaut werden. Zu diesem Zweck gibt es die unterschiedlichsten Diätvorschläge. Nicht immer ist es leicht zu beurteilen, ob sie sinnvoll sind.

Auf welche Weise werden im Körper Fette auf- und abgebaut?

Fette – wichtige Bestandteile der Nahrung

Bedeutung und Zusammensetzung der Fette

Fette sind für Pflanzen, Tiere und Menschen lebensnotwendig. Pflanzen bilden Fette aus der Glucose und speichern sie z.B. in den Samen (Raps, Sonnenblume). Menschen und Tiere nehmen Fette mit der Nahrung auf. Im Verdauungssystem werden sie durch Hydrolyse (Spaltung durch Wasser) in die Grundbausteine zerlegt. Vom Dünndarm gelangen sie ins Blut. Die Grundbausteine werden zu den Zellen transportiert und dort mithilfe von Enzymen in körpereigene Fette umgewandelt (s. Abb. 1).

Nicht sofort benötigtes Fett wird gespeichert und dient als **Energiereserve.** Beim Abbau von Fetten zu anorganischen Stoffen wird Energie frei. Diese Energie steht den Organismen zur Abwicklung der Lebensprozesse zur Verfügung.

Eine Fettschicht umhüllt die inneren Organe und besitzt eine **Schutzfunktion.** Ein ausgeprägtes Unterhautfettgewebe (Robben) oder der Tran bei Fischen dient der Wärmeisolation. Das Gefieder der Vögel (s. Abb. 2) oder das Fell der Säuger wird durch Einfetten wasserabweisend.

Nicht zuletzt sind einige Vitamine (A, D, E, K) nicht in Wasser löslich, sondern können nur zusammen mit Fett von unserem Körper aufgenommen werden.

Fett ist nicht gleich Fett. Das stellt jeder sofort fest, der sich über gesunde Ernährung informiert.

2 Die Federn werden mithilfe des öligen Sekrets der Bürzeldrüse gefettet.

Diese Tatsache hängt mit dem Bau der Fette zusammen. Es handelt sich um **Ester langkettiger Carbonsäuren.** Diese Carbonsäuren sind mit Glycerol (Propan-1,2,3-triol, s. S. 146), einem Alkohol mit drei Hydroxylgruppen, verestert. Jede der drei Hydroxylgruppen kann mit einer anderen Carbonsäure reagieren, sodass verschiedene Fette existieren (s. Abb. 1).

Die am Bau der Fette beteiligten Carbonsäuren bezeichnet man als **Fettsäuren** (s. S. 206).

Einige ungesättigte und mehrfach ungesättigte Fettsäuren kann unser Organismus nicht selbst synthetisieren. Sie sind essenziell und müssen mit der Nahrung aufgenommen werden.

Fette sind Gemische aus unterschiedlichen Glycerolestern, da Glycerol jeweils mit verschiedenen gesättigten und ungesättigten langkettigen Carbonsäuren (Fettsäuren) verestert sein kann.

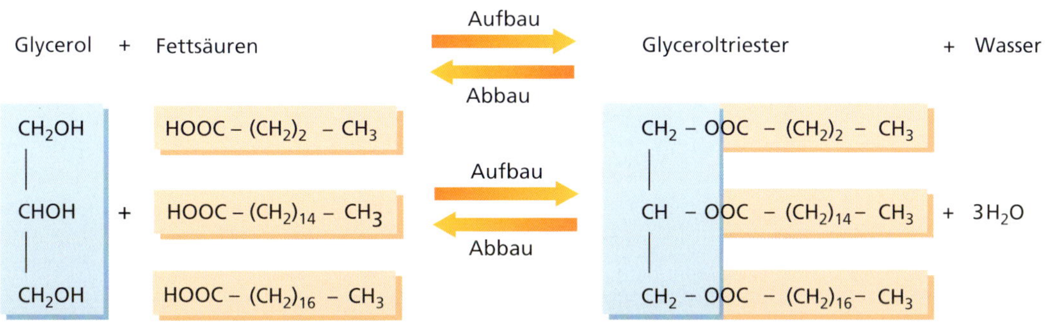

1 Die Molekülreste des Glycerols und der verschiedenen Fettsäuren sind im Glyceroltriestermolekül (Strukturbeispiel) über die Esterbindung verbunden. Im Verdauungssystem wird diese Bindung aufgespalten (Hydrolyse).

Thema

Recherchiere z. B. unter www.schuelerlexikon.de: Fettsäuren

1 Olivenöl enthält chemisch gebundene ungesättigte Fettsäuren.

Fettsäuren sind unverzweigte organische Säuren mit einer Carboxylgruppe, die eine geradzahlige Anzahl an C-Atomen (oft 12 bis 20, Ausnahme Butansäure) aufweisen. Im Alkylrest der gesättigten Fettsäuren existieren zwischen den Kohlenstoffatomen nur Einfachbindungen.

Die ungesättigten Fettsäuren enthalten in der Kohlenstoffkette entweder eine (einfach ungesättigt) oder mehrere Doppelbindungen (mehrfach ungesättigt). Besonders ungesättigte Fettsäuren sind für die Ernährung von Bedeutung, weil der menschliche Körper sie nicht selbst aufbauen kann. Man bezeichnet sie als essenzielle Fettsäuren (unentbehrliche Fettsäuren). Fehlen die Fettsäuren, so treten Mangelerscheinungen beim Menschen auf.

Name der Fettsäure	Summenformel	Schmelztemperatur in °C	Siedetemperatur in °C	Dichte in $g \cdot cm^{-3}$ bei 25 °C
gesättigte Fettsäuren				
Buttersäure (Butansäure)	$C_3H_7{-}COOH$ $CH_3{-}(CH_2)_2{-}COOH$	−5,2	163,3	0,952
Laurinsäure (Dodecansäure)	$C_{11}H_{23}{-}COOH$ $CH_3{-}(CH_2)_{10}{-}COOH$	44	298	0,864
Palmitinsäure (Hexadecansäure)	$C_{15}H_{31}{-}COOH$ $CH_3{-}(CH_2)_{14}{-}COOH$	62,2	351	0,85 (bei 62 °C)
Stearinsäure (Octadecansäure)	$C_{17}H_{35}{-}COOH$ $CH_3{-}(CH_2)_{16}{-}COOH$	71,5	370	0,940
ungesättigte Fettsäuren				
Ölsäure (Octadeca-9-ensäure) $CH_3{-}(CH_2)_7{-}CH{=}CH{-}(CH_2)_7{-}COOH$		13,5	223 (13 mbar)	0,895
Linolsäure (Leinölsäure – Octadecadiensäure) $CH_3{-}(CH_2)_4{-}CH{=}CH{-}CH_2{-}CH{=}CH{-}(CH_2)_7{-}COOH$		−8	230 (21 mbar)	0,902
Linolensäure (Octadecatriensäure) $CH_3{-}CH_2{-}(CH{=}CH{-}CH_2)_2{-}CH{=}CH{-}(CH_2)_7{-}COOH$		−12,8	232 (23 mbar)	0,904

... und mehr

Informiere dich auch unter: *Fette, Carbonsäuren*

Eigenschaften von Fetten

Fette sind Stoffgemische, daher kann man keine genauen Schmelz- und Siedetemperaturen angeben. Man unterscheidet fette Öle und feste Fette.

Fette Öle sind bei Zimmertemperatur durch einen hohen Anteil an ungesättigten Fettsäureresten in den Molekülen flüssig (z.B. Olivenöl, Sojaöl). **Feste Fette** sind bei Zimmertemperatur durch einen hohen Anteil an gesättigten Fettsäureresten in den Molekülen fest (z.B. Kokosfett, Milchfett).

Fettmoleküle sind unpolar, da der Anteil der unpolaren langkettigen Alkylreste am Molekül bei weitem höher ist als der Anteil der leicht polaren Esterbildung. Deshalb lösen sich Fette in Benzin und anderen unpolaren Lösemitteln gut, sind jedoch in Wasser nahezu unlöslich. Diese Eigenschaft bezeichnet man als hydrophob (wasserabweisend bzw. wassermeidend).
Werden flüssige Fette mit Wasser gemischt, entstehen Emulsionen, die sich aber nach einiger Zeit entmischen. In der Milch, die ebenfalls Fett und Wasser enthält, wirken u.a. Eiweiße als Emulgatoren und stabilisieren die Emulsion eine Zeit lang. Die Dichten der Fette liegen unter $1\,g \cdot cm^{-3}$. Sie schwimmen auf dem Wasser. Deshalb darf man Fettbrände niemals mit Wasser löschen, denn im heißen Fett verdampft Wasser und mitgerissenes Fett wird noch feiner verteilt. Der Brand würde sich verstärken und ausbreiten.

Fette verändern sich mit der Zeit an der Luft. Lässt man Butter mehrere Tage bei Zimmertemperatur stehen, riecht sie ranzig und wird ungenießbar. Altert ein Fett, laufen verschiedene chemische Prozesse ab. Zuerst werden die Fette unter Einfluss von Wasser in Glycerol und freie Fettsäuren aufgespalten. Es handelt sich um eine **Hydrolyse.** Besonders anfällig sind Fette, die kurzkettige Carbonsäurereste (Butansäurereste) enthalten.

$$\text{Glyceroltriester} + \text{Wasser} \xrightarrow{\text{Hydrolyse}} \text{Glycerol} + \text{Fettsäuren}$$

Im weiteren Prozess werden die freien Fettsäuren durch **Oxidationsreaktionen** zersetzt. Dabei ist die Oxidationswahrscheinlichkeit umso stärker, je mehr ungesättigte Fettsäuren in einem Öl oder Fett enthalten sind.

Aufgabe

Begründe, warum Ernährungswissenschaftler vorrangig pflanzliche Fette empfehlen.

S Experiment

Prüfe es selbst

Aufgabe:
Weise nach, dass die Moleküle pflanzlicher Fette Mehrfachbindungen enthalten.

Vorbereitung:
Geräte und Chemikalien: Reagenzglas, Pipette, verschiedene pflanzliche Fette, Baeyer-Reagenz, Heptan , ,

Durchführung:
Löse jeweils eine Probe in Heptan und tropfe das Nachweismittel hinzu. Eine Entfärbung weist auf Mehrfachbindung in den Molekülen hin.

Beobachtung und Auswertung:
Notiere deine Beobachtungen und leite eine entsprechende Schlussfolgerung ab.

Mosaik

Kosmetik – Chemie in Cremes und Lippenstiften

Creme, Lotion oder Lippenstift – chemisch kein großer Unterschied

Bei kosmetischen Artikeln unterscheidet man pflegende Kosmetik wie Cremes, Körperlotionen, Lichtschutzmittel usw. und dekorative Kosmetik wie Lippenstifte, Lidschatten, Kajalstifte, Make-up u. a.

Das Grundrezept für diese verschiedenen Kosmetika ist prinzipiell gleich: Bei allen handelt es sich um Gemische aus Wasser, Ölen und Wachsen und weiteren Inhaltsstoffen. Ein noch heute sehr bekanntes Gemisch mit diesem Grundrezept wurde 1911 vom Apotheker OSCAR TOPLOWITZ in Hamburg hergestellt. Es bekam den Namen „Nivea".

Chemisch gesehen handelt es sich bei den Kosmetikartikeln um **Emulsionen.** Emulsionen sind Gemische aus einer wässrigen und einer fetthaltigen Komponente. Man unterscheidet zwei verschiedene Emulsionstypen. Die **Wasser-in-Öl-Emulsion** (Wassertröpfchen von Pflegeölen umhüllt) macht die Haut geschmeidig und ist sehr fettend. Die **Öl-in-Wasser-Emulsion** (Öltröpfchen von Wasser umhüllt) zieht schneller ein und bildet keinen Fettfilm auf der Haut.

Werden keine Farbstoffe zugesetzt, sind die beiden Typen bereits an der Farbe erkennbar. Während die Wasser-in-Öl-Emulsionen aufgrund des zugesetzten Fettes oft gelb sind, erscheinen die Öl-in Wasser-Emulsionen oft weiß (Milch, Sahne). Eigentlich sind Öle bzw. andere Fette und Wasser nicht miteinander mischbar (Abb. 1). Emulgatoren lösen das Problem (s. S. 210).

Die Moleküle der Emulgatoren besitzen ein wasserfreundliches (hydrophiles) und ein wasserabweisendes (hydrophobes) Ende. Sie halten die Fetttröpfchen in feinster Verteilung, indem sie die Oberflächenspannung des Wassers herabsetzen. Häufig in Kosmetikartikeln verwendete Emulgatoren sind:

- Tegin®: Ester höherer Fettsäuren;
- Lanolin (wasserfreies Wollwachs): natürliches Wachs, das von Schafen gebildet wird, um ihre Wolle wasserfest zu machen (ermöglicht Wasser-in-Öl-Emulsionen);
- Eucerin®: Wollwachsalkohole gemischt mit Vaseline (Erdölprodukt)
- Kakaobutter, aus den Samen des Kakaobaumes gewonnen.

Bei einem Teil der Emulgatoren handelt es sich um **Wachse** (z. B. Wollwachs). Neben der Funktion als Emulgatoren haben Wachse in den Kosmetikprodukten eine weitere Bedeutung. Sie bilden auf der Haut einen Film, der vor Wasserverlust schützt.

Wachse gehören zur Stoffgruppe der Ester. Fettsäurereste sind mit Resten langkettiger Alkohole verbunden, wobei die Anzahl der C-Atome beider Strukturteile zwischen 20 und 25 liegt.

Wachse sind fest, jedoch bei 20 bis 25 °C knetbar. Oberhalb von 40 °C schmelzen sie, ohne sich zu zersetzen. In der Natur spielen Wachse eine große Rolle (z. B. Bienenwachs als Baumaterial für die Waben) und Wachse, die der Blattoberfläche aufliegen und so vor Verdunstung schützen (z. B. Carnaubawachs).

1 Öl und Wasser entmischen sich nach einiger Zeit und bilden wieder zwei Schichten.

2 Das Bienenwachs wird von Bienen aus den Wachsdrüsen an der Bauseite abgesondert.

Wachse in pflegender Kosmetik

Die Erkenntnis, dass viele Pflanzen sich durch eine Wachsschicht auf ihrer Blattoberseite vor Wasserverlust durch Verdunstung schützen, wird auch in der pflegenden Kosmetik ausgenutzt.

Man versucht zu verhindern, dass Wasser die Zellen verlässt und die Hautstruktur ihre Elastizität verliert und erschlafft. Das äußert sich nämlich in den unerwünschten „Falten".
Jede Creme enthält also zur Vorbeugung des Wasserverlustes und der Faltenbildung einen gewissen Anteil an Wachs. In der Regel wird Bienenwachs oder das Jojobaöl (ein Wachs aus Samen der Jojobapflanze) verwendet.

Einige Hersteller setzen Vaseline ein, um trockene Hautpartien zu schützen. Auch wenn das Erdölprodukt nicht so gut verträglich ist, wie pflanzliche Wachse, wird es dennoch besonders von Sportlern eingesetzt. So schützen Langstreckenschwimmer ihre Haut vor allem im Meer, indem sie den Körper mit Vaseline einschmieren.

Dekorative Kosmetik zur Betonung von Lippen und Augen

Bereits zu Zeiten von Nofretete (um 1340 v. Chr.) wurde die Haut nicht nur gepflegt, sondern durch verschiedene Schminken verschönt. Eine farbliche Gestaltung der Haut hat verschiedene Funktionen. Die Färbung der Lippen sendet jedoch in allen Kulturen das gleiche Signal aus: „Schau her, ich bin gesund und für die Fortpflanzung besonders geeignet!"
Während die Ägypterinnen Ocker und Farbsäfte mit Schilfrohr auftrugen, griff Queen Elisabeth I. zu einer Mixtur aus Alabaster, Gips und anderen Farbpartikeln wie dem Karmin, das aus der Cochenille-Schildlaus gewonnen wird.
Heute bestehen die Lippenstifte zu etwa 70 % aus einer Öl-/Fettphase und zu etwa 25% aus einer Wachsphase. Der Pigmentanteil beträgt immer zwischen 5 bis 10 % der Lippenstiftmasse.
Zur Öl-/Fettphase gehören solche Verbindungen, wie Erdnussöl, Rhizinusöl und synthetische Triglyceride, welche die Aufgabe haben, die Pigmente zu lösen.

1 Auch wenn sich die Schminke und die Schminktechniken unterscheiden, dekorative Kosmetik ist keine Erfindung der Neuzeit.

In der Wachsphase findet man häufig Bienenwachs, Carnaubawachs, Wollwachse und Paraffine. Carnaubawachs erhöht schon mit einem Anteil von 5 % den Schmelzpunkt des Lippenstiftes. Somit kann die Farbe in Form eines „Stiftes" benutzt werden. Das Bienenwachs hält die Konsistenz des Lippenstiftes so geschmeidig, dass er nicht zu hart wird.
Die mineralischen und wasserunlöslichen Farbstoffpigmente sind u.a. Kaolin, Aluminiumhydroxid oder Titandioxid. Ein feuchter Glanz, der modern ist, entsteht durch eine Mischung von Titandioxid und Glimmer.

Schon in der Antike galt es als „en vouge", die Augen zu betonen. Ob die Form verändert oder einfach nur der Augenumriss vergrößert wurde – sowohl Männer als auch Frauen griffen und greifen zu diesen meist schwarzen Stiften oder Flüssigkeiten.
Da unser Auge besonders empfindlich ist, müssen die Stoffe, die wir in die Nähe dieses wichtigen Sinnesorganes bringen, bedacht ausgewählt sein.
Unterschiedliche Hersteller benutzen verschiedene Zusammensetzungen dieser Inhaltsstoffe, aber alle verwenden Öle, Wachse und außerdem Pflanzenstoffe, die das Auge größer erscheinen lassen.

Chemie im Kontext

Das alltägliche Nahrungsmittel Milch

Milch wird in unterschiedlichen Sorten angeboten, z. B. als Frischmilch oder als H-Milch. Immer ist jedoch ihr Fettgehalt angegeben.
Fette bzw. Öle sind eigentlich nicht in Wasser löslich. Trotzdem sieht Milch beim bloßen Betrachten wie eine Lösung aus.
Wie kann dieser Widerspruch geklärt werden?

Die Öle sind wasserunlöslich, was man leicht an dem Aufschwimmen von Fettaugen auf Brühe erkennen kann. Bei höherer Temperatur und durch starkes Rühren bilden Wasser und Öle Emulsionen. Öl bildet in Wasser winzige Tropfen. Normalerweise entmischen sich Öl und Wasser relativ schnell wieder und beide Phasen werden sichtbar.

Milch stellt eine solche **Emulsion** dar. Streng genommen handelt es sich um eine **Öl-in-Wasser-Emulsion**. Das bedeutet, einzelne Öltröpfchen sind vom Wasser umhüllt. Im Fall der Milch wird das Entmischen von natürlichen **Emulgatoren** verhindert. Bei diesen Emulgatoren handelt es sich um Eiweiße, die einen polaren (wasserfreundlichen) und unpolaren (wasserabweisenden) Molekülteil aufweisen. Die unpolaren Enden ragen in die Fetttröpfchen hinein, die polaren Enden sind zur wässrigen Phase ausgerichtet. Dadurch wird die Emulsion eine Zeit lang stabilisiert und erscheint homogen.

Trotz der enthaltenen natürlichen Emulgatoren rahmt Milch nach einigem Stehen auf und man kann den Rahm an der Oberfläche abschöpfen, da Fette eine geringere Dichte als Wasser haben. Um das Aufrahmen zu verhindern, wird die Milch homogenisiert, d. h. durch starkes Rühren werden die Fetttröpfchen besonders fein verteilt.

Milchsorten		
Bezeichnung	**Fettgehalt**	**Anmerkung**
Rohmilch	3,5–5,0 %	unbehandelte Milch; darf nur vom Hof des Erzeugers verkauft werden
Vorzugsmilch	3,5–4,0 %	wie Rohmilch, aber verpackt im Handel erhältlich
Landmilch	mindestens 3,8 %	mit naturbelassenem Fettgehalt, muss wärmebehandelt werden
Vollmilch	mindestens 3,5 %	muss wärmebehandelt sein
Trinkmilch fettarme Milch	1,5–1,8 %	muss wärmebehandelt sein
Magermilch entrahmte Milch	maximal 0,3 %	muss wärmebehandelt sein

Vom Öl zum streichfähigen Fett

Margarine wurde ehemals im Auftrag von NAPOLEON III. entwickelt, der zur Versorgung seiner Truppen ein Streichfett wünschte, das im Gegensatz zur Butter billiger wäre, trotzdem wohlschmeckend und nahrhaft. Damals wurden Milch, Wasser und Rindertalg mit Lab (ein Enzym) zusammengemischt.

Heute bilden pflanzliche Öle die Basis für die **Margarineproduktion.** Die Öle erhält man aus verschiedenen Samen und Früchten (z.B. Sonnenblumenkerne, Rapssamen, s. Abb. 1).

Ölhaltige Samen werden gut zerkleinert. Unter Druck wird aus ihnen das **Öl** ausgepresst. Der noch ölhaltige Rückstand ist ein nährstoff- und energiereiches Futtermittel.

Beim **Extrahieren** wird über die zerkleinerten Ölfrüchte ein organisches Lösemittel gesprüht. Durch Destillation wird das Öl anschließend vom Lösemittel getrennt.

In der Folge wird durch Raffination das Öl von Pflanzenresten und anderen unerwünschten Stoffen befreit und mit weiteren Zutaten zu Margarine verarbeitet. Durch die Addition von Wasserstoff an die Doppelbindungen der ungesättigten Fettsäuren werden Öle „gehärtet", also in feste Fette umgewandelt.

1 Margarine wird aus pflanzlichen Ölen hergestellt.

Zutaten für Margarine

Bestandteile	Beispiele
Öl bzw. Fett	Sonnenblumenöl, Sojaöl, Rapsöl, Palmöl, Kokosfett (z.T. gehärtet)
Emulgatoren	Lecithin
Milch	Sauermilch, Dickmilch, Buttermilch
Speisesäuren	Citronensäure, Milchsäure
Aromen	meist natürliche Aromen
Vitamine	Vitamin A, D und E
Farbstoffe	ß-Carotin
Wasser, Salz	

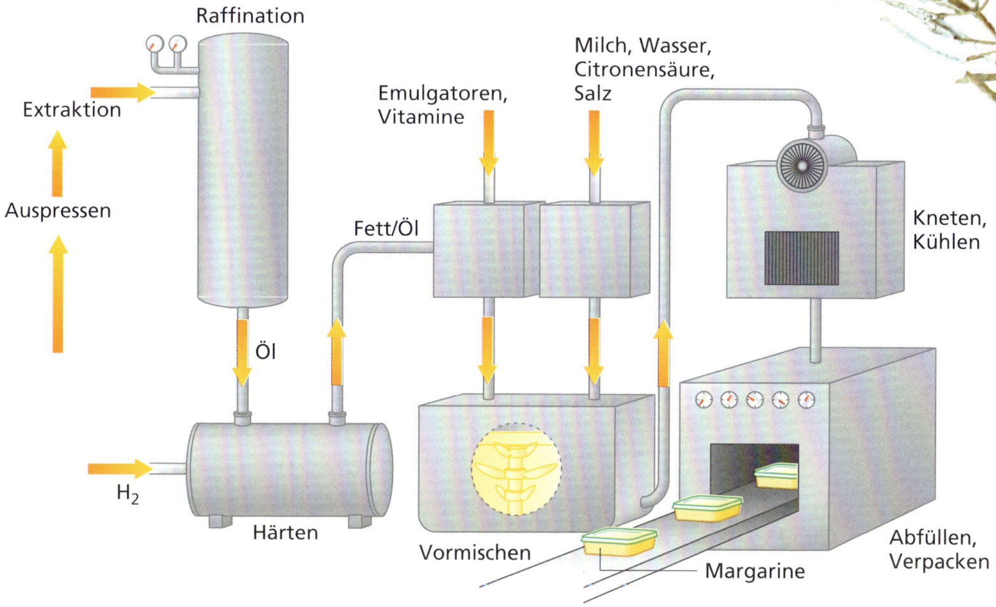

gewusst · gekonnt

1. Ergänze dein Glossar:

Glossar

Emulgatoren
Fette
– feste Fette
– fette Öle
Fetthärtung
Fettsäuren
Hydrolyse der Fette

2. Nenne verschiedene Fette und ermittle jeweils ihre Eigenschaften und ihre Verwendung.
Welche Ursachen kannst du für die unterschiedlichen Eigenschaften aufführen?

3. Fettflecke in Kleidungsstücken kann man nicht mit Wasser entfernen.
Begründe diese Aussage.

4. Kokosfett und Leinöl sind pflanzliche Fette. Welche chemische Zusammensetzung vermutest du jeweils? Begründe deine Antwort.

5. Hersteller fetter Öle werben vielfach mit dem Begriff „ungesättigte Fettsäuren“ oder „mehrfach ungesättigte Fettsäuren“.
Erläutere die beiden Begriffe und die Bedeutung dieser Substanzen für die menschliche Ernährung.

6. Erkläre, wieso für Fette keine konkreten Schmelz- bzw. Siedetemperaturen angegeben werden können, sondern nur Schmelz- und Siedebereiche.

7. Schreibe die Strukturformel eines Glycerolesters auf und erläutere, warum es chemisch richtig ist, von den Fetten (Mehrzahl) zu sprechen.

8. Erläutere, wodurch sich Mineralöle und fette Öle in ihrer chemischen Zusammensetzung unterscheiden.

9. Erläutere den Abbau der Fette durch Hydrolyse an einem Beispiel.

10. Flüssige Fette (Öle), die reich an ungesättigten Fettsäuren sind, können durch Fetthärtung in feste Fette umgewandelt werden.
Vermute, welche chemische Reaktion stattfindet.
Stelle eine mögliche Reaktionsgleichung auf.

11. Begründe, warum man Fette mit Waschbenzin aus Textilgewebe entfernt.

12. S Ob z. B. eine Frucht Fett enthält, kann mit der Fettfleckprobe bestimmt werden.
Beschreibe diese Nachweismethode für Fette und erprobe sie.
Nenne Früchte, die Fett enthalten.

13. In Brand geratenes Fett (z. B. Frittierfett) darf niemals mit Wasser gelöscht werden.
Erkläre, warum diese Regel bei der Brandbekämpfung unbedingt beachtet werden muss.

14. Interpretiere folgende Grafik. Leite eine begründete Schlussfolgerung für die Ernährung ab.

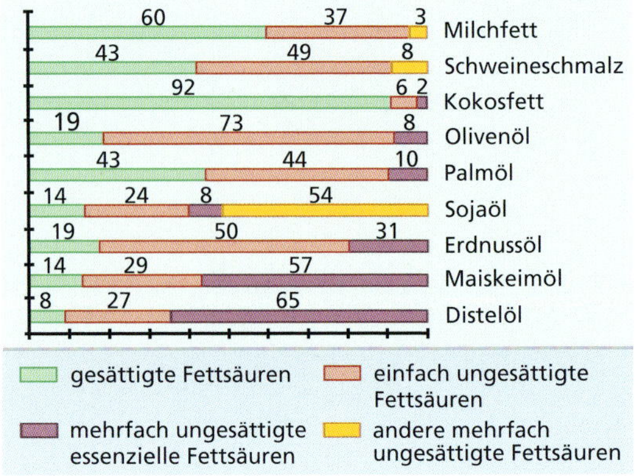

Wahlbereich: Nahrungsmittelinhaltsstoffe – Biokost und Fast Food

Zusammensetzung unserer Lebensmittel

Natürliche Bestandteile unserer Nahrung sind **Nährstoffe** (Fette, Kohlenhydrate, Eiweiße), Ergänzungsstoffe und Wasser. Zu den **Ergänzungsstoffen** gehören Vitamine, Mineralstoffe und Ballaststoffe.
Neuerdings kann man zunehmend „Functional Food" in den Läden finden. Das sind Lebensmittel, die mit zusätzlichen Inhaltsstoffen angereichert wurden. Dabei kann es sich z.B. um Vitamine oder Mineralstoffe handeln. Dies soll einen positiven Effekt auf die Gesundheit haben.

Solche Zusätze sind nicht mit den **Lebensmittelzusatzstoffen** zu verwechseln. Zu ihnen gehören u. a. Farbstoffe, Konservierungsmittel und Geschmacksverstärker (s. Tab.). Diese Stoffe müssen auf dem Etikett entweder mit ihrem Namen oder mit der E-Nummer deklariert werden.
Farbstoffe werden Lebensmitteln hinzugefügt, um sie optisch attraktiv zu machen und die Signalwirkung zu erhöhen. Auffallende Farben leuchten uns von Bonbons, Lutschern, Zuckerwatte, Kuchendekorationen usw. entgegen. Oftmals werden natürliche Farbstoffe (z.B. Betanin, der rote Farbstoff der Roten Bete, oder Curcumin, der gelbe Farbstoff des Currys) eingesetzt. Daneben gibt es aber eine Reihe synthetischer Farbstoffe. In diesem Zusammenhang werden pseudoallergische Reaktionen diskutiert.
Konservierungsmittel verlangsamen oder verhindern den Verderb durch Bakterien, Hefen und Schimmelpilze.
Damit waren und sind sie wichtig für die Erhaltung und Frische von Nahrungsmitteln. Gefährliche Krankheiten wie Botulismus werden seit jeher mit Konservierungsmitteln verhindert.
Durch bessere Transportwege, bessere Verpackungs- und Konservierungsmethoden kann der Einsatz von Konservierungsmitteln jedoch minimiert werden.
Konservierungsmittel müssen mit der Gattungsbezeichnung, dem Namen und der E-Nummer deklariert werden.

Lebensmittelzusatzstoffe

Art der Stoffe	E-Nr.
Farbstoffe	100– 180
Konservierungsmittel	200– 252
Säuerungsmittel	260– 297
Antioxidanzien	300– 385
Verdickungsmittel	400– 422
Emulgatoren	432– 495
andere Zusatzstoffe	500– 585
Geschmacksverstärker	620– 948
Süßstoffe	950–1518

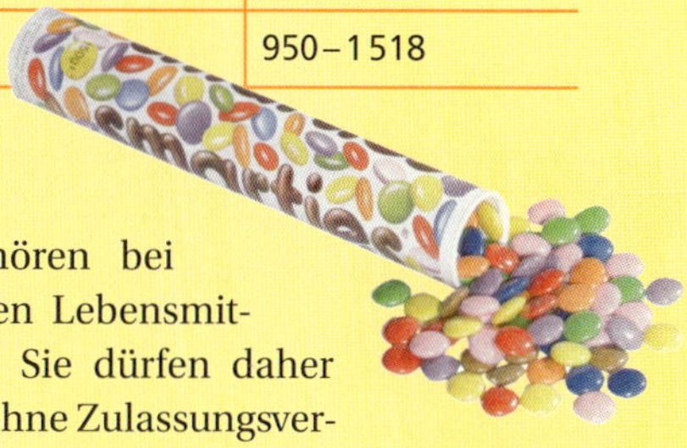

Aromastoffe (s. S. 199 ff.) gehören bei uns nicht zu den Lebensmittelzusatzstoffen. Sie dürfen daher Lebensmitteln ohne Zulassungsverfahren zugesetzt werden. Aus der Zutatenliste auf dem Etikett muss allerdings ihre Verwendung ersichtlich sein. Es genügt aber die Angabe „Aroma". Diese Aromen können ganz unterschiedlicher Herkunft sein.

1. *Notiere die unterschiedlichen Bestandteile unserer Nahrung. Finde zu jeder Stoffgruppe mindestens ein Beispiel.*

2. *Diskutiert den Nutzen von „Functional Food".*

Nahrung und Energie

Der Mensch nimmt energiereiche Nahrungsmittel auf und wandelt die Inhaltsstoffe in körpereigene Stoffe um. Beim Abbau wird lebensnotwendige Energie freigesetzt.
Der **Energiebedarf** von Menschen ist sehr unterschiedlich und kann zwischen etwa 8 000 kJ (8 MJ) und 25 000 kJ (25 MJ) pro Tag liegen. Er hängt nicht nur vom Körpergewicht und vom Alter ab, sondern wird vor allem von der körperlichen Aktivität und der Art der Tätigkeit bestimmt. So benötigen z. B. Hochleistungssportler oder Personen, die körperlich schwer arbeiten, wesentlich mehr Energie als Personen, die vorwiegend am Schreibtisch sitzen.
Folgende Richtwerte werden in Abhängigkeit vom Alter empfohlen. Mit zunehmendem Alter sinkt der Energiebedarf bei Erwachsenen.

Alter	Richtwert in kJ/Tag	
	männlich	weiblich
10–12	9650	9250
13–14	11 350	10 500
15–18	12 600	10 100
19–35	10 900	9250

1. *Auf Verpackungen von Lebensmitteln sind häufig „Nährwertangaben pro 100 g“ angegeben. Der Brennwert von Nahrungsmitteln (Energiegehalt) entspricht der Energie, die bei der Verbrennung freigesetzt wird.*

   Für den Brennwert (= Energiegehalt) gilt:
   1 g Eiweiß: 17 kJ
   1 g Kohlenhydrate 18 kJ
   1 g Fett 39 kJ

   a) *Stelle in einer Übersicht für verschiedene Lebensmittel die Nährwertangaben pro 100 g zusammen. Notiere auch jeweils den Gehalt an Eiweiß, Kohlenhydraten und Fett.*
   b) *Berechne jeweils den Energiegehalt aus den Angaben für Eiweiß, Kohlenhydraten und Fett. Nutze die obigen Angaben.*

2. *Ermittle, wie hoch der Energiegehalt der Nahrungsmittel ist, die du innerhalb von 24 Stunden zu dir nimmst.*
   Vergleiche mit den in der Tabelle angegebenen Richtwerten. Was stellst du fest?

3. *Einige Schüler und Schülerinnen nehmen mit den Nahrungsmitteln mehr Energie zu sich, als sie für die Aufrechterhaltung der Lebensfunktionen und der von ihnen durchgeführten Tätigkeiten benötigen.*
   a) *Erläutere, was mit dieser überschüssigen Energie geschieht.*
   b) *Wie müsste die Energiebilanz bei einer Person aussehen, die abnehmen will? Begründe deine Antwort.*
   c) *Birgit (50 kg) und Klaus (70 kg) wandern mit ihrer Klasse vier Stunden am See entlang. Wie viel Energie benötigen die beiden jeweils? Nutze für die Berechnung die Tabelle:*

Sportart	Energiebedarf in kJ / (h · kg)
leichte Gymnastik	12,6
9 km Laufen	35,5
4,5 km Wandern	13,2
3 km Schwimmen	44,8
Handballspielen	80,1
43 km Radfahren	65,7

Natürliche Nahrungsmittel contra Fast Food?

Bio ist in aller Munde. Immer mehr Verbraucher entscheiden sich für **Bioprodukte** und der Markt wächst stetig. Als Bioprodukte bezeichnet man im Allgemeinen natürlich produzierte Lebensmittel. Das bedeutet, dass der Einsatz von Düngemitteln und Futtermitteln bzw. Hilfsmitteln wie Desinfektionsmittel streng geregelt ist, ebenso die Art der Tierhaltung (z. B. Anzahl der Tiere). Daher ist davon auszugehen, dass Lebensmittel aus dem biologischen Anbau weniger schadstoffbelastet sind als herkömmlich produzierte Lebensmittel. Seit 1991 ist durch ein EU-Gesetz vorgeschrieben, welche Produkte als Bioprodukte bezeichnet werden dürfen.
Eine Orientierung für den Verbraucher stellt das 2002 vom Verbraucherschutzministerium beschlossene Bio-Siegel dar (s. Abb.), das von allen Produzenten genutzt werden kann. Daneben führt fast jede Lebensmittelkette auch einigen Marken von Bioprodukten (z. B. Füllhorn, Biowertkost usw.).

1. a) *Ermittle die Preise für vergleichbare Lebensmittel aus herkömmlicher Produktion, von Bioprodukten, die in einem Supermarkt verkauft werden, und von Produkten aus einem Biokostladen und vergleiche sie. Sind die Preisunterschiede aus deiner Sicht gerechtfertigt?*

   b) *Tragt in der Gruppe Argumente zusammen, die für und gegen die Verwendung von Bioprodukten sprechen. Stellt die unterschiedlichen Positionen in einem Rollenspiel dar.*

Wörtlich übersetzt bedeutet „Fast Food" „schnelles Essen". In den letzten Jahren hat Fast Food viele Freunde gefunden. Neben den bekannten Hamburgern, Pommes, Dönern und Bratwürsten gibt es auch belegte Brötchen, Suppen, diverse Salate, Sushi u. a. sind also alle Speisen, die sich für ein Essen auf die Schnelle eignen. Damit ist auch ein Apfel, ein Pausenbrot oder ein Glas Buttermilch gemeint.

2. *Setze dich mit der Überschrift dieser Seite auseinander. Stellen Biokost und Fast Food wirklich Gegensätze dar?*

3. *Ein Menü wie auf der Abbildung dargestellt gehört zu den beliebten Snacks. Ist dieses „schnelle Mittagessen" als Mahlzeit geeignet?*

4. *Erarbeitet eine vollwertige „schnelle Mahlzeit" als Alternative. Wie könnte ein entsprechendes Menü aussehen? Diskutiert in der Gruppe verschiedene Möglichkeiten.*

Lebensmittel im Test

Lebensmittel enthalten neben Mineralstoffen und Wasser natürlich hauptsächlich Naturstoffe wie Fette, Kohlenhydrate und Eiweiße in unterschiedlichen Mengen.

S Experiment 1

Aufgabe:
Teste Fleischwurst, Salat und eine Avocado auf Glucose, Stärke, Eiweiße und Fette.

Vorbereitung:
Notiere notwendige *Geräte* und *Chemikalien* und fordere sie beim Lehrer an.

Durchführung:
Bereite die Lebensmittelproben vor, indem du die Wurst und die Avocado zerkleinerst und den Salat in einem Mörser mit Seesand zerreibst.

a) Teste auf Glucose.

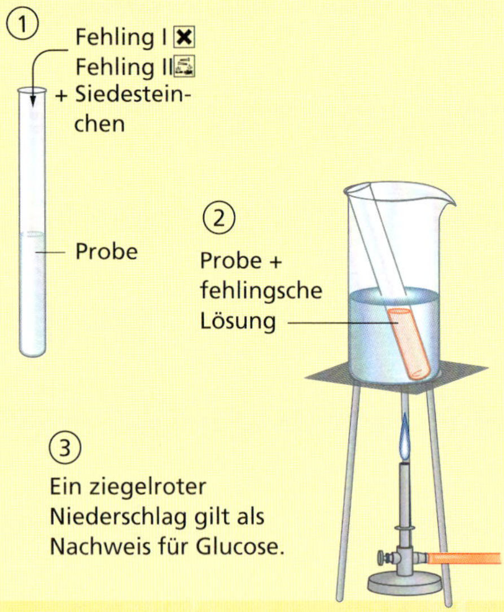

b) Teste auf Stärke. Tropfe dazu Iod-Kaliumiodidlösung auf die Proben.

c) Teste auf Eiweiß.

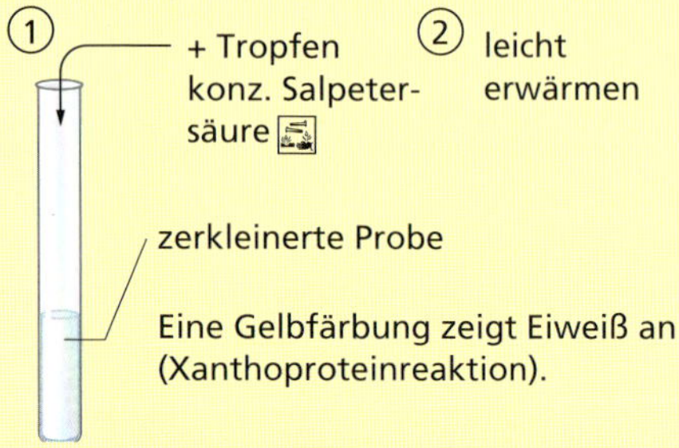

d) Teste auf Fett. Drücke die Proben auf ein Filterpapier (Fettfleckprobe).

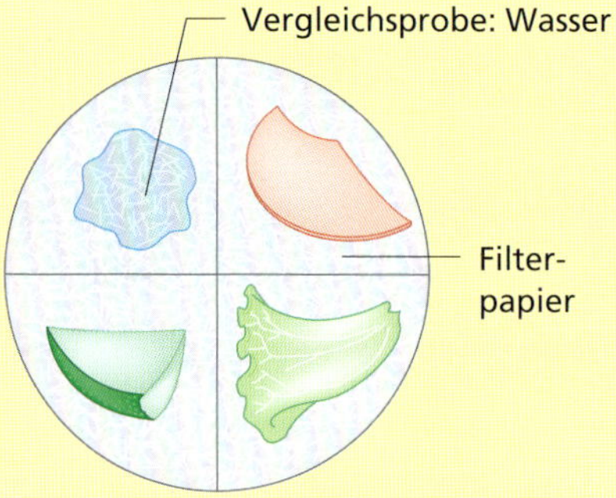

Beobachtung:
Notiere deine Beobachtungen in einer Tabelle (s. u.).

Auswertung:
1. Leite aus deinen Beobachtungen für jedes Lebensmittel Schlussfolgerungen hinsichtlich der nachgewiesenen Inhaltsstoffe ab.
2. Welche Inhaltsstoffe können vermutlich noch nachgewiesen werden? Gib jeweils den Stoff und das Nachweismittel an.

Probe	Fehlingsche Lösung	Iod-Kalium-iodidlösung	Konzentrierte Salpetersäure	Fettfleckprobe
Fleischwurst				
Salat				
Avocado				

S Experiment 2

In einigen Lebensmitteln wurde im Experiment 1 Fett nachgewiesen.
Fett ist jedoch nicht gleich Fett. In den Molekülen sind ganz unterschiedliche Fettsäuren – gesättigte und ungesättigte – chemisch gebunden.

Aufgabe:
Ermittle bei den fetthaltigen Lebensmitteln aus Experiment 1, ob in den Molekülen der Fette die Reste ungesättigter Fettsäuren enthalten sind. Weise dazu die Doppelbindungen nach.

Vorbereitung:
Geräte, Chemikalien und *Materialien:* Reagenzglas, Stopfen, Pipette, Bayer-Reagenz, Heptan, fetthaltige Lebensmittel laut Aufgabenstellung

Durchführung:
Gib jeweils zur zerkleinerten Probe Heptan, schüttle die Mischung und tropfe das Nachweismittel hinzu.

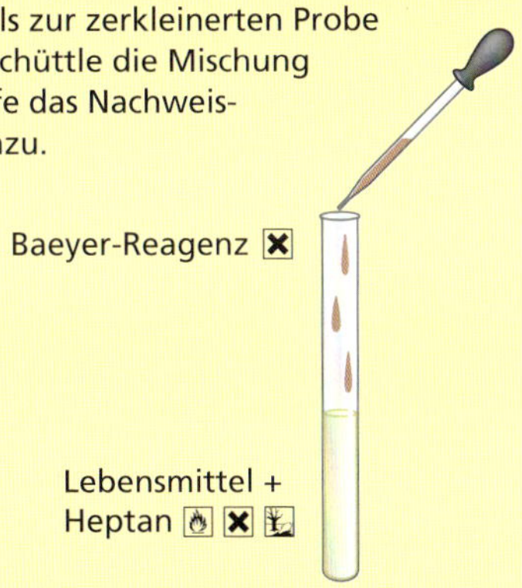

Beobachtung und Auswertung:
1. Notiere deine Beobachtungen und leite eine Schlussfolgerung entsprechend der Aufgabenstellung ab.
2. Bewerte die Nahrungsmittel unter dem Aspekt der gesunden Ernährung.

S Experiment 3

Aufgabe:
Extrahiere aus Haselnüssen Fett.

Vorbereitung:
Geräte: Mörser, Pistill, Bechergläser, Heizplatte, Thermometer, Trichter, Filterpapier, Reagenzglas, Stopfen
Chemikalien bzw. Lebensmittel: Heptan, Wasser, klein gehackte Haselnüsse

Durchführung:
a) Gib die Haselnüsse und Heptan in einen Mörser und verreibe sie mit dem Pistill. Gib die Mischung in ein Reagenzglas, verschließe es und stelle es 15 Minuten in ein Wasserbad (50 °C).
b) Dekantiere die Mischung. Lass das Filtrat eindunsten (Achtung Abzug!). Weise das Fett mit der Fettfleckprobe nach.

Beobachtung und Auswertung:
Fertige ein Protokoll an. Könnte man das Fett auch mit destilliertem Wasser extrahieren? Begründe deine Antwort.

S Experiment 4

Aufgabe:
Stelle zu Hause aus 100 g Kokosfett, 50 g Pflanzenöl, 15 g Vollmilch, 15 g Wasser, 1 Eigelb und Salz Margarine her.
Das Kokosfett wird bei geringer Wärmezufuhr geschmolzen und danach unter Nutzung eines Rührgeräts mit dem Pflanzenöl vermischt, bis Zimmertemperatur erreicht ist. Die Mischung wird in ein kaltes Wasserbad mit Eiswürfeln gestellt. Unter Rühren fügt man die übrigen Zutaten hinzu und schlägt die Masse steif.
Vergleiche mit handelsüblichen Produkten.

8.3 Waschmittel

Stoffe mit Geschichte

Schon im Altertum kannten die Ägypter die Möglichkeit, Seifen herzustellen, die sie zur Reinigung von Wäsche nutzten.
Was sind Seifen?
Wie wirkt eine Seife?

Fett und Soda ergibt Seife?

Im Mittelalter blühte das Handwerk der Seifensiederei. Ein Gemisch aus tierischem Fett, Pottasche und Soda wurde in großen Holzbottichen erhitzt.
Welche chemischen Reaktionen laufen beim Seifensieden ab?

Moderne Waschmittel

Ab dem 19. Jahrhundert wurde Seife industriell hergestellt. Ein Jahrhundert später setzte die synthetische Herstellung von Waschmitteln ein.
Worin besteht der Unterschied zwischen einer Seife und einem Waschmittel?
Wirkt ein Waschmittel wie eine Seife?

Seifen

Nicht ein Stoff, sondern eine Stoffgruppe

Wenn man verschmutzte Hände reinigt, greift man zu einem Stück **Seife** oder nutzt die Flüssigseife aus dem Seifenspender. Handelt es sich aber bei Mitteln für die Körperhygiene wirklich immer um „Seife“? Die *eine* Seife gibt es chemisch gar nicht. Seifen bilden eine Stoffgruppe.

Die Grundlage für die Herstellung von Seifen bilden **Fette.** Verwendung finden z. B. Rindertalg, Schweineschmalz, Hammeltalg (feste Fette) oder Sonnenblumenöl, Kokosöl und Rapsöl (flüssige Fette bzw. fette Öle).
Die Fette stellen Gemische verschiedener Fettsäureester des Glycerols dar. Diese Ester werden mit Alkalilaugen oder mit Alkalisalzen zur Reaktion gebracht. Dabei erfolgt die alkalische Hydrolyse der Ester. Die entstehenden Fettsäuren reagieren mit der Lauge zu ihren Natrium- oder Kaliumsalzen - den Seifen. Als Nebenprodukt der Verseifung der Fette erhält man **Glycerol**.

Seifen sind Natrium- oder Kaliumsalze von Fettsäuren (Monocarbonsäuren) mittlerer und höherer Kettenlänge.

Seifen sind gut wasserlöslich. Wässrige Seifenlösungen reagieren alkalisch. Das kann man mit einer Indikatorlösung überprüfen. Für die Waschwirkung ist der hohe pH-Wert aber eigentlich nicht erforderlich.

2 Die „gespannte“ Grenzfläche zwischen Wasser und Luft wird von vielen Organismen als Lebensraum genutzt.

Die Waschwirkung wird besonders durch Wechselwirkungen mit Wassermolekülen hervorgerufen: Anziehungskräfte zwischen den Molekülen des Wassers bedingen den Zusammenhalt der Flüssigkeit. Infolgedessen ist Wasser bestrebt, eine möglichst kleine Oberfläche einzunehmen. Dadurch kommt es zur Oberflächenspannung des Wassers.
Die Oberflächenspannung wird durch die Teilchen der Seifenlösung herabgesetzt.

Aufgaben

1. Erläutere den Reaktionsverlauf der Verseifung von Fetten anhand einer selbst entwickelten Gleichung.
2. Demonstriere die Oberflächenspannung des Wassers. Lege dazu Papierstückchen, eine Nadel u. a. auf die Wasseroberfläche.

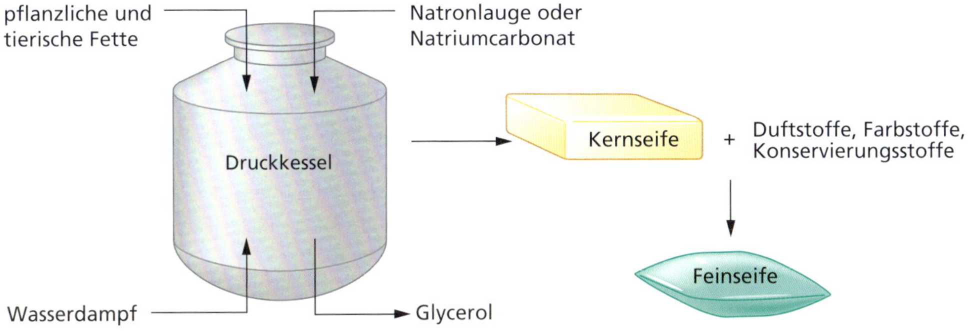

1 Schema der technischen Herstellung von Seife

Waschwirkung von Seifen

Seifen setzen die Oberflächenspannung des Wassers herab. Erst dadurch können Haut oder Textilien benetzt werden. Diese Wirkung der Seifenlösung erfolgt aufgrund des besonderen Baus der Teilchen. In wässriger Lösung dissoziieren Seifen in Seifen-Anionen und Alkali-Kationen:

$$\underset{\text{Seife}}{C_{17}H_{35}-COOK} \xrightarrow{H_2O} \underset{\text{Seifen-Anion}}{C_{17}H_{35}-COO^-_{(aq)}} + K^+_{(aq)}$$

Ein **Seifen-Anion** besteht aus einem **Rest der Fettsäure** und einem **Carboxylat-Ion** ($R-COO^-$). Beide Enden verhalten sich gegenüber Wasser unterschiedlich.

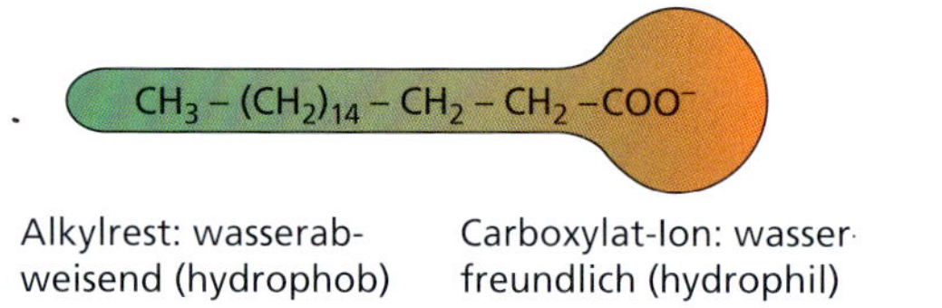

Die Seifen-Anionen lagern sich an der Wasseroberfläche an und durchstoßen mit ihrem wasserabweisenden Ende diese Grenzfläche. Dadurch werden die Kräfte zwischen den Wassermolekülen herabgesetzt – die Oberflächenspannung nimmt ab (Abb. 2).

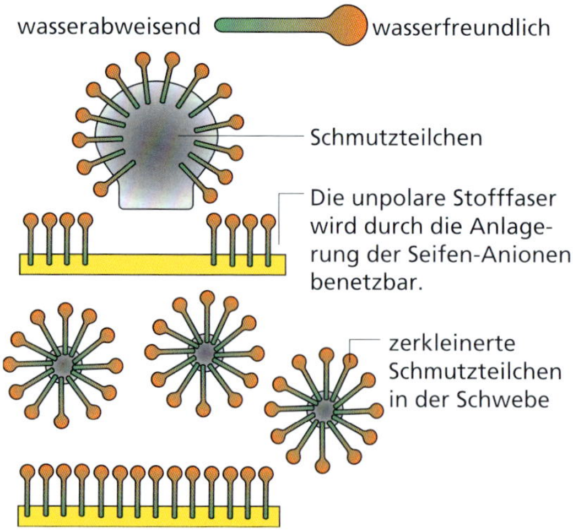

1 Seifen-Anionen lösen Schmutzteilchen von der Faser, sodass sie nun fortgespült werden können.

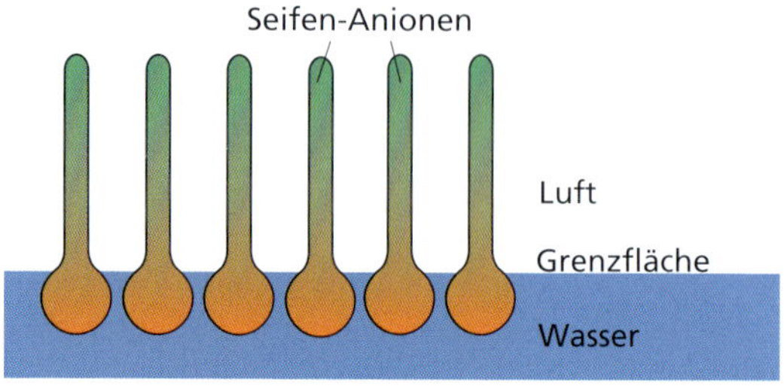

2 Seifen-Anionen wirken an Grenzflächen.

Außerdem dringen die wasserabstoßenden Enden der Seifen-Anionen in die Schmutzteilchen ein. An der Oberfläche der Schmutzteilchen entstehen gleiche Ladungen, die sich abstoßen. Die Teilchen werden so in der Schwebe gehalten und während des Spülvorganges entfernt. Man bezeichnet dieses Eigenschaften auch als **Grenzflächenaktivität** und **Waschaktivität** der Seifen.
Seifen zeigen nicht immer befriedigende Waschergebnisse. Naturfasern wie Wolle und Seide werden durch Seifenlösung geschädigt, denn Seifenlösungen reagieren alkalisch.
Außerdem wird der Reinigungseffekt von der Wasserhärte beeinflusst. Bei hartem Wasser reagieren die im Wasser gelösten Calcium-Ionen und Magnesium-Ionen mit den Seifen-Anionen und bilden schwer lösliche Kalkseifen. Dadurch wird der Reinigungseffekt beeinträchtigt und die Wäsche vergraut.

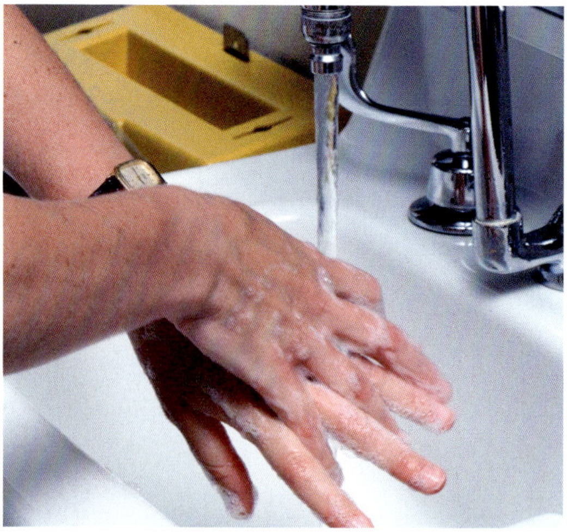

3 In Abhängigkeit von der Wasserhärte benötigt man unterschiedliche Mengen Seife.

Moderne Waschmittel

Die Nachteile der Seifen haben dazu geführt, dass man **Waschmittel** ständig verbessert.
Auf Waschmittelpackungen werden als waschaktive Substanzen **Tenside** aufgeführt. Tenside sind organische Stoffe, die sehr unterschiedlichen Stoffgruppen angehören. Da alle Tenside einen unpolaren (wasserabweisenden) und einen polaren (wasserfreundlichen) Teil im Molekül aufweisen, sind sie grenzflächen- und waschaktive Substanzen. Auch die Seifen selbst gehören als anionische Tenside dazu. Die Wirkungsweise der Seifen gilt prinzipiell auch für die anderen waschaktiven Substanzen (Tenside).
Aufgrund anderer Strukturen weisen einige Tenside besondere Vorteile auf. Sie gehen keine Reaktionen mit Magnesium- und Calcium-Ionen ein und reagieren neutral. Daher sind sie den Seifen in dieser Hinsicht überlegen.
Häufig werden die Seifen in kosmetischen Produkten durch andere Tenside ersetzt. Als besonders hautschonend gelten seifenfreie Shampoos und Duschbäder.

Moderne Waschmittel (s. S. 227 f.) enthalten neben Tensiden eine Reihe anderer Stoffe, die die eigentliche Waschwirkung des Waschmittels vervollkommnen, beispielsweise Stoffe, die die Bildung von Kalkseifen vermindern. Dazu gehören Zeolithe (s. Abb. 2, S. 222).

1 Bei Waschmitteln nach dem Baukastenprinzip werden einige Inhaltsstoffe getrennt verkauft.

Damit Flecken aus den Textilien herausgewaschen werden, enthalten Waschmittel oft Enzyme, die den Abbau von Stärke, Eiweißen und Fetten katalysieren, und Bleichmittel, die Farbflecken (z. B. von Rotwein und Kaffee) entfernen.
Als Weißtöner fungieren aromatische Verbindungen. Durch sie wird ultraviolette Strahlung absorbiert und im sichtbaren Bereich als Licht abgegeben. Die Wäsche erscheint strahlender.
Je nach Inhaltsstoffen werden Vollwaschmittel, Feinwaschmittel, Spezialwaschmittel und Waschmittel unterschieden.
Leider nur wenige Waschmittel sind nach dem Baukastenprinzip dosierbar. Indem die Hauptkomponenten getrennt angeboten werden (s. Abb. 1), kann der Verbraucher genauso viel Waschmittel, Wasserenthärter und Fleckenentferner einsetzen wie nötig. Auf diese Weise kann jeder seinen Beitrag zur Verminderung der Abwasserbelastung leisten.

Dosieranleitung auf einer Waschmittelverpackung

Wasserhärte	Verbrauch an Waschmittel normal bis stark verschmutzt
weich	110 ml
mittel	120 ml
hart	130 ml
sehr hart	140 ml

Aufgaben

1. Erläutere, was Tenside sind. Warum gehören Seifen zu den Tensiden?

2. Sowohl Seifen als auch moderne Waschmittel nutzt man zur Reinigung. Gib an, worin der Unterschied zwischen Seifen und Waschmitteln besteht.

3. Welche Vor- und Nachteile siehst du beim Einsatz von Waschmitteln nach dem Baukastenprinzip?

Waschmittel und Umwelt

Abwässer aus Haushalten, Industrie und Landwirtschaft wurden früher z. T. direkt in die Gewässer eingeleitet. In der Folge bildeten sich nicht nur Schaumberge auf Flüssen (s. Abb. 1) und Seen, sondern die Ökosysteme wurden nachhaltig geschädigt.
Die Mikroorganismen konnten die Tenside nicht abbauen, sodass Fische und andere Lebewesen aus den Gewässern verschwanden. Deshalb wurden moderne, biologisch vollständig abbaubare Tenside entwickelt, um die Umwelt zu schonen.

Nicht nur Tenside haben eine negative Wirkung auf die Umwelt. Früher wurden den Waschmitteln Phosphate beigefügt, um den Gehalt an Calcium-Ionen im Wasser zu vermindern. Dieser erhöhte Phosphateintrag führte zu einem Sauerstoffmangel in den Gewässern. Aus diesem Grunde enthalten heute die meisten Waschmittel keine Phosphate mehr. Ihre Funktion wird von anderen Stoffen erfüllt, z. B. durch Zeolithe (Abb. 2).

Gesetzliche Regelungen, wie das Waschmittelgesetz über Mengenbestimmung und Vorkehrungen zur weiteren Verbesserung der Umweltqualität von Wasch- und Reinigungsmitteln (gültig seit 1975), garantieren, dass von der Industrie nur solche Waschmittel produziert werden können, die die Umwelt so wenig wie möglich belasten.

2 Die Mikroskopdarstellung eines Zeoliths verdeutlicht, dass sich im Inneren Hohlräume befinden, in die Calcium-Ionen eingelagert werden können.

1980 wurde die Phosphathöchstmengenverordnung und 1987 das Wasch- und Reinigungsmittelgesetz verabschiedet. Seit 1989 gibt es eine EU-Empfehlung zur Kennzeichnung von Wasch- und Reinigungsmitteln.
Außerdem werden heute Abwässer in Deutschland in leistungsfähigen Klärwerken von Schadstoffen gereinigt. In kommunalen Kläranlagen bauen Mikroorganismen in einer biologischen Reinigungsstufe organische Verbindungen wie Tenside ab. In einer chemischen Reinigungsstufe können Phosphate und andere Schadstoffe ausgefällt werden. Industrielle Kläranlagen müssen dagegen auf die spezielle Abwasserbelastung des jeweiligen Betriebes ausgerichtet sein.

1 Schaumbildung im abwasserbelasteten Fluss – solche Bilder gibt es heute in Deutschland nicht mehr.

3 Natürliches Gewässer mit sehr guter Wasserqualität (oligotroph)

Chemie im Kontext

Seifenfreie Körperreinigungsmittel – ein Widerspruch?

Bei vielen Mitteln, die der persönlichen Hygiene dienen, sind Inhaltsstoffe angegeben. Häufig wird darauf verwiesen, dass diese **Körperreinigungsmittel** seifenfrei sind.
Haben diese Mittel überhaupt reinigende Wirkung? Ergibt sich für den Nutzer ein positiver Effekt, wenn das Präparat keine Seife enthält?

Die Körperreinigungsmittel enthalten auf jeden Fall Tenside, aber eben keine Seifen.
Grenzflächen- und waschaktiv sind jedoch auch die Tenside, die zu anderen Stoffgruppen zuzuordnen sind. Bedingt durch diese Inhaltsstoffe haben die Mittel auch eine reinigende Wirkung. Mit ihrem hydrophoben (wasserabweisenden) Molekülende dringen die Tensidteilchen in Schmutzteilchen ein. Das wasserfreundliche Ende weist zu den Wasserteilchen. So werden Schmutzteilchen abgelöst und können fortgespült werden.
Für die Körperreinigungsmittel verwendet man Tenside, die keine Reaktion mit Calcium-Ionen eingehen und daher keine **Kalkseifen** bilden.
Außerdem zeigen die Lösungen dieser Stoffe im Gegensatz zu Seifen auch keine alkalische Reaktion. Das ist ein großer Vorteil, denn unsere Hautoberfläche ist leicht sauer. Die alkalischen Seifenlösungen reagieren mit den Säuren der Hautoberfläche. Beim Waschen mit Seifen wird der Säureschutzmantel zerstört.
Das passiert nicht in dem Maße, wenn andere Tenside zum Einsatz kommen.

Ränder in der Badewanne

Ein ausgiebiges Wannenbad steigert das Wohlbefinden.
Wäscht man sich dabei jedoch mit herkömmlicher Seife, stellt man bald schmutzige Ränder am Badewannenrand fest. So reinigungsbedürftig hatte man sich gar nicht eingeschätzt.
Wie kommen diese Ränder zustande? Erkläre.

Das Leitungswasser weist eine bestimmte **Wasserhärte** auf. Diese resultiert aus gelösten Salzen, u.a aus Carbonaten und Sulfaten des Calciums und Magnesiums.
Diese Calcium- und Magnesium-Ionen reagieren mit den Seifen-Anionen zu Kalkseifen. Diese Salze der Fettsäuren sind im Wasser schwer löslich und fallen als feste Niederschläge aus:

$$2\,C_{17}H_{35}-COO^-_{(aq)} + Ca^{2+}_{(aq)} \longrightarrow (C_{17}H_{35}-COO)_2Ca\downarrow$$

Hinzu kommt, dass der Körperschweiß eine saure Reaktion zeigt. Er enthält Wasserstoff-Ionen (H^+). Diese Ionen reagieren mit den Seifen-Anionen im Badewasser zu ebenfalls schwer löslichen Fettsäuren.

$$C_{17}H_{35}-COO^-_{(aq)} + H^+_{(aq)} \longrightarrow C_{17}H_{35}-COOH$$

Kalkseifen und Fettsäuren (neben anderen Stoffen) bilden den Rand an der Badewanne. Er bedeutet also nicht unbedingt, dass man besonders schmutzig war.

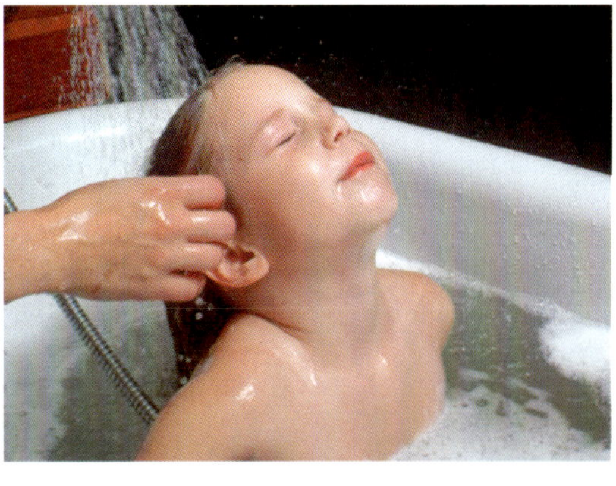

gewusst · gekonnt

1. Vervollständige dein Glossar. Ergänze dazu die Begriffserklärungen bzw. Definitionen für folgende Begriffe:

Glossar

Grenzflächenaktivität
Seifen
Tenside
Waschaktivität
Waschmittel

2. Zähle Eigenschaften der Seifen auf und erläutere in diesem Zusammenhang, wie die Waschwirkung der Seifen zustande kommt.

3. Gib an, auf welche Weise jeder bei der Verwendung von Waschmitteln die Umweltbelastung einschränken kann.

4. Auf einer Seifenverpackung ist der Hinweis „pH-neutral" zu finden. Welche Schlussfolgerungen hinsichtlich der Inhaltsstoffe kannst du ableiten?

5. Die Mückenpuppen in der Abbildung unten nutzen die Oberflächenspannung des Wassers.
   a) Was würde passieren, wenn man dem Wasser Seifenlösung zusetzen würde? Formuliere eine Vermutung und begründe sie.

   b) Informiere dich darüber, welche weiteren Organismen die Oberflächenspannung des Wassers nutzen. Zähle einige Beispiele auf.

6. Erläutere, warum Phosphate in Waschmitteln durch andere Stoffe ersetzt werden.

7. Auf Waschmittelverpackungen ist häufig eine Dosieranleitung zu finden. Ist diese Anleitung sinnvoll?
   Begründe deine Antwort.

8. a) Vervollständige die nachfolgende Wortgleichung und leite eine mögliche Reaktionsgleichung ab.

   Calcium-Ionen + Seifen-Anionen ⟶ ...

   b) Warum ist es für eine optimale Reinigung der Wäsche notwendig, die Wasserhärte am Ort zu ermitteln?

9. Ermittle die Inhaltsstoffe von Wasch- und Reinigungsmitteln, die ihr zu Hause nutzt.

10. Speiseöl und Wasser bilden Schichten. Warum löst sich diese Schichtung bei Zugabe von Seifenlösung auf? Erkläre.

11. S Fülle ein Glas mit Wasser voll. Lässt du jetzt vorsichtig noch weiteres Wasser hinzutropfen, wird sich die Wasseroberfläche über den Glasrand hinaus nach oben wölben.
    Wie ist diese Erscheinung zu erklären?

Wahlbereich: Waschmittel – die fleißigen Helfer

Mit Wasser und Seife …

1. *Informiere dich z. B. im Internet über die Geschichte des Waschens. Sammle auch Informationen über die Nutzung von waschaktiven Substanzen, die nicht zu den Seifen gehören (s. Abb. 2).*

Seife ist nur als Seifenlösung wirksam. Zum Waschen benötigt man Wasser. Wasser aber befindet sich in einem Kreislauf. Auch unser Waschwasser ist Teil dieses Kreislaufs.

2. *Zeichne das Schema des natürlichen Wasserkreislaufs. Notiere, welche Veränderungen sich infolge der Nutzung des Wassers durch den Menschen ergeben.*
   Ermittle in diesem Zusammenhang den durchschnittlichen Wasserverbrauch in Deutschland.

Seifen entfalten ihre Waschwirkung, indem sie die **Oberflächenspannung** des Wassers herabsetzen. Die Oberflächenspannung ist auch die Ursache dafür, dass sich Wassertropfen bilden (s. Abb. 1) und dass Wasser von der Haut und anderen Oberflächen abperlt.

1 Ein Wassertropfen wäre im Weltraum kugelförmig. Wirkt die Schwerkraft, erreicht er diese Form nicht.

2 Das Seifenkraut enthält im Wurzelstock Stoffe, die sich im Wasser schaumig, seifenartig lösen.

3. *Erläutere den Begriff „Oberflächenspannung" des Wassers. Erkläre, wie die Oberflächenspannung des Wassers zustande kommt.*

4. *Durch den Bau der Seifen-Anionen (s. S. 220) wird die Oberflächenspannung des Wassers herabgesetzt.*
   Fertige Modelle an, mit denen du die Wirkung dieser Ionen demonstrieren kannst.

3 Die Oberflächenspannung kannst du mit einem Modell des Wasserläufers aus Aluminiumfolie testen.

Herstellung von Seife

Die breite Palette der Seifen erhält man dadurch, dass die harten **Kernseifen** (Natriumsalze der Fettsäuren) und die weichen **Schmierseifen** (Kaliumsalze der Fettsäuren) aus verschiedenen Fetten und durch Zusatz unterschiedlichster Stoffe gefertigt werden. Der Ausdruck „Seifensiederei" aus der Blütezeit der Seifenherstellung verweist auf den relativ langen Kochvorgang bei der Herstellung der Seife (Abb. 1).

S Experiment 1: Herstellung von Schmierseife

Vorbereitung:
Geräte: Bechergläser, elektrische Heizplatte, Rührstab, Messzylinder, Pipetten, Schutzbrille
Chemikalien: Speisefett (z. B. Margarine), destilliertes Wasser, Kaliumhydroxid, Ethanol (95%ig)

Durchführung:
Schutzbrille! Achtung Spritzgefahr! Ätzgefahr!
Zur Herstellung der Schmierseife werden 10 g Speisefett bis zum Schmelzen erhitzt und mit 20 ml Ethanol und 20 Plätzchen Kaliumhydroxid versetzt. Diese Mischung erhitzt man 15 min unter ständigem Rühren in einem siedenden Wasserbad.
Die Seifenbildung ist beendet, wenn ein Tropfen des Reaktionsgemisches in destilliertem Wasser keine Trübung mehr hervorruft. Tritt eine Trübung ein, muss weiter erhitzt werden.

1 Seifensieden

Nicht jedes Fett ist für die Herstellung von Seife gleich gut geeignet.
Fette, die bereits freie Fettsäuren enthalten, lassen sich als Ausgangsstoffe besonders gut verwenden (s. S. 207). Freie Fettsäuren bilden sich, wenn man Fette eine Zeit ungekühlt aufbewahrt.

S Experiment 2: Herstellung von Kernseife

Vorbereitung:
Geräte: Bechergläser, Rührstab, Messzylinder, elektrische Heizplatte, Pipetten, Schutzbrille
Chemikalien: Speisefett (z. B. Margarine), destilliertes Wasser, Natronlauge, Kochsalzlösung (gesättigt), Duftöl, Farbstoffe

Durchführung:
(Spritzgefahr! Ätzgefahr! Schutzbrille!)
10 g Speisefett werden mit 10 ml destilliertem Wasser versetzt und vorsichtig in einem Becherglas bis zur Schmelze erhitzt. 15 ml Natronlauge (etwa 25%ig) werden zugetropft.

Das Reaktionsgemisch muss 30 min kochen. Dabei wird es mit einem Glasstab vorsichtig gerührt. Das verdampfende Wasser wird tropfenweise ersetzt. Um den Siedeprozess nicht zu unterbrechen, wird das destillierte Wasser dafür vorher erhitzt.
Erscheint das Reaktionsgemisch fast klar, kann der Kochvorgang abgebrochen werden.

Soll die Seife vom Seifenleim (enthält Glycerol) abgetrennt werden, muss sie „aussalzen". Dazu werden 30 ml einer gesättigten Kochsalzlösung zu dem Stoffgemisch gegeben und vorsichtig erhitzt. Die Seife scheidet sich auf der Flüssigkeitsoberfläche ab. Nachdem sie abgekühlt ist, kann sie abgeschöpft und mit destilliertem Wasser abgespült werden. In einem sauberen Tuch wird die Seife kräftig geknetet.

Dabei können Duftöle und (oder) Farbstoffe eingearbeitet werden. Die Formgebung erfolgt mit entsprechenden Gefäßen.

Untersuchung von Waschmitteln

Lange Zeit waren Seifen die Mittel für die persönliche Hygiene und zum Waschen der Wäsche. Mit der Zeit stiegen die Ansprüche an die **Reinigungsmittel.** Durch Zusätze konnte die Wirkung verbessert werden.

Ende des 19. Jahrhunderts verkaufte man die ersten kombinierten **Waschmittel.** Seit dieser Zeit wurden die unterschiedlichsten Waschmittel entwickelt.

1. *Wiederhole, worin der Unterschied zwischen einer Seife und einem Waschmittel besteht.*

Tenside (z. B. Seifen) sind waschaktive Substanzen. Aufgrund der negativen Ladung des polaren Molekülteils in Seifen-Anionen werden sie den anionischen Tensiden zugeordnet. Aber auch anders gebaute Tenside werden Waschmitteln zugesetzt (s. Abb. 1)

Moderne Waschmittel enthalten	
Tenside	lösen Schmutz ab
Gerüstsubstanzen	enthärten das Wasser
Bleichmittel	beseitigen Flecken, töten Bakterien ab
Hilfsstoffe	verschiedene Wirkungen
Hilfsstoffe können u. a. sein:	
Enzyme	bauen fett-, eiweiß- und kohlenhydrathaltigen Schmutz ab
optische Aufheller	verhindern das Vergrauen der Wäsche
schmutzbindende Stoffe	verhindern das Absetzen des Schmutzes
Parfümöle	geben angenehmen Duft
Füllstoffe	bewirken Rieselfähigkeit
Korrosionsschutzstoffe	schützen das Metall der Waschmaschine

1 Die Inhaltsstoffe der Wasch- und Reinigungsmittel sind auf der Verpackung angegeben.

Tenside, natürliche oder künstlich hergestellte Stoffe, sind grenzflächenaktiv, weil sie die Spannungen, die an der Grenzfläche zwischen Wasser und Luft auftreten, herabsetzen.

2. *Informiere dich über die unterschiedlichen Gruppen von Tensiden.*
   Notiere Inhaltsstoffe verschiedener Flüssigseifen, Waschmittel, Spülmittel, Reiniger und Desinfektionsmittel.
   Fertige eine Übersicht über die Einsatzmöglichkeiten und die jeweilige Funktion der Tenside an.

Obwohl alle Tenside grenzflächenaktive Stoffe sind, weisen sie neben den ähnlichen auch unterschiedliche Eigenschaften auf. Aus diesen **Eigenschaften** ergeben sich ihre Einsatzmöglichkeiten.
Die Eigenschaften lassen sich durch einfache Versuche ermitteln.

S Experiment 1: Tenside und Calcium-Ionen

Aufgabe:
Stelle Lösungen von Seifen (z. B. Kernseife) und Waschmitteln (auch Weichspüler) her. Gib diese Lösungen je einmal zu destilliertem Wasser, hartem Leitungswasser und zu einer Calciumchloridlösung ($CaCl_2$) ☒.
Fertige ein Protokoll an und erkläre die Beobachtungen.

3. *Definiere den Begriff „Micellen". Nutze dazu das Internet. Fertige Applikationen an und erläutere mit ihnen die Micellenbildung.*

S Experiment 2: Schmutztragevermögen

Aufgabe:
Überprüfe, ob Tenside einen Einfluss auf das Absinken von Schmutzteilchen in Lösungen haben. Stelle dazu Lösungen von Seifen und Waschmitteln her.
Gib zu diesen Lösungen und zu destilliertem Wasser je eine Spatelspitze Aktivkohlepulver und rühre die Mischungen gut um. Miss die Zeit, die bis zum Absetzen der Feststoffteilchen vergeht.
Werte die Ergebnisse aus.

Auswertung:
Welche Bedeutung haben die in den Experimenten festgestellten Eigenschaften der Tenside für den Waschprozess?

Moderne Waschmittel enthalten nicht nur Tenside. In einigen sind **Weißtöner** enthalten. Sie absorbieren ultraviolette Strahlung und strahlen sie als sichtbares Licht wieder ab. Wäsche wirkt dadurch weißer.

S Experiment 3: Weißtöner

Teste unterschiedliche Wasch- und Reinigungsmittel und stelle fest, ob Weißtöner enthalten sind.
Stelle dazu die entsprechenden Waschmittellösungen her und strahle diese Lösungen mit einer UV-Lampe an. (Schütze deine Augen!)
Nutze als Vergleichslösung eine Kernseifenlösung.

Viele Flecken in der Wäsche entstehen durch Farbstoffe in Lebensmitteln (z.B. in Säften), in Wein oder durch Tee und Kaffee (s. Abb. 1). Solche Verunreinigungen werden durch Oxidationsprozesse beseitigt („gebleicht").
Früher nutzte man häufig die Sonnenbleiche, d.h. die Wäsche wurde starker Sonneneinstrahlung ausgesetzt.
Auch die sogenannte Chlorbleiche durch chemische Zusatzstoffe kam zum Einsatz. Heute enthalten Vollwaschmittel häufig andere **Bleichmittel,** die im Allgemeinen Sauerstoff freisetzen (Sauerstoffbleiche).

4. *Entwickle ein Experiment, mit dem du verschiedene Wasch- und Reinigungsmittel auf das Vorhandensein von Bleichmitteln testen kannst.*
Ermittle mithilfe von geeigneten Medien, welche Stoffe eine bleichende Wirkung aufweisen.

In vielen Waschmitteln sind **Enzyme** enthalten. Die Biokatalysatoren ermöglichen u.a. die Hydrolyse von Eiweißen. Dadurch werden einige Flecken (z.B. Blutflecken) während des Waschprozesses besser entfernt.

S Experiment 4: Enzyme in Waschmittel

Teste unterschiedliche Wasch- und Reinigungsmittel auf das Vorhandensein von Enzymen. Dazu benötigst du mit Eiweiß verunreinigte Wollfäden. Tauche deshalb Wollfäden in Eiweiß und halte sie in kochendes Wasser.
Erhitze dann je einen verunreinigten Wollfaden in destilliertem Wasser, in Seifenlösung und in Lösungen der unterschiedlichen Wasch- und Reinigungsmittel. Vergleiche die Waschergebnisse nach ca. 10 min. Notiere deine Beobachtungen und werte das Experiment aus.

1 Rotweinflecken werden durch Bleichmittel oxidiert und so entfernt.

Waschmittel – (k)eine ganz saubere Sache

Waschmittel sind im Abwasser enthalten. Ungereinigt können sie auf die Umwelt schädigend wirken. Besonders die Grenzflächenaktivität der Tenside hat in der Natur große Auswirkungen.
In vielen Gartenbüchern wird beispielsweise eine Seifenlösung (5 - 20 g Seife in 1 l Wasser gelöst) als Schädlingsbekämpfungsmittel empfohlen. Besprüht man Blattläuse mit diesem Gemisch, sterben sie ab (s. Abb. 2).

1. *Erkläre, warum man Seifenlösungen zur Bekämpfung von Blattläusen einsetzen kann. Welche Folgen hätte es, wenn Waschmittellösungen ungeklärt in die Gewässer gelangen?*

Phosphathaltige Stoffe beeinflussen das ökologische Gleichgewicht in den Gewässern. Sie wurden genutzt, um den Kalkgehalt im Waschwasser herabzusetzen. Der Phosphateintrag in die Gewässer führte zu einem Überangebot von Nährstoffen für die Wasserorganismen. Besonders im Sommer bilden sich dadurch massenhaft Algen und die Wasserqualität verschlechtert sich dramatisch. Deshalb wurden Phosphate in Waschmitteln durch andere Wasserenthärter ersetzt.

2. *Informiere dich über den Zusammenhang zwischen Phosphateintrag in Gewässer und Wasserqualität.*

1 Algenteppich auf Berliner Seen

2 Blattläuse können mit Seifenlösung bekämpft werden.

Mithilfe entsprechender Testlösungen (z. B. aus dem Umweltkoffer) kann man das Wasser verschiedener Gewässer untersuchen.
Dabei sind die jeweiligen Versuchsanweisungen zu beachten.

S Experiment 1: Phosphatnachweis in Wasserproben

Entnimm Gewässerproben an unterschiedlichen Untersuchungsstandorten. Überprüfe, ob in diesen Wasserproben Phosphat-Ionen enthalten sind. Bewerte das Ergebnis.

3. *Erkundige dich bei den Berliner Wasserbetrieben, ob die Phosphatbelastung der Abwässer in Berlin ein Problem ist.*

3 Klärwerk Ruhleben

Ester – Fette – Seifen

Ester

Ester entstehen bei der Reaktion von Säuren mit Alkoholen. Dabei wird Wasser abgespalten. Die Molekülreste der Ausgangsstoffe sind im Ester über die Esterbindung miteinander verbunden.

Beispiel:

Ethansäure + Ethanol $\underset{\text{Hydrolyse}}{\overset{\text{Veresterung}}{\rightleftharpoons}}$ Ethansäureethylester + Wasser

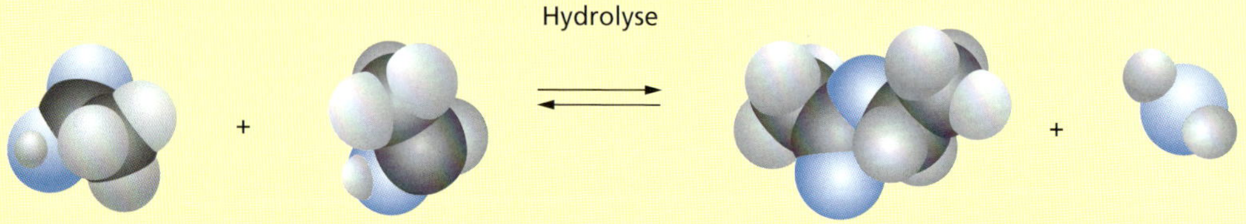

CH_3-COOH + CH_3-CH_2OH $\rightleftharpoons$ $CH_3-COO-CH_2-CH_3$ + H_2O

Säure + Alkohol $\rightleftharpoons$ Ester + Wasser

Fette

Fette sind Gemische aus unterschiedlichen **Glyceroltriestern,** wobei Glycerol (ein Alkohol mit drei Hydroxylgruppen) jeweils mit verschiedenen ungesättigten und gesättigten Carbonsäuren verestert sein kann. Man unterscheidet feste Fette und fette Öle.

Grundbausteine	**Bedeutung**	**Vorkommen**	**Nachweis**
Glycerolreste und Fettsäurereste	Energiereserve, Wärmeisolation	feste Fette wie Butter, Schmalz; fette Öle wie Olivenöl	Fettfleckprobe

Im Körper erfolgt der Aufbau von Fetten (Veresterung) und der Abbau von Fetten (Hydrolyse) unter Einfluss von Enzymen.

Seifen

Seifen sind Natrium- und Kaliumsalze von Fettsäuren (Monocarbonsäuren) mittlerer und höherer Kettenlänge.

In wässriger Lösung liegen Seifen in Seifen-Anionen und Alkalimetall-Ionen vor. Für die Grenzflächenaktivität und die Waschwirkung von Seifen ist der Bau der Seifen-Anionen entscheidend.

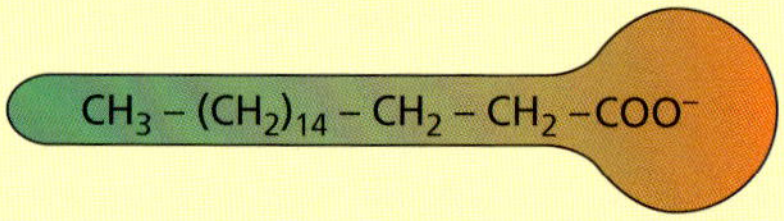

Alkylrest: wasserabweisend (hydrophob) Carboxylat-Ion: wasserfreundlich (hydrophil)

Moderne Waschmittel enthalten neben Tensiden (u. a. Seifen) weitere Substanzen, die das Waschergebnis verbessern.

9 Kunststoffe – Moleküle ohne Ende

Kunststoffe im Alltag, in der Freizeit und in der Medizin
Kunststoffe werden heute für einige Bereiche gezielt entwickelt und entsprechend verwendet.
Solche Kunststoffe werden in der Medizin eingesetzt (Kontaktlinsen, s. Abb.), sind aber auch für die Ausübung vieler Sportarten unentbehrlich.
Wie können Kunststoffe hergestellt werden?

Kunstfasern – gezielt eingesetzt
Chemiefasern können Stoffe für „brenzlige Situationen“ sein. Eine Synthesefaser aus Melaminharz wird u. a. zu Schutzanzügen verarbeitet, die Feuerwehrmännern das Überleben in einem Flammeninferno ermöglicht.
Welche Stoffe gehören noch zu den Kunststoffen und wo finden sie Verwendung?

Kunststoffe und Kunststoffabfälle
Kunststoffe sind aus keinem Haushalt wegzudenken. Durch ihre Eigenschaften werden sie häufig als Verpackungsmaterial verwendet. Wie groß die Abfallmenge dadurch wird, fällt auf, wenn man bewusst darauf achtet, wie viele Kunststoffabfälle sich im Haushalt innerhalb einer Woche ansammeln.
Wie kann man Kunststoffabfälle umweltgerecht entsorgen?

Kunststoffe – mehr als nur Ersatz

Herkömmliche **Werkstoffe** sind Holz, Stahl, Lehm, Ton, Glas, Leder, pflanzliche und tierische Fasern. Diese Werkstoffe stehen nicht immer in ausreichendem Maße zur Verfügung. Zudem sind sie wegen ihrer Eigenschaften (z.B. Korrosion) nur begrenzt einsetzbar.

Als alternative Werkstoffe sind **Kunststoffe** heute weit verbreitet. Sie werden synthetisch oder durch Abwandlung von Naturstoffen hergestellt.

Im Jahr 1907 gelang dem Chemiker LEO HENDRIK BAKELAND (1863–1944) erstmals die Herstellung eines vollsynthetischen Kunststoffprodukts (Abb. 1). Damit begann die Epoche neuer Werkstoffe – das Zeitalter der Kunststoffe.

Heute ist man nicht mehr auf die Bearbeitung oder Umarbeitung natürlicher Materialien angewiesen. Es können Stoffe produziert werden, die genau auf den möglichen Einsatz abgestimmt sind (s. Abb.).

Viele technische Neuerungen sind ohne die Materialien gar nicht möglich. Auch im Alltag spielen Kunststoffe heute eine große Rolle. Zu den Kunststoffen gehören **Plaste, Chemiefasern, Elaste, synthetische Lacke und Klebstoffe.**

Sie bestehen aus riesigen Molekülen, die man **Makromoleküle** nennt. Diese sind aus einer großen Anzahl kleiner Molekülbausteine aufgebaut. Durch vielfache Wiederholung der einzelnen Bausteine wird deren Zahl so groß, dass sich die Eigenschaften der Makromoleküle durch Hinzufügen oder Abspalten einiger Atome oder Atomgruppen nicht wesentlich ändern.

Kunststoffe bestehen aus Makromolekülen. Durch die Wahl der Bausteine und Reaktionsbedingungen können Kunststoffe gezielt synthetisiert werden.

Eigenschaften und Verwendung von Plasten

Plaste	Eigenschaften	Verwendung
Polyvinylchlorid (weich)	gummiartig, geringe Leitfähigkeit	Fußbodenbeläge, Bauteile, Rohre
Polyethen (Polyethylen)	beständig gegenüber Säuren, Laugen und vielen Lösemitteln	Behälter für Chemikalien und Lebensmittel
Polystyrol (Polystyren)	aufschäumbar, geringe Wärmeleitfähigkeit, geruchlos, geschmackfrei, physiologisch unbedenklich	Schaumstoffe zur Wärmedämmung (Styropor), Verpackungen für Lebensmittel
Phenoplast	korrosionsbeständig, druckfest	Karosserieteile, Zahnräder
Aminoplast	gute Festigkeit, geruchlos, gut anfärbbar	Formteile für den Maschinenbau u. a. m.
Polyamid	stoßfest, alterungsbeständig, verformbar	Vakuumverpackung, Lager, Zahnräder
Polyurethan	Porenstruktur, verschiedene Elastizitäten und Härtegrade sind möglich	Isolation von Gebäuden, Dämmstoff für Kühlschränke

Durch Polymerisation zum Kunststoff

Makromolekulare Stoffe wie Polyethen entstehen durch **Polymerisation,** die einen Sonderfall der Addition darstellt.
Bei dieser Reaktion wird unter dem Einfluss eines Katalysators zunächst die Doppelbindung in den Ethenmolekülen aufgespalten. Viele der kleinen Moleküle bilden dann in einer sich vielfach wiederholenden Reaktionsfolge die Makromoleküle **(Polymere)**. Die Moleküle der Ausgangsstoffe bezeichnet man als **Monomere.**
Bei der stark exothermen **Kettenreaktion** entstehen keine Nebenprodukte. Nach dem Prinzip der Polymerisation wird eine Vielzahl aus dem Alltag bekannter Kunststoffe synthetisiert (s. Tab.). Die Eigenschaften der Polymere können durch die Wahl der Monomere, verschiedene Zusatzstoffe (s. S. 240) und die Optimierung der Reaktionsbedingungen gezielt beeinflusst werden.

Aus **Polyethen bzw. Polyethylen** (PE) werden viele Hauhaltsgegenstände und Industrieprodukte gefertigt.
Andere wichtige Plaste, die durch Polymerisation erhalten werden, sind **Polyvinylchlorid (PVC), Polyacrylnitril (PAN)** und **Polystyrol (PS)**. Polymere können auch durch andere Polyreaktionen gebildet werden (s. S. 237). Gemeinsam ist all diesen Makromolekülen aber, dass sie aus einer großen Anzahl von monomeren Grundbausteinen aufgebaut sind, die durch Atombindungen miteinander verbunden sind.

Die Polymerisation ist eine Additionsreaktion, bei der viele gleichartige Moleküle mit Mehrfachbindungen unter deren Aufspaltung zu Makromolekülen reagieren.

$$CH_2=CH_2 + CH_2=CH_2 + \ldots + CH_2=CH_2 \xrightarrow{\text{Katalysator}} \ldots -CH_2-CH_2-CH_2-CH_2-CH_2-CH_2- \ldots$$

$$n\,CH_2=CH_2 \xrightarrow{\text{Katalysator}} \left[CH_2-CH_2 \right]_n$$

Ethen (Ethylen) – Monomer → Polyethylen (Polyethylen) – Polymer

Ist z. B. n = 1000, sind 1000 Moleküle des Ausgangsstoffes zu einem Molekül des Reaktionsprodukts zusammengetreten.

Monomer		Polymer	
Name	**Formel**	**Name**	**Verwendung**
Ethen	$CH_2=CH_2$	Polyethylen, PE	Wannen, Eimer, Folien, Mülltonnen, Rohre
Propen	$CH_2=CH-CH_3$	Polypropylen, PP	Rohre, Dichtungen, Batteriekästen, Fahrzeugteile
Monochlorethen, Vinylchlorid, VC	$CH_2=CH-Cl$	Polyvinylchlorid, PVC	Rohre, Bodenbeläge, Schläuche, Schallplatten, Kunstleder
Buta-1,3-dien	$CH_2=CH-CH=CH_2$	Polybutadien, BUNA	Synthesekautschuk, Bereifung

Plaste – wichtige Kunststoffe

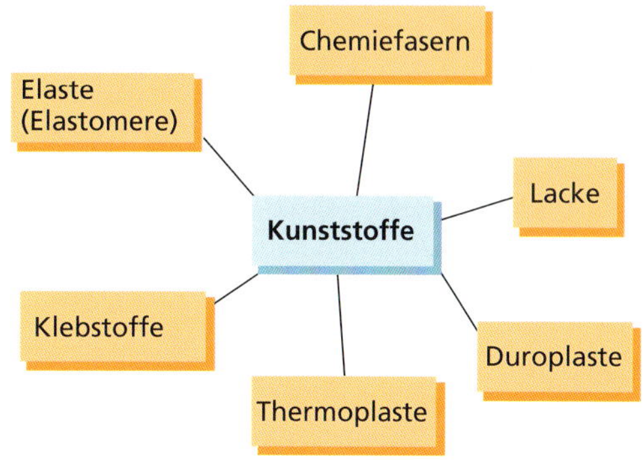

Die Kunststoffe werden nach verschiedenen Kriterien unterteilt. Für uns als Verbraucher ist die Unterteilung anhand der Materialeigenschaften von besonderem Interesse (s. Abb.). Im Alltag am weitesten verbreitet ist die Gruppe der **Plaste**.
Sie sind weitgehend beständig gegenüber Witterungseinflüssen und Chemikalien wie Säuren und Laugen. Die meisten Plaste leiten weder den elektrischen Strom noch Wärme, weshalb sie häufig als Isolationsmaterial eingesetzt werden. Aufgrund ihrer Eigenschaften finden Plaste in vielen Lebensbereichen Anwendung.
Die Einsatzmöglichkeiten werden aber auch durch bestimmte Eigenschaften begrenzt, z.B. weisen Plaste eine relativ geringe Härte und z.T. geringe Temperaturbeständigkeit auf. Von organischen Lösemitteln können einige Plaste angegriffen werden.
Anhand ihres Verhaltens beim Erhitzen lassen sich Plaste in zwei Gruppen einteilen: in **Thermoplaste** und **Duroplaste** (s. Tab. links).

Thermoplaste und Duroplaste unterscheiden sich durch das Verhalten beim Erhitzen, Thermoplaste werden weich, Duroplaste zersetzen sich.

Kunststoffe		
	Thermoplast	**Duroplast (Durometer)**
Eigenschaften	– erweicht beim Erwärmen – ist plastisch verformbar	– zersetzt sich beim Erwärmen – ist nicht plastisch verformbar
Beispiele	– Polystyrol (PS) – Polypropylen (Polypropen = PP) – Polyvinylchlorid (PVC) – Polyethylen (Polyethen = PE)	– Phenoplaste – bestimmte Polyester – Aminoplaste

S Experiment

Probiere es selbst

Aufgabe:
Prüfe die Hitzebeständigkeit verschiedener Duro- und Thermoplaste experimentell (Achtung! Abzug!). Notiere *Geräte* und *Chemikalien.*

Durchführung:

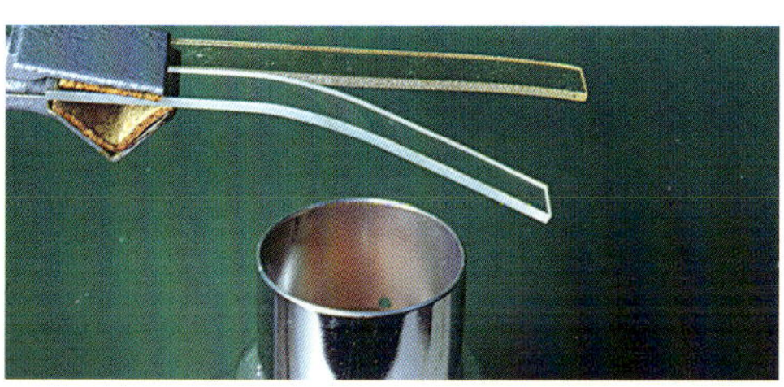

Beobachtung und Auswertung:
Übertrage die unten stehende Tabelle in dein Heft und fülle sie aus. Stelle eine begründete Vermutung zu den Ursachen der unterschiedlichen Eigenschaften auf.

Kunststoff		
	Thermoplast	**Duroplast (Duromer)**
Eigenschaften		
Beispiele		

Thermoplaste

Die **Thermoplaste** erweichen beim Erwärmen und gehen in einen plastischen Zustand über. Die Ursache für das Erweichen und die **plastische Verformbarkeit** liegt in der Struktur der Makromoleküle. Die kettenförmigen Makromoleküle, die das Polymer aufbauen, sind linear angeordnet und nur wenig verzweigt oder räumlich verknüpft (s. Abb. 1). Der Zusammenhalt erfolgt vor allem über schwache **zwischenmolekulare Kräfte.** Bei Wärmeeinwirkung werden diese überwunden und die Moleküle können verschoben und gestreckt werden. Dabei nimmt die Festigkeit ab und eine Verformung wird möglich. Beim Abkühlen behalten sie die angenommene Form, die zwischenmolekularen Kräfte wirken wieder.
Aufgrund der leichten Formbarkeit bei erhöhter Temperatur lassen sich Thermoplaste zu unterschiedlichen Bauteilen verarbeiten.
Thermoplaste können neben den gemeinsamen Eigenschaften und eventuellen Zusatzstoffen (s. S. 240) in Abhängigkeit von den jeweiligen Monomeren sehr unterschiedliche Eigenschaften aufweisen (s. Steckbriefe).

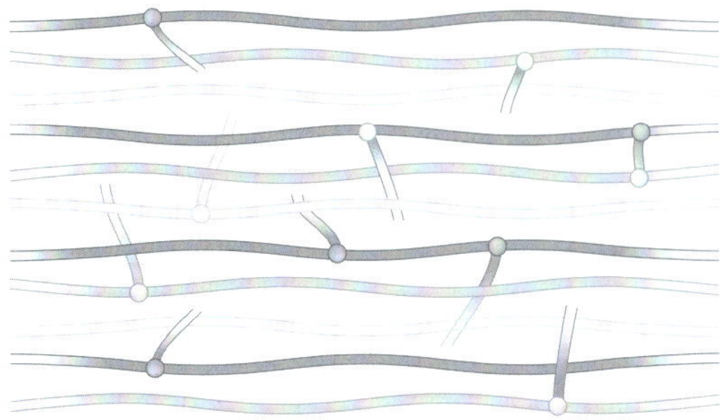

1 Räumliche Verknüpfung von Makromolekülen bei Thermoplasten

Wichtige Thermoplaste

Name, Kürzel	Monomermoleküle Name, Formel	
Polystyren PS (Polystyrol)	Styren (Styrol)	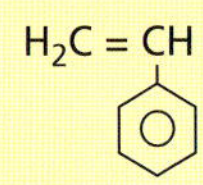
Polypropylen PP (Polypropen)	Propylen (Propen)	$H_2C = CH(CH_3)$
Polyvinylchlorid PVC	Vinylchlorid (Monochlorethen)	$H_2C = CH(Cl)$
Polyethylen PE (Polyethen)	Ethylen (Ethen)	$H_2C = CH_2$
Polyetrafluorethylen PTFE (Teflon®)	Tetrafluorethen	$F_2C = CF_2$

Aufgabe

Erläutere die chemische Reaktion zur Bildung von Polyethylen und Polyvinylchlorid. Nenne weitere Plaste, die durch Polymerisation hergestellt werden.

STECKBRIEF: Polyethen (Polyethylen)

Eigenschaften: brennbar; tropft beim Verbrennen; beständig gegenüber Säuren, Laugen, vielen Lösemitteln; Niederdruckpolyethylen (HD-PE) ist härter und hat eine größere Dichte als Hochdruckpolyethylen (LD-PE)

Verwendung:
HD-PE: Getränkekästen, Druckrohre
LD-PE: Folien, Haushaltswaren

STECKBRIEF: Polyvinylchlorid

Eigenschaften: schwer entflammbar; zersetzt sich ab 200 °C, wobei u. a. HCl entsteht; beständig gegenüber Säuren, Laugen, Benzin

Verwendung:
PVC hart: Bauteile, Dachrinnen
PVC weich: Fußbodenbeläge

Polykondensation und Duroplaste

Einige Polymere entstehen nicht durch Polymerisation, sondern durch **Polykondensation.** Dazu müssen die Moleküle der Ausgangsstoffe mindestens zwei funktionelle Gruppen oder andere reaktionsfähige Stellen im Molekül besitzen.

Bei der Kondensation der Monomere entsteht unter Abspaltung von Wasser zunächst ein ebenfalls reaktionsfähiges **Dimer.** Dieses reagiert mit weiteren Monomeren unter vielfacher Wiederholung der Kondensation zum Makromolekül (s. Abb. 2).

Setzt man Monomere mit zwei funktionellen Gruppen ein, dann erhält man kettenförmige unverzweigte Moleküle (Thermoplaste). Weisen die Monomere mehr als zwei reaktive Stellen auf, dann können räumlich vernetzte Makromoleküle entstehen (s. Abb. 1).

Vielfach räumlich vernetzte Polymere bilden **Duroplaste** mit großer mechanischer Festigkeit, hoher chemischer und Wärmebeständigkeit.

Die Makromoleküle sind in alle Raumrichtungen durch Atombindungen vernetzt. Beim Erwärmen werden die Bindungen aufgebrochen und die dreidimensionale Struktur zerstört. Duroplaste zersetzen sich bei hohen Temperaturen.

Durch die **Vernetzung** wird die Beweglichkeit der Ketten so stark behindert, dass die entstandenen Kunststoffe bei der Herstellung sofort in die angestrebte Form gebracht werden müssen.

Zu den Duroplasten (Duromere) gehören Phenoplaste, Aminoplaste und bestimmte Polyester.

Phenoplaste: Herstellung von Karosserieteilen, Beschlägen, Hartfaserplattenbeschichtungen, Gehäusen

Polyester: Herstellung von Gießharzen, Schichtstoffen, Getränkeflaschen

Die Polykondensation ist eine chemische Reaktion, bei der Moleküle verschiedener Stoffe aufgrund funktioneller Gruppen meist unter Abspaltung von Wasser miteinander reagieren.

Wichtige Duroplaste

Name	Kürzel	Ausgangsstoffe
Phenoplaste	Bsp. PF	Phenol, Methanal
Aminoplaste	Bsp. UE, MF	Harnstoff, Methanal
Polyester (einige)	Bsp. UP	Maleinsäureanhydrid, Styrol, Ethylenglycol
Polyurethane	Bsp. PUR	Diol, Diisocyanat

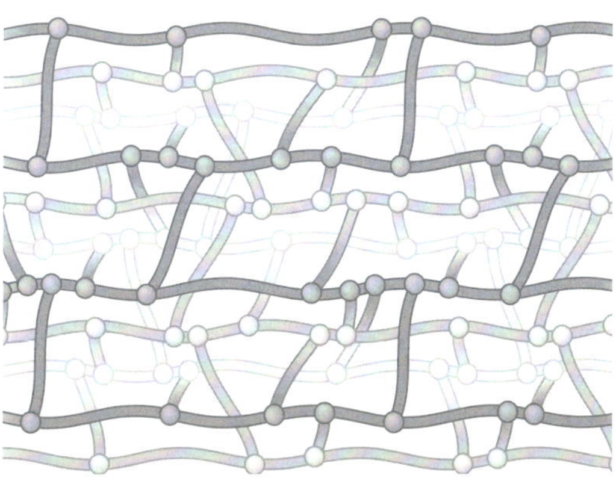

1 Räumliche Verknüpfung im Duroplast

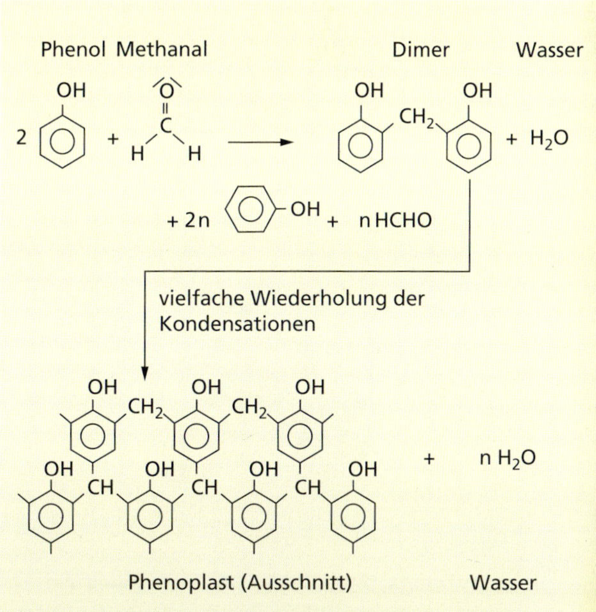

2 Polykondensation am Beispiel eines Phenoplasts

Elastomere

Kautschuk wurde von den Menschen schon sehr lange genutzt. Von den Mayas weiß man, dass sie Plätze besaßen, auf denen Ballspiele mit religiösem Hintergrund abgehalten wurden. Bei dem Ball, mit dem gespielt wurde, handelte es sich um eine Kautschukkugel.
Kautschuk gehört zu den **Elastomeren (Elasten).** Elastomere sind organische Polymere mit gummielastischen Eigenschaften bei Raumtemperaturen.
Es gibt Natur- und Synthesekautschuk. Die Grundbausteine von Naturkautschuk sind Isoprenmoleküle. Hunderte bis tausende Isoprenmoleküle sind in langen Ketten miteinander verknüpft.
Die Gewinnung von **Naturkautschuk** erfolgt durch Anzapfen der Kautschukbäume *(Hevea).* Aus der Zapfstelle fließt die Kautschukmilch *(Latex),* die etwa 33 % Kautschuksubstanz enthält.
Synthetisch wurde Kautschuk erstmalig 1909 produziert. Zuerst setzte man hauptsächlich Isopren (2-Methylbuta-1,3-dien) als Ausgangsstoff ein. Seit ca. 1925 wird **Synthesekautschuk** aus Buta-1,3-dien hergestellt.

Isopren

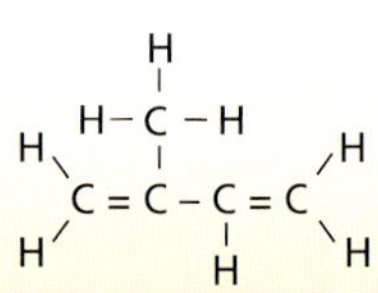

Buta-1,3-dien

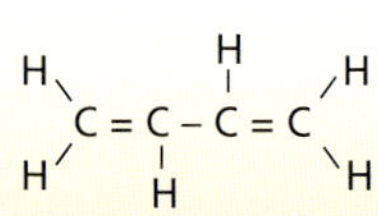

1 Durch das Vulkanisieren entsteht Gummi. Er weist eine hohe Haltbarkeit auf und wird für Reifen genutzt.

Rohkautschuk verliert seine Elastizität an der Luft sehr schnell. In der Kälte wird er brüchig. Schwefel und andere Zusätze verbessern die Eigenschaften wesentlich. Rohkautschuk wird deshalb vulkanisiert und so zu **Gummi** verarbeitet (s. Abb. 1).
Je nach Menge und Art der Zusatzstoffe erhält man Hart- oder Weichgummi. Entsprechend der geplanten Verwendung können so die Eigenschaften des Gummis bei der Produktion gezielt gesteuert werden.
Die Makromoleküle der Elaste sind weitmaschig vernetzt (s. Abb. 2). Im ungedehnten Zustand nehmen die Makromoleküle eine Knäuelgestalt an. Durch die Einwirkung von Zugkraft werden sie gestreckt. Bei Raumtemperatur können sie mindestens auf das Zweifache ihrer Länge gedehnt werden. Nach Aufhebung der Krafteinwirkung nehmen sie aufgrund der ursprünglichen Vernetzung wieder ihren ehemaligen Zustand an. Elaste lassen sich nicht thermisch umformen.

Elastomere sind Kunststoffe, die elastisch verformbar sind, da ihre Makromoleküle weitmaschig vernetzt sind.

Aufgaben

1. Warum sind Elaste elastisch verformbar?
2. Sieh dich bei dir zu Hause um. Wo kommen Kautschuk oder Gummi zum Einsatz?

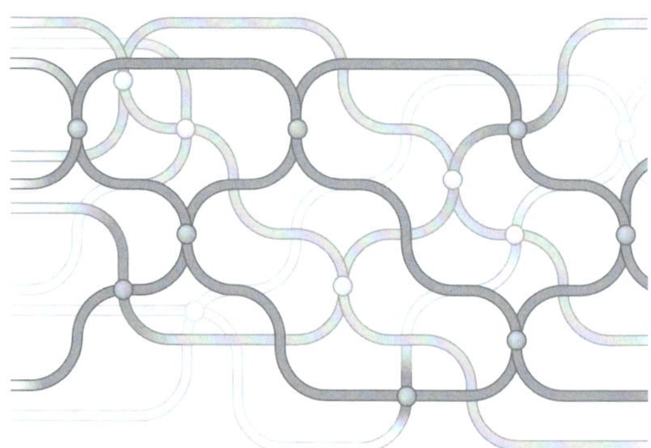

2 Räumliche Verknüpfung im Elastomer; durch die weitmaschige Vernetzung ist eine elastische Verformung möglich.

Kunststoffe im Test

S Experiment 1

Aufgabe:
Untersuche die Eigenschaften von Polyethylen im Vergleich zu Glas, Kupfer und Aluminium.

Vorbereitung:
Geräte: Reagenzgläser, Tiegelzange, feuerfeste Unterlage, Brenner, Tiegel, Pipette, Gummihammer, Schutzbrille, Uhr, Geräteanordnung zur Leitfähigkeitsprüfung
Chemikalien: Kupferblech, Aluminiumfolie, Glasstückchen, Polyethylenstreifen, Kupferdraht, Aluminiumdraht, Glasstab, verdünnte Salzsäure

Durchführung:
a) Wähle gleich große Stoffproben (etwa 1 cm^2). Gib sie in ein mit Wasser gefülltes Becherglas.
b) Überprüfe ihr Verhalten bei plötzlicher Krafteinwirkung durch Schläge mit dem Gummihammer. (Schutzbrille!)
c) Teste die Beständigkeit gegen Säure, indem du zu jeder Stoffprobe etwas verdünnte Salzsäure gibst.
d) Überprüfe das Verhalten der Stoffe unter dem Einfluss von offenem Feuer (Achtung! Feuerfeste Unterlage! Abzug!). Halte dazu mit der Tiegelzange jeweils eine Stoffprobe etwa 30 Sekunden lang in die Flamme eines Brenners.
e) Prüfe die elektrische Leitfähigkeit der Stoffe.

Beobachtung und Auswertung:
Stelle deine Beobachtungen in einer Tabelle zusammen. Für welchen Verwendungszweck würdest du Polyethylen aufgrund seiner Eigenschaften empfehlen bzw. nicht empfehlen?

S Experiment 2

Berühre verschiedene Plastproben mit einem stark erwärmten Kupferdraht und halte ihn dann in die entleuchtete Flamme des Brenners (Beilsteinprobe, Achtung: Abzug!).
Informiere dich über die Beilsteinprobe und deute deine Beobachtungen.

S Experiment 3

Aufgabe:
Untersucht die Beständigkeit von Kunststoffen gegenüber Chemikalien.

Vorbereitung:
Geräte: 6 Reagenzgläser mit Stopfen
Chemikalien: kleine Stücke von Polystyren oder anderen Kunststoffen, 10 %ige Salzsäure, 10 %ige Natriumhydroxidlösung, 5 %ige Ethansäure , Xylen , Ethansäureethylester, Benzin

Durchführung:
Arbeitet in Gruppen. In jedem Team wird ein anderer Kunststoff getestet.
Füllt in die 6 Reagenzgläser jeweils ca. 3 ml einer Chemikalie und ein erbsengroßes Stück des zu untersuchenden Kunststoffes. Verschließt die Reagenzgläser und beschriftet sie. Kontrolliert die Proben nach einer Standzeit von 24 Stunden.

Beobachtung und Auswertung:
Notiert eure Beobachtungen.
Vergleicht mit den Beobachtungen von Mitschülern, die andere Kunststoffe untersucht haben. Stellt die Ergebnisse in einer tabellarischen Übersicht zusammen.

S Experiment 4

Aufgabe:
Recycle Polyethylenabfälle durch Umschmelzen.

Vorbereitung und Durchführung:
Polyethylenabfälle werden zerkleinert und in eine feuerfeste und hitzebeständige Form gegeben, die mit Aluminiumfolie ausgekleidet ist. Die Form mit den Kunststoffschnipseln wird bis zum Schmelzen erhitzt (Abzug!). Nach dem Abkühlen werden die neuen Gegenstände aus der Form genommen.

Thema

Recherchiere, z. B. unter www.schuelerlexikon.de wozu „Weichmacher“ und andere „Zusatzstoffe“ Kunststoffen zugesetzt werden.

1 Durch Weichmacher erreichen Kunststoffe die gewünschte Flexibilität.

2 Ohne Stabilisatoren würden Kunststoffe nach kurzer Zeit vergilben und spröde werden.

Zahlreiche Polymere besitzen als reine Stoffe oft nicht optimale Werkstoffeigenschaften. So ist z. B. reines PVC hart, spröde, farblos und relativ empfindlich gegenüber UV-Strahlung und Wärmeeinwirkung. Die notwendige Elastizität und Beständigkeit gegenüber äußeren Einflüssen erreicht man nur durch **Zusatzstoffe** (Hilfsstoffe, Additive), die im Verlauf des Herstellungsprozesses zugesetzt werden.
Die Funktionen dieser Zusatzstoffe sind vielfältig (s. Tab.) und hängen auch von der Art des Polymers und den gewünschten Einsatzgebieten ab. Etwa 60 % aller Additive sind **Weichmacher,** die hauptsächlich für die PVC-Produktion benötigt werden. Weichmacher sollen u. a. die Flexibilität und Elastizität verbessern, die Erweichungstemperatur herabsetzen und die Härte verringern.
Allerdings ist der Zusatz dieser organischen Stoffe (s. Tab.) nicht unproblematisch. Werden weichmacherhaltige Kunststoffe als Verpackung für Lebensmittel verwendet, lösen sich Weichmacher im Fett und gelangen so in den Körper.
Die chemische, thermische und die Lichtbeständigkeit der Polymere muss durch geeignete **Stabilisatoren** verbessert werden. Sie verlängern die Lebensdauer der Kunststoffe beträchtlich.

Additive	Funktion	Beispiele
Weichmacher	Optimierung von Flexibilität, Elastizität und Härte	– Carbonsäureester – Phosphorsäureester – Alkohole, Ketone
Stabilisatoren	Verlängerung der Lebensdauer durch Schutz vor Umwelteinflüssen	– Antioxidantien – Wärmestabilisatoren – Lichtschutzmittel
Farbmittel	Erhöhung der optischen Attraktivität	– Pigmente – organische Farbstoffe
Füllstoffe	Verbesserung mechanischer Eigenschaften und Kostensenkung	– Gesteinsmehl – Ruß, Grafit – Synthesefasern – Naturfasern

... und mehr

Informiere dich auch unter: Anwendungen von Kunststoffen, Polyvinylchlorid, Silicone, Weichmacher

Kunststoffe – Werkstoffe ohne Nachteile?

Kunststoffe stellen für viele Gelegenheiten die idealen Werkstoffe dar. Sie sind sehr haltbar, denn sie sind meist beständig gegen Licht, Sauerstoff und Wasser und werden selten von Mikroorganismen angegriffen. Dieser Vorteil erweist sich nach Gebrauch als Nachteil, denn die wenigsten Kunststoffe sind biologisch abbaubar. Daher ergeben sich riesige Müllmengen. Jährlich fallen in Deutschland über 4 Mio. Tonnen Kunststoffabfälle (davon ca. 1,5 Mio. Tonnen Verpackungen) an. Diese Abfälle können nicht alle auf **Deponien** gelagert werden.
Die Voraussetzung dafür, dass eine Beseitigung des Kunststoffmülls erfolgen kann, ist konsequente Mülltrennung.

Einen Teil der Kunststoffabfälle führt man der **energetischen Verwertung** zu. Bei der Verbrennung der organischen Polymere wird Energie frei, die u. a. als Heizwärme nutzbar ist. Allerdings entstehen bei der **Müllverbrennung** auch viele Giftstoffe wie Dioxine, halogenierte Kohlenwasserstoffe und saure Gase.
Diese Umweltgifte müssen durch leistungsfähige Filteranlagen aus den Verbrennungsabgasen entfernt werden. Die Filterrückstände werden anschließend deponiert.

Effektiver und umweltfreundlicher ist die **rohstoffliche Verwertung** der Kunststoffabfälle. Dabei werden durch chemische Prozesse die Monomere oder andere niedrigmolekulare Bestandteile der Polymere zurückgewonnen. So kann man durch Umsetzung von Plastabfällen mit Wasserstoff Benzin, Dieselöl oder Synthesegas produzieren (s. Abb. 2).

2 Im Hochofenprozess erzeugt man aus geeigneten Altkunststoffen Synthesegas und Wärme, um Eisenoxid zu Roheisen zu reduzieren.

Abfälle von Thermoplasten können auch **werkstofflich wiederverwertet** werden. Voraussetzung dafür ist die ordnungsgemäße Trennung der Abfälle. Danach können die gereinigten und zerkleinerten Kunststoffe geschmolzen und in neue Formen gebracht werden. Auf diese Weise entstehen Klappboxen und Komposter für den Haushalt, Parkbänke, Klettergerüste, Rohre und Dämmmaterialien. Mit der Zeit kann es dabei aber zum Qualitätsverlust kommen (Downcycling).
Die Forschung geht außerdem dahin, Kunststoffe zu entwickeln, die **biologisch abbaubar** sind. Dazu muss realisiert werden, dass die Makromoleküle durch bestimmte Bedingungen (z. B. unter Einfluss von UV-Licht) in kurze Ketten zerfallen, damit diese für Mikroorganismen angreifbar werden und verrotten können (s. Abb. 1).
Trotz dieser Möglichkeiten ist Abfallreduzierung billiger und schont die Umwelt am effektivsten.

Aufgabe

Diskutiere Vor- und Nachteile der rohstofflichen Wiederverwertung.

1 Mittlerweile ist es gelungen, Kunststoffe zu entwickeln, die biologisch abbaubar sind. (d = Tag)

Chemie im Kontext

S Plaste unterscheiden, aber wie?

Plastwerkstoffe haben viele ähnliche Eigenschaften.
Gerade die **Thermoplastsorten** sind nicht auf den ersten Blick erkennbar. Manchmal möchte man aber wissen, um welchen Plast es sich handelt, wenn man einen Gegenstand für einen bestimmten Zweck einsetzen will.
Wie kann man die verschiedenen Plastsorten experimentell unterscheiden?

Bei der Verwendung von Plasten für Gebrauchsgegenstände sind die Plastsorten gekennzeichnet. Sieht man sich Behältnisse aus Plast an, wird man häufig die entsprechende Abkürzung finden, z. B. für **Polystyren (Polystyrol)** – PS, **Polyvinylchlorid** – PVC, **Polyethen** – PE.
Falls aber ein Kennzeichen nicht auffindbar ist, kann man sich experimentell behelfen.

Vorüberlegungen:
Polyethylen, Polystyren (Styropor) und Polyvinylchlorid weisen viele gemeinsame Eigenschaften auf. Damit man die Plastsorten sicher voneinander unterscheiden kann, muss man für die Experimente geeignete unterschiedliche Eigenschaften auswählen.

Polyethylen, Polystyren und Polyvinylchlorid unterscheiden sich durch ihr Verhalten beim Erhitzen und Verbrennen. Da Polyvinylchlorid dabei giftige Dämpfe entwickelt, müssen die Experimente **unter dem Abzug** durchgeführt werden.

Geräte: 3 Reagenzgläser, Reagenzglashalter, Tiegelzange, feuerfester Tiegel, Brenner

Chemikalien: Unitestpapier,
Plaststreifen aus:
a) Polyvinylchlorid
b) Polyethylen
c) Polystyrol

PVC ist ab 150 °C plastisch verformbar, beginnt sich aber schon ab 200 °C zu zersetzen. Dabei bildet sich Chlorwasserstoff. Das Gas reagiert mit Wasser zur Salzsäure. Ein angefeuchteter Streifen Unitestpapier würde sich rot färben. PVC kann auch durch die Beilsteinprobe identifiziert werden (Abzug!). Bei der Erwärmung von Polystyren und Polyethylen werden keine Gase frei, das Unitestpapier färbt sich nicht.
Diese beiden Plastsorten kann man durch ihr Verhalten beim Verbrennen unterscheiden.
Polyethylen verbrennt bei ausreichender Sauerstoffzufuhr mit wenig rußender, leuchtend blauer Flamme. Charakteristisch ist, dass das Material anfängt zu tropfen (Vorsicht!). Polystyren verbrennt mit rußender Flamme (s. Abb.).

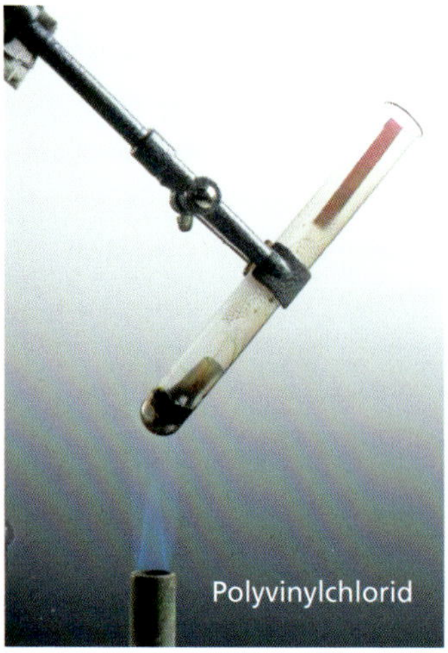

Vom Kautschuk zum Gummi

Kautschuk ist zwar bei Raumtemperatur weich und elastisch, als Werkstoff aber nur bedingt geeignet. Im Sommer wird er schnell klebrig und riecht unangenehm. In der Kälte ist Kautschuk dagegen hart und spröde. Erst mit der Entdeckung der **Vulkanisation** durch CHARLES NELSON GOODYEAR (1800–1860) können Gummisorten mit besseren Eigenschaften produziert werden.
Stelle den Zusammenhang zwischen der Struktur und den Eigenschaften von Rohkautschuk und daraus hergestellten Gummiarten dar.

Naturkautschuk ist ein farbloses Gemisch aus Kohlenwasserstoffen und gehört zu den Terpenen. Die kettenförmigen Makromoleküle bestehen aus 3000 bis 10000 Isopreneinheiten. Zwischen den Ketten wirken nur schwache VAN-DER-WAALS-Kräfte, sodass diese beliebig gegeneinander verschiebbar sind.
In der Kälte ist die Beweglichkeit der langen Molekülketten stark eingeschränkt. Deshalb brechen diese leicht bei mechanischer Belastung, das Material wird spröde.
CHARLES GOODYEAR entdeckte 1839, dass durch Reaktion von Kautschuk mit Schwefel **Gummi** entsteht. Dieses Elastomer ist deutlich wetterbeständiger als Kautschuk.
Die Ursache liegt darin, dass Doppelbindungen in den Makromolekülen aufgebrochen und Schwefelbrücken zwischen den Molekülketten gebildet werden (s. Abb. 1). Die Eigenschaften des Gummis hängen von der Zahl und Art der Schwefelbrücken ab, die aus zwei oder mehr Schwefelatomen bestehen.
Weichgummi enthält maximal 5 % Schwefel, sodass die Makromoleküle weitmaschig vernetzt sind. Daraus ergibt sich die hohe Flexibilität des Elastomers (s. Abb.). Die Schwefelbrücken werden weder bei starker mechanischer Belastung noch in der Kälte aufgebrochen. So bleibt Weichgummi auch im Winter stabil, obwohl seine Elastizität abnimmt.

Hartgummi wird unter Zusatz von 25 - 50 % Schwefel vulkanisiert. Zwischen den Kautschukmolekülen bilden sich viele Schwefelbrücken. Es erfolgt eine dreidimensionale Vernetzung.
Durch Füllstoffe, zusätzliche Härter oder Weichmacher (s. S. 240) werden die Materialeigenschaften weiter optimiert.

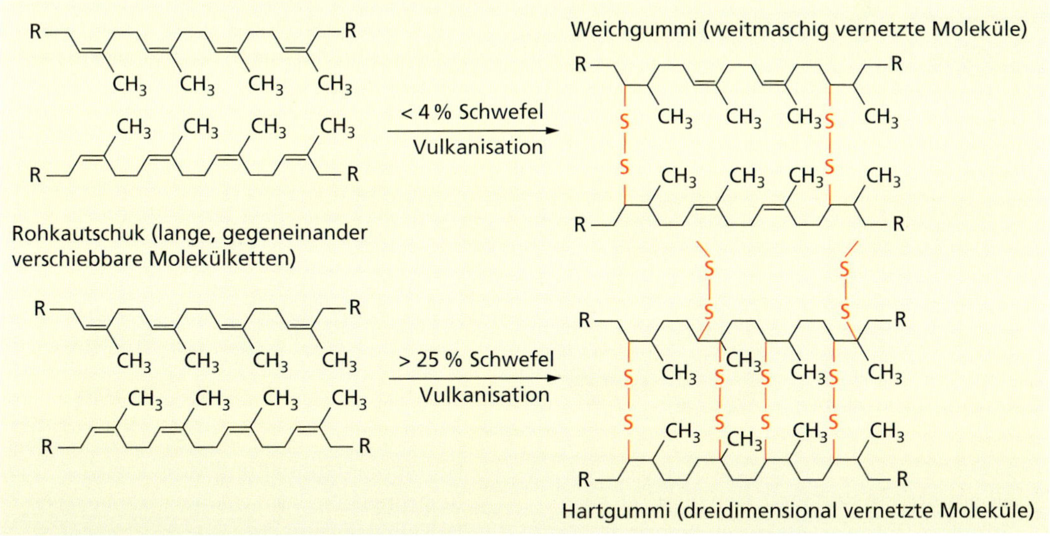

1 Die Vulkanisation wird bei 120–160 °C in Gegenwart von Katalysatoren durchgeführt. Der Buchstabe R symbolisiert die unterschiedlichen Reste in den Makromolekülen.

gewusst · gekonnt

1. Erweitere dein Glossar.

Glossar

Downcycling
Duroplast (Durometer)
Elastomer (Elast)
Kunststoffe
Polymerisation
Recycling
Thermoplast
Vulkanisieren

2. Erkläre, warum es nicht möglich ist, für einen konkreten polymeren Stoff die molare Masse anzugeben.

3. Erläutere anhand eines selbst gewählten Beispiels den Zusammenhang zwischen Struktur und Eigenschaften bei makromolekularen Stoffen.

4. Stelle dir vor, du hättest die Aufgabe, einen neuen Kunststoff zu entwickeln, der als Verpackung dienen könnte.
Welche Eigenschaften würdest du anstreben? Begründe deine Auswahl.

5. Erläutere, warum Elastomere nach Beenden einer Krafteinwirkung ihren ursprünglichen Zustand wieder einnehmen, also elastisch verformbar sind.

6. Thermoplaste sind mehrfach plastisch verformbar, Duroplaste dagegen nicht. Erläutere, wie diese unterschiedlichen Eigenschaften zustande kommen.

7. Auf Mülltonnen ist meist der Warnhinweis „Keine heiße Asche einfüllen!“ angebracht. Warum sollte man diesen Hinweis unbedingt beachten?

8. **L** PVC wird stark (Abzug!) erhitzt und ein Streifen angefeuchtetes Indikatorpapier über die Reagenzglasöffnung gehalten. Notiere deine Beobachtung und leite Schlussfolgerungen ab.

9. Polyethylen, ein häufig verwendeter Thermoplast, wird u. a. durch Müllverbrennung beseitigt.
Welche Reaktionsprodukte entstehen bei der Verbrennung von Polyethylen? Stelle die Reaktionsgleichung auf.

10. Gib fünf Kunststoffe an, nenne Eigenschaften und leite Verwendungsmöglichkeiten ab.

11. Erläutere die Polymerisation an einem selbst gewählten Beispiel.

12. ✱ Ein Joghurtbecher aus Polystyrol wird im Herd erhitzt. Dazu wird er mit der Öffnung nach unten auf eine Aluminiumfolie gestellt und gleichmäßig mit Ober- und Unterhitze auf 160 °C erwärmt.
Welche Ursache für das Beobachtungsergebnis vermutest du?

13. ✱ Gummi ist dehnbar und nimmt seine ursprüngliche Form wieder an. Folie aus Polyethylen kann ebenfalls etwas gedehnt werden. Diese Dehnung zieht sich nicht wieder zusammen. Zeige die Ursachen auf.

14. Erläutere Möglichkeiten des Kunststoffrecyclings.

15. Warum ist es leichter, sortenreine als gemischte Kunststoffabfälle zu recyceln?

16. Schätze den Anteil von Kunststoffabfällen in eurem Haushaltsmüll ab.
Welchen Beitrag kann jeder leisten, die Müllberge zu verringern?

17. Bewerte die Beseitigung von Kunststoffabfällen durch Müllverbrennung.

18. Aus Kautschuk wird durch Vulkanisieren Gummi hergestellt.
Erkläre, was bei diesem Prozess passiert und warum diese Verfahrensweise notwendig ist.

19. Überprüfe, wo in eurem Haushalt Kunststoffe eingesetzt werden.
Versuche, anhand der Kennzeichnung festzustellen, um welche Kunststoffe es sich jeweils handelt.

20. Plaste, Elaste und Chemiefasern bestehen aus Makromolekülen, die künstlich hergestellt werden. Informiere dich über natürliche makromolekulare Stoffe. Nenne Beispiele und vergleiche Struktur und Synthese natürlicher und künstlicher makromolekularer Stoffe.

21. Die Produktion von Kunststoffen schafft Werkstoffe nach Maß, aber auch eine Masse Probleme.
Interpretiere diese Aussage.

22. Erarbeite einen Kurzvortrag über Polyvinylchlorid.
Gehe dabei auf Eigenschaften und Verwendung, Herstellung und mögliche Umwelt- und Gesundheitsgefährdungen durch diesen Stoff ein.

23. Weich-PVC darf nicht zur Aufbewahrung von Lebensmitteln genutzt werden. Begründe.

24. Verbundstoffe sind Werkstoffe, die mindestens aus zwei Komponenten bestehen. Oft ist eine der Komponenten ein Kunststoff.
a) Ermittle Verpackungen, die aus solchen Verbundstoffen bestehen. Notiere, welche positiven Eigenschaften der einzelnen Materialien genutzt werden.
b) Stelle in einem Überblick unterschiedliche Einsatzmöglichkeiten von Verbundstoffen dar.

25. Interpretiere die unten stehenden Abbildung.

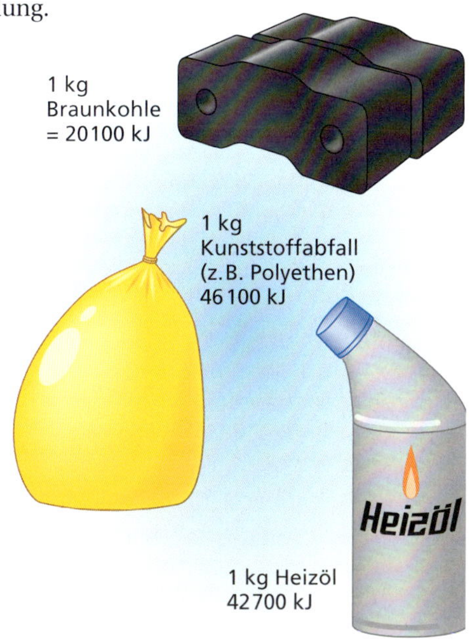

Kunststoffe

Zu den Kunststoffen gehören Thermo- und Duroplaste, Elaste, Chemiefasern, synthetische Lacke und Klebstoffe. Es handelt sich um synthetische makromolekulare Stoffe.

	Thermoplaste	**Duroplaste**	**Elaste**
Bau	Die Makromoleküle sind linear angeordnet oder gering verzweigt. 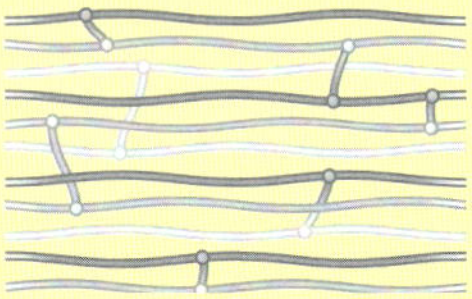	Die Makromoleküle sind engmaschig vernetzt. 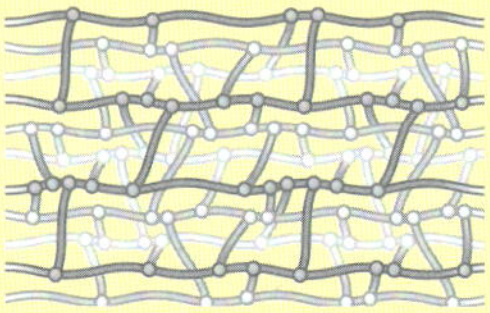	Die Makromoleküle sind weitmaschig vernetzt. 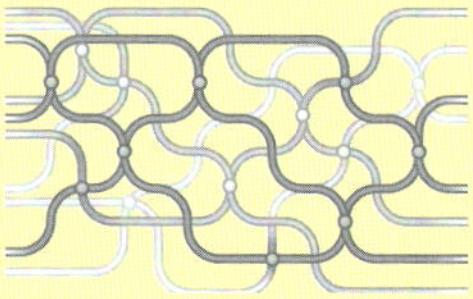
Eigenschaften	Erweichen bei Erwärmung, plastische Verformung möglich	Zersetzen sich bei Erwärmung, plastische Verformung nicht möglich	elastische Verformung bei Krafteinwirkung, plastische Verformung nicht möglich
Beispiele	Polyvinylchlorid – PVC, Polyethylen – PE 	Phenoplaste, Polyester 	Natur-, Synthesekautschuk 

Herstellung und Entsorgung von Kunststoffen

Kunststoffe entstehen u. a. durch durch **Polymerisation** oder **Polykondensation**. Die Polymerisation ist ein Spezialfall der Addition, bei der sich viele Monomere zu einem Polymer verbinden. Dabei werden die Mehrfachbindungen zwischen Kohlenstoffatomen der Monomere aufgespalten.
Die Polykondensation ist eine spezielle Substitution, bei der die Monomere unter Abspaltung kleiner Moleküle zu Makromolekülen verknüpft werden.

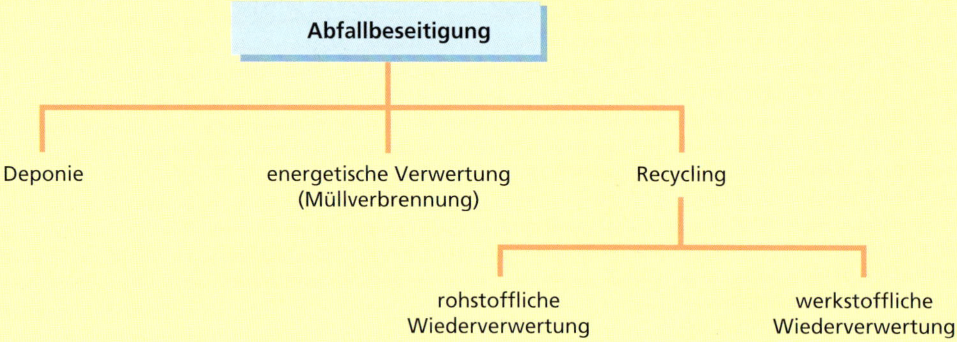

10 Ziel erreicht?

Lernen, aber wie?

Die Basis für eine Wiederholung und Systematisierung, z. B. in Vorbereitung auf einen Test oder eine Prüfung, sind Informationen und Fakten. Wie behält man die Fülle der Fakten im Gedächtnis?
Die Qualität des Gedächtnisses, die **Merkfähigkeit,** hängt z. B. von der Anzahl der Wiederholungen, vom Zeitabstand, von der Konzentrationsfähigkeit und auch vom Interesse am Thema ab.

Die Fähigkeit zum **Lernen** ist angeboren. Allerdings gibt es individuelle Unterschiede. Man unterscheidet verschiedene **Lerntypen.** Manche Menschen behalten am besten, was sie lesen (*Lesetyp*) bzw. hören *(Hörtyp, akustischer Lerntyp),* und wieder andere, was sie selbst tun *(Anfasstyp, haptischer Lerntyp).*
Wenn man seinen Lerntyp kennt, kann man das beim Üben ausnutzen.

Zehn Lerntipps

1. Schritt

Plane dein Lernen.
Du sparst dir damit Zeit, denn gut geplant ist halb gelernt.

2. Schritt

Beginne jeden Tag zur gleichen Zeit mit dem Lernen.
Dein Gehirn gewöhnt sich daran und schaltet leichter auf konzentriertes Arbeiten.

3. Schritt

Beginne mit leichten Aufgaben.
Wie ein Motor braucht auch dein Gehirn eine Aufwärmphase, bis es Höchstleistungen vollbringt.

4. Schritt

Vermeide ähnliche Inhalte hintereinander zu lernen.
Dadurch verhinderst du, dass du viel und schnell vergisst.

5. Schritt

Verwende unterschiedliche Lernwege.
Je häufiger du beim Lernen Sehen, Hören und Lesen wechselst, desto weniger ermüdest du. Wenn du alle Lernwege einsetzt, trainierst du dein Gedächtnis am Besten.

6. Schritt

Wechsle zwischen schriftlicher und mündlicher Arbeit ab.
So kannst du noch länger konzentriert arbeiten.

7. Schritt

Vermeide zu viel auf einmal zu lernen.
Wenn du zu viel auf einmal lernst, vergisst du doppelt so schnell.

8. Schritt

Wiederhole am Anfang in kurzen Zeitabständen. Vergrößere die Zeitabstände dann zunehmend.
Dadurch prägt sich das Gelernte besser ein, vor allem bleibt es länger im Gedächtnis.
Präge dir den Lernstoff sinnvoll ein.

9. Schritt

Bringe die Lerninhalte in Zusammenhänge. So lernst du sie leichter. Ist das nicht möglich, so gebrauche Gedächtnisstützen.

10. Schritt

Vergiss die Pausen nicht.
Sie sind zur Erholung wichtig. Für die erste Stunde reichen zweimal 5 Minuten, damit du auch wieder den Einstieg findest.

Metalle und Metallverbindungen

1.1 Die Stoffe Aluminium und Kupfer gehören zu den Metallen.

a) Erläutere den Bau von Metallen anhand des Elektronengasmodells.

b) Stelle den Zusammenhang von Struktur, Eigenschaften und Verwendung von Metallen an drei charakteristischen Eigenschaften des Kupfers dar.

c) Nenne drei Eigenschaften, in denen sich Aluminium und Kupfer voneinander unterscheiden. Begründe, warum die Eigenschaften von Metallen ähnlich aber nicht identisch sind.

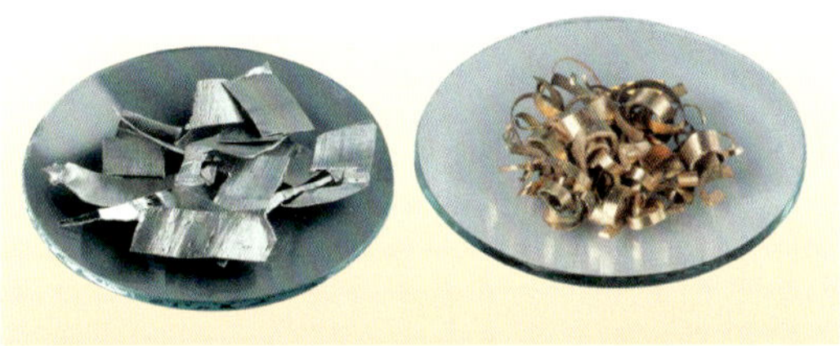

1.2 Calcium kommt in der Natur in vielen Verbindungen vor, z.B. in Calciumoxid, Calciumhydroxid, Calciumcarbonat, Calciumsulfat und Calciumchlorid.

a) Ordne die Verbindungen jeweils einer Stoffgruppe zu. Begründe jede Zuordnung.

b) Gib zwei Möglichkeiten an, wie Calciumcarbonat in der Natur vorkommt.

c) Zeige an einer der Verbindungen den Zusammenhang zwischen Struktur, Eigenschaften und Verwendung auf.

1.3 Experiment

a) Führe folgendes Experiment durch (Achtung! Schutzbrille und Handschuhe!):
Versetze Calciumoxid mit Wasser. Filtriere die entstandene Lösung. Überprüfe danach das Filtrat mit Unitestlösung.

b) Notiere deine Beobachtungen.

c) Erkläre deine Beobachtungen anhand von Reaktionsgleichungen.

d) Leite eine Schlussfolgerung zum Reaktionsverhalten von Metalloxiden ab.

Luft und Wasser – Stoffe der Umwelt

2.1 a) Erstelle eine tabellarische Übersicht über die vier wichtigsten Bestandteile und ihren Volumenanteil in der Luft.

b) Vergleiche die Eigenschaften der Luftbestandteile als reine Stoffe. Erkläre die Unterschiede anhand der Struktur der Teilchen.

c) Entwickle die Reaktionsgleichung für die Verbrennung von Kohlenstoff. Gib an, wozu Verbrennungen vorrangig durchgeführt werden.

d) Erläutere, durch welche biochemischen Prozesse der Sauerstoffanteil der Luft annähernd konstant bleibt.

e) Experiment:
Weise nach, dass die Ausatemluft Kohlenstoffdioxid enthält.

- Fordere dazu benötigte Geräte und Nachweismittel schriftlich an.
- Führe das Experiment zum Nachweis von Kohlenstoffdioxid in der Ausatemluft durch.
- Notiere deine Beobachtungen.
- Gib für die abgelaufene chemische Reaktion die Gleichung an und charakterisiere die Reaktionsart.

2.2 a) Entwickle die LEWIS-Formel von Wasser und weise nach, dass das Wassermolekül ein Dipol ist.

b) Beschreibe die zwischenmolekularen Wechselwirkungen zwischen den Wasserteilchen und stelle einen Zusammenhang mit den Eigenschaften des Wassers her.

c) Folgende Stoffe bilden im Wasser Ionen: Calciumhydroxid, Natriumnitrat, Schwefelsäure. Gib die jeweilige Reaktionsgleichung an. Ordne diese Stoffe einer Stoffklasse zu und begründe die Zuordnung.

d) „Von Industrie und Landwirtschaft gehen erhebliche Gefahren für unser Trinkwassers aus." Bewerte diese Aussage. Erläutere durch welche Maßnahmen in Berlin eine hohe Wasserqualität gewährleistet wird.

Kochsalz und andere Salze

3.1 a) Beschreibe den Bau des Natriumchloridkristalls und die im Kristall vorliegende Bindungsart.
b) Erläutere die beim Auflösen des Salzes in Wasser ablaufenden Vorgänge. Entwickle eine chemische Gleichung für den Löseprozess.
c) Begründe die elektrische Leitfähigkeit einer Kochsalzlösung.
d) In zwei Bechergläsern befinden sich gesättigte Kochsalzlösung und 1 %ige Kochsalzlösung. Beschreibe zwei Methoden, mit denen man die beiden Lösungen experimentell eindeutig unterscheiden kann.

3.2 a) Nenne drei Reaktionspartner, die jeweils durch Reaktion mit Schwefelsäure Kaliumsulfat bilden.
b) Entwickle für diese Reaktionen die Reaktionsgleichungen.
c) Berechne den Massenanteil an Kalium und Schwefel in Kaliumsulfat.

3.3 a) Erkläre, warum sich in einem Wasserkocher im Laufe der Zeit Ablagerungen bilden. Beschreibe, wie man diese Ablagerungen umweltschonend beseitigt.
b) Nenne vier Salze, die als Düngemittel in der Landwirtschaft eingesetzt werden. Begründe deine Auswahl.
c) Erkläre, warum sich wasserlösliche Salze besser als schnell wirkende Mineraldünger eignen.

Redoxreaktionen

4.1 a) Begründe die Stellung von Chlor im Periodensystem der Elemente mit dem Aufbau eines Chloratoms.
b) Leite für die Elementsubstanz Chlor zwei Eigenschaften aus der Stellung des Elements im Periodensystem ab.

4.2 a) Bestimme für folgende Stoffe die jeweilige Bindungsart: Magnesium, Chlor, Magnesiumchlorid.

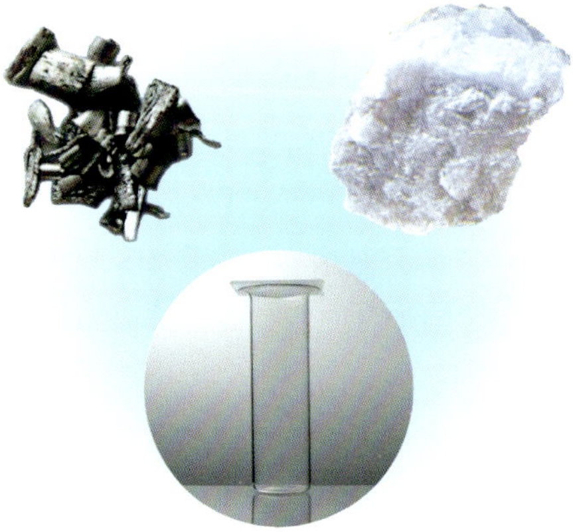

b) Erläutere die unterschiedlichen Bindungsverhältnisse und die sich daraus ergebenden typischen Eigenschaften der genannten Stoffe.

4.3 a) Im Labor kann Chlor aus Salzsäure und Mangan(IV)-oxid dargestellt werden. Entwirf eine Versuchsanordnung, mit der das benötigte Chlor umweltgerecht dargestellt und aufgefangen werden kann. Beachte, dass überschüssiges Chlor nicht entweichen darf. Beschrifte die Skizze.
b) Stelle die vereinfachte Reaktionsgleichung für die Darstellung von Chlor durch Ausgleichen richtig:

$$H^+ + Cl^- + MnO_2 \longrightarrow Mn^{2+} + Cl_2 + H_2O$$

Erläutere an diesem Beispiel die Merkmale einer Redoxreaktion.

Säuren und Basen

5.1 Beschreibe, wie eine farblose Flüssigkeit eindeutig als Schwefelsäure identifiziert werden kann.

5.2 a) Erläutere am Beispiel eines ausgewählten Metallhydroxids, was eine Base ist.
b) Leite die typischen Eigenschaften von Metallhydroxiden aus ihrem Bau ab.
c) Nenne je zwei Verwendungsmöglichkeiten von Natriumhydroxid und Calciumhydroxid.

5.3 Interpretiere die Abbildung:

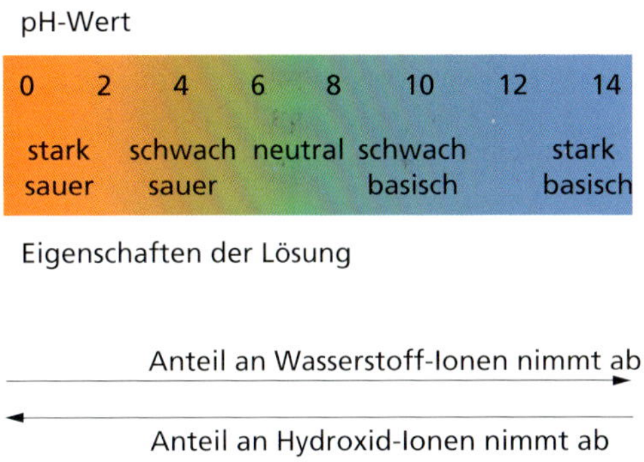

5.4 Als Antazida bezeichnet man Wirkstoffe in Medikamenten, die überschüssige Magensäure (Salzsäure) beseitigen.
a) Bullrichsalz® enthält als Wirkstoff Natriumhydrogencarbonat. Beschreibe die Wirkungsweise von Bullrichsalz® unter Einbeziehung der gegebenen Gleichung.

$$NaHCO_3 + HCl \longrightarrow NaCl + CO_2 + H_2O$$

b) Eine normale Dosis Bullrichsalz® enthält 200 mg Natriumhydrogencarbonat. Berechne, wie viel Milliliter Kohlenstoffdioxid daraus im Magen entstehen.
c) Als ein weiterer Wirkstoff wird Aluminiumhydroxid benutzt. Entwickle für die Reaktion von Aluminiumhydroxid mit Magensäure die Gleichung in Ionenschreibweise.

Vom Kohlenstoff zum Kalkstein

6.1 Grafit und Diamant bestehen aus reinem Kohlenstoff. Begründe die unterschiedlichen Verwendungsmöglichkeiten mithilfe der Struktur und der Eigenschaften der Modifikationen.

6.2 a) Stelle die LEWIS-Formeln von Kohlenstoffdioxid und Wasser auf.
b) Begründe, warum das CO_2-Molekül kein Dipol ist und leite zwei Eigenschaften des Kohlenstoffdioxids ab, die sich daraus ergeben.

6.3 Kohlenstoffdioxid bildet beim Einleiten in Calciumhydroxidlösung Calciumcarbonat, das als weißer Niederschlag erkennbar ist.
a) Stelle die Reaktionsgleichung für den Nachweis von Kohlenstoffdioxid mit Calciumhydroxidlösung auf.
b) Wie kann man die schwer löslichen Carbonate wieder auflösen und so von anderen schwer löslichen Salzen unterscheiden?

6.4 Kohlenstoffdioxid wird in Diskussionen zur Klimaerwärmung immer wieder als wichtigstes Treibhausgas genannt.
a) Erläutere die Begriffe natürlicher und anthropogener Treibhauseffekt. Gehe dabei auf die Ursachen der Effekte ein.
b) Erkläre, warum Kohlenstoffdioxid mehr als andere Gase in der Atmosphäre zum anthropogenen Treibhauseffekt beiträgt.
c) Vor allem aus der Wirtschaft werden die Prognosen zur Erderwärmung oft angezweifelt und darauf verwiesen, dass es auch schon in früheren Zeiten heiße Sommer und milde Winter gab. Bewerte diese Aussage.
d) Nenne drei Möglichkeiten, wie die Freisetzung von Treibhausgasen in Zukunft effektiv verringert werden kann.

Kohlenwasserstoffe

7.1 Übertrage die Tabelle in dein Heft und ergänze die fehlenden Angaben.

Name des Stoffes	Strukturformel des Moleküls	Strukturmerkmale	Stoffklasse
Propan			
	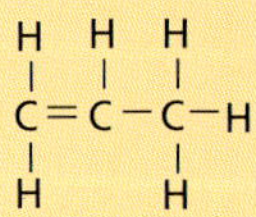		
Propin			

7.2 Weise am Beispiel der Alkane die Merkmale einer homologen Reihe nach.

7.3 a) Monochlorethan kann durch Substitution oder durch Addition gebildet werden. Entwickle jeweils die Reaktionsgleichungen unter Nutzung der Strukturformeln und erläutere die Merkmale der beiden Reaktionstypen.
b) Diskutiere die Auswirkungen der Freisetzung von Fluorchlorkohlenwasserstoffen auf die Umwelt.

7.4 Definiere den Begriff „Isomerie". Notiere die Strukturformeln und IUPAC-Namen aller Isomere, die durch die Summenformel C_5H_{12} beschrieben werden.

7.5 a) Erdöl ist ein Stoffgemisch. Beschreibe, wie man industriell Erdöl in einzelne Erdölfraktionen auftrennt.
b) Schildere, wie man die Erdölfraktionen experimentell auf die Gegenwart ungesättigter Kohlenwasserstoffe untersuchen kann.
c) Diskutiere die Notwendigkeit weiterer Verfahren der Erdölverarbeitung.

Alkohole

8.1 Ethanol ist ein wichtiges Lösemittel und Bestandteil von Brennspiritus.
a) Nenne zwei Möglichkeiten, Ethanol herzustellen. Gib die entsprechenden Reaktionsgleichungen an.
b) Beschreibe die Stoff- und die Energieumwandlung bei der vollständigen Verbrennung von Ethanol.
c) Leite aus der Molekülstruktur die Lösemitteleigenschaften von Ethanol ab.

8.2 Natriumhydroxidlösung färbt Unitest- indikator blau. Methanol zeigt dagegen keine Reaktion mit dem Indikator.
Erläutere das unterschiedliche Reaktionsverhalten der beiden Stoffe gegenüber Unitestindikator anhand deiner Kenntnisse über den Bau dieser Stoffe.

8.3 Interpretiere die nachfolgende Tabelle: Begründe die jeweilige Veränderung der Eigenschaft anhand der Molekülstruktur der Alkohole.

Name	Siedetemperatur in °C	Löslichkeit in H_2O bei 20 °C
Methanol	64,5	unbegrenzt
Butan-1-ol	117,5	8,3 g pro 100 g H_2O
Pentan-1-ol	137,8	2,7 g pro 100 g H_2O

8.4 Beurteile anhand des Diagramms, ob ein Mann nach einer Feier am nächsten Morgen mit dem Auto zur Arbeit fahren kann.

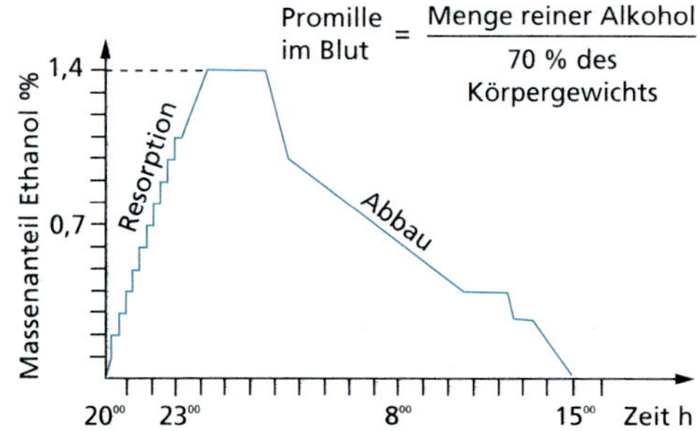

Carbonsäuren und Ester

9.1 a) Zeige am Beispiel der Ethansäure, dass Carbonsäuren die typischen Reaktionen von Säuren eingehen.
b) Begründe, warum wässrige Lösungen von Ethansäure den elektrischen Strom leiten und Unitestlösung rot färben.

9.2 Erkläre anhand der Struktur des Methansäuremoleküls, warum Methansäure nicht nur als Säure, sondern auch als Reduktionsmittel reagiert.

9.3 a) Erläutere den Begriff homologe Reihe am Beispiel der Alkansäuren.
b) Wie verändern sich die Schmelzteperaturen und die Löslichkeit der Alkansäuren mit zunehmender Länge des Alkylrests im Säuremolekül?
c) Erkläre diese Veränderung auf der Grundlage des Struktur-Eigenschafts-Konzepts.

9.4 Die Veresterung ist eine umkehrbare chemische Reaktion.
a) Welchen Reaktionstypen sind die Esterbildung bzw. Esterspaltung zuzuordnen? Begründe die Zuordnung.
b) Vergleiche die Veresterung einer Carbonsäure und eines Alkohols mit der Bildung eines Dipeptids aus zwei Aminosäuren. Leite aus dem Vergleich eine allgemeine Schlussfolgerung zum Reaktionsverhalten organischer Säuren ab.

9.5 Entwickle ein Experiment zur Verseifung der Glycerolester in Butter.
a) Informiere dich über die Sicherheits- und Entsorgungshinweise für die benötigten und entstehenden Chemikalien.
b) Fordere Geräte und Chemikalien beim Lehrer an und führe das Experiment unter dem Abzug durch.
c) Notiere und erkläre deine Beobachtungen anhand entsprechender Reaktionsgleichungen.

Zusammensetzung der Lebensmittel

10.1 a) Gib an, welche Kohlenhydrate in unserer Nahrung hauptsächlich enthalten sind und kennzeichne ihre Struktur mithilfe von Symbolen.
b) Erläutere, was mit diesen Kohlenhydraten im Rahmen der Verdauung passiert.
c) Im Organismus wird Energie in erster Linie aus Glucose freigesetzt. Stelle die Reaktionsgleichung für den ablaufenden Prozess auf. Ordne diese Reaktion einer Reaktionsart zu.
d) Vergleiche den Aufbau von Stärke als makromolekularer Stoff mit der Struktur von Polyethylen und leite eine Schlussfolgerung ab.

10.2 a) Schildere den Abbau von mit der Nahrung aufgenommenen Fetten während der Verdauung.
b) Es gibt feste Fette und fette Öle. Nenne Beispiele und zeige die Ursache für die unterschiedlichen Siedebereiche auf.

10.3 a) Eiweiße bestehen aus Aminosäureresten. Gib ein Formelbeispiel einer Aminosäure an und erläutere daran die Struktur von Aminosäuren.
b) Beschreibe zwei Möglichkeiten zum Nachweis von Eiweißen in Lebensmitteln.
c) Stelle verschiedene Eiweiße und ihre Funktionen im Organismus in einer Tabelle zusammen.
d) Der rote Blutfarbstoff Hämoglobin ist ein Protein mit einem Massenanteil von 0,345 % Eisen.
Berechne die molare Masse des Proteins, dessen Moleküle jeweils vier Eisenatome enthalten.

Gefahrstoffhinweise für einige Chemikalien				
	Kennbuchstaben	R-Sätze	S-Sätze	E-Sätze
Aceton (nicht stabilisiert)	F+, Xn	R 12, R 36/37, R 40	S (2), S 16, S 33, S 36/37	E 9, E 10, E 12, E 16
Aluminiumpulver (nicht stabilisiert)	F	R 15, R 17	S (2), S 7/8, S 43	E 6, E 9
Aluminiumpulver (phlegmatisiert)	F	R 10, R 15	S (2), S 7/8, S 43	E 3
Ammoniak (wasserfrei)	T, N	R 10, R 23, R 34, R 50	S (1/2), S 9, S 16, S 26, S 36/37/39, S 45, S 61	E 2, E 7
Ammoniak-Lösung (10 % ≤ ω < 25 %)	C	R 34	S (1/2), S 26, S 36/37/39, S 45, S 61	E 2
Ammoniak-Lösung (5 % ≤ ω < 10 %)	Xi	R 36/37/38	S (1/2), S 26, S 36/37/39, S 45, S 61	E 2
Ammoniumchlorid (ω ≥ 25 %)	Xn	R 22, R 36	S (2), S 22	E 1
Ammoniumnitrat	O	R 8, R 9	S 15, S 16, S 41	E 1
Barium	F	R 15	S 8, S 24/25, S 43	E 2
Bariumcarbonat (ω ≥ 25 %)	Xn	R 22	S (2), S 24/25	E 1, E 3
Bariumchlorid (ω ≥ 25 %)	T	R 20, R 25	S (1/2), S 45	E 1, E 3
Bariumhydroxid (5 % ≤ ω < 10 %)	Xi	R 20/22, R 34	S 26, S 36/37/38, S 45	E 1, E 3
Bariumhydroxid (wasserfrei und Octahydrat)	C	R 20/22, R 34	S 26, S 36/37/38, S 45	E 1, E 3
Bariumoxid (ω ≥ 1 %)	Xn	R 20/22	S (2), S 28	E 1, E 3
Benzoesäure (ω ≥ 25 %)	Xn	R 22, R 36	S 24	E 10, E 12
Benzen	F, T	R 45, R 11, R 23/24/25/48	S 45, S 53	E 10, E 12
Brom	T+, C, N	R 26, R 35, R 50	S (1/2), S 7/9, S 26, S 45, S 61	E 16
Bromwasser (1 % ≤ ω < 5 %)	T, Xi	R 23, R 24	S 7/9, S 26	E 16
Butan	F+	R 12	S (2), S 9, S 16	E 7
Butansäure (Buttersäure)	C	R 34	S (1/2), S 26, S 36, S 45	E 10
Calcium	F	R 15	S (2), S 8, S 24/25, S 43	E 15
Calciumcarbid	F	R 15	S (2), S 8, S 24/25, S 43	E 15, E 16
Calciumchlorid (ω ≥ 20 %)	Xi	R 36	S (2), S 22, S 24	E 1
Calciumhydroxid	Xi	R 41	S 22, S 24, S 26, S 39	E 2
Calciumoxid	C	R 34	S 26, S 36	E 2
Chlor	T, N	R 23, R 36/37/38, R 50	S (1/2), S 9, S 45, S 61	E 16
Chlorwasserstoff (wasserfrei)	T, C	R 23, R 35	S (1/2), S 9, S 26, S 36/37/39, S 45	E 2
Eisen(II)-sulfat-Heptahydrat	Xn	R 22	S 24/25	E 1
Ethansäure (Essigsäure, ω ≥ 90 %)	C	R 10, R 35	S (1/2), S 23, S 26, S 45	E 2, E 10
Ethansäure (Essigsäure, 25 % ≤ ω < 90 %)	C	R 10, R 34	S (1/2), S 23, S 26, S 45	E 2, E 10
Ethansäure (Essigsäure, 10 % ≤ ω < 25 %)	Xi	R 10, R 34	S (1/2), S 23, S 26, S 45	E 2, E 10
Ethan	F+	R 12	S (2), S 9, S 16, S 33	E 7
Ethanal (Acetaldehyd)	F+, Xn	R 12, R 36/37, R 40	S (2), S 16, S 33, S 36/S 37	E 9, E 10, E 12, E 16
Ethanol	F	R 11	S (2), S 7, S 16	E 1, E 10
Ethen	F+	R 12	S (2), S 9, S 16, S 33	E 7
Ethin	F+	R 5, R 6, R 12	S (2), S 9, S 16, S 33	E 7
Fehlings Lösung II (Kaliumnatriumtartrat, alkalisch)	C	R 35	S (2), S 26, S 27, S 37/39	E 2
Iod (ω ≥ 25 %)	Xn, N	R 20/21 R 50	S (2), S 23, S 25, S 61	E 1, E 16
Kalium	F, C	R 14/15, R 34	S (1/2), S 5, S 8, S 43, S 45	E 6, E 12, S 16
Kaliumcarbonat	Xn	R 22, R 36/37/38	S 22, S 26	E 1
Kaliumhydroxid (wasserfrei, Ätzkali)	C	R 22, R 35	S (1/2), S 26, S 36/37/39, S 45	E 2
Kaliumhydroxidlösung (5 % ≤ ω < 25 %)	C	R 35	S (1/2), S 26, S 36/37/39, S 45	E 2

Gefahrstoffhinweise für einige Chemikalien

	Kennbuch-staben	R-Sätze	S-Sätze	E-Sätze
Kaliumhydroxidlösung 5 % ≤ ω < 25 %	C	R 35		
Kaliumhydroxidlösung (2 % ≤ ω < 5 %)	C	R 34	S (1/2), S 26, S 36/37/39, S 45	
Kaliumnitrat	O	R 8	S 16, S 41	E 1
Kaliumpermanganat	O, Xn, N	R 8, R 22, R 50/53	S (2), S 60, S 61	E 1, E 6
Kupfer(II)-chlorid (wasserfrei) (Xn: ω ≥ 25 %)	Xn, N	R 22, R 36/38, R 50/53	S 22, S 26, S 61	E 11
Kupfer(II)-sulfat	Xn, N	R 22, R 36/38, R 50/53	S (2), S 22, S 60, S 61	E 11
Lithium	F, C	R 14/15, R 34	S (1/2), S 8, S 43, S 45	E 1, E 15
Magnesium, Späne (phlegmatisiert)	F	R 11, R 15	S 2, S 7/8, S 43	E 3
Mangandioxid (Braunstein)	Xn	R 20, R 22	S (2), S 25	E 3
Methan	F+	R 12	S (2), S 9, S 16, S 33	E 7
Methansäure (Ameisensäure, ω ≥ 90 %)	C	R 35	S (1/2), S 23, S 26, S 45	E 1, E 10
Methansäure (10 % ≤ ω ≤ 90 %)	C	R 34	S (1/2), S 23, S 26, S 45	E 1, E 10
Methansäure (2 % ≤ ω ≤ 10 %)	Xi	R 34	S (1/2), S 23, S 26, S 45	E 1, E 10
Natrium	F; C	R 14, R 15, R 34	S (1/2), S 5, S 5, S 8, S 43, S 45	E 6, E 12, E 16
Natriumhydroxid, wasserfrei (Ätznatron)	C	R 35	S (1/2), S 26, S 37/39, S 45	E 2
Natriumhydroxid-Lösung ω ≥ 5 % (Natronlauge)	C	R 35	S (1/2), S 26, S 37/39, S 45	E 2
2 % ≤ ω ≤ 5 %	C	R 34	S (1/2), S 26, S 37/39, S 45	E 1
Natriumtetraborat, wasserfrei (Borax)			S 24/25	E 1
Natronkalk	C	R 35	S 26, S 36/37/39, S 45	E 2
ortho-Phosphorsäure (ω ≥ 25 %)	C	R 34	S (1/2), S 26, S 45	E 2
ortho-Phosphorsäure (10 % ≤ ω ≥ 25 %)	Xi	R 36/38	S 25	E 1
Petroleumbenzin (Siedebereich 40–60 °C)	F, Xn	R 11, R 52, R 53, R 65	S 9, S 16	E 10, E 12
Petroleumbenzin (Siedebereich 60–80 °C)	F, Xn, N	R 11, R 38, R 40/20, R 51/53, R 62, R 65, R 67	S 16, S 23.2, S 24, S 33, S 61, S 62	E 10, E 12
Petroleumbenzin (Siedebereich 100–140 °C)	F, Xn, N	R 11, R 38, R 51/53, R 65, R 67	S 9, S 16, S 23.2, S 24, S 33, S 61, S 62	E 10, E 12
Propan	F+	R 12	S (2), S 9, S 16	E 7
Salicylsäure	Xn	R 22, R 37/38, R 41	S 26, S 39	E 2, E 10
Salpetersäure (rauchend, ω ≥ 70 %)	O, C	R 8, R 35	S (1/2), S 23, S 26, S 36, S 45	E 2
Salpetersäure (20 % ≤ ω < 70 %)	C	R 35	S (1/2), S 23, S 26, S 27	E 2
Salpetersäure (5 % ≤ ω < 20 %)	C	R 34	S (1/2), S 23, S 26, S 27	
Salzsäure (ω ≥ 25 %)	C	R 34, R 37	S (1/2), S 26, S 45	E 2
Salzsäure (10 % ≤ ω < 25 %)	Xi	R 36/37/38	S (2), S 28	E 2
Schwefeldioxid	T	R 23, 34	S (1/2), S 9, S 26, S 36/37/39, S 45	E 7
Schwefelsäure (ω ≥ 15 %)	C	R 35	S (1/2), S 26, S 30, S 45	E 2
Schwefelsäure (5 % ≤ ω < 15 %)	Xi	R 36/38	S (2), S 26	E 2
Silbernitrat	C, N	R 34, R 50/53	S (1/2), S 26, S 45, S 60, S 61	E 12, E 13, E 14
(5 % ≤ ω < 10 %)	Xi	R 34, R 50/53	S (1/2), S 26, S 45,	E 12, E 13, E 14
Wasserstoff	F+	R 12	S (2), S 9, S 16, S 33	E 7
Zink-Pulver phlegmatisiert		R 10, R 15	S (2), S 7/8, S 43	E 3
Zink-Pulver nicht stabilisiert	F	R 15, R 17	S (2), S 7/8, S 43	E 3
Zinkchlorid (Xi: 5 % ≤ ω < 10 %)	C, N	R 34, R 50/53	S (1/2), S 7/8, S 28, S 45, S 60, S 61	E 1

Gefahrstoffhinweise

Gefahrstoffsymbole

T
giftig

giftige Stoffe (T, T+)
krebserzeugende Stoffe (T, Xn)

Erhebliche Gesundheitsschäden durch Einatmen, Verschlucken oder Aufnahme durch die Haut. Keine Schülerexperimente.

Xn
gesundheitsschädlich

gesundheitsschädliche Stoffe (Xn, Xi)

Gesundheitsschäden durch Einatmen, Verschlucken oder Aufnahme durch die Haut.

Xi
reizend

reizende Stoffe (Xn, Xi)

Reizwirkung auf die Haut, die Atmungsorgane und die Augen.

E
explosionsgefährlich

explosionsgefährliche Stoffe

Explosion unter bestimmten Bedingungen möglich. Keine Schülerexperimente.

C
ätzend

ätzende Stoffe

Hautgewebe und Geräte werden nach Kontakt zerstört.

F
entzündlich

leicht- u. hochentzündliche Stoffe (F bzw F+)

Entzünden sich selbst, an heißen Gegenständen mit Wasser entstehen leichtentzündliche Gase.

0
brandfördernd

brandfördernde Stoffe

Andere brennbare Stoffe werden entzündet, ausgebrochene Brände gefördert.

N
umweltgefährlich

umweltgefährliche Stoffe

Sind sehr giftig, giftig oder schädlich für Wasserorganismen, Pflanzen, Tiere und Bodenorganismen; schädliche Wirkung auf die Umwelt.

Gefahrenhinweise (R-Sätze)

R-Sätze weisen auf besondere Gefahren hin.

R 1 In trockenem Zustand explosionsgefährlich.
R 2 Durch Schlag, Reibung, Feuer oder andere Zündquellen explosionsgefährlich.
R 3 Durch Schlag, Reibung, Feuer oder andere Zündquellen besonders explosionsgefährlich.
R 4 Bildet hochempfindliche explosionsgefährliche Metallverbindungen.
R 5 Beim Erwärmen explosionsfähig.
R 6 Mit und ohne Luft explosionsfähig.
R 7 Kann Brand verursachen.
R 8 Feuergefahr bei Berührung mit brennbaren Stoffen.
R 9 Explosionsgefahr bei Mischung mit brennbaren Stoffen.
R 10 Entzündlich.
R 11 Leicht entzündlich.
R 12 Hoch entzündlich.
R 14 Reagiert heftig mit Wasser.
R 15 Reagiert mit Wasser unter Bildung leicht entzündlicher Gase.
R 16 Explosionsgefährlich in Mischung mit brandfördernden Stoffen.
R 17 Selbstentzündlich an der Luft
R 18 Bei Gebrauch Bildung explosionsfähiger/leicht entzündlicher Dampf-Luftgemische möglich.
R 19 Kann explosionsfähige Peroxide bilden.
R 20 Gesundheitsschädlich beim Einatmen.
R 21 Gesundheitsschädlich bei Berührung mit der Haut.
R 22 Gesundheitsschädlich beim Verschlucken.
R 23 Giftig beim Einatmen.
R 24 Giftig bei Berührung mit der Haut.
R 25 Giftig beim Verschlucken.
R 26 Sehr giftig beim Einatmen.
R 27 Sehr giftig bei Berührung mit der Haut.
R 28 Sehr giftig beim Verschlucken.
R 29 Entwickelt bei Berührung mit Wasser giftige Gase.
R 30 Kann bei Gebrauch leicht entzündlich werden.
R 31 Entwickelt bei Berührung mit Säure giftige Gase.
R 32 Entwickelt bei Berührung mit Säure sehr giftige Gase.
R 33 Gefahr kumulativer Wirkungen.
R 34 Verursacht Verätzungen.
R 35 Verursacht schwere Verätzungen.
R 36 Reizt die Augen.
R 37 Reizt die Atmungsorgane.
R 38 Reizt die Haut.
R 39 Ernste Gefahr irreversiblen Schadens.
R 40 Irreversibler Schaden möglich.
R 41 Gefahr ernster Augenschäden.
R 42 Sensibilisierung durch Einatmen möglich.
R 43 Sensibilisierung durch Hautkontakt möglich.
R 44 Explosionsgefahr bei Erhitzen unter Einschluss.
R 45 Kann Krebs erzeugen.
R 46 Kann vererbbare Schäden verursachen.
R 48 Gefahr ernster Gesundheitsschäden bei längerer Exposition.
R 49 Kann Krebs erzeugen beim Einatmen.
R 50 Sehr giftig für Wasserorganismen.
R 51 Giftig für Wasserorganismen.
R 52 Schädlich für Wasserorganismen.
R 53 Kann in Gewässern längerfristig schädliche Wirkungen haben.
R 54 Giftig für Pflanzen.
R 55 Giftig für Tiere.
R 56 Giftig für Bodenorganismen.
R 57 Giftig für Bienen.
R 58 Kann längerfristig schädliche Wirkungen auf die Umwelt haben.
R 59 Gefährlich für die Ozonschicht.
R 60 Kann die Fortpflanzungsfähigkeit beeinträchtigen.
R 61 Kann das Kind im Mutterleib schädigen.
R 62 Kann möglicherweise die Fortpflanzungsfähigkeit beeinträchtigen.
R 63 Kann das Kind im Mutterleib möglicherweise schädigen.
R 64 Kann Säuglinge über die Muttermilch schädigen.

Sicherheitsratschläge (S-Sätze)

S-Sätze geben Ratschläge für den sachgemäßen Umgang mit gefährlichen Stoffen.

S 1 Unter Verschluss aufbewahren.
S 2 Darf nicht in die Hände von Kindern gelangen.
S 3 Kühl aufbewahren.
S 4 Von Wohnplätzen fernhalten.
S 5 Unter ... aufbewahren (geeignete Flüssigkeit vom Hersteller anzugeben).
S 6 Unter ... aufbewahren (inertes Gas vom Hersteller anzugeben).
S 7 Behälter dicht geschlossen halten.
S 8 Behälter trocken halten.
S 9 Behälter an einem gut gelüfteten Ort aufbewahren.
S 12 Behälter nicht gasdicht verschließen.
S 13 Von Nahrungsmitteln, Getränken und Futtermitteln fernhalten.
S 14 Von ... fernhalten (inkompatible Substanzen vom Hersteller anzugeben).
S 15 Vor Hitze schützen.
S 16 Von Zündquellen fernhalten – Nicht rauchen.
S 17 Von brennbaren Stoffen fernhalten.
S 18 Behälter mit Vorsicht öffnen und handhaben.
S 20 Bei der Arbeit nicht essen und trinken.
S 21 Bei der Arbeit nicht rauchen.
S 22 Staub nicht einatmen.
S 23 Gas/Rauch/Dampf/Aerosol nicht einatmen (geeignete Bezeichnung vom Hersteller anzugeben).
S 24 Berührung mit der Haut vermeiden.
S 25 Berührung mit den Augen vermeiden.
S 26 Bei Berührung mit den Augen gründlich mit Wasser abspülen und Arzt konsultieren.
S 27 Beschmutzte, getränkte Kleidung sofort ausziehen.
S 28 Bei Berührung mit der Haut sofort abwaschen mit viel ... (vom Hersteller anzugeben).
S 29 Nicht in die Kanalisation gelangen lassen.
S 30 Niemals Wasser hinzugießen.
S 33 Maßnahmen gegen elektrostatische Aufladungen treffen.
S 34 Schlag und Reibung vermeiden.
S 35 Abfälle und Behälter müssen in gesicherter Weise beseitigt werden.
S 36 Bei der Arbeit geeignete Schutzkleidung tragen.
S 37 Geeignete Schutzhandschuhe tragen.
S 38 Bei unzureichender Belüftung Atemschutzgerät anlegen.
S 39 Schutzbrille/Gesichtsschutz tragen.
S 40 Fußboden und verunreinigte Gegenstände mit ... reinigen (vom Hersteller anzugeben).
S 41 Explosions- und Brandgase nicht einatmen.
S 42 Beim Räuchern/Versprühen geeignetes Atemschutzgerät anlegen (geeignete Bezeichnung vom Hersteller anzugeben).
S 43 Zum Löschen ... (vom Hersteller anzugeben) verwenden (wenn Wasser die Gefahr erhöht, anfügen: Kein Wasser verwenden).
S 44 Bei Unfall oder Unwohlsein sofort Arzt zuziehen (wenn möglich, dieses Etikett vorzeigen).
S 46 Bei Verschlucken sofort ärztlichen Rat einholen und Verpackung oder Etikett vorzeigen.
S 47 Nicht bei Temperaturen über ... °C aufbewahren (vom Hersteller anzugeben).
S 48 Feucht halten mit ... (geeignetes Mittel vom Hersteller anzugeben).
S 49 Nur im Originalbehälter aufbewahren.
S 50 Nicht mischen mit ... (vom Hersteller anzugeben).
S 51 Nur in gut gelüfteten Behältern verwenden.
S 52 Nicht großflächig für Wohn- und Aufenthaltsräume zu verwenden.
S 53 Expositionen vermeiden. Vor Gebrauch besondere Anweisung einholen.
S 56 Diesen Stoff und seinen Behälter der Problemabfallentsorgung zuführen.
S 57 Zur Vermeidung einer Kontamination der Umwelt geeigneten Behälter verwenden.
S 59 Information zur Wiederverwendung/ Wiederverwertung beim Hersteller/Lieferanten erfragen.
S 60 Dieser Stoff und sein Behälter sind als gefährlicher Abfall zu entsorgen.
S 61 Freisetzung in die Umwelt vermeiden. Besondere Anweisungen einholen/Sicherheitsdatenblatt zu Rate ziehen.
S 62 Bei Verschlucken kein Erbrechen herbeiführen. Sofort ärztlichen Rat einholen und Verpackung oder dieses Etikett vorzeigen.

Entsorgungsratschläge (E-Sätze)

E-Sätze geben Ratschläge für die sachgemäße Entsorgung von Chemikalien und gefährlichen Stoffen.

E 1 Verdünnen, in den Ausguss geben (WGK 0 bzw. 1).
E 2 Neutralisieren, in den Ausguss geben.
E 3 In den Hausmüll geben, gegebenenfalls in PE-Beutel (Stäube).
E 4 Als Sulfid fällen.
E 5 Mit Calcium-Ionen fällen, dann E 1 oder E 3.
E 6 Nicht in den Hausmüll geben.
E 7 Im Abzug entsorgen; wenn möglich verbrennen.
E 8 Der Sondermüllbeseitigung zuführen (Adresse zu erfragen bei der Kreis- oder Stadtverwaltung). Abfallschlüssel beachten.
E 9 Unter größter Vorsicht in kleinsten Portionen reagieren lassen (z. B. offen im Freien verbrennen).
E 10 In gekennzeichneten Glasbehältern sammeln:
1. „Organische Abfälle – halogenhaltig"
2. „Organische Abfälle – halogenfrei" dann E8.
E 11 Als Hydroxid fällen (pH 8), den Niederschlag zu E8.
E 12 Nicht in die Kanalisation gelangen lassen (S-Satz S 29).
E 13 Aus der Lösung mit unedlerem Metall (z. B. Eisen) als Metall abscheiden (E 14, E 3).
E 14 Recycling-geeignet (Redestillation oder einem Recyclingunternehmen zuführen).
E 15 Mit Wasser vorsichtig umsetzen, evtl. frei werdende Gase verbrennen oder absorbieren oder stark verdünnt ableiten.
E 16 Entsprechend den Ratschlägen in Anlage 5.1 der „Richtlinien zur Sicherheit im naturwissenschaftlichen Unterricht" beseitigen.

Periodensystem der Elemente

H[1)] : Gas
Br[1)] : Flüssigkeit
Mg[1)] : Feststoff
(rosa) : Nichtmetall
(grün) : Halbmetall
(blau) : Metall
* : Alle Isotope dieses Elements sind radioaktiv.

Protonenzahl (Ordnungszahl) – 5; Atommasse in u ($u = 1{,}66 \cdot 10^{-27}$ kg) – 10,81; Elektronegativität – 2,0; Elementsymbol – B; Elementname – Bor

Periode	Hauptgruppe I	Hauptgruppe II	Nebengruppe III	Nebengruppe IV	Nebengruppe V	Nebengruppe VI	Nebengruppe VII	Nebengruppe VIII	Nebengruppe VIII	Nebengruppe VIII	Nebengruppe I	Nebengruppe II	Hauptgruppe III	Hauptgruppe IV	Hauptgruppe V	Hauptgruppe VI	Hauptgruppe VII	Hauptgruppe VIII
1	1 1,008 2,1 H Wasserstoff																	2 4,00 He Helium
2	3 6,94 1,0 Li Lithium	4 9,01 1,5 Be Beryllium											5 10,81 2,0 B Bor	6 12,01 2,5 C Kohlenstoff	7 14,007 3,0 N Stickstoff	8 15,999 3,5 O Sauerstoff	9 18,998 4,0 F Fluor	10 20,18 Ne Neon
3	11 22,99 0,9 Na Natrium	12 24,31 1,2 Mg Magnesium											13 26,98 1,5 Al Aluminium	14 28,09 1,8 Si Silicium	15 30,97 2,1 P Phosphor	16 32,06 2,5 S Schwefel	17 35,45 3,0 Cl Chlor	18 39,95 Ar Argon
4	19 39,10 0,8 K Kalium	20 40,08 1,0 Ca Calcium	21 44,96 1,3 Sc Scandium	22 47,90 1,5 Ti Titanium	23 50,94 1,6 V Vanadium	24 51,996 1,6 Cr Chromium	25 54,94 1,5 Mn Mangan	26 55,85 1,8 Fe Eisen	27 58,93 1,8 Co Cobalt	28 58,70 1,8 Ni Nickel	29 63,55 1,9 Cu Kupfer	30 65,38 1,6 Zn Zink	31 69,72 1,6 Ga Gallium	32 72,59 1,8 Ge Germanium	33 74,92 2,0 As Arsen	34 78,96 2,4 Se Selen	35 79,90 2,8 Br Brom	36 83,80 Kr Krypton
5	37 85,47 0,8 Rb Rubidium	38 87,62 1,0 Sr Strontium	39 88,91 1,3 Y Yttrium	40 91,22 1,4 Zr Zirconium	41 92,91 1,6 Nb Niobium	42 95,94 1,8 Mo Molybdän	43 [97] 1,9 Tc* Technetium	44 101,07 2,2 Ru Ruthenium	45 102,91 2,2 Rh Rhodium	46 106,4 2,2 Pd Palladium	47 107,87 1,9 Ag Silber	48 112,41 1,7 Cd Cadmium	49 114,82 1,7 In Indium	50 118,69 1,8 Sn Zinn	51 121,75 1,9 Sb Antimon	52 127,60 2,1 Te Tellur	53 126,90 2,5 I Iod	54 131,30 Xe Xenon
6	55 132,91 0,7 Cs Caesium	56 137,33 0,9 Ba Barium	57–71 Lanthanoide	72 178,49 1,3 Hf Hafnium	73 180,95 1,5 Ta Tantal	74 183,85 1,7 W Wolfram	75 186,21 1,9 Re Rhenium	76 190,2 2,2 Os Osmium	77 192,22 2,2 Ir Iridium	78 195,09 2,2 Pt Platin	79 196,97 2,4 Au Gold	80 200,59 1,9 Hg Quecksilber	81 204,37 1,8 Tl Thallium	82 207,2 1,8 Pb Blei	83 208,98 1,9 Bi Bismut	84 [209] 2,0 Po* Polonium	85 [210] 2,2 At* Astat	86 [222] Rn* Radon
7	87 [223] 0,7 Fr* Francium	88 [226] 0,9 Ra* Radium	89–103 Actinoide	104 [261] Rf* Rutherfordium	105 [262] Db* Dubnium	106 [262] Sg* Seaborgium	107 [262] Bh* Bohrium	108 [262] Hs* Hassium	109 [266] Mt* Meitnerium	110 [281] Ds* Darmstadtium	111 [280] Rg* Roentgenium							

Lanthanoide	57 138,91 1,1 La Lanthan	58 140,12 1,1 Ce Cerium	59 140,91 1,1 Pr Praseodymium	60 144,24 1,1 Nd Neodymium	61 [145] 1,1 Pm* Promethium	62 150,35 1,2 Sm Samarium	63 151,96 1,2 Eu Europium	64 157,25 1,2 Gd Gadolinium	65 158,92 1,2 Tb Terbium	66 162,50 1,2 Dy Dysprosium	67 164,93 1,2 Ho Holmium	68 167,26 1,2 Er Erbium	69 168,93 1,2 Tm Thulium	70 173,04 1,2 Yb Ytterbium	71 174,97 1,2 Lu Lutetium
Actinoide	89 [227] 1,1 Ac* Actinium	90 232,04 1,3 Th* Thorium	91 231,04 1,5 Pa* Protactinium	92 238,03 1,4 U* Uranium	93 237,05 1,3 Np* Neptunium	94 [244] 1,3 Pu* Plutonium	95 [243] 1,3 Am* Americium	96 [247] 1,3 Cm* Curium	97 [247] 1,3 Bk* Berkelium	98 [251] 1,3 Cf* Californium	99 [254] 1,3 Es* Einsteinium	100 [257] 1,3 Fm* Fermium	101 [258] 1,3 Md* Mendelevium	102 [259] 1,3 No* Nobelium	103 [260] 1,3 Lr* Lawrencium

[ ] Die umklammerten Werte für die Atommasse geben die Massenzahl des Isotops mit der größten Halbwertszeit an.

1) Aggregatzustand bei 25 °C (298 K) und 101,3 kPa

Register

Bildquellenverzeichnis

akg-images: 89/2, 218/2, 226/1; BackArts: 29/2, 62/2, 86/1, 127/1, 151/1, 193/8, 213/1, 233/2; Bakelite AG, Iserlohn-Letmathe; 233/1; BASF, Ludwigshafen: 83/4, 218/3, 225/1; Bayer AG: 192/2, 197/2, 240/1; Berliner Wasserbetriebe: 46/1, 229/3; A. Biedermann, Berlin: 223/1, 243/2; Bibliographisches Institut & F. A. Brockhaus, Mannheim: 98/2; Dr. K. Billwitz, Hude: 78/2; Botanische Bilddatenbank (www.unibas.ch/botimage): 109/3; T. Brandt, Bexbach: 181/1; Dr. S. Brezmann, Hamburg: 82/1-2; J. Bussen: Nachsatz; CNH Deutschland GmbH: 109/2; Corel Photos Inc. 18 /1, 72/2-3, 74/1, 127/1, 209/1, 212/1, 217/1, 232/2; Cornelsen Experimenta: 20/1, 59/1b, 189/1; DaimlerChrysler: 110; B. Dapprich, Amstetten: 211/2; Degussa AG, Frankfurt am Main: 15/2d; Deutsche Gesellschaft für Kunststoff-Recycling mbH: 173/2, 193/5, 232/3, 240/2, 254/1; DLR, Deutsches Zentrum für Luft- und Raumfahrt e.V.: 120/1; Dornier-Medienholding: 222/1,224/1; DRK: 180/2; DUDEN PAETEC GmbH: 89/1, 12/1, 37/2, 39/3, 61/1, 69/1–2, 83/1, 88/4, 98/1, 103/2, 136/1, 137/1, 140 144/2, 150/1, 164/1, 170/1, 188/2, 202/1, 221/1; Düngekalk-Hauptgemeinschaft: 46/3; D. Ernst, Berlin: 144/1, 171/3, 203/1; Heinrich Frings GmbH & Co KG: 164/2; R. Fischer: 74/2; Dr. T. Geisel: 70/1, 222/3; Getty Images: 215/1; T. Goldschmidt AG Essen: 58/2; D. Gust, Berlin: 124/1; A. Hartmann, Braunschweig: 158/2; Naturfotografie Frank Hecker: 219/2, 225/2; Henkel-Werksarchiv: 222/2; Prof. F. Horn, Rostock: 40/2a–2c; H-TEC Wasserstoff-Energie: 133/2; HVBG/TBG: 70/3; IMA, Hannover: 157/3–4, 250/1; F. Jantzen, Bad Arolsen: 11/2, 14/2, 23/1, 32/2, 45/1–3, 236/2; Kali und Salz GmbH; Kassel: 55/1; J. Klähn, Grube Samson St. Andreasberg: 125/1; Dr. G. Liesenberg: 52/3, 76/1, 136/2, 153/1, 158/1, 202/2; Werkfoto Lurgi: 25/1; H. Mahler, Fotograf, Berlin: 7/1, 8/1–2, 9/2, 11/1, 14/1a–1d, 15/2a, 17/1, 18/2a–2b, 21/1, 22/1, 23/2, 28/1a–b, 32/3, 34/1, 37/1, 41/1, 42/1, 49/1, 50/1–2, 53/2, 55/2–3, 56/1, 58/1, 59/1a, 62/1, 63/1, 66/1, 70/2, 77/3, 80/1, 85/2, 86/2a–b, 88/1-3, 90/1–3, 92/1–2, 94/2, 115/1, 119/1, 123/1a–b, 150/1u. 3, 151/2, 157/1, 156/1–2, 161/2, 164/5, 167/1, 169/2, 173/1–2, 176/2, 177/1, 178/1, 180/1, 185/1–2; 187/1, 189/3, 190/1, 203/3–5, 204/2, 208/1, 210/1–2a, 217/2, 225/3, 228/1, 230/1, 234, 241/1–2–3, 242/1, 243/1, 245/1, 246/1–2–3, 247/1, 249/1, 250/2–4; mauritius images/Phototake: 51/1; mauritius images/Reinhard: 132/1; mauritius images/Nonstock: 179/1; mauritius images/Botanica: 191/1; mauritius images/ Berg: 215/2; Prof. Dr. L. Meyer: 62/1; 101/1, 226/2, 242/2; Museum für Naturkunde, Berlin: 54/1; NASA: 105/1-3; Z. Neuls, Berlin: 136/3, 205/1; ÖAMTC: 68/1; OKAPIA /Naturbild/W. Steinmetz: 8/3; PCK Raffinerie GmbH: 100/1b; picture-alliance/OKAPIA KG, 72/1, 77/1, 217/3; picture-alliance/dpa/dpaweb: 93/1; picture-alliance/dpa: 121/1, 133/1, 145/1, 196/1, 209/2, 229/1; picture-alliance/KPA/Theissen: 157/2; Picture-alliance/Okapia/Hans Reinhard: 163/1, 199/2; picture-alliance/akg-images: 199/1; picture-alliance/dpa-Bildarchiv: 87/1, 229/2; picture-alliance/KPA: 201/2, 243/1; panthermedia/A. Antl: 149/1; J. Pettkus, Zepernick: 43/1–3; H.-U. Pews, Berlin: 169/1; Photo Disc Inc.: 231/1, 52/2, 77/2, 94/1, 96/1, 100/1c, 105/4, 106/1, 135/1, 144/1, 162/4, 176/1, 192/1 u.3, 200/1, 202/3, 204/1, 206/1, 218/1, 220/3, 223/2, 232/1, 237/1, Photosphere: 100/1a, 105/4–5; PHYWE SYSTEME GmbH & Co. KG, Götttingen: 21/3, 35/2, 39/1, 41/2, 52/1, 65/1-2, 66/1, 81/3, 95/2, 110/1; Dr. B. Raum, Neuenhagen: 73/1, 175/1; rebelpeddler Chocolate Cards: 81/1; Reckitt Benckiser Deutschland: 75/1, 249/1; Roche Deutschland Holding GmbH: 154/1; A. Schmidt, Berlin: 46/2; W. Schuchardt Göttingen: 10/1, 15/2b, 32/1, 33/1, 36/1, 84/1, 117/1, 203/2, 250/3, Schünemann, Neubrandenburg: 197/2; T. Seilnacht, Tuttlingen: 64/2; Siemens AG/ München: 77/1, 109/2, 188/1; Silvestris Fotoservice GmbH, Kastl: 20/2, 40/2; Steinkopf Verlag: 83/2–3, 107/3; V. Stengel/Greenpeace: 22/2; StockFood/ Klaus Arras: 213/2; Tetra Pak GmbH & Co.: 175/1; Horst Theuerkauf, Gotha: 208/2, 210/2b; Thüringer Waldquell GmbH: 78/1; Tierbildarchiv Angermayer, Holzkirchen: 78/3, 229/2; Thüringer Landesanstalt für Umwelt (TLUW): 39/2; Vattenfall Europe: 56/2; Viktor Wehser, Burg Stargard: 49/2; B. Wöhlbrandt, Schönlage: 77/3, 94/3; Prof. Dr. E. Zabel, Güstrow: 29/1–3, 157/1